# Die Verfahren der plastischen Berechnung biegesteifer Stahlstabwerke

Von

## B. G. Neal

M. A., Ph. D. (Cantab.), A. M. I. C. E.
Professor of Civil Engineering und Chairman of Engineering Department
University College of Swansea
Früherer Fellow of Trinity Hall und Lecturer in Engineering
University of Cambridge

Ins Deutsche übertragen von

## Dipl.-Ing. Thomas Jaeger

Berlin

Mit 85 Abbildungen

## Springer-Verlag
Berlin / Göttingen / Heidelberg
1958

ISBN-13:978-3-642-92744-7     e-ISBN-13:978-3-642-92743-0
DOI: 10.1007/978-3-642-92743-0

Titel der Originalausgabe:

B. G. Neal

The Plastic Methods of Structural Analysis

Chapman & Hall Ltd., London (1956)

Softcover reprint of the hardcover 1st edition 1956

Alle Rechte vorbehalten

Ohne ausdrückliche Genehmigung des Verlages ist es auch nicht gestattet,
dieses Buch oder Teile daraus auf photomechanischem Wege
(Photokopie, Mikrokopie) zu vervielfältigen

# Vorwort des Übersetzers

Die Beachtung, die in den letzten Jahren in ständig steigendem Maße den Problemen der *Sicherheit* und *Tragfähigkeit* von Baukonstruktionen geschenkt worden ist, ist ein Zeichen der wachsenden Erkenntnis, daß bedeutende Fortschritte auf dem Wege zu *wirtschaftlicheren* Tragwerken in wesentlichem Maße von einer präziseren Erfassung dieser Probleme abhängen. Die Erkenntnis bricht sich Bahn, daß der Statiker nach fast einem Jahrhundert der Tragwerksberechnung nun an der Schwelle steht, das Tragverhalten der Baukonstruktionen für Grenzzustände zu bestimmen, die allgemeingültig nur als Funktionen kritischer Intensitäten eines gegebenen charakteristischen Lastsystems ausgedrückt werden können.

Die Verwendung einer örtlichen Beanspruchung infolge der Lastannahme hat als Maßstab für das Versagen eines Tragwerkes nur bei mindestens annähernder Proportionalität zwischen Last- und Spanngrößen bei Laststeigerung bis zur Erschöpfung der Tragfähigkeit einen Sinn. Da im allgemeinen in einem statisch unbestimmten Tragwerk aus Material mit plastischem Arbeitsvermögen nach Überschreiten der Elastizitätsgrenze eine Neuverteilung der Spanngrößen im Gesamttragwerk erfolgt, kann eine auf die Elastizitätstheorie gegründete Berechnung der Spanngrößen und Bemessung nach zulässigen Spannungen die tatsächliche Tragsicherheit von Tragsystemen oft nur sehr unscharf erfassen. Es folgt, daß für einen weiteren Fortschritt zu einer vorteilhafteren Ausnutzung der Baustoffe — neben einer wissenschaftlich begründeten Berücksichtigung der verschiedenen Unsicherheits- und Gefahrenmomente — der Entwicklung von Berechnungsverfahren für die Bestimmung der Erschöpfung der Tragfähigkeit von Gesamttragwerken große Bedeutung zukommt. Die der Tragberechnung zugrunde liegende strenge Auffassung definiert die Sicherheit *nicht mittelbar* in bezug auf die Spanngrößen, die infolge der Lastgrößen auftreten, sondern *unmittelbar* in bezug auf die Lastgrößen selbst.

Während im Falle eines elastisch-plastischen Tragwerkes die elastischen Berechnungsverfahren ein analytisches Extrem darstellen, bei dem das gesamte Tragwerk dem HOOKEschen Gesetz gehorcht, stellen die Verfahren der plastischen Berechnung das andere Extrem dar, bei dem die Bedingungen des plastischen Versagens beschrieben werden. Hervorzuheben ist, daß sich die plastischen Berechnungsverfahren direkt auf den

Zustand des Versagens beziehen, so daß es nicht erforderlich ist, den oft sehr komplexen Prozeß der Spanngrößenumlagerung im elastisch-plastischen Bereich bei Anwachsen der Last schrittweise zu verfolgen, bis das Tragwerk am Zusammenbrechen ist.

Die auf der Plastizitätstheorie fußende Theorie der Tragberechnung ist so vollständig und exakt wie die Theorie der auf der Elastizitätslehre fußenden Spanngrößenberechnung. Von den Berechnungsmethoden sind diejenigen für biegesteife Stabwerke besonders weitgehend entwickelt, und der experimentelle Augenschein rechtfertigt den Gesichtspunkt, daß die auf gewisse einfache Hypothesen über die Tragfähigkeit von Biegestäben gegründeten Berechnungsverfahren sich als *Grundlage* für praktische Anwendungen für die Berechnung biegesteifer Stabwerke aus Baustahl eignen. Dank der außerordentlichen theoretischen und experimentellen Arbeit britischer und amerikanischer Forschergruppen ist jetzt auf einem Sektor der Tragfähigkeitsforschung der Abschluß eines Entwicklungsstadiums zu verzeichnen. Auch in der in Großbritannien und den USA in den letzten Jahren vom theoretischen Standpunkt und vom Standpunkt der praktischen Anwendung im Stahlbau sehr lebhaft geführten Diskussion über das Thema „plastische Tragberechnung" scheint in der breiteren Öffentlichkeit der Fachwelt eine Abklärung eingetreten zu sein. In diesen Ländern ist die plastische Berechnung biegesteifer Stahlstabwerke bereits an verschiedenen technischen Ausbildungsstätten in den Statik-Lehrplan aufgenommen worden, — ein Schritt, der nicht nur eine notwendige Ergänzung bringt, sondern darüber hinaus von großer methodischer Bedeutung ist.

Mit dem Buch von B. G. NEAL: The Plastic Methods of Structural Analysis, das im Jahre 1956 bei Chapman & Hall Ltd. in London erschienen ist, liegt die erste geschlossene, lehrbuchartige Darstellung der Verfahren der plastischen Berechnung biegesteifer Stahlstabwerke vor. Die Herausgabe einer deutschen Übersetzung dieses Werkes erfolgt auf die Empfehlung von Herrn Professor F. SCHLEICHER hin. Die deutsche Übertragung schließt sich so eng als möglich an den Originaltext an. Die Zahlenbeispiele der Originalausgabe in Text und Übungsaufgaben, die auf bequeme Zahlenrechnung zugeschnitten sind, wurden beibehalten; lediglich wurde t für ton. und m für ft. gesetzt, wodurch bisweilen recht große Systemabmessungen resultieren, was aber ohne Belang ist. Die Tabellen der plastischen Widerstandsmomente der britischen Normen-I-Profile, die im Original in Anhang B enthalten sind, wurden nicht in die deutsche Ausgabe übernommen.

Im Dezember 1957                                    **Thomas Jaeger**

# Vorwort

Von den ersten Anfängen der Tragwerksberechnung an wurde das HOOKE'sche Gesetz fast ausschließlich als Ausgangspunkt genommen, hauptsächlich wegen der durch die lineare Beziehung *ut tensio sic vis* gewährten analytischen Einfachheit. Abgesehen von EULERS Arbeit über die Knickung von Stäben befaßten sich die frühen Untersuchungen auf diesem Gebiet vorwiegend mit der Spannungsverteilung in Tragwerken bei Fehlen von Instabilitätseffekten. Die auf die Pionierarbeit von NAVIER gegründeten klassischen elastizitätstheoretischen Berechnungsverfahren wurden gegen Ende des neunzehnten Jahrhunderts von MAXWELL, MOHR, CASTIGLIANO und anderen entwickelt. Diese Verfahren befaßten sich hauptsächlich mit Fachwerken, aber als gegen Anfang dieses Jahrhunderts Stahl- und Stahlbetonrahmentragwerke in Verwendung kamen, wurden entsprechende Verfahren für deren Berechnung entwickelt. Die klassischen Verfahren erwiesen sich jedoch bei ihrer Anwendung auf Rahmentragwerke als sehr mühselig, da die in der Praxis verwendeten Rahmentragwerke gewöhnlich hochgradig statisch unbestimmt sind. Selbst trotz der verhältnismäßig neuen Entwicklung der Momentenverteilungsmethode bleibt die elastische Berechnung außer im Falle einfachster Rahmen mit beträchtlichem Arbeitsaufwand verbunden.

Die herkömmlichen Bemessungsverfahren für Stahlrahmentragwerke gründen sich auf die Ergebnisse elastischer Spanngrößenberechnungen. Infolge der Komplexheit dieser Berechnungen ist es notwendig gewesen, bei der Entwicklung von in der Praxis verwendbaren Bemessungsverfahren viele vereinfachende Annahmen einzuführen. Bei der Anwendung dieser Verfahren werden die einzelnen Tragteile eines biegesteifen Stabwerkes so bemessen, daß die nach einem vereinfachten elastischen Verfahren berechnete Maximalspannung unter Gebrauchslast eine zulässige Spannung nicht überschreitet, deren Wert wesentlich unterhalb der Elastizitätsgrenze liegt. Die umfassende Verwendung, die Baustahl als Konstruktionsmaterial findet, beruht jedoch hauptsächlich auf seiner ausgeprägten Bildsamkeit, eine mit dem Verhalten außerhalb des elastischen Bereiches verbundene Eigenschaft. Beim Zug- oder Druckversuch verhält sich Baustahl elastisch bis die Spannung eine deutlich ausgeprägte Fließgrenze erreicht, und dann erfolgen bei konstanter

Spannung ziemlich große Dehnungen oder Stauchungen, — dieses Verhalten wird plastisches Fließen genannt. Es war die Fähigkeit von Baustahl, durch plastisches Fließen die Spannungskonzentrationen, die an
Nietlöchern und anderen mehr oder weniger plötzlichen Querschnittsänderungen auftreten, auszugleichen, die zu seiner weitverbreiteten
Verwendung an Stelle von spröden Werkstoffen wie Gußeisen geführt
haben. Nichtsdestoweniger werden diese örtlichen Effekte bei den üblichen Bemessungsberechnungen, die sich allein mit dem Verhalten im
elastischen Bereich befassen, vernachlässigt. Da die Ergebnisse elastischer
Berechnungen aufhören anwendbar zu sein, wenn im höchstbeanspruchten Querschnitt die Fließspannung erreicht wird, gründen sich die elastischen Bemessungsverfahren tatsächlich notwendig auf die Annahme,
daß ein biegesteifes Stabwerk mit dem Eintreten des ersten Fließens unsicher wird, und es wird ein Sicherheitsspielraum vorgesehen durch
Festsetzung einer hinreichend weit unterhalb der Fließgrenze liegenden
zulässigen Spannung.

Das Tragvermögen eines statisch unbestimmten Rahmentragwerkes aus
Baustahl, das Lasten durch die Biegesteifigkeit seiner Stäbe aufnimmt,
ist jedoch nur in seltenen Fällen mit dem ersten Erreichen der Fließgrenze erschöpft. Wenn die Möglichkeit des Versagens eines einzelnen
Stabes des Rahmentragwerkes durch Knickung ausgeschlossen wird,
kann das Versagen nur eintreten, wenn plastisches Fließen an mehreren
Querschnitten gleichzeitig stattfindet, — diese Art des Versagens wird
als plastischer Bruch bezeichnet. Im allgemeinen wird ein biegesteifes
Stabwerk nach dem Fließbeginn und vor dem Eintreten des Versagens
einen Bereich des teilweise plastischen Verhaltens aufweisen, und der
plastische Bruch wird erst bei einer Belastung eintreten, die größer ist als
die, die das erste Fließen verursacht. Statisch unbestimmte Rahmentragwerke aus Baustahl besitzen somit oberhalb der Fließbelastung eine
Tragfähigkeitsreserve, die als eine weitere Manifestation der Fähigkeit
von Baustahl, durch plastisches Fließen günstige Umlagerungen der
Spannungsverteilung vorzunehmen, angesehen werden kann. Dieses
Tragvermögen über der Fließbelastung kann bei der Tragwerksbemessung mit Hilfe der üblichen elastischen Verfahren nicht erfaßt werden;
während diese fraglos zum Entwurf von sicheren Tragwerken führen,
können derartige Entwürfe nicht wirtschaftlich im Stahlverbrauch sein.
Die volle Ausnutzung der verfügbaren Tragfähigkeit von Rahmentragwerken aus Baustahl kann nur mit Hilfe eines plastischen Bemessungsverfahrens, das sich auf die Bestimmung der plastischen Traglast gründet, erzielt werden. Bei einem derartigen Verfahren wird ein Sicherheitsspielraum vorgesehen durch Bemessung der Tragteile so, daß die Gebrauchslasten mit einem festgesetzten Lastfaktor multipliziert werden
müßten, um das Versagen des Tragwerkes herbeizuführen, und weiterhin

ist es notwendig zu versichern, daß keines der Tragteile vor dem Erreichen der plastischen Traglast durch Instabilität versagt.

Die plastischen Verfahren der Tragwerksberechnung sind für den Zweck der Berechnung der plastischen Traglasten von Rahmentragwerken entwickelt worden mit dem Endziel der Aufstellung eines rationalen und wirtschaftlichen Bemessungsverfahrens. Man könnte vermuten, daß jeder Versuch der Ermittlung der plastischen Traglast für ein gegebenes Rahmentragwerk eine vollständige Untersuchung des Verhaltens des Tragwerkes zwischen Fließbeginn und endgültigem Versagen erfordert. Es ist jedoch eine bemerkenswerte Tatsache, daß es bei Fehlen von Instabilitätseffekten möglich ist, die Traglast ohne Berücksichtigung des elastisch-plastischen Zwischenbereiches mit den plastischen Verfahren direkt zu bestimmen. Weiterhin sind die mit der Anwendung der plastischen Verfahren verbundenen Berechnungen viel einfacher als die entsprechenden Berechnungen bei Zugrundelegung elastischer Verfahren. Diese analytische Einfachheit ist ein bemerkenswerter Vorteil der plastischen Berechnungsverfahren, denn sie bedeutet, daß plastische Methoden nicht derartig extensive Vereinfachungen enthalten brauchen, wie bei den elastischen Methoden notwendig sind. Jede vereinfachende Annahme, die bei der Entwicklung eines Berechnungsverfahrens eingeführt wird, muß notwendig auf der sicheren Seite liegen, was mit einem Verlust an Wirtschaftlichkeit verbunden ist.

Die Verfahren der plastischen Berechnung biegesteifer Stabwerke gründen sich auf gewisse grundlegende Annahmen betreffend das Verhalten von Tragteilen bei Biegung, die bei Baustahl eng mit dem tatsächlichen Verhalten übereinstimmen und die möglicherweise auch dem Verhalten anderer bildsamer Baustoffe hinreichend genau entsprechen. Ganz abgesehen von ihrer Anwendbarkeit auf Rahmentragwerke aus Baustahl, sind die plastischen Verfahren von beträchtlichem prinzipiellen Interesse, da sie ein analytisches Extrem darstellen, bei dem die Bedingungen des Versagens beschrieben werden, wohingegen die elastischen Verfahren das andere Extrem darstellen, bei dem das gesamte Tragwerk dem HOOKE'schen Gesetz gehorcht. Ferner kann von den plastischen Berechnungsverfahren nun behauptet werden, daß sie so vollständig entwickelt sind wie die elastischen Verfahren. Es schien daher, daß eine Darstellung der plastischen Berechnungsverfahren von beträchtlichem Wert sein würde, nicht nur, da sie für praktisch tätige und forschende Bauingenieure des konstruktiven Sektors von Interesse sind, sondern auch weil ein Studium der plastischen Berechnungsverfahren und ihre Gegenüberstellung mit den elastischen Verfahren eine wichtige Ergänzung des Statik-Lehrplanes darstellen kann.

Die ersten vier Kapitel des Buches befassen sich einzig mit einer Darstellung der plastischen Verfahren der Berechnung biegesteifer Stabwerke, und der darin enthaltene Stoff könnte vorteilhaft in den Lehrplan der Theorie der Tragwerke für untere Semester aufgenommen werden. Die übrigen vier Kapitel behandeln Themen, die eng mit den plastischen Berechnungsverfahren verknüpft sind, und eignen sich für das fortgeschrittenere Studium, obgleich ausgewähltes Material aus diesen Kapiteln in den Lehrplan für untere Semester eingeschlossen werden sollte. Zur Unterstützung bei der Verwendung des Buches sind am Ende jedes Kapitels Übungsaufgaben angeführt.

Obgleich die plastischen Verfahren der Tragwerksberechnung nun voll entwickelt sind, werden die Bedingungen, unter denen die Stäbe von Rahmentragwerken durch Instabilität versagen, nachdem sie teilweise plastiziert worden sind, noch nicht vollständig verstanden. Ein umfassendes plastisches Bemessungsverfahren für alle Arten von Rahmentragwerken mit Bemessungsregeln, die gewährleisten, daß kein Einzeltragteil durch irgendeine Art der Knickung versagt, bevor die plastische Traglast erreicht ist, kann daher derzeit noch nicht angegeben werden. Nichtsdestoweniger gibt es viele praktische Fälle von Tragwerken, bei denen die Stäbe durch die Verkleidung gut gegen Instabilität gesichert sind, und die plastischen Verfahren sind in den letzten Jahren für die Bemessung derartiger Tragwerke verwendet worden. Tatsächlich ist die Verwendung der plastischen Verfahren in Großbritannien seit 1948 zugelassen, als erstmalig eine entsprechende Klausel in einer Revision des British Standard No. 449 *„The Use of Structural Steel in Building"* aufgenommen wurde. Es ist nicht der Versuch gemacht worden, den gegenwärtigen Stand der Untersuchungen des Problems der elastisch-plastischen Knickung zu beschreiben, obgleich an geeigneten Stellen entsprechende Schrifttumshinweise gegeben werden.

Ein großer Teil des Buches wurde geschrieben während der Verfasser ein Mitglied des Stabes des Engineering Department an der University of Cambridge war, wo er unter Professor J. F. BAKER, F. R. S., arbeitete, der die extensive Forschungsarbeit über die plastische Theorie geleitet hat, die seit 1943 in Cambridge und vorher in Bristol durchgeführt worden ist. Es ist daher dem Verfasser eine angenehme Pflicht, Professor BAKER und den vielen Mitgliedern seiner Forschungsgruppe, mit denen er mehrere Jahre hindurch zusammengearbeitet hat, seinen Dank zum Ausdruck zu bringen. Der Verfasser war ferner in der glücklichen Lage, ein Jahr an der Brown University zu verbringen, wo er in der Graduate Division of Applied Mathematics unter Professor W. PRAGER arbeitete und eine enge Zusammenarbeit mit Professor P. S. SYMONDS aufnahm, die eine Zeitlang in Cambridge fortgesetzt wurde.

Der Verfasser ist den verschiedenen Mitgliedern des Assistentenstabes des Cambridge University Engineering Department, die die Reinzeichnungen der Abbildungen anfertigten und die erste Fassung des Manuskriptes in Maschine schrieben, sehr zu Dank verpflichtet und ferner Miss ANNE JONES vom Engineering Department des University College of Swansea, die die endgültige Fassung vorbereitete.

Dank gebührt auch der British Welding Research Association für die Erlaubnis, Werteangaben der plastischen Moduli der britischen Normen-I-Profile nachzudrucken, die im Anhang B erscheinen. Der Nachdruck von Auszügen aus dem British Standard No. 4 (1932), die ebenfalls in diesem Anhang erscheinen, und aus dem British Standard No. 449 (1948) geschieht mit Genehmigung der British Standards Institution, 2 Park Street, London, W. 1.

Swansea, April 1956 **B. G. Neal**

# Inhaltsverzeichnis

## Anhang

Kapitel 1

# Grundlegende Hypothesen

## 1.1 Einführung

Die in diesem Buch erläuterten Verfahren der plastischen Tragwerksberechnung finden gegenwärtig ihre hauptsächliche Anwendung für die Bemessung statisch unbestimmter biegesteifer Stabwerke aus Baustahl, — wie Einfeld- und Durchlaufträger, ein- und mehrfeldrige Rechteck-, Giebel- oder Shedrahmen und Stockwerkrahmen. BAKER [1]* hat gezeigt, daß die Anwendung der plastischen Verfahren bei derartigen Tragwerken im Vergleich mit der orthodoxen elastischen Bemessungsmethode ohne Zweifel zur Erzielung rationalerer Bemessungen und oft zu einer erheblichen Verringerung des Gesamtgewichts der Stahlkonstruktion führen kann. Die Gründe für diese Vorteile der plastischen Verfahren können am besten durch Gegenüberstellung ihrer Grundlage mit der der orthodoxen elastischen Verfahren eingesehen werden.

Bei der Anwendung der elastischen Verfahren dürfen die Spannungen infolge Gebrauchslasten bestimmte zulässige Werte nicht überschreiten. Die Werte der Gebrauchslasten und der zulässigen Spannungen sind in den entsprechenden Normenvorschriften niedergelegt, die für die normale britische Praxis der British Standard No. 449 ist. Die Gebrauchslasten repräsentieren die maximalen Lasten, mit deren Auftreten während der Betriebszeit des Tragwerkes unter normalen Bedingungen zu rechnen ist, und die zulässigen Spannungswerte sollen die Gewähr bieten für einen hinreichenden Sicherheitsspielraum zur Berücksichtigung unvorhergesehener Überlastungen, fehlerhaften Materials, mangelhafter Verarbeitung usw... Beispielsweise ist die zulässige Spannung für Träger, die nicht durch Instabilität versagen, in B. S. 449 (Ausgabe 1948) mit $1{,}55 \text{ t/cm}^2$ festgesetzt für einen Stahl mit einer garantierten Mindestfließgrenze von $2{,}35 \text{ t/cm}^2$. Somit darf in einem nach elastischen Verfahren bemessenen biegesteifen Stahlstabwerk die Randfaserspannung unter Gebrauchslasten im höchstbeanspruchten Querschnitt $1{,}55 \text{ t/cm}^2$ betragen, und es folgt, daß diese Lasten mit einem Faktor 1,525 multipliziert werden könnten, ehe an diesem Querschnitt Fließen eintritt.

---

* Der Literaturnachweis befindet sich am Ende des Kapitels.

Der Einfluß einer weiteren Laststeigerung ist durch eine elastische Berechnung nicht erfaßbar, und so kann aus einer derartigen Berechnung lediglich gefolgert werden, daß ein *Sicherheitsfaktor* von 1,525 gegen das Eintreten des Fließens vorhanden ist.

Mit Hilfe der plastischen Theorie der Tragwerksberechnung ist es jedoch möglich, das Verhalten eines biegesteifen Stabwerkes unter weiterer Laststeigerung zu bestimmen, vorausgesetzt, daß gewisse Idealisierungen betreffend die Eigenschaften des Stahls gemacht werden. Allgemein gesprochen wird gefunden, daß bei Erhöhung der Lasten das Fließen sich ziemlich rasch über den höchstbeanspruchten Querschnitt ausbreitet. Wenn dieser Querschnitt voll plastiziert ist, überträgt er ein Biegemoment, das für einen britischen Normen-Träger etwa 1,15 mal größer ist als das Biegemoment beim Eintreten des ersten Fließens. Die plastische Theorie postuliert dann, daß an diesem Querschnitt eine Gelenkwirkung eintreten kann, bei der die Gelenkverdrehung bei konstant bleibendem Wert des durch das Gelenk übertragenen Biegemomentes stattfindet. Während diese Gelenkwirkung eintritt, dehnen oder stauchen sich die Längsfasern des Trägers bei auf dem Fließgrenzwert konstant bleibender Spannung, so daß von jeder Faser gesagt werden kann, daß sie in einer vollkommen plastischen Weise fließt. Das Gelenk wird als *plastisches Gelenk* (oder *Fließgelenk*) bezeichnet, und das an dem plastischen Gelenk entwickelte Biegemoment wird *volles plastisches Moment* genannt. Eine fundamentale Hypothese der plastischen Theorie ist, daß ein plastisches Gelenk Verdrehungen von beliebiger Größe unterlaufen kann, vorausgesetzt, daß das Biegemoment konstant auf dem vollplastischen Wert bleibt.

### *Verhalten des Trägers auf zwei Stützen*

Wenn die auf ein biegesteifes Stabwerk einwirkenden Lasten über die Werte, die das Eintreten des Fließens verursachen, erhöht werden, wird sich an dem höchstbeanspruchten Querschnitt bald ein plastisches Gelenk ausbilden. Im Falle eines statisch bestimmten Tragwerkes tritt damit das Versagen ein. Als Beispiel wird ein Träger auf zwei Stützen unter einer in Trägermitte angreifenden Einzellast betrachtet. Das maximale Biegemoment, das der Last direkt proportional ist, tritt in Trägermitte auf, und wenn die Last einen bestimmten Wert erreicht, wird an diesem Querschnitt das volle plastische Moment erzielt. Gemäß der plastischen Theorie kann sich das dann entstehende Gelenk in Trägermitte um einen indefinit großen Betrag verdrehen, während das Biegemoment und damit die Last konstant bleibt, so daß bei dieser Last plötzlich übermäßig große Durchbiegungen entstehen können. Dieses Verhalten wird als *plastischer Bruch* bezeichnet. Der springende Punkt ist, daß das angenommene plastische Gelenk in Trägermitte das Tragwerk in eine zwangsläufige kinematische Kette überführt. Wenn ein reibungsloses Gelenk in Trägermitte eingesetzt wäre, würde die Eintragung einer unendlich kleinen Last zur Verursachung großer Durchbiegungen hinreichen; die Tatsache, daß das plastische Gelenk ein bestimmtes konstantes Biegemoment überträgt, bedeutet, daß die Bewegung der kinematischen Kette nur stattfindet, wenn die Last hinreichend groß ist, um das volle plastische Moment an dem Gelenk hervorzurufen.

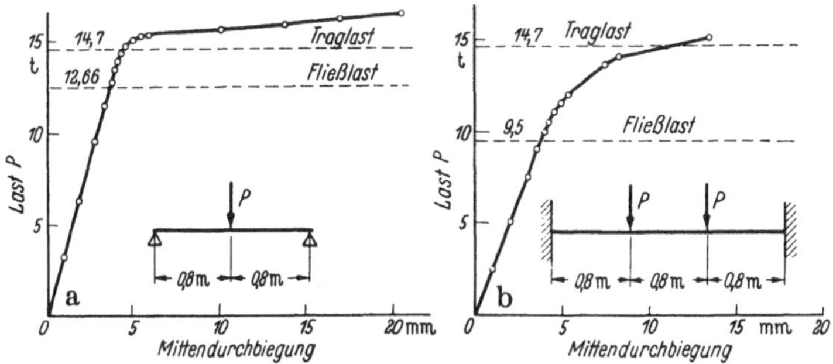


Abb. 1.1a u. b. Versuche mit Trägern aus Baustahl. a Versuch mit Träger auf zwei Stützen (nach MAIER-LEIBNITZ), b Versuch mit eingespanntem Träger (nach MAIER-LEIBNITZ)

Mit Trägern aus Baustahl durchgeführte Versuche zeigen, daß die Hypothese des plastischen Gelenkes nicht streng zutreffend ist. So zeigt Abb. 1.1 a die von MAIER-LEIBNITZ [2] bei einem Versuch mit einem durch eine mittig angreifende Einzellast belasteten 1,6 m langen I-Träger auf zwei Stützen erhaltene Last-Mittendurchbiegungsbeziehung. Die rechnerisch ermittelte Last, bei der die Fließspannung in den höchstbeanspruchten Fasern unter der Last zuerst erreicht wurde, betrug 12,66 t, — diese Last wird als *Fließlast* bezeichnet. Die mittels der plastischen Theorie bestimmte Traglast betrug 14,7 t. Die indefinite Zunahme der Durchbiegung unter gleichbleibender Last, die bei der rechnerisch ermittelten Traglast eingetreten wäre, wenn sich unter der Last ein plastisches Gelenk gebildet hätte, trat in Wirklichkeit nicht ein; an Stelle dessen bewirkten kleine Laststeigerungen große Durchbiegungszunahmen. Der Träger versagte bei einer Last von 16,90 t durch Kippung, aber das Versagen war effektiv bereits eingetreten infolge der Entstehung übermäßig großer Durchbiegungen innerhalb eines kleinen Lastbereiches, dessen untere Grenze in guter Näherung durch die mittels der plastischen Theorie bestimmte Traglast angegeben wurde. Dies ist die wesentliche Rechtfertigung der plastischen Theorie; auf der Grundlage ihrer vereinfachten Annahmen kann eine gute Schätzung der Last getroffen werden, ab der das Versagen durch große Formänderungszunahme bei kleiner Laststeigerung eintritt.

1*

Wenn ein Träger auf zwei Stützen dieser Art auf elastischer Grundlage für eine zulässige Spannung von 1,55 t/cm² bemessen wird, beträgt die Fließlast das 1,525fache der Gebrauchslast. Wenn weiterhin ein typischer Normen-Träger zugrundegelegt wird, würde die Traglast das 1,15fache der Fließlast sein. Es folgt, daß die Traglast gleich der mit einem Faktor $1,525 \cdot 1,15 = 1,75$ multiplizierten Gebrauchslast wäre. Ein ähnliches Argument gilt, wenn der Träger in beliebiger anderer Weise, z. B. durch eine gleichförmig verteilte Last, belastet wird, da das maximale Biegemoment stets der Last proportional ist. Das Verhältnis der Traglast zur Gebrauchslast wird als *Lastfaktor* bezeichnet; somit hat ein beliebiger auf elastischer Grundlage für eine zulässige Spannung von 1,55 t/cm² bemessener Träger auf zwei Stützen einen Lastfaktor von 1,75. Es ist offenbar, daß der Lastfaktor den tatsächlichen Sicherheitsspielraum eines Tragwerkes gegen Versagen durch plastischen Bruch ausdrückt; denn es ist der Faktor, um den die Gebrauchslasten erhöht werden müßten, bevor das Tragwerk auf diese Weise versagt.

### *Verhalten des eingespannten Trägers*

Wendet man sich nun statisch unbestimmten Tragwerken zu, so kann gesagt werden, daß die Bildung des ersten plastischen Gelenkes im allgemeinen nicht das Versagen hervorruft. Als spezifisches Beispiel wird ein eingespannter Träger unter gleichförmig verteilter Belastung betrachtet. Im elastischen Bereich tritt das größte Biegemoment an den Trägerenden auf. Somit erfolgt bei stetiger Laststeigerung das Fließen zuerst an den Trägerenden, und nach einer weiteren kleinen Laststeigerung bilden sich an diesen Querschnitten plastische Gelenke. Die Bildung dieser Gelenke verursacht jedoch nicht den plastischen Bruch, da bei dieser Last das Biegemoment in Trägermitte noch unter dem Wert liegt, der das Fließen verursacht, so daß das Tragwerk in diesem Stadium noch nicht auf eine kinematische Kette reduziert ist. Bei weiterer Laststeigerung verdrehen sich die plastischen Gelenke an den Trägerenden bei an jedem Gelenk konstant auf dem vollplastischen Wert bleibendem Biegemoment, und das Biegemoment in Feldmitte wächst zunächst auf den Fließwert und bald darauf auf den vollplastischen Wert an. Bei diesem Vorgang wird die Durchbiegungszunahme je Einheit der Laststeigerung größer als sie im elastischen Bereich war, aber es besteht nicht die Möglichkeit der Ausbildung übermäßiger Durchbiegungen, da diese durch die Kontinuität des Mittelteiles des Trägers verhindert werden. Erst wenn sich auch in Trägermitte ein plastisches Gelenk bildet, können große Durchbiegungen eintreten, denn dann hat sich das Tragwerk auf eine zwangsläufige kinematische Kette reduziert. Der plastische Bruch tritt dann ein, indem bei konstant bleibender Last indefinit große Durchbiegungen entstehen infolge der Verdrehung des plastischen Gelenkes in Trägermitte und der zusätzlichen Verdrehungen der plastischen Gelenke an den Trägerenden.

Wie im Kap. 2 gezeigt wird, ist das Verhältnis der Traglast zur Fließlast in diesem Falle $1{,}15 \cdot \dfrac{4}{3}$ im Gegensatz zu dem für den Träger auf zwei Stützen ermittelten Verhältniswert von 1,15. Der Faktor $\dfrac{4}{3}$ stellt das zusätzliche Tragvermögen infolge der Tatsache dar, daß das Biegemoment in Trägermitte unter dem Fließwert liegt, wenn sich die Bildung der plastischen Gelenke an den Trägerenden vollzieht. Es folgt, daß bei Bemessung des Trägers auf elastischer Grundlage für eine zulässige Spannung von $1{,}55 \text{ t/cm}^2$ der Lastfaktor $1{,}525 \cdot 1{,}15 \cdot \dfrac{4}{3} = 2{,}34$ ist.

Versuche bestätigen, daß in Übereinstimmung mit der plastischen Theorie bei Durchlaufträgern und statisch unbestimmten Rahmentragwerken im allgemeinen eine größere Differenz zwischen den Fließ- und Traglasten besteht als bei Trägern auf zwei Stützen. So untersuchte MAIER-LEIBNITZ [2] in der Arbeit, auf die bereits Bezug genommen wurde, an beiden Enden effektiv eingespannte Träger von 2,4 m Stützweite unter zwei symmetrisch eingetragenen Einzellasten. Dieser Belastungsfall ist dem Fall einer gleichförmig verteilten Belastung sehr ähnlich, und insbesondere ist das rechnungsmäßige Verhältnis der Traglast zur Fließlast exakt das Gleiche. Die erhaltene Last-Mittendurchbiegungskurve ist in Abb. 1.1 b wiedergegeben. In diesem Falle waren die rechnerisch bestimmten Fließ- und Traglasten 9,5 bzw. 14,7 t. Es ist zu ersehen, daß die Neigung der Last-Durchbiegungskurve über der Fließlast infolge der Bildung von plastischen Gelenken an den Trägerenden abnahm, aber es traten keine übermäßigen Durchbiegungen auf, ehe die rechnungsmäßige plastische Traglast erreicht war. Somit stellte die rechnerisch ermittelte Traglast wieder einen guten Schätzwert der Last dar, ab der bei kleiner Laststeigerung große Formänderungen eintreten. Die gleiche Art allmählicher Abnahme der Neigung der Last-Formänderungskurven wird bei Belastungsversuchen an Rahmentragwerken beobachtet, und es wird fast stets gefunden, daß keine rapide Ausbiegungszunahme eintritt, ehe sich die Belastung der rechnerisch ermittelten Traglast nähert. Eine bei einem Großversuch mit einem Giebelrahmen erhaltene typische Last-Durchbiegungskurve wird in Abb. 5.13 (S. 180) wiedergegeben.

Der letzte in Abb. 1.1 b dargestellte Punkt entspricht einer Last von 15,0 t. Bei Eintragung einer Last von 15,32 t kippte der Träger aus; das ist hinsichtlich der Tatsache, daß das mittlere Drittel des Trägers durch reine Biegung beansprucht war, nicht überraschend. Jedoch trat diese Kippung wiederum erst auf, nachdem die plastische Traglast durchlaufen war.

### Unlogische Natur der elastischen Bemessungsverfahren

Der fundamentale Defekt im orthodoxen elastischen Bemessungsverfahren kann nun aufgezeigt werden. Es ist erläutert worden, daß ein Träger auf zwei Stützen unter gleichförmiger Belastung, der auf elastischer Grundlage für eine zulässige Spannung von 1,55 t/cm² bemessen ist, einen Lastfaktor von 1,75 gegen Versagen hat, wohingegen der Lastfaktor gegen Versagen eines entsprechend belasteten, aber eingespannten Trägers, der auf elastischer Grundlage für die gleiche Gebrauchsspannung bemessen ist, 2,34 ist. Wie von BAKER [1] herausgestellt worden ist, ist diese Position nicht zu verteidigen; denn es kann keinen Grund dafür geben, für den eingespannten Träger einen größeren Sicherheitsspielraum vorzusehen als für den Träger auf zwei Stützen. Das bedeutet, daß der Querschnitt des eingespannten Trägers überbemessen ist und reduziert werden könnte bis der Lastfaktor der gleiche ist wie für den Träger auf zwei Stützen mit einem resultierenden Gewinn an Wirtschaftlichkeit im Stahlverbrauch. Von einem anderen Standpunkt aus gesehen haben beide auf elastischer Grundlage bemessenen Träger den gleichen Sicherheitsfaktor von 1,525, wogegen ihre wirklichen Sicherheitsspielräume von 1,75 und 2,34, wie durch ihre Lastfaktoren ausgedrückt, erheblich differieren. Somit gibt der auf Spannungen gegründete Sicherheitsfaktor kein wirklichkeitsgetreues Bild der relativen Festigkeiten der Träger. Diesen Feststellungen kann Allgemeingültigkeit gegeben werden; die besonderen Beispiele eines Trägers auf zwei Stützen und eines eingespannten Trägers wurden nur der Klarheit halber verwendet. Der Lastfaktor gegen Versagen eines beliebigen statisch bestimmten Tragwerkes, das aus britischen Normen-Trägern auf elastischer Grundlage für eine zulässige Spannung von 1,55 t/cm² bemessen ist, ist 1,75, und der Lastfaktor für ein entsprechendes statisch unbestimmtes Tragwerk wird fast stets über diesem Wert liegen.

### Das plastische Bemessungsverfahren

Das rationale Verfahren der Bemessung eines Stahl-Rahmentragwerkes besteht offensichtlich in der Bemessung der Stäbe so, daß das Rahmentragwerk einen bestimmten Lastfaktor gegen das Versagen besitzt, wobei dieser Lastfaktor für jedes zu bemessende Rahmentragwerk einer gegebenen Art der gleiche ist. Dies ist das bei den plastischen Bemessungsverfahren angewendete Vorgehen. In die 1948er Ausgabe von B. S. 449

wurde ein Paragraph eingeführt, der dieses Vorgehen erstmalig zuließ. Dieser Paragraph lautet wie folgt:

*Paragraph 29 (c).* „*Bemessung bei vollständig steifer Knotenverbindung.* Diese Methode ergibt, verglichen mit den Methoden der gelenkigen und der semi-steifen Bemessung, die größte Steifigkeit und Wirtschaftlichkeit im Stahlverbrauch. Für den Zweck einer derartigen Bemessung sollen genaue Verfahren der Tragwerksberechnung angewendet werden, die zu einem Lastfaktor 2 führen, gegründet auf die rechnerisch ermittelte oder auf andere Weise bestimmte Traglast des Tragwerkes oder eines seiner Teile; dabei sind die begleitenden Formänderungen unter Gebrauchslast gebührend zu berücksichtigen, so daß Ausbiegungen und andere Bewegungen nicht die in dieser britischen Norm festgelegten Grenzen überschreiten.“

Die Wahl des in Verbindung mit den plastischen Bemessungsmethoden zu verwendenden geeigneten Lastfaktors ist ein sehr kompliziertes Problem, das mit den Werten verknüpft ist, die für die Gebrauchslasten festgesetzt sind. Der in diesem Paragraphen festgesetzte Lastfaktor 2 ist in der Tat größer als der Lastfaktor 1,75, den auf elastischer Grundlage für eine Gebrauchsspannung von 1,55 t/cm² bemessene Träger auf zwei Stützen besitzen. Es könnte gefolgert werden, daß, da Fälle des Versagens von auf diese Weise bemessenen Trägern auf zwei Stützen praktisch unbekannt sind, ein Lastfaktor von 1,75 sicherlich einen hinreichenden Sicherheitsspielraum gewährleistet und daher dieser Wert festgesetzt werden sollte. Ein anderer Gesichtspunkt ist, daß, da die meisten auf elastischer Grundlage bemessenen statisch unbestimmten biegesteifen Stabwerke über 2 liegende Lastfaktoren haben, wie beispielsweise der erwähnte Fall des eingespannten Trägers mit einem Lastfaktor von 2,34, die Festlegung eines Lastfaktors 2 ein grobes Mittel der Lastfaktoren bestehender statisch bestimmter und statisch unbestimmter biegesteifer Stabwerke darstellt. Das Für und Wider dieser Gesichtspunkte kann hier nicht debattiert werden; eingehendere Erörterungen sind in einem Artikel in *Engineering* [*3*] und *The Steel Skeleton*, Bd. 2 [*4*], zu finden. Es ist jedoch der Feststellung wert, daß sich selbst bei Verwendung eines Lastfaktors 2 ein Gewinn ergibt, wenn immer die entsprechende Bemessung auf elastischer Grundlage zu einem größeren Wert führt, was bei der großen Mehrzahl der statisch unbestimmten Rahmentragwerke der Fall ist.

*Zweckbestimmung der plastischen Verfahren*

Die plastischen Verfahren der Tragwerksberechnung, die in diesem Buch dargelegt werden, befassen sich fast ausschließlich mit dem Versagen von Rahmentragwerken durch plastischen Bruch; die einzige Ausnahme wird im Kap. 8 behandelt, wo eine ähnliche Art des Versagens behandelt wird, die eintreten kann, wenn ein biegesteifes Stabwerk variabler wiederholter Belastung unterworfen wird. Es wird daher durchweg vorausgesetzt, daß kein Teil des Tragwerkes durch Knickung versagt bevor die plastische Traglast erreicht ist. Die Probleme der Knickung von Stützen unter den Bedingungen, die in Rahmentragwerken vorliegen, wenn die Stäbe teilweise plastiziert sind, der Kippung und anderer Formen der Instabilität unter ähnlichen Bedingungen sind Gegenstand einer extensiven Untersuchung von J. F. BAKER und seinen Mitarbeitern in Cambridge gewesen. Als Ergebnis sind verschiedene Bemessungsregeln formuliert worden, die es gestatten, Rahmentragwerke so zu bemessen, daß die Möglichkeit des Versagens durch bestimmte Arten der Knickung vor dem Erreichen der plastischen Traglast ausgeschlossen ist [4]. Ein beträchtlicher Arbeitsaufwand ist auch an der Lehigh University [5], [6] der Frage der Stützen-Instabilität zugewandt worden.

Die Vorteile der plastischen Bemessung bei der Erzielung rationalerer und wirtschaftlicherer Entwürfe wären von geringem Wert, wenn das Berechnungsverfahren selbst komplizierter wäre als das elastische Verfahren. Das ist jedoch nicht der Fall; tatsächlich haben die plastischen Verfahren die weiteren wichtigen Vorteile bemerkenswerter Einfachheit und Schnelligkeit der Berechnung. Das rührt aus der Tatsache, daß es möglich ist, die plastische Traglast für ein gegebenes Tragwerk und die entsprechende kinematische Kette des Bruchzustandes auf direkte Weise zu bestimmen, ohne Berücksichtigung der Reihenfolge, in der sich die verschiedenen plastischen Gelenke beim Anwachsen der Lasten auf ihre Traglastwerte bilden.

Versuche mit Stahl-Rahmentragwerken haben ergeben, daß das Versagen tatsächlich in guter Übereinstimmung mit der durch die Theorie der plastischen Tragberechnung bestimmten Weise erfolgt. Obgleich sich in Wirklichkeit keine Gelenke bilden, zeigt sich, daß große Neigungsänderungen über kleine Abschnitte der Stäbe an den theoretisch ermittelten Fließgelenkstellen eintreten. Gewöhnlich tritt an den Fließgelenken eine geringe Verfestigung ein, so daß das Entstehen großer Ausbiegungen von geringen Lastzunahmen begleitet wird. Im allgemeinen zeigt die rechnungsmäßige plastische Traglast mit guter Genauigkeit den Wert an, an dem große Ausbiegungszunahmen entstehen. Somit erscheinen die mit Hilfe der plastischen Theorie ermittelten Traglasten als gute Näherungen der tatsächlichen Traglasten wirklicher Tragwerke, und da diese tatsächlichen Traglasten niemals scharf definiert sind, besteht wenig Veranlassung, exaktere theoretische Werte für in Wirklichkeit unscharf definierte Größen zu fordern.

Oft wird angenommen, daß die plastische Theorie in dieser Hinsicht weniger exakt ist als die elastische Theorie der Tragwerksberechnung; denn während sich die plastische Theorie auf Näherungsannahmen für

das wirkliche Verhalten biegesteifer Stäbe gründet, legt die elastische
Theorie das HOOKE'sche Gesetz zugrunde, das bei Stahl und anderen
Baustoffen mit hohem Genauigkeitsgrad zutreffend ist, wenigstens
innerhalb eines gewissen Spannungsbereiches. Jedoch ist die augenscheinliche Genauigkeit der elastischen Methoden vollständig illusorisch,
soweit sie irgend etwas außer im Laboratorium untersuchte Tragwerke
anbetrifft. Das wirkliche Tragwerk, von dessen Verhalten unter Last
angenommen wird, daß es durch die elastische Berechnung erfaßt wird,
unterscheidet sich von dem hypothetischen in vielerlei Hinsicht; die
einzelnen Tragteile sind nicht genau maßgerecht, so daß beim Zusammen-
bau Zwängungsspannungen auftreten, es treten ungleichmäßige Stützensenkungen ein, als steif angenommene Knoten sind in Wirklichkeit
biegsam und die Schweißung ruft Restspannungen hervor. Weiterhin
wird nicht einmal der Versuch einer strengen Berechnung der Spannungen an Verbindungen, Nieten, Lagern usw. unternommen, obgleich
wohlbekannt ist, daß die Spannungen an derartigen Stellen viel höhere
Werte erreichen als die nominellen Maximalspannungen in den Tragteilen, auf die sich die Bemessung gründet. Ein weiterer zu beachtender
Punkt ist, daß exakte Verfahren der elastischen Berechnung für alle
außer den einfachsten Rahmentragwerken äußerst mühselig in der Anwendung sind und in der Praxis kaum verwendet werden; an Stelle
dessen werden vereinfachende Annahmen getroffen, um die Berechnungen auf einen annehmbaren Umfang zu reduzieren. Es kann nicht erwartet werden, daß die auf diese Weise berechneten Spannungen in
irgendeiner engen Beziehung zu den im wirklichen Tragwerk existie-
renden stehen. Aus diesen Gründen ist zu ersehen, daß elastische Berechnungsverfahren von verhältnismäßig empirischer Natur sind.

Die Genauigkeit der plastischen Verfahren wird durch das Vorhandensein von Restspannungen, Biegsamkeit von Knotenverbindungen, Stützensenkungen oder Spannungskonzentrationen wenig beeinflußt. Jedoch
ist dies von weniger fundamentaler Bedeutung als die Tatsache, daß sie
sich direkt und mit hinreichender Genauigkeit mit einer Art des wirklichen Tragwerk-Versagens befassen, und es scheint axiomatisch, daß
nur ein derartiges Vorgehen zu rationalen Bemessungen führen kann.

Die in den plastischen Verfahren verwendete grundlegende physikalische Eigenschaft ist Bildsamkeit in dem Sinne, daß von dem Material an
jedem plastischen Gelenk angenommen wird, daß es sich unter konstanten
oder langsam anwachsenden Lasten ohne zu brechen um verglichen mit
den Formänderungen des elastischen Bereiches große Beträge verformen
kann. Natürlich ist es wohlbekannt, daß Baustahl gute Bildsamkeit besitzt; in der Tat verdankt die Anwendung von Baustahl ihre weite Ver-
breitung zu einem nicht geringen Teil dieser Eigenschaft; denn sie gestattet den Ausgleich hoher Spannungskonzentrationen an Verbindungen,

Löchern usw., ohne daß der Bruch eintritt. Jedoch wird die Bildsamkeit von Baustahl bei der Bemessung von Tragwerken auf elastischer Grundlage in dieser Weise nur passiv genutzt, wogegen ihre Verwendung bei der plastischen Bemessung dem Bemessungsverfahren innewohnt. Viele Versuche mit verschiedenen Arten von Durchlaufträgern und Rahmentragwerken haben erwiesen, daß Baustahl für den Zweck der Ausbildung der von der plastischen Theorie geforderten Gelenkverdrehungen hinreichende Bildsamkeit besitzt. Die wenigen Versuche, die mit Leichtmetallegierungen angestellt worden sind, deuten an, daß von einigen Aluminium- und Magnesiumlegierungen erwartet werden kann, daß sie die erforderliche Bildsamkeit besitzen. Jedoch darf die Theorie nicht auf neue Werkstoffe, wie hochfeste Legierungen, angewendet werden, solange man sich nicht ihrer Bildsamkeit durch Versuche mit Tragwerken aus diesen Materialien hinreichend versichert hat. A. L. L. BAKER [7] hat die Möglichkeit der Bemessung von Stahlbetonrahmen mit Hilfe einer „plastischen Theorie" untersucht, die die begrenzte Bildsamkeit des typischen Stahlbetonträgers berücksichtigt. Diese Theorie, mit der notwendigen Betonung auf der Berechnung von Ausbiegungen und Neigungsänderungen für den Zweck der Feststellung, ob Brucherscheinungen eintreten können, unterscheidet sich wesentlich von der auf die Fließgelenk-Hypothese gegründeten einfachen plastischen Theorie.

Abgesehen von der Frage des Bruches kann die Berücksichtigung anderer Arten des Versagens, die über die von den plastischen Verfahren direkt erfaßten hinausgehen, notwendig sein. Auf die Probleme der Knickung von Stäben, die teilweise plastiziert sind, ist bereits Bezug genommen worden; es ist offensichtlich, daß unter bestimmten Umständen die Berücksichtigung dieser Einflüsse der dominierende Faktor des Bemessungsproblems ist. Es wird auch Fälle geben, bei denen die Gefahr des Ermüdungsbruches unter einer sehr großen Zahl von Lastzyklen oder des Sprödbruches unter Stoßbelastung oder bei niedrigen Temperaturen gegeben ist. Diese liegen außerhalb der Zweckbestimmung der einfachen plastischen Theorie. Weiterhin versuchen die plastischen Verfahren nicht, die Formänderungen genau zu erfassen. An Stelle dessen befassen sie sich mit Traglasten, bei denen die Ausbiegungen nach der Theorie unendlich groß werden und in der Praxis bald auf übermäßige Werte weit jenseits des elastischen Größenbereiches anwachsen würden. Wenn die Bemessungsvorschrift Durchbiegungsbegrenzungen für Gebrauchslasten enthält, müssen die plastischen Verfahren durch eine Kontrolle der Werte dieser Formänderungen ergänzt werden.

Diese Grenzen der plastischen Verfahren werden festgestellt, um sie in den richtigen Blickwinkel zu stellen, aber sie sollten nicht über Gebühr betont werden; denn Einschränkungen von der gleichen Art sind jeglichen derzeit verfügbaren Berechnungsverfahren gemeinsam, von

denen jedes sich speziell mit einer besonderen Art des Versagens befaßt.
Die plastischen Verfahren eignen sich zur Anwendung, wenn immer die
statische Festigkeit von vorrangiger Bedeutung ist, wie es bei vielen
biegesteifen Stabwerken der Fall ist. Wenn ein anderer Gesichtspunkt
für die Bemessung maßgebend ist, wäre ihre Verwendung natürlich fehl
am Platze.

*Geschichtlicher Überblick*

Es kann von Interesse sein, an dieser Stelle einen kurzen Abriß der
Geschichte der Entwicklung der plastischen Verfahren der Tragwerksberechnung zu geben. Obgleich das Verhalten von über den elastischen
Bereich hinaus beanspruchten Trägern schon viel eher untersucht worden
ist, sind augenscheinlich die ersten veröffentlichten Abhandlungen über
die Möglichkeit der direkten Berücksichtigung der Bildsamkeit von
Metallen zur Verbesserung der Bemessung von Tragwerken des Inge-
nieurbaus die von KAZINCZY [8] in Ungarn im Jahre 1914 und von
KIST [9] in Holland im Jahre 1917. KAZINCZY führte einige Versuche an
eingespannten Trägern durch und entdeckte, daß das Versagen nur eintrat, wenn Fließen an drei Querschnitten erfolgt war, bei denen vom Eintreten einer Gelenkwirkung gesprochen werden konnte. Durch sein Erkennen des fundamental wichtigen Begriffes des plastischen Gelenkes
kann KAZINCZY in Anspruch nehmen, der Initiator der plastischen
Verfahren zu sein. Im folgenden Jahrzehnt gab es in Europa ein starkes
Anwachsen des Interesses für den neuen Weg, und im Jahre 1926 wurde
in Deutschland ein kleines Buch von GRÜNING [10] veröffentlicht. In
diesem Buch wurden gewisse allgemeine Ergebnisse betreffend die Bedingungen des Versagens von Gelenkknoten-Fachwerken aufgestellt,
aber die Berechnung war sehr schwierig und wurde nicht durch experimentelle Bestätigung gestützt. Versuche mit Trägern auf zwei Stützen
und Durchlaufträgern wurden von mehreren Forschern angestellt, vor
allem durch MAIER-LEIBNITZ [11], [2] in den Jahren 1928 und 1929. Es
kann gesagt werden, daß diese Versuche von MAIER-LEIBNITZ und die
begleitenden theoretischen Interpretationen die plastischen Methoden
für Durchlaufträger zuerst auf eine feste quantitative Grundlage gestellt
haben. Ein Kapitel in F. BLEICH's Werk [12] über Stahl-Rahmentrag-
werke, das 1932 in Berlin veröffentlicht wurde, gibt einen Überblick über
die bis dahin entwickelten plastischen Verfahren für Durchlaufträger
und einfache Portalrahmen. GIRKMANN [13] veröffentlichte 1931 eine
Abhandlung, in der er ein Näherungsverfahren für die Bemessung von
Stockwerkrahmen vorschlägt. Die Ergebnisse der hauptsächlichen
Versuche mit Durchlaufträgern und einfachen Rahmen, die von ihm
selbst und von anderen Forschern berichtet worden waren, wurden von

MAIER-LEIBNITZ [*14*] im Jahre 1936 zusammengestellt; die Abhandlung bietet eine ausgezeichnete Bibliographie dieser Arbeit.

Das Interesse für diese Entwicklungen wurde in den USA wachgerufen, als VAN DEN BROEK [*15*] im Jahre 1940 eine Arbeit veröffentlichte, in der die Grundideen der plastischen Theorien angegeben wurden. In diesem Aufsatz, dem später ein Buch über das gleiche Thema folgte [*16*], wurde das Verfahren der Bemessung mit Hilfe der plastischen Methoden als *Grenztragfähigkeitsbemessung* (limit design) bezeichnet. Etwa um diese Zeit wurden die auf dem Kontinent vorangetriebenen analytischen Entwicklungen mehr auf die Verfeinerung der auf den Fließgelenkbegriff gegründeten einfachen Berechnungen gerichtet als auf die Bestimmung, wie dieser Begriff direkt zur Berechnung der Traglasten komplizierterer Rahmentragwerke verwendet werden könnte. BAKER erkannte als erster, daß die einfache plastische Theorie sich durchaus als der Schlüssel für ein einfaches und rationales Verfahren für die Bemessung komplexer Rahmentragwerke erweisen könne. Mit diesem Gedanken begannen BAKER und seine Mitarbeiter im Jahre 1938 eine umfassende Versuchsreihe mit Portalrahmen [*17*]. Eine Untersuchung des Verhaltens von Rahmentragteilen, die nach teilweiser Plastizierung durch Knicken versagen, wurde ebenfalls aufgenommen. Der gegenwärtige Stand dieser Arbeit ist in *The Steel Skeleton*, Bd. 2 [*4*], beschrieben. Das Problem der Stützen-Instabilität wurde ebenfalls extensiv an der Lehigh University untersucht [*5*], [*6*], wo auch verschiedene andere Untersuchungen durchgeführt wurden, die viel zur Klärung einiger der wichtigsten Schwierigkeiten beigetragen haben, die sonst der Anwendung der plastischen Verfahren für praktische Bemessungsaufgaben im Wege ständen [*18*], [*19*].

Ein Verfahren für die Berechnung der plastischen Traglasten für kompliziertere Tragwerke, wie zwei- oder dreifeldrige Rechteckrahmen, wurde von BAKER im Jahre 1949 [*20*] beschrieben. Bis zu dieser Zeit waren die grundlegenden Prinzipe, auf denen die Berechnung der plastischen Traglasten aufbaute, von den ersten Anfängen an als intuitiv offenbare Axiome angenommen worden, die sie in der Tat für die verhältnismäßig einfachen Tragwerke waren, die gewöhnlich betrachtet wurden, und experimentelle Untersuchungen hatten diese Axiome bestätigt. Formelle Feststellungen und Beweise der Prinzipe sind nun unabhängig durch GREENBERG und PRAGER [*21*] und HORNE [*22*] geliefert worden. Der Wert dieser Beiträge bestand nicht nur darin, daß die plastischen Verfahren auf eine feste Grundlage gestellt wurden, sondern daß sie die Entwicklung von weiteren allgemeinen Methoden für die Berechnung von plastischen Traglasten anregten. Als ein Ergebnis dieser Entwicklungen kann gesagt werden, daß bei Annahme der fundamentalen Hypothesen die grundlegende mathematische Theorie der plastischen Verfahren so vollständig und exakt ist wie die herkömmlichen

Methoden für die Berechnung statisch unbestimmter Konstruktionen in der elastischen Theorie der Tragwerke.

Der Rest dieses Kapitels ist einer Erörterung der der einfachen plastischen Theorie zugrunde liegenden fundamentalen Postulate gewidmet. In Abschn. 1.2 werden die grundlegenden Hypothesen betreffend die Art der Beziehung zwischen Biegemoment und Krümmung, die für jeden Stab eines Rahmentragwerkes gelten müssen, festgestellt, und es wird gezeigt, wie der Begriff der Fließgelenkwirkung entsteht. Es ist offensichtlich, daß eine Erklärung für die Existenz eines vollen plastischen Momentes für einen biegesteifen Stab erforderlich ist. Diese Erklärung erfolgt in Abschn. 1.4, nachdem im Abschn. 1.3 ein Überblick über die Spannungs-Dehnungseigenschaften von Baustahl gegeben worden ist. Schließlich wird in Abschn. 1.5 die Frage der Anwendbarkeit der plastischen Verfahren auf biegesteife Stabwerke aus Leichtmetallegierungen kurz beleuchtet.

## 1.2 Grundlegende Hypothesen

Die hauptsächlichen Entwicklungen, die in den plastischen Verfahren stattgefunden haben, haben sich weitgehend auf ebene Rahmentragwerke beschränkt. Bei Tragwerken dieser Art liegen die Stäbe alle in einer Ebene und sind Lasten unterworfen, die ebenfalls in dieser Ebene liegen. Das Tragvermögen eines ebenen Rahmentragwerkes beruht in erster Linie auf der Fähigkeit der Knoten, Biegemomente zu übertragen, und auf der Biegesteifigkeit der Stäbe, obgleich diese auch zur Aufnahme von Längs- und Querkräften herangezogen werden. Folglich betreffen die grundlegenden Hypothesen der plastischen Theorie die Beziehung zwischen Biegemoment und Krümmung von Rahmentragteilen. Diese Hypothesen befinden sich in enger Übereinstimmung mit den tatsächlichen Eigenschaften der Walzstahl-Tragteile, die so oft bei der Konstruktion derartiger Rahmentragwerke verwendet werden. Es ist dies der Grund dafür, daß die plastischen Verfahren fast ausschließlich für diesen Tragwerkstyp entwickelt worden sind. Entsprechende Hypothesen könnten natürlich für das Verhalten von Stäben ebener Fachwerke aufgestellt werden, bei denen die Knoten nicht zur Übertragung von Biegemomenten herangezogen werden und die Lasten hauptsächlich durch Längszug- und Längsdruckkräfte in den Stäben aufgenommen werden. Diese Hypothesen würden die Beziehung zwischen Längskraft und Dehnung für die Fachwerkstäbe betreffen. Unglücklicherweise werden diese Hypothesen, wie im Anhang A im einzelnen dargelegt, nicht einmal näherungsweise von Druckstäben befolgt, und somit wäre die Entwicklung von auf diese Annahmen gegründeten plastischen Berechnungsverfahren nur von rein theoretischem Interesse.

Die den plastischen Verfahren für ebene biegesteife Stabwerke zugrunde liegenden Hypothesen sind diagrammatisch in Abb. 1.2 zusammengefaßt. Diese Abbildung zeigt die Art der Beziehung zwischen Biegemoment $M$ und Krümmung $\varkappa$, die als gültig für jeden Querschnitt eines typischen Stabes eines Rahmentragwerkes angenommen wird.

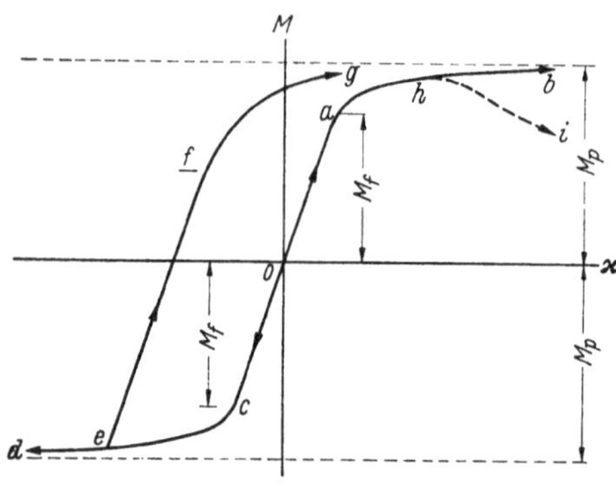

Abb. 1.2.
Angenommene Biegemomenten-Krümmungsbeziehung

Bei der Erörterung dieser Beziehung wird das übliche Vorzeichenübereinkommen für Biegemoment und Krümmung vorausgesetzt. Danach wird ein Biegemoment als positiv bezeichnet, wenn es in den äußersten Fasern auf einer Trägerseite Zug erzeugt; eine positive Krümmung verursacht Dehnung in den gleichen Fasern.

Wenn ein Biegemoment von dem als positiv angesetzten Sinn in einen vorher unbelasteten und unverformten Träger eingetragen wird, wie bei $O$ in der Abbildung, nimmt die Krümmung zunächst linear mit dem Biegemoment entlang $Oa$ zu. Dies ist der gewöhnliche elastische Bereich, der zu Ende ist, wenn ein Biegemomentenwert $M_f$ bei $a$ erreicht wird. Dieses Biegemoment $M_f$ verursacht in den höchstbeanspruchten Randfasern des Trägers Fließen und wird daher als Fließmoment bezeichnet. Wenn ein über diesem Wert liegendes Biegemoment eingetragen wird, beginnt die Krümmung je Einheit des Biegemomentenzuwachses entlang $ab$ schneller zuzunehmen. Physikalisch entspricht das der Ausbreitung des Fließens von den Randfasern nach innen gegen die Nullinie des Trägers zu wie im einzelnen im Abschn. 1.3 gezeigt wird. Bei Anwachsen des Biegemomentes über den Wert $M_f$ hinaus nimmt die Krümmung mit zunehmendem Biegemoment immer rascher zu und strebt schließlich gegen unendlich, wenn sich das Biegemoment einem Grenzwert nähert. Dieser Grenzwert des Biegemomentes wird volles plastisches Moment genannt und wird mit $M_p$ bezeichnet. Das Erreichen des vollen plastischen Momentes ist physikalisch gleichbedeutend mit der Entwicklung der vollen Fließspannung bis herunter zur Nullinie des Trägers in sowohl Zug als auch Druck, obgleich dies, wie in Abschn. 1.3 gesehen werden wird, unendlich große Dehnungen im Träger bedeutet und daher unrealistisch ist. Wäre das Biegemoment ursprünglich im entgegengesetzten Sinne eingetragen worden, so wäre das Verhalten von genau entsprechender Art entlang $Ocd$, außer daß negative Zunahmen des Biegemomentes von negativen Zunahmen der Krümmung begleitet werden.

Wenn anstatt der Eintragung eines positiven Biegemomentes in den spannungsfreien Träger der Träger zuerst in negativem Sinne entlang $Oce$ gebogen und dann einem im positiven Sinn anwachsenden Biegemoment unterworfen wird, wird das folgende Verhalten wie durch die Linie $efg$ dargestellt sein. Die Beziehung zwischen den Zunahmen von Biegemoment und Krümmung wird zuerst linear entlang $ef$ sein, wobei die Neigung dieser Geraden mit der Neigung der ursprünglichen elastischen Linie $Oa$ übereinstimmt. Wenn das Biegemoment über den Wert bei $f$ erhöht wird, erfolgen entlang $fg$ schnellere Krümmungszunahmen und schließlich strebt das Biegemoment wieder dem Grenzwert $M_p$ zu. Das Verhalten wäre von entsprechendem Charakter, wenn das Biegemoment nach Belastung entlang $Oab$ abgemindert würde. In diesem Falle strebt das Biegemoment einem Wert $-M_p$ zu, wenn die Krümmung im negativen Sinne gegen unendlich strebt.

Der fundamentale Begriff der Fließgelenkwirkung kann nun dargelegt werden. Es wird angenommen, daß das Biegemoment an einem Querschnitt eines Stabes eines Rahmentragwerkes den vollplastischen Wert $M_p$ erreicht, während zu beiden Seiten dieses Querschnittes seine Größe abnimmt, wie es beispielsweise bei dem Querschnitt unter einer Einzellast der Fall wäre. Bei Erreichen des Wertes $M_p$ wird die Krümmung unendlich groß, so daß an diesem Querschnitt eine endliche Neigungsänderung in einem unendlich kleinen Längenbereich des Stabes eintreten kann. Damit kann das Verhalten an dem Querschnitt, wo $M_p$ erreicht wird, durch die Vorstellung eines an diesem Querschnitt eingesetzten Gelenkes beschrieben werden, wobei das Gelenk in der Lage ist, der Verdrehung vollständig zu widerstehen bis das volle plastische Moment $M_p$ erreicht ist, und dann bei konstant auf dem Wert $M_p$ bleibendem Moment positive Verdrehung von beliebiger Größe zuläßt. Der Sinn, in dem die Gelenkverdrehung als positiv anzusehen ist, stimmt natürlich mit dem als positiv angesetzten Sinn der Krümmung überein. Die tatsächliche Größe der Gelenkverdrehung in einem gegebenen Fall wird natürlich durch die Steifigkeit des übrigen Tragwerkes unter den während der Ausbildung des Gelenkes stattfindenden besonderen Belastungsänderungen bestimmt. Wird das Biegemoment unter $M_p$ abgemindert, tritt elastische Entlastung ein und die Gelenkverdrehung bleibt konstant. Genau entsprechende Feststellungen können betreffend der Gelenkwirkung gemacht werden, deren Eintreten angenommen wird, wenn das negative volle plastische Moment $-M_p$ erreicht wird.

Es ist ein fundamentaler Begriff der in diesem Buche beschriebenen plastischen Verfahren, daß das Auftreten von Fließgelenken an den Stellen angenommen wird, an denen das volle plastische Moment auftritt. Dieser Begriff kann vom theoretischen Standpunkt aus nicht exakt. gerechtfertigt werden. Eine wirkliche Gelenkwirkung würde unendlich große Dehnungen im Träger erfordern, und die notwendig eintretende Verfestigung bewirkt eine Überschreitung des vollen plastischen Momentes. Die Rechtfertigung des Fließgelenkbegriffes ist nicht in exakter Theorie zu finden, sondern in den Ergebnissen zahlreicher Versuche an Trägern und Rahmentragwerken. Diese Ergebnisse zeigen, daß in biegesteifen Stabwerken an den Querschnitten, an denen das volle plastische Moment entwickelt wird, etwas einer Gelenkwirkung sehr ähnliches auftritt, und daß das Versagen ebener Rahmentragwerke tatsächlich als übereinstimmend mit der Entwicklung von Fließgelenken an einer bestimmten kritischen Anzahl von Stellen angesehen werden kann. Versuchsergebnisse zeigen an, daß an den Querschnitten, an denen die einfache plastische Theorie die Bildung von Fließgelenken annimmt, extrem große Krümmungen eintreten, so daß auf kurzen Stablängen große Neigungsänderungen vorkommen.

Es ist nun offenbar, daß die von der strichlierten Linie *ahi* in Abb. 1.2 angedeutete Art des Versagens, bei der eine Krümmungszunahme von einem Absinken des Biegemomentes begleitet wird, besonders ausgeschlossen werden muß. Bei einer Biegemomenten-Krümmungsbeziehung dieser Art wäre es nicht möglich, bei dem Erreichen des vollen plastischen Momentes $M_p$ die Entwicklung eines Fließgelenkes zu postulieren, da dies unendlich große Krümmung erfordert.

Zusammenfassend wird festgestellt, daß die grundlegenden Hypothesen sind: An einem beliebigen Querschnitt eines Stabes eines ebenen biegesteifen Stabwerkes muß das Biegemoment zwischen positiven und negativen vollen plastischen Momenten $\pm M_p$ liegen, und Zunahmen des Biegemomentes verursachen stets Krümmungszunahmen gleichen Vorzeichens. Diese Hypothesen können in bündiger Form geschrieben werden:

$$- M_p \leqq M \leqq M_p \tag{1.1}$$

$$\frac{dM}{d\varkappa} \geqq 0 \tag{1.2}$$

Ein Korrelat zu diesen Hypothesen sagt aus, daß die Krümmung bei Erreichen des vollen plastischen Momentes an einem beliebigen Querschnitt unendlich groß wird und sich ein Fließgelenk bildet, das bei konstant auf dem vollplastischen Wert bleibendem Biegemoment Verdrehungen um einen beliebigen Winkel unterlaufen kann.

### 1.3 Spannungs-Dehnungsbeziehung für Baustahl

Die für den Aufbau der plastischen Theorie benötigten grundlegenden Hypothesen betreffen die Beziehung zwischen Biegemoment und Krümmung für biegesteife Stäbe. Es ist jedoch offensichtlich, daß zwischen der Biegemomenten-Krümmungsbeziehung und der Spannungs-Dehnungsbeziehung des Materials für Zug und Druck enge Beziehungen bestehen müssen. Diese Beziehungen müssen erörtert werden, sowohl um zu einem vollständigeren Verständnis der grundlegenden Erscheinungen zu gelangen, als auch wegen der praktischen Vorteile, die erlangt werden, wenn die Biegemomenten-Krümmungsbeziehung und insbesondere der Wert des vollen plastischen Momentes für jede beliebige Querschnittsform aus der Kenntnis des Spannungs-Dehnungsdiagrammes des Materials berechnet werden kann. Wie bereits hervorgehoben wurde, sind die plastischen Verfahren in erster Linie für Träger und Rahmentragwerke aus Baustahl entwickelt worden, da dieses Material eine weite Verwendung für derartige Tragwerke findet und Eigenschaften hat, die sich mit den grundlegenden Hypothesen in enger Übereinstimmung befinden. Infolgedessen wird das Biegeverhalten in Termen der Spannungs-Dehnungsbeziehung von Baustahl besprochen.

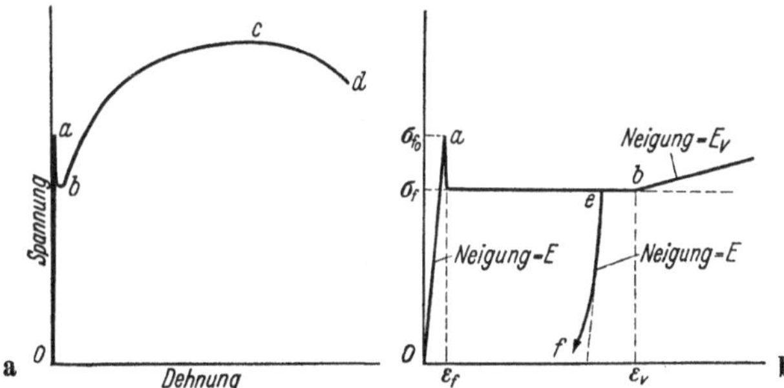


Abb. 1.3a u. b. Spannungs-Dehnungsbeziehung für Baustahl. a Gesamte Spannungs-Dehnungskurve für Baustahl unter Zugbeanspruchung. b Anfangsbereich der Spannungs-Dehnungskurve für Baustahl unter Zugbeanspruchung

Die Spannungs-Dehnungsbeziehung eines Prüfkörpers aus spannungsfrei geglühtem Baustahl unter Zugbeanspruchung hat die in Abb. 1.3a gezeigte typische Form. Die Beziehung ist im elastischen Bereich fast exakt linear, bis bei $a$ die obere Fließgrenze erreicht wird. Die Spannung fällt dann plötzlich auf die untere Fließgrenze ab, und die Dehnung nimmt dann bei gleichbleibender Spannung bis zum Punkt $b$ zu, — dieses Verhalten wird als rein plastisches Fließen bezeichnet. Jenseits des Punktes $b$ sind zum Hervorrufen weiterer Dehnungszunahmen weitere Spannungszunahmen erforderlich, das Material ist im Verfestigungsbereich. Bei $c$ wird eine Maximalspannung erreicht, jenseits der Dehnungszunahmen bei absinkender Spannung erfolgen bis der Bruch bei $d$ eintritt. Diese letztere Erscheinung ist mit der Ausbildung einer Einschnürung im Prüfkörper verbunden. Der Wert der Maximalspannung hat die Größe von 3,1 bis 4,6 t/cm² und die Bruchdehnung beträgt 25 bis 50%.

Sowohl beim Fließen als auch nahe beim Bruch werden Dehnungszunahmen von Abnahmen der Spannung oder Belastung des Prüfkörpers begleitet. Diese Art des Verhaltens kann bei der üblichen Art der Zerreißmaschine nicht verfolgt werden, sie kann nur mit Hilfe einer Maschine ermittelt werden, bei der die Dehnung beispielsweise durch eine Schraubenspindel eingetragen und die Spannung mittels eines Gewichtsstabes in Reihe mit dem Prüfkörper gemessen wird.

Der Fließbereich *Oab* der Spannungs-Dehnungsbeziehung ist vom Gesichtspunkt der plastischen Theorie von größtem Interesse. Da die Dehnung beim Einsetzen der Verfestigung bei *b* im allgemeinen die Größenordnung von 1 bis 2% hat, kann der Fließbereich bequemer untersucht werden, wenn der Dehnungsmaßstab beträchtlich vergrößert wird, wie in Abb. 1.3b. In dieser Abbildung werden obere und untere Fließgrenze mit $\sigma_{f_0}$ bzw. $\sigma_f$ bezeichnet. Die Neigung der anfänglichen elastischen Geraden *Oa* ist der Elastizitätsmodul *E*, die Neigung des anfänglichen Teiles der Verfestigungslinie jenseits *b* wird mit $E_v$ bezeichnet. Die Dehnungen an dem Fließpunkt *a* und beim Einsetzen der Verfestigung *b* werden mit $\varepsilon_f$ bzw. $\varepsilon_v$ bezeichnet. Bei Abminderung der Spannung nach dem Fließen wird eine Beziehung, wie sie durch die Kurve *ef* dargestellt ist, beobachtet, deren anfängliche Neigung der Elastizitätsmodul ist. Die Abweichung von der Linearität in einer derartigen Entlastungsbeziehung steht mit dem BAUSCHINGER-Effekt [23] in Zusammenhang.

Wenn die Spannung nach einer Reduktion dieser Art wieder erhöht wird, tritt Fließen bei der unteren Fließgrenze entlang *eb* ein. Dies zeigt den Einfluß der *Kaltreckung*, die die obere Fließgrenze zerstört; diese erscheint nur nach neuerlicher Warmbehandlung wieder. Wie in Kap. 6 erläutert, sind die Werte der in Abb. 1.3b definierten verschiedenen Konstanten in hohem Maße von der Zusammensetzung des Stahls und seiner Warmbehandlung abhängig, — ausgenommen der Wert des Elastizitätsmoduls, der sehr wenig Veränderlichkeit aufweist. Bei typischem spannungsfrei geglühtem Baustahl liegt das Verhältnis $\dfrac{\varepsilon_v}{\varepsilon_f}$ im Bereich von 10 bis 20 und das Verhältnis $\dfrac{E}{E_v}$ von 20 bis 50, so daß die Spannungs-Dehnungskurve nach dem Fließen sehr flach verläuft. Die untere Fließgrenze liegt gewöhnlich zwischen 2,3 und 3,1 t/cm² und das Verhältnis $\dfrac{\sigma_{f_0}}{\sigma_f}$ bei 1,25.

Die tatsächliche Spannungs-Dehnungsbeziehung von Baustahl im elastischen Bereich nahe dem Fließpunkt ist schwierig zu bestimmen, da stets unvermeidliche Ausmittigkeiten der Lasteintragung vorhanden sind, die Biegespannungen hervorrufen, selbst wenn besondere Vorkehrungen getroffen werden, um zu versichern, daß die Last in der Achse des Prüfkörpers eingetragen wird. Die sorgfältigen Versuche von

SMITH [24] und MORRISON [25] haben jedoch gezeigt, daß innerhalb der
Grenzen der Experimentier-Genauigkeit die unterhalb der Fließgrenze
gewöhnlich beobachtete anfängliche Abweichung von der Linearität
stets dem Fließen der höchstbeanspruchten Fasern infolge Ausmittigkeit der Lasteintragung zugeschrieben werden konnte. Daher wurde gefolgert, daß Fließgrenze, Proportionalitätsgrenze und Elastizitätsgrenze
sämtlich zusammenfallen. Diese Versuche zeigten auch, daß die Werte
der oberen Fließgrenze keine stärkere Variation von Prüfkörper zu
Prüfkörper des gleichen Materials aufwiesen als die der unteren Fließgrenze. Es wurde daher gefolgert, daß die von anderen Forschern be-
richteten nicht vorherbestimmbaren Variationen in den Werten der
oberen Fließgrenze aus Variationen in der Ausmittigkeit der Lasteintragung herrühren und nicht, wie als Deutung vorgeschlagen worden
ist, daher, daß die Erscheinung der oberen Fließgrenze eine Art Instabilität ist, vergleichbar der Erhöhung des Siedepunktes einer Flüssig-
keit bei Fehlen von Kernen, an denen sich Blasen ausbilden können.

Wie von SMITH [24], MORRISON [25] und anderen gezeigt wurde, ist
für einen gegebenen Stahl die Spannungs-Dehnungsbeziehung für Druckbeanspruchung praktisch identisch mit der für Zugbeanspruchung bis
zum Punkt $b$, wo die Verfestigung beginnt.

Die Erscheinung des Fließens von Baustahl ist von sehr komplexem
Charakter. Es ist wohlbekannt, daß das Fließen von der Ausbildung
von LÜDERSschen Linien begleitet wird, die einen Winkel von 45° mit
der Prüfkörperachse bilden. MUIR und BINNIE [26] zufolge ist es wahrscheinlich, daß das Material innerhalb der LÜDERSschen Linien einer
beträchtlichen Gleitung unterlaufen ist, entsprechend einem Sprung in
der Dehnung von $a$ bis $b$ in Abb. 1.3b. Diese Auffassung wird durch
die Dehnungs-Ätzfiguren von JEVONS [27] gestützt, die sehr deutlich
die Ausbreitung der Fließzonen von den Enden zugbeanspruchter Prüfkörper zeigten, von wo das Fließen stets seinen Ausgang nahm infolge
der Spannungskonzentrationen an den Klemmstellen der Prüfkörper.
Anerkennung dieses Gesichtspunktes bedeutet, daß die Längsdehnung
in einer plastizierten Faser entlang der Faser unstetig variiert, und eine
Spannungs-Dehnungsbeziehung, wie in Abb. 1.3b dargestellt, kann nur
durchschnittliche Dehnungen über einen endlichen Abschnitt repräsentieren und keine örtlichen Dehnungen.

Die Spannungs-Dehnungsbeziehung wird oft durch Vernachlässigung
der Verfestigung und des BAUSCHINGER-Effekts bei Entlastung idealisiert, was zu einer Beziehung der in Abb. 1.4a dargestellten Art führt.
Obgleich der obere Fließeffekt eine sehr reale Erscheinung ist, ver-
schwindet er nach Kaltreckung und ist oft im Material von Walzprofilen nicht vorhanden. Ferner wird später gezeigt, daß er keinen Einfluß
auf den Wert des vollen plastischen Momentes hat. Wenn er vernach-

lässigt wird, dann nimmt die Spannungs-Dehnungsbeziehung die in
Abb. 1.4b dargestellte Form an, die oft als die ideal-plastische Beziehung bezeichnet wird.

Die Vernachlässigung der Verfestigung in diesen idealisierten Beziehungen ist etwas schwierig zu rechtfertigen angesichts der Tatsache,

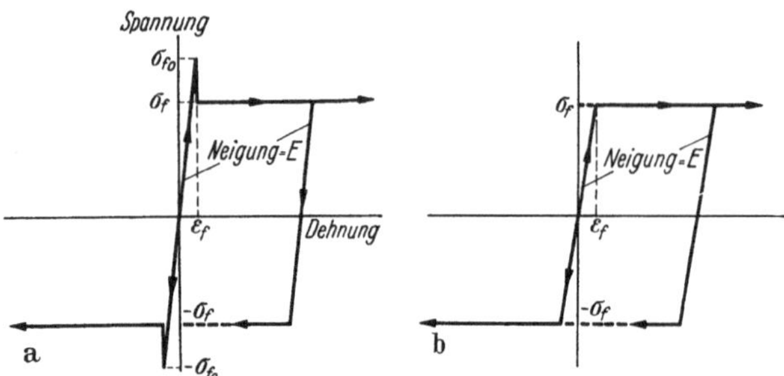


Abb. 1.4a u. b. Spannungs-Dehnungsbeziehungen bei Vernachlässigung der Verfestigung. a Idealisierte Spannungs-Dehnungsbeziehung, b Ideal-plastische Spannungs-Dehnungsbeziehung

daß die Dehnungen in vielen Traggliedern tatsächlicher Tragwerke
sicherlich in den Verfestigungsbereich eintreten werden. Jedoch liegt
der durch Vernachlässigung der Spannungserhöhung bei der Verfestigung eingeführte Fehler auf der sicheren Seite, und in Kap. 5 wird gezeigt, daß dieser Fehler im allgemeinen sehr klein ist.

## 1.4 Ermittlung voller plastischer Momente für Träger aus Baustahl

Wenn als Spannungs-Dehnungsbeziehung für das Material eines gegebenen Trägers eine der in Abb. 1.4 dargestellten idealisierten Beziehungen angenommen wird, können die Änderungen der Spannungsverteilung über den Querschnitt eines Trägers unter einem stetig anwachsenden Biegemoment ohne Schwierigkeit verfolgt werden, und es
ist ohne weiteres möglich, die Hypothese eines vollen plastischen Momentes zu erklären. Der Einfachheit halber wird angenommen, daß die
Spannungs-Dehnungsbeziehung von der in Abb. 1.4b gezeigten ideal-
plastischen Art ohne obere Fließgrenze ist. Weiterhin wird die Annahme
getroffen, daß diese Beziehung für jede einzelne Faser des Trägers gilt.
Angesichts der diskontinuierlichen Natur des Fließvorganges erfordert
diese Annahme experimentelle Bestätigung; zahlreiche Forscher, insbesondere RODERICK und PHILLIPS [28] haben eine derartige Bestätigung für das Zutreffen dieser Annahme erbracht. Außer diesen Annahmen werden die üblichen Annahmen der BERNOULLI-EULERschen
Theorie der Biegung getroffen. Somit wird in erster Linie angenommen,

daß der Träger reiner Momentenbiegung unterworfen wird, so daß
Quer- und Längskräfte nicht vorhanden sind. Die Formänderungen
und Dehnungen werden als klein angenommen, so daß andere als die
Normalspannungen in Längsrichtung vernachlässigt werden können.
Ebene Querschnitte werden als eben bleibend vorausgesetzt, so daß die
Längsdehnung linear mit dem Abstand von einer Nullinie variiert.
Schließlich werden zu einer Achse in der Ebene der Biegung symmetri-
sche Querschnitte zugrunde gelegt. Diese Voraussetzung vereinfacht die
Berechnung bedeutend und entspricht vielen Fällen der Praxis.

Betrachtet werde ein Träger, dessen Querschnitt eine Symmetrieachse
hat, wie in Abb. 1.5 a dargestellt. $O$ ist der Schwerpunkt des Querschnit-

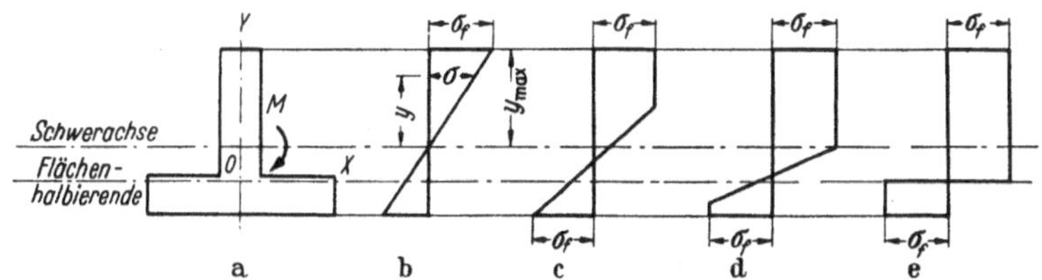


Abb. 1.5a–e. Spannungsverteilungen in einem elastisch-plastischen Träger. a Querschnitt, b Spannungsverteilung bei Fließbeginn, c Spannungsverteilung mit Fließen auf einer Seite der Nullinie,
d Spannungsverteilung mit Fließen auf beiden Seiten der Nullinie, e Vollplastische Spannungsverteilung

tes und $OY$ die Symmetrieachse. Der Träger wird durch Endmomente $M$
in der Ebene gebogen, die die Trägerachse und $OY$ enthält. Die Achse
$OX$ in der Ebene des Querschnittes ist die Nullinie für elastisches Verhalten des Trägers. Wenn der Träger anfänglich spannungsfrei ist und
das Biegemoment stetig von Null ausgehend erhöht wird, variieren die
Längsdehnung $\varepsilon$ und die Normalspannung $\sigma$ beide linear mit dem Abstand $y$ von der Nullinie, während die größte Spannung noch unterhalb
der Fließspannung $\sigma_f$ liegt, so daß das Verhalten vollkommen elastisch
ist. Die Spannungsverteilung bei Erreichen der Fließgrenze $\sigma_f$ in den
höchstbeanspruchten Fasern ist in Abb. 1.5 b dargestellt. Innerhalb des
elastischen Bereiches variieren die Längsspannung $\sigma$ und -dehnung $\varepsilon$
über den Querschnitt gemäß den üblichen elastischen Beziehungen

$$\varepsilon = y\left(\frac{1}{R} - \frac{1}{R_0}\right) \tag{1.3}$$

$$\sigma = E\varepsilon = \frac{My}{I}, \tag{1.4}$$

wobei $R$ den Krümmungsradius nach Eintragung der Biegemomente $M$
bedeutet, $R_0$ den ursprünglichen Krümmungsradius und $I$ das Trägheitsmoment des Querschnittes um die Achse $OX$.

Gemäß Gl. (1.4) tritt die größte Spannung in der Faser auf, für die $y$ seinen größten Wert $y_{\max}$ hat. Somit wird die bei vollständig elastischem Verhalten auftretende größte Spannung $\sigma_{\max}$ gegeben durch

$$\sigma_{\max} = \frac{M y_{\max}}{I} = \frac{M}{Z} \, ,$$

wobei

$$Z = \frac{I}{y_{\max}} \, .$$

Die Größe $Z$ ist das elastische Widerstandsmoment. Wird das Biegemoment, bei dem die Fließspannung zuerst erreicht wird, wie in Abb. 1.5 b, mit $M_f$ bezeichnet, so folgt, daß dieses *Fließmoment* gegeben wird durch

$$M_f = Z \, \sigma_f. \tag{1.5}$$

Wenn das Biegemoment über das Fließmoment hinaus erhöht wird, nimmt die Dehnung in den äußersten Fasern über den in Abb. 1.4 b bezeichneten Wert $\varepsilon_f$ zu, so daß plastisches Fließen in einem Bereich erfolgt, der diese äußersten Fasern einschließt. Die damit eintretende Spannungsverteilung über den Querschnitt ist in Abb. 1.5 c wiedergegeben, die den Fall darstellt, bei dem die Fließgrenze $\sigma_f$ gerade am unteren Trägerrand erreicht ist. Die Nullinie verläuft nicht mehr durch den Schwerpunkt $O$, sondern nimmt eine Lage an, die durch die Bedingung festgelegt wird, daß die resultierende Längskraft im Querschnitt Null sein muß. In der einfachen Theorie wird angenommen, daß die Begrenzungslinien im Querschnitt zwischen dem mittleren elastischen Kern und dem äußeren plastischen Bereich oder Bereichen zu $OX$ parallele Gerade sind; wie HILL [29] gezeigt hat, trifft das nicht exakt zu.

Im Falle eines Querschnittes mit einer zweiten Symmetrieachse, die dann mit der Schwerachse $OX$ übereinstimmen muß, bilden sich beide plastischen Zonen gleichzeitig aus und haben gleiche Flächen, so daß die Nullinie weiterhin durch den Schwerpunkt verläuft.

Eine weitere Erhöhung des Biegemomentes über den Wert hinaus, der der in Abb. 1.5 c dargestellten Spannungsverteilung entspricht, verursacht das Eindringen des Fließens in den Querschnitt vom unteren Trägerrand aus, sowie die weitere Verbreiterung der oberen Fließzone, wie in Abb. 1.5 d gezeigt. Wenn sich die beiden Fließzonen schließlich treffen, ist die Spannungsverteilung wie in Abb. 1.5 e dargestellt. Dies ist der Zustand voller Plastizität, und das zugehörige Biegemoment ist das volle plastische Moment. Wenn diese Spannungsverteilung erreicht ist, wird die Krümmung unendlich groß geworden sein; denn die Dehnung muß sich bei einer unendlich kleinen Änderung von $y$ an der Nullinie von $\varepsilon_f$ auf $-\varepsilon_f$ ändern. Gl. (1.3) ist noch gültig, wenn der Ursprung von $y$ an der Nullinie angesetzt wird, und es ergibt sich, daß $R$ damit Null sein muß.

Auf dieser Grundlage ist die Fließgelenk-Hypothese unmittelbar erklärt; denn wenn die Krümmung an einem Querschnitt des Trägers unendlich groß würde, könnte an diesem Trägerquerschnitt auf einem unendlich kleinen Trägerabschnitt eine endliche Neigungsänderung eintreten, was einer Gelenkwirkung entspricht. In Wirklichkeit kann jedoch die in Abb. 1.5 e dargestellte volle Plastizierung nicht erreicht werden, da die Dehnungen in den äußeren Fasern über einer bestimmten Krümmung hinreichend groß würden, um Verfestigung hervorzurufen. Weiterhin würden zusätzliche Radialspannungen hervorgerufen werden, da eine nur durch an den Enden normal zum Faserquerschnitt angreifende Zug- oder Druckkräfte beanspruchte Faser sich in radialer Richtung nicht im Gleichgewicht befände. Somit ist das aus der vollplastischen Spannungsverteilung berechnete volle plastische Moment als eine Näherung für das Moment anzusehen, bei dem in der Praxis mit der Entstehung großer Krümmungen an dem Querschnitt, an dem dieses Moment erreicht wird, etwas einer Gelenkwirkung sehr Ähnliches eintreten wird. Wie aus Abb. 1.1 a hervorgeht, tritt bei Trägern aus Baustahl tatsächlich keine wirkliche Gelenkwirkung auf. Alles, was gesagt werden kann, ist, daß innerhalb eines kleinen Belastungsbereiches die Neigung der Last-Ausbiegungskurve ziemlich abrupt verringert wird. MAIER-LEIBNITZ [2] errechnete für diesen Träger das volle plastische Moment aus der vollplastischen Spannungsverteilung unter Verwendung eines Wertes für $\sigma_f$, der das Mittel der für vier aus den Trägerflanschen geschnittenen Zug-Prüfkörpern bestimmten Fließgrenze war. Die in der Abbildung angegebene rechnerisch ermittelte Traglast von 14,7 t entspricht dem Erreichen dieses vollen plastischen Momentes in Trägermitte, und diese Last gibt eine genügend genaue Anzeige der etwas undeutlich definierten Last, über der große Durchbiegungen des Trägers entstanden. Versuchsergebnisse dieser Art stützen den Begriff eines bei dem vollen plastischen Moment entstehenden Fließgelenkes; da dieses Moment bei wirklichen Trägern selten scharf definiert ist, reicht für praktische Fälle eine näherungsweise Bestimmung seines Wertes hin.

Der Wert des vollen plastischen Momentes kann ohne weiteres aus der Fließgrenze $\sigma_f$ und Form und Abmessungen des Querschnittes ermittelt werden. Da die resultierende Längskraft Null ist, muß die Nullinie im vollplastischen Zustand die Querschnittsfläche halbieren, so daß die resultierenden Längszug- und -druckkräfte beide gleich $\frac{1}{2} F\sigma_f$ sind, wobei $F$ die gesamte Querschnittsfläche bedeutet. Wenn die beiden gleichen Flächen, in die der Querschnitt geteilt ist, Schwerpunkte $G_1$ und $G_2$ in der Entfernung $\bar{y}_1$ bzw. $\bar{y}_2$ von der Nullinie haben, wie in Abb. 1.6 a, wirken die resultierenden Kräfte durch $G_1$ und $G_2$, und das volle plastische Moment wird gegeben durch

$$M_p = \frac{1}{2} F \sigma_f (\bar{y}_1 + \bar{y}_2).\tag{1.6}$$

Wird das *plastische Widerstandsmoment* $Z_p$ durch die Beziehung $M_p = Z_p\sigma_f$ definiert, so folgt

$$Z_p = \frac{1}{2} F (\bar{y}_1 + \bar{y}_2).\tag{1.7}$$

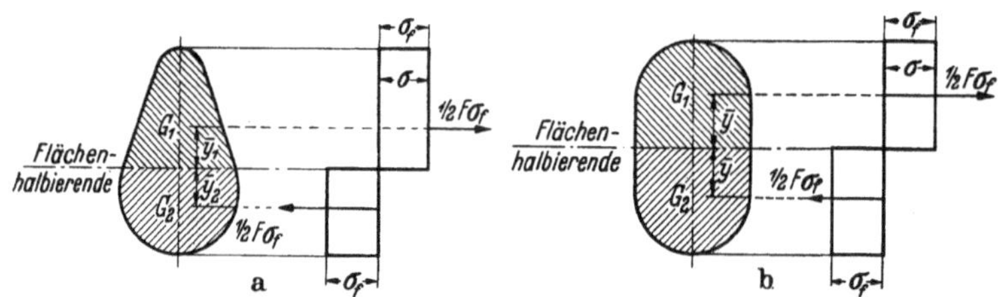


Abb. 1.6a u. b. Vollplastische Spannungsverteilungen. a Vollplastische Spannungsverteilung für Querschnitt mit einer Symmetrieachse, b Vollplastische Spannungsverteilung für Querschnitt mit zwei Symmetrieachsen

Wenn der Querschnitt eine zweite Symmetrieachse hat, wie in Abb. 1.6 b, sind $\bar{y}_1$ und $\bar{y}_2$ beide gleich $\bar{y}$, so daß

$$M_p = F\bar{y}\sigma_f.\tag{1.8}$$

Für einen Rechteckquerschnitt von der Breite $b$ und der Höhe $h$, der um eine Achse parallel den Seiten der Breite $b$ gebogen wird, ist $F = bh$ und $\bar{y} = \frac{h}{4}$, so daß das volle plastische Moment ist

$$M_p = \frac{1}{4} b h^2\sigma_f,\tag{1.9}$$

ein Resultat, das zuerst von Saint-Venant [30] erhalten wurde. Zur Bestimmung des Fließmomentes $M_f$, bei dem die Fließspannung in den Randfasern gerade erreicht wird, wird festgestellt, daß $I = \frac{1}{12} b h^3$ und $y_{\max} = \frac{1}{2} h$, so daß $Z = \frac{1}{6}bh^2$ und

$$M_f = \frac{1}{6} bh^2\sigma_f.\tag{1.10}$$

Für diesen Querschnitt ist damit $\dfrac{M_p}{M_f}$ gleich 1,5. Das Verhältnis $\dfrac{M_f}{M_p}$ wird *Formbeiwert* genannt und mit $\alpha$ bezeichnet, so daß

$$\alpha = \frac{M_p}{M_f} = \frac{Z_p}{Z},\tag{1.11}$$

dieses Verhältnis ist einzig eine Funktion der Gestalt des Querschnittes.

Ein handelsübliches I-Profil kann idealisiert werden durch Betrachtung der Flanschen als Rechtecke der Breite $b$ und der Dicke $t_2$ und des

Steges als Rechteck der Höhe $(h - 2t_2)$ und der Stärke $t_1$, wie in Abb. 1.7 gezeigt. Für den idealisierten Querschnitt kann leicht abgeleitet werden, daß elastisches und plastisches Widerstandsmoment, $Z$ und $Z_p$, gegeben werden durch

$$Z = \frac{1}{h}\left[\frac{1}{3}\,b\,t_2{}^3 + bt_2\,(h - t_2)^2 + \frac{1}{6}\,t_1\,(h - 2t_2)^3\right] \qquad (1.12)$$

$$Z_p = bt_2\,(h - t_2) + \frac{1}{4}\,t_1\,(h - 2t_2)^2 \qquad (1.13)$$

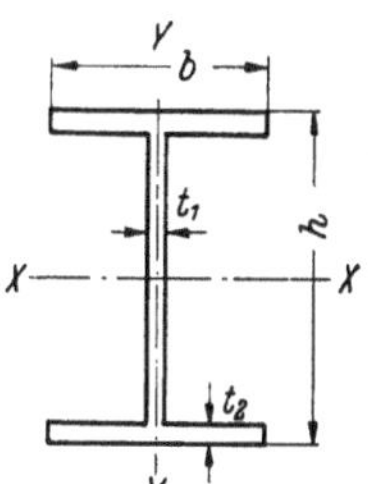


Abb. 1.7. Idealisierter I-Querschnitt

Die unter Verwendung dieser Idealisierung berechneten Formbeiwerte $\alpha$ differieren nur geringfügig von den genauen Werten. HORNE [31] hat unter Zugrundelegung der tatsächlichen Querschnittsform genaue Werte von $Z_p$ für britische Normen-Träger berechnet.

Der Einfluß der Längskraft auf das volle plastische Moment wird in Kap. 6 behandelt.

Der Wert des Formbeiwertes für um die Achse des größten Trägheitsmomentes gebogene britische Normen-Träger variiert von 1,12 bis 1,18 mit einem Durchschnittswert von 1,15. Der durchschnittliche Formbeiwert für amerikanische Breitflanschprofile ist etwa 1,14.

Formeln für die Werte von $Z_p$ und $\alpha$ für einige der gebräuchlicheren Tragteil-Querschnitte sind in Tab. 1.1 zusammengestellt. Die Form des Ausdruckes für $Z_p$ für den Fall eines um die Achse des kleinsten Trägheitsmomentes gebogenen [-Profiles ist von der Lage der Flächenhalbierungsachse $YY$ abhängig. Bei den meisten [-Profilen ist die Fläche des Steges nicht sehr verschieden von der Summe der Flanschflächen, und so kann die Flächenhalbierungsachse gerade innerhalb oder gerade außerhalb des Steges liegen. Für den Sonderfall, in dem diese Achse mit der Innenkante des Steges zusammenfällt, kann eine einfache Formel für $Z_p$ angegeben werden, und der Einfachheit halber ist dies das einzige in der Tafel angegebene Resultat für ein um die Achse des kleinsten Trägheitsmomentes gebogenes [-Profil.

Wäre die Existenz einer oberen Fließgrenze $\sigma_{fo}$ berücksichtigt, also das idealisierte Spannungs-Dehnungsdiagramm der Abb. 1.4 a zugrunde gelegt worden, so wären die Spannungsverteilungen der Abb. 1.5 b, c und d abgeändert worden, so daß sie eine lineare Spannungsverteilung im elastischen Kern ansteigend bis zu einem Maximalwert $\sigma_{fo}$ an den elastisch-plastischen Grenzen aufweisen mit einer dann abrupt auf den Wert $\sigma_f$ fallenden Spannung, welche über die plastischen Bereiche konstant bleibt. Das Fließmoment hätte damit den Wert $Z\sigma_{fo}$ anstatt von $Z\sigma_f$, wie durch Gl. (1.5) gegeben. Jedoch bliebe die Spannungsverteilung von Abb. 1.5 e ungeändert; denn die Breite des elastischen Kernes hat bei voller Plastizierung auf Null abgenommen. Es folgt, daß der Wert

des vollen plastischen Momentes, das aus der vollplastischen Spannungsverteilung errechnet wird, vom Wert der oberen Fließgrenze unbeeinflußt bleibt und allein vom Wert der unteren Fließgrenze $\sigma_f$ abhängt.

Tabelle 1.1
Plastische Widerstandsmomente und Formbeiwerte für verschiedene Stabprofile

| Querschnitt | Plastisches Widerstandsmoment $Z_p$ | Formbeiwert $\alpha$ |
|---|---|---|
| Rechteck | $\frac{1}{4}bh^2$ | 1,5 |
| Näherung für I-Querschnitt | Achse $X-X$ <br> $bt_2(h-t_2) + \frac{1}{4}t_1(h-2t_2)^2$ | Etwa 1,15 für britische Normen-Träger |
| | Achse $Y-Y$ <br> $\frac{1}{2}b^2t_2 + \frac{1}{4}(h-2t_2)t_1^2$ | Etwa 1,67 für britische Normen-Träger |
| Vollkreis | $\frac{1}{6}d^3$ | $\dfrac{16}{3\pi} = 1,70$ |
| dünnwandiges Rohr | $\frac{1}{6}d^3\left[1 - \left(1 - \dfrac{2t}{d}\right)^3\right]$ <br> $t \ll d;\ td^2$ | $t = \frac{1}{10}d, \alpha = 1,40$ <br> $t \ll d,\ \alpha = 1,27$ |
| Näherung für [-Querschnitt | Achse $X-X$ <br> wie für I-Querschnitt um $X-X$ | Etwa 1,17 für britische Normen-Profile |
| | Achse $Y-Y$ <br> $\frac{1}{2}bht_1$ für den Fall, <br> bei dem $ht_1 = 2(b-t_1)t_2$ | $t_1 = 0,15\,b$, <br> $\alpha = 1,80$ |

Ein Punkt von beträchtlichem Interesse ist, daß das volle plastische
Moment eine definitive Grenze für den Wert des Biegemomentes dar-
stellt, ohne Rücksicht auf das mögliche Vorhandensein induzierter
Restspannungen, beispielsweise durch vorherige Biegung in den teil-

weise plastischen Bereich. Das folgt aus der Gegebenheit, daß die Spannung in keiner Faser den Wert $\sigma_f$ überschreiten kann; damit entspricht die vollplastische Spannungsverteilung dem größten möglichen Biegemoment, das entwickelt werden kann. Weiterhin kann nur bei Erreichen dieser Spannungsverteilung die Krümmung unendlich groß werden, so daß sich ein plastisches Gelenk bilden kann; denn bei jeder anderen Verteilung muß es einen elastischen Kern geben mit einer entsprechend begrenzten Änderungsrate der Spannung und somit der Dehnung als Funktion des Abstandes von der Nullinie. Es folgt, daß sich ungeachtet von irgendeiner beliebigen Restspannungsverteilung über den Querschnitt vor der Belastung ein plastisches Gelenk nur bilden kann, wenn das volle plastische Moment erreicht ist [32].

Die vorstehenden Untersuchungen setzten voraus, daß die einzigen wirkenden Spannungen die längsgerichteten Normalspannungen infolge Biegung sind. In nahezu allen praktischen Fällen werden jedoch zusätzlich zu dem Biegemoment auf den Querschnitt wirkende Quer- und Längskräfte vorhanden sein. Diese werden den Wert des vollen plastischen Momentes in einem Ausmaß abändern, das oft vernachlässigbar ist, aber in jedem Falle können diese Einflüsse berechnet und, wo erforderlich, berücksichtigt werden. Eine vollständige Besprechung dieser und anderer verwandter Einflüsse erfolgt im Kap. 6.

Da der Wert des vollen plastischen Momentes proportional der unteren Fließgrenze ist, ist offenbar, daß die Faktoren, die die untere Fließgrenze beeinflussen, auch auf den Wert des vollen plastischen Momentes Einfluß nehmen. Der Wert des vollen plastischen Momentes ist also auch abhängig von Einflüssen wie Zusammensetzung und Wärmebehandlung des Materials, Lasteintragungsgeschwindigkeit und solchen Effekten wie Alterung. Die Einflüsse dieser Faktoren werden ebenfalls in Kap. 6 erörtert.

## 1.5 Fließgelenkhypothese für andere Baustoffe

Es gibt keinen Grund, warum die plastischen Verfahren nicht auf Rahmentragwerke aus anderen bildsamen Metallen als Baustahl angewendet werden könnten, — vorausgesetzt, daß ihre Eigenschaften sich in hinreichender Übereinstimmung mit den in Abschn. 1.2 festgestellten grundlegenden Hypothesen befinden. Dieser Frage ist bisher verhältnismäßig wenig Aufmerksamkeit geschenkt worden, aber es gibt wenig Zweifel, daß bestimmte Leichtmetallegierungen geeignete Eigenschaften besitzen. Beispielsweise hat PANLILIO [33] Zug- und Druckversuche mit einer repräsentativen Auswahl von Aluminium- und Magnesiumlegierungen durchgeführt zusammen mit Versuchen an Trägern auf zwei und drei Stützen. Eine typische Last-Durchbiegungskurve für einen gezogenen 7,5 cm I-Träger (4 mm Stegstärke) aus 61 ST Aluminiumlegierung ist in Abb. 1.8 wiedergegeben. Es ist ersichtlich, daß das Verhalten des Trägers sehr gut durch die Fließgelenkhypothese beschrieben werden könnte. Tatsächlich fällt der Vergleich mit der in Abb. 1.1 a dargestellten Last-Durchbiegungskurve eines Baustahl-Trägers recht günstig aus.

Da die Elastizitätsmoduli der Leichtmetalllegierungen viel kleiner als der Wert für Baustahl sind, werden die vor dem Versagen entstandenen Ausbiegungen beträchtlich größer sein als die von ähnlichen Stahl-Rahmentragwerken, und es besteht eine größere Wahrscheinlichkeit, daß Instabilitäts-Versagen vor dem Erreichen der rechnungsmäßigen plastischen Traglast eintritt. Diesen Umständen sollte sorgfältige Betrachtung zugewendet werden, bevor die einfache plastische Theorie auf biegesteife Stabwerke aus Leichtmetallegierungen angewendet wird. Ein weiterer Punkt ist, daß die Bildsamkeit von Leichtmetallegierungen oft geringer als die von Baustahl ist. Beispielsweise liegt die Bruchdehnung beim Zugversuch bei vielen Baustählen zwischen 25 bis 50%, bei einigen Leichtmetallegierungen aber bei 10% oder noch weniger. Die Anwendbarkeit der einfachen plastischen Theorie erfordert eine hinreichende Bildsamkeit des Materials, damit die Voraussetzung von bei näherungsweise gleichbleibendem Biegemoment ohne Bruch eintretenden großen Fließgelenkverdrehungen nicht verletzt wird. Bei einigen seiner Versuche fand PANLILIO, daß Brüche bei Durchbiegungen eintraten, die ziemlich geringen Verdrehungen der plastischen Gelenke entsprachen.

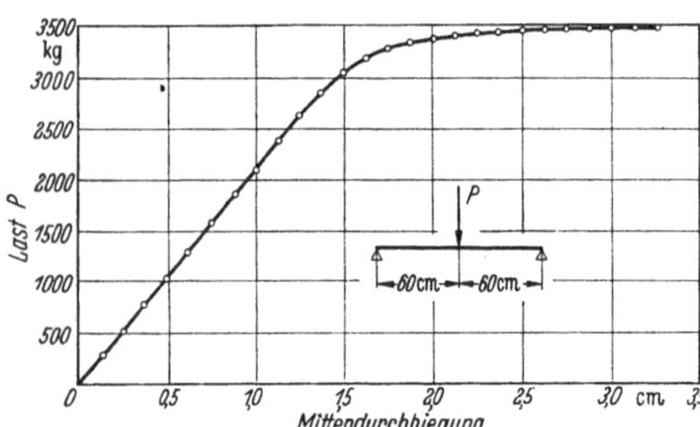


Abb. 1.8. Last-Durchbiegungsbeziehung für Träger aus Leichtmetall-Legierung

## Literatur


[1] BAKER, J. F.: A review of recent investigations into the behaviour of steel frames in the plastic range. J. Instn. Civ. Engrs., 31, 188 (1949)

[2] MAIER-LEIBNITZ, H.: Versuche mit eingespannten und einfachen Balken von I-Form aus St. 37. Bautechnik, 7, 313 (1929)

[3] ANONYM: Load factors for structural steelwork. Engineering. 167, 38 (1949)

[4] BAKER, J. F., M. R. HORNE u. J. HEYMAN: The Steel Skeleton, Vol. 2. Cambridge University Press 1956

[5] KETTER, R. L., L. S. BEEDLE u. B. G. JOHNSTON: Column strength under combined bending and thrust. Weld. J., Easton, Pa., 31, 607-s (1952)

[6] KETTER, R. L., E. L. KAMINSKY u. L. S. BEEDLE: Plastic deformation of wide-flange beam-columns. Proc. Amer. Soc. Civ. Engrs., Sep. No. 330 (1953)

[7] BAKER, A. L. L.: Further research in reinforced concrete, and its application to ultimate load design. Proc. Instn. Civ. Engrs., 2 (Part. III), 269 (1953)

[8] KAZINCZY, G.: Kisérletek befalazott tartókkal (Versuche mit eingespannten Trägern). Betonszemle, 2, 68 (1914). [Für einige Bemerkungen über die frühe Arbeit von Kazinczy s. N. J. HOFF. Weld. J., Easton. Pa., 33, 14-s (1954)]

[9] KIST, N. C.: Leidt een Sterkteberekening, die Uitgaat van de Evenredigheid van Kracht en Vormverandering, tot een goede Constructie van Ijzeren Bruggen en gebouwen? Inaugural Dissertation, Polytechnic Institute, Delft 1917

[10] GRÜNING, M.: Die Tragfähigkeit statisch unbestimmter Tragwerke aus Stahl bei beliebig häufig wiederholter Belastung. Berlin: Springer 1926

[11] MAIER-LEIBNITZ, H.: Beitrag zur Frage der tatsächlichen Tragfähigkeit einfacher und durchlaufender Balkenträger aus Baustahl St. 37 und aus Holz. Bautechnik, 6, 11 (1928)

[12] BLEICH, F : Stahlhochbauten, ihre Theorie, Berechnung, und bauliche Gestaltung. Vol. I, Chap. XI, Berlin: Springer 1932

[13] GIRKMANN, K.: Bemessung von Rahmentragwerken unter Zugrundelegung eines ideal-plastischen Stahles. S. B. Akad. Wiss. Wien (Abt. IIa), 140, 679 (1931)

[14] MAIER-LEIBNITZ, H.: Versuche, Ausdeutung und Anwendung der Ergebnisse. Prelim. Pubn. 2nd Congr. Intern. Assn. Bridge and Struct. Engng., 97, Berlin (1936)

[15] VAN DEN BROEK, J. A.: Theory of Limit Design. Trans. Amer. Soc. Civ. Engrs. 105, 638 (1940)

[16] VAN DEN BROEK, J. A.: Theory of Limit Design. New York: John Wiley, London: Chapman & Hall 1948

[17] BAKER, J. F., u. J. W. RODERICK: An experimental investigation of the strength of seven portal frames. Trans. Inst. Weld., 1, 206 (1938)

[18] JOHNSTON, B. G., C. H. YANG u. L. S. BEEDLE: An evaluation of plastic analysis as applied to structural design. Weld. J., Easton, Pa., 32, 224-s (1953)

[19] BEEDLE, L. S.: Plastic strength of steel frames. Proc. Amer. Soc. Civ. Engrs., 81, Paper No. 764 (1955)

[20] BAKER, J. F.: The design of steel frames. Struct. Engr., 27, 397 (1949)

[21] GREENBERG, H. J., u. W. PRAGER: On limit design of beams and frames. Trans. Amer. Soc. Civ. Engrs., 117, 447 (1952). [Zuerst veröffentlicht als Tech. Rep. A 18-1, Brown Univ. (1949)]

[22] HORNE, M. R.: Fundamental propositions in the plastic theory of structures. J. Instn. Civ. Engrs., 34, 174 (1950)

[23] BAUSCHINGER, J.: Die Veränderungen der Elastizitätsgrenze. Mitt. mech.-techn. Lab. Techn. Hochschule, München 1886

[24] SMITH, C. A. M.: Compound stress experiments. Proc. Instn. Mech. Engrs., Parts 3 and 4, 1237 (1909)

[25] MORRISON, J. L. M.: The yield point of mild steel with particular reference to the effect of size of specimen. Proc. Instn. Mech. Engrs., 142, 193 (1939)

[26] MUIR, J., u. D. BINNIE: The overstraining of steel by bending. Engineering, 122, 743 (1926)

[27] JEVONS, J. D.: Stress distribution in mild steel as indicated by special etching. Engineering, 123, 155 (1927)

[28] RODERICK, J. W., u. I. H. PHILLIPS: The carrying capacity of simply supported mild steel beams. Research (Engng. Struct. Suppl.) Colston Papers, 2, 9 (1949)

[29] HILL, R.: Plasticity, Chap. IV. Oxford University Press (1950)

[30] NAVIER, L.: Resumé des Leçons, 3rd Ed., 175. Paris: Dunod 1864. (s. Artikel von Saint-Venant)

[*31*] Horne, M. R.: The plastic moduli of British Standard rolled steel joists. Brit. Weld. Res. Assn. Report, FE 1/33 (1953)

[*32*] Baker, J. F., u. M. R. Horne: The effect of internal stresses on the behaviour of members in the plastic range. Engineering, **171**, 212 (1951)

[*33*] Panlilio, F.: The theory of limit design applied to magnesium alloy and aluminium alloy structures. J. Roy. Aero. Soc., **51**, 534 (1947)

## Übungsaufgaben*

1. Bestätige die in Tab. 1.1 angegebenen Resultate für die plastischen Widerstandsmomente eines um die Achse des kleinsten Trägheitsmomentes gebogenen I-Querschnitts und eines Vollkreis-Querschnitts.

2. Das Biegemoment an einem bestimmten Querschnitt eines Trägers von Rechteckquerschnitt, Höhe $h$, ist $0{,}88\,M_p$. Ermittle die Höhe des elastischen Kernes unter Annahme nicht vorhandener oberer Fließgrenze. Bestimme unter Annahme elastischen Verhaltens bei Entlastung die größte Restspannung für auf Null reduziertes Biegemoment. Bestätige, daß das Biegemoment dann zwischen den Werten $0{,}88\,M_p$ und $0{,}453\,M_p$ im entgegengesetzten Sinn variieren kann, ohne daß weiteres Fließen eintritt. (Dieses Ergebnis zeigt, daß der elastische Bereich des Biegemomentes auf dem Wert $1{,}333\,M_p = 2\,M_f$ bleibt, welcher der elastische Bereich des ursprünglich spannungsfreien Querschnitts ist).

3. Ein $15 \times 15 \times 1$ cm T-Querschnitt kann als aus zwei Rechtecken zusammengesetzt angesehen werden: Flansch von $15 \times 1$ cm und Steg von $14 \times 1$ cm. Für Biegung um eine Achse rechtwinklig zum Steg ist das elastische Widerstandsmoment $57{,}5$ cm³. Bestimme den entsprechenden Wert des Formbeiwertes.

4. Ein Träger von quadratischem Querschnitt, Seite $b$, besteht aus einem Material, dessen Druckfließgrenze $1{,}5\,\sigma_f$ ist, wobei $\sigma_f$ die Zugfließgrenze darstellt. Bestimme die Lage der Nullinie für die vollplastische Spannungsverteilung und den Wert des vollen plastischen Momentes.

5. Zeige, daß ein Träger mit einem Querschnitt nach Aufgabe 3 und dem Material gemäß Aufgabe 4 zwei verschiedene plastische Momente hat in Abhängigkeit davon, ob das freie Stegende zug- oder druckbeansprucht ist, und bestimme das Verhältnis dieser vollen plastischen Momente.

* Lösungen der Übungsaufgaben sind auf Seite 303 gegeben.

## Kapitel 2

## Einfache Fälle des plastischen Bruches

### 2.1 Einführung

Aufgabe der plastischen Traglasttheorie ist die Bestimmung der Lastintensität, bei der die Formänderungen des Tragwerkes unter konstant bleibenden Lasten zunehmen; die Fließgelenkhypothese bildet die Grundlage der Traglastberechnung biegesteifer Stabwerke. Es wurde gezeigt, daß bei stetigem Anwachsen der Belastung eines statisch bestimmten Stabwerkes, wie beispielsweise eines Trägers auf zwei Stützen, der plastische Bruch mit der Bildung eines einzigen Fließgelenkes eintritt, da das Tragwerk dadurch zu einer zwangsläufigen kinematischen Kette wird, die sich unter gleichbleibender Belastung zu verformen fortfahren kann. Im Gegensatz dazu versagt ein statisch unbestimmtes Stabwerk, beispielsweise ein eingespannter Träger, im allgemeinen nicht, wenn sich das erste Fließgelenk am höchstbeanspruchten Querschnitt bildet, da dieses Gelenk nicht zur Bildung einer kinematischen Kette hinreicht. Damit können weitere Laststeigerungen vom Tragwerk aufgenommen werden. Während dieser weiteren Belastung verdreht sich das erste Fließgelenk, wobei das Biegemoment konstant auf dem vollplastischen Wert bleibt. Unter Umständen bildet sich ein weiteres Fließgelenk; wenn dieses in Verbindung mit dem ersten Gelenk eine Bewegung des Tragwerkes als kinematische Kette zuläßt, tritt das Versagen ein. Wenn das nicht der Fall ist, können die Lasten noch weiter zunehmen, wobei Verdrehungen an beiden Fließgelenken eintreten. Schließlich resultiert dieser Prozeß der sukzessiven Bildung und Verdrehung von Fließgelenken in der Entstehung einer hinreichenden Anzahl von Gelenken, um das Tragwerk in eine kinematische Kette zu überführen, und damit tritt das Versagen unter konstant bleibenden Lasten ein.

Wie im Kap. 3 gezeigt wird, ist es möglich, die plastische Traglast und die zugehörige Bruchkette für ein gegebenes Tragwerk auf direkte Weise zu bestimmen, ohne Berücksichtigung der Folge, in der sich die Fließgelenke bei der Laststeigerung bis zur Traglast bilden. Tatsächlich beruht die Einfachheit der plastischen Verfahren auf der Tatsache, daß direkte Berechnungen dieser Art angestellt werden können. Nichtsdestoweniger bildet eine gründliche Kenntnis des Vorganges, durch den die an der Bruchkette eines Tragwerkes beteiligten plastischen Gelenke unter stetig anwachsenden Lasten sukzessive gebildet werden, eine wesentliche Voraussetzung für das Studium der plastischen Verfahren selbst. Demgemäß widmet sich dieses Kapitel einem Studium dieses Vorganges.

Untersucht wird das Verhalten von drei Tragwerken unter stetig anwachsenden Lasten. Diese Tragwerke sind ein durch eine mittig eingetragene Einzellast belasteter Träger auf zwei Stützen, ein eingespannter Träger unter gleichförmig verteilter Belastung und auch einer mittig angreifenden Einzellast und ein rechteckiger Portalrahmen, der durch horizontale und vertikale Einzellasten beansprucht wird. Gewisse vereinfachende Annahmen werden getroffen betreffend die Beziehungen zwischen Biegemoment und Krümmung für die Bauteile dieser Tragwerke. Es ist dann möglich, ihr Verhalten bei Anwachsen der Lasten mittels eines schrittweisen Berechnungsverfahrens zu verfolgen. Wie gezeigt werden wird, sind schrittweise Berechnungen mühselig, so daß ein derartiges Vorgehen als Grundlage für ein Verfahren der plastischen Tragwerksberechnung von geringem Wert sein würde, obgleich durch Berechnungen dieser Art stets ein Wert für die plastische Traglast für ein gegebenes Tragwerk gefunden werden könnte. Es muß eingangs hervorgehoben werden, daß diese schrittweisen Berechnungen keine Beziehung mit den auf die plastische Theorie gegründeten verbindet; ihr Zweck ist lediglich die Veranschaulichung der Art des Verhaltens einiger einfacher Tragwerke unter stetig anwachsenden Lasten.

Das Verfahren der schrittweisen Berechnung wird auch zum Aufzeigen zweier wichtiger Fakten betreffend plastische Traglasten verwendet, nämlich, daß der Wert der plastischen Traglast innerhalb weiter Grenzen unbeeinflußt von dem Vorhandensein von Restspannungen infolge irgendwelcher Ursachen in dem unbelasteten Tragwerk ist, oder von der Reihenfolge, in der die verschiedenen Lastkomponenten auf die Werte, die das Versagen herbeiführen, gesteigert werden. Es wird dargelegt, daß diese Ergebnisse in der Tatsache begründet liegen, daß der Wert der plastischen Traglast, wenn einmal die Bruchkette bekannt ist, einfach aus den statischen Gleichgewichtsbedingungen in Verbindung mit der Kenntnis der vollen plastischen Momente an den Fließgelenkstellen errechnet werden kann. Es wird gezeigt, wie derartige Berechnungen für die betrachteten einfachen Tragwerksformen angestellt werden können. Alternative Ableitungen der plastischen Traglasten, die sich auf eine Betrachtung der Kinematik der Bruchkette gründen, werden ebenfalls angegeben. Abschließend wird aufgezeigt, daß diese direkten Berechnungen der plastischen Traglasten die Kenntnis der tatsächlichen kinematischen Kette des Bruchzustandes voraussetzen, obgleich es für alle außer den einfachsten Tragwerken mehrere mögliche Bruchketten geben wird. Deshalb ist es notwendig, einige Prinzipe zur Verfügung zu haben, mittels derer die tatsächliche kinematische Kette des Bruchzustandes aus all den möglichen Bruchketten herausgefunden werden kann; diese Prinzipe und ihre Anwendung bilden den Gegenstand der Kap. 3 und 4.

## 2.2 Träger auf zwei Stützen

In diesem ganzen Kapitel wird vorausgesetzt, daß jeder Stab des betrachteten Tragwerkes eine elastische Biegesteifigkeit $EI$ hat und sich elastisch verhält bis das volle plastische Moment von der Größe $M_p$ erreicht ist, so daß die Beziehung zwischen Biegemoment und Krümmung von der in Abb. 2.1 dargestellten Form ist. Diese *ideale* Biegemomenten-Krümmungsbeziehung wird so angenommen, daß die folgenden illustrativen Berechnungen mit verhältnismäßig einfachen Methoden durchgeführt werden können. Der qualitative Charakter der erhaltenen Ergebnisse bliebe ungeändert, wenn der allgemeinere Typ der Biegemomenten-Krümmungsbeziehung nach Abb. 1.2 angenommen würde, bei dem ein beschränkter Betrag plastischen Fließens eintritt, bevor das volle plastische Moment erreicht wird.

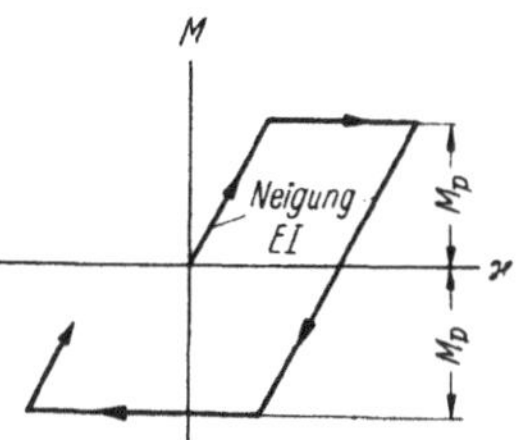


Abb. 2.1. Ideale Biegemomenten-Krümmungsbeziehung

Das erste zu betrachtende Tragwerk ist ein Träger von gleichförmigem Querschnitt auf zwei Stützen mit der Stützweite $l$ unter der Einwirkung einer Einzellast in Trägermitte wie in Abb. 2.2 a dargestellt. Das Biege-

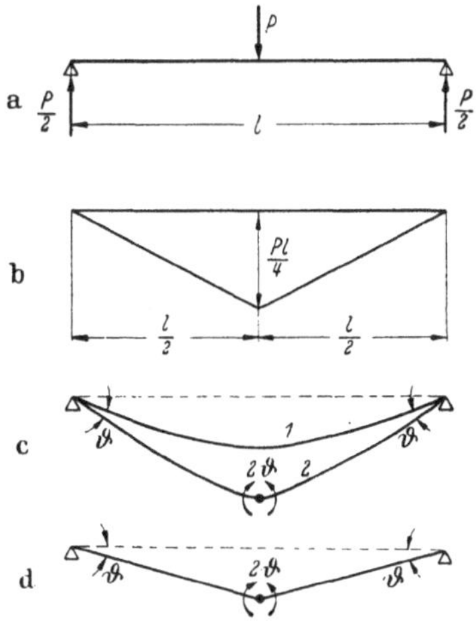

a Belastung

b Biegemomentendiagramm

c 1 Elastische Biegelinie $P = P_c$
  2 Biegelinie beim Versagen

d Durchbiegungsänderungen während des Versagens
  Plastisches Gelenk: •

Abb. 2.2 a–d. Träger auf zwei Stützen mit mittiger Einzellast

momentendiagramm für diesen Träger ist in Abb. 2.2 b gezeigt, das maximale positive Biegemoment in Trägermitte ist $\frac{1}{4} Pl$. Da der Träger statisch bestimmt ist, ist die Form dieses Diagrammes unabhängig von den Eigenschaften des Trägers und insbesondere von der Biegemomenten-Krümmungsbeziehung.

Wenn die Last $P$ stetig von Null anwachsen gelassen wird, verhält sich der Träger zuerst elastisch. Bei einem bestimmten Wert der Last erreicht das Biegemoment in Trägermitte schließlich einen Wert $M_p$, wobei sich unter der Last ein Fließgelenk bildet. Eine weitere Laststeigerung ist nicht möglich, wenn die Gleichgewichtsbedingungen erfüllt bleiben sollen; denn das Biegemoment kann nicht über den Wert $M_p$ ansteigen. Jedoch kann das Fließgelenk gemäß der Hypothese bei Gleichbleiben des Biegemomentes, und daher der Last, Verdrehungen um einen beliebigen Winkel unterlaufen. Der Träger kann somit fortfahren, sich infolge dieser Gelenkwirkung unter konstanter Last durchzubiegen und versagt auf diese Weise durch plastischen Bruch. Die Last, bei der dieser Fall eintritt, wird plastische Traglast genannt und mit $P_c$ bezeichnet; ihr Wert wird durch Gleichsetzen der Größe des Mitten-Biegemomentes mit dem vollen plastischen Moment bestimmt, was ergibt:

$$\frac{1}{4} P_c l = M_p$$

$$P_c = \frac{4 M_p}{l} \tag{2.1}$$

Da das Biegemoment an jedem außer dem Mitten-Querschnitt kleiner als $M_p$ ist, bleibt der Träger überall außer in der Mitte elastisch, und die Konstanz der Last und daher der Biegemomente während des Versagens bedeutet Gleichbleiben der Krümmungen. Die *Zunahmen* der Durchbiegung *während* des Versagens rühren daher allein aus der Verdrehung am mittleren Fließgelenk her. Dieser Effekt ist in Abb. 2.2 c illustriert. Die Kurve *1* ist die Biegelinie des Trägers unmittelbar beim Erreichen der Traglast $P_c$, aber bevor am Fließgelenk in Trägermitte irgendeine Verdrehung eingetreten ist. Die Kurve *2* stellt die ausgebogene Form des Trägers nach Verdrehung des Fließgelenkes um einen willkürlichen Winkel $2\vartheta$ dar. Die gekrümmte *Gestalt* jeder Trägerhälfte ist im Falle *2* die gleiche wie im Falle *1*. Abb. 2.2 d zeigt die *Änderungen* der Durchbiegung, die *während* des Versagens eingetreten sind, und gibt den Unterschied zwischen den Durchbiegungen im Falle *2* und *1* an; jede Trägerhälfte ist in dieser Abbildung gerade. Da Abb. 2.2 d die während des Versagens eintretenden Durchbiegungsänderungen angibt, die einzig aus der Verdrehung des Fließgelenkes in Trägermitte herrühren, kann gesagt werden, daß sie die *Bruchkette* für diesen einfachen Fall darstellt.

Die Mittendurchbiegung des Trägers bei Erreichen der Traglast, aber vor Verdrehung des plastischen Gelenkes, läßt sich ohne weiteres ermitteln. Die elastische Mittendurchbiegung $\delta$ eines gleichförmigen Trägers auf zwei Stützen unter einer in Trägermitte eingetragenen Einzellast $P$ ist $\frac{P l^3}{48 E I}$ . Die Mittendurchbiegung $\delta_c$ bei Erreichen der Traglast wird daher unter Verwendung von Gl. (2.1) gegeben durch

$$\delta_c = \frac{P_c\, l^3}{48\, EI} = \frac{M_p\, l^2}{12\, EI}\ .$$

Das Verhalten des Trägers kann nun in einem Diagramm zusammengefaßt werden, das die in Trägermitte angreifende Last $P$ auf die Mittendurchbiegung $\delta$ bezieht. Diese Last-Durchbiegungsbeziehung ist in
Abb. 2.3 als $Oab$ dargestellt. In dieser Abbildung bedeutet $Oa$ das Verhalten im elastischen Bereich und $ab$ das plastische Versagen unter

gleichbleibender Last, wobei die Zunahme
der Durchbiegung von $a$ nach $b$ als $\frac{l}{2}\,\vartheta$ dargestellt ist wie in der kinematischen Kette der
Abb. 2.2 d.

Wenn die Durchbiegungen sehr groß sind,
wird die Last teilweise durch direkten Zug
in den beiden Trägerhälften aufgenommen.
Einflüsse dieser Art sind jedoch insofern als
sekundär anzusehen, als sie in praktischen
Fällen nicht wesentlich werden, ehe die
Durchbiegungen ziemlich übermäßig sind.

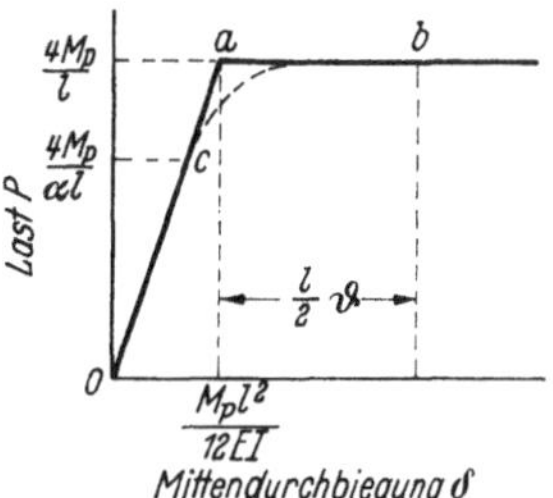

Abb. 2.3. Last-Durchbiegungsbeziehung f. Träger auf zwei Stützen

Die in Abb. 2.3 bei $c$ beginnende strichlierte Kurve zeigt qualitativ,
wie sich das Last-Durchbiegungsdiagramm ändern würde, wenn die
Biegemomenten-Krümmungsbeziehung nicht in der in Abb. 2.1 gezeigten idealisierten Form angenommen wird. Wenn das Fließmoment
$M_f$ kleiner als das volle plastische Moment $M_p$ ist, so daß die Biegemomenten-Krümmungsbeziehung die allgemeinere Form von Abb. 1.2
hat, würde das elastische Verhalten bei $c$, wenn das Mitten-Biegemoment
gleich $M_f$ ist, zuende sein. Mit $M_f = \dfrac{M_p}{\alpha}$, wobei $\alpha$ der Formbeiwert
ist, ist die Last $P_f$, bei der das elastische Verhalten aufhört und das erste
Fließen einsetzt, $\dfrac{P_c}{\alpha}$ oder $\dfrac{4M_p}{\alpha l}$. Bei diesem Lastwert wird die Fließspannung in den Randfasern des Mitten-Querschnittes gerade erreicht.
Bei weiterer Laststeigerung breitet sich das Fließen an diesem Querschnitt nach innen gegen die Nullinie zu aus und ebenfalls entlang der
Trägerachse; denn das Fließmoment würde dann auch in Querschnitten
bis zu einer gewissen Entfernung von der Trägermitte erreicht. Die
Mittendurchbiegung würde je Einheit des Lastzuwachses schneller
zunehmen bis schließlich das volle plastische Moment in Trägermitte
bei demselben Wert von $P$ wie vorher erreicht wird, worauf das Versagen
eintreten würde. Daraus geht hervor, daß der Wert der Traglast durch
die Annahme der idealisierten Biegemomenten-Krümmungsbeziehung
nicht beeinflußt wird, daß die vor dem Versagen entstandenen Durchbie-

**3***

gungen aber von der besonderen Form der angenommenen Biegemomenten-Krümmungsbeziehung abhängen. Ebenfalls ist zu bemerken,
daß bei Walzstahlträgern die Verfestigung während des Versagens
einen geringen Lastanstieg mit zunehmender Durchbiegung zuläßt
(s. Abb. 1.1 a).

Bei diesem einfachen Beispiel ist das Verhältnis der Traglast $P_c$ zur
Fließlast $P_f$ gleich dem Formbeiwert $\alpha$. Das Verhältnis von $P_c$ zu $P_f$
ist für jeden beliebigen statisch bestimmten Träger oder Rahmen stets
gleich $\alpha$, da die Biegemomentenverteilung in einem derartigen Tragwerk
sich allein aus den Gleichgewichtsbedingungen ergibt. Das größte Biegemoment für ein gegebenes Tragwerk unter gegebener Belastung ist
proportional der Last und seine Stelle ist unabhängig von dem Wert
der Last. Fließen tritt ein, wenn dieses größte Biegemoment gleich $M_f$ ist,
und das Versagen erfolgt, wenn es gleich $M_p$ ist; denn die Einführung
eines einzigen Gelenkes ist stets hinreichend, um ein derartiges Tragwerk
in eine zwangsläufige kinematische Kette zu überführen. Es folgt, daß
das Verhältnis von $P_c$ zu $P_f$ das gleiche ist wie das Verhältnis von $M_p$
zu $M_f$, welches definitionsgemäß der Formbeiwert $\alpha$ ist. Weiterhin ist
klar, daß die plastische Traglast für ein beliebiges statisch bestimmtes
Tragwerk durch Konstruktion des Biegemomentendiagramms und
Gleichsetzung des maximalen Biegemomentes mit dem vollen plastischen
Moment erhalten werden kann. Dieses Verfahren beruht wesentlich auf
statischen Betrachtungen. Es ist von beträchtlicher Bedeutung, daß die
plastische Traglast auch durch ein *kinematisches* Verfahren bestimmt
werden kann, wie zuerst von HORNE [1] aufgezeigt wurde. Die *Änderungen* von Durchbiegung und Gelenkverdrehung während einer willkürlichen Bewegung der Bruchkette sind wie in Abb. 2.2 d dargestellt.
Während des Versagens erfolgt keine Änderung der im Träger gespeicher-
ten elastischen Formänderungsenergie, da die Biegemomentenverteilung
ungeändert bleibt. Somit muß die bei einer kleinen Bewegung der Bruchkette von der Last geleistete Arbeit gleich der im plastischen Gelenk
absorbierten Energie sein, da die Bewegung quasi statisch ist. Bei der
Bewegung der zwangsläufigen kinematischen Kette von Abb. 2.2 d
bewegt sich die Last $P_c$ durch eine Entfernung $\frac{l}{2}\vartheta$ und leistet die Arbeit
$\frac{1}{2}P_c l\vartheta$. Die Verdrehung am Fließgelenk, wo das Biegemoment $M_p$ ist,
ist $2\vartheta$, so daß die im Gelenk absorbierte Energie $2M_p\vartheta$ ist. Aus der
Gleichsetzung von geleisteter und absorbierter Arbeit ergibt sich

$$\frac{1}{2}P_c l\,\vartheta = 2\,M_p\vartheta,$$

$$P_c = \frac{4\,M_p}{l}.$$

was mit Gl. (2.1) übereinstimmt.

## 2.3 Eingespannter Träger

Nun wird das Verhalten eines eingespannten Trägers unter gleichförmig verteilter Belastung betrachtet. Der Träger wird als von gleichförmigem Querschnitt und von der Länge $l$ angenommen, die Gesamtlast sei $P$, wie in Abb. 2.4 a dargestellt. Dieses Problem unterscheidet sich von dem eben betrachteten dadurch, daß es nun eine *überzählige Größe* in dem System gibt. Als überzählige Größe können die in Abb. 2.4 a mit $M_E$ bezeichneten gleichgroßen negativen Einspannmomente an den Trägerenden angesetzt werden.

Bei stetiger Laststeigerung von Null an ist das Verhalten zunächst vollkommen elastisch, und das Biegemomentendiagramm hat die in Abb. 2.4 b gezeigte Form. Ein bequemes Verfahren zur Konstruktion dieses Biegemomentendiagrammes ist, zuerst das *freie Biegemomentendiagramm* zu zeichnen, das die Biegemomentenverteilung $M^{(F)}$ für Endmomente $M_E = 0$ darstellt. Dies ist das Biegemomentendiagramm für den als gelenkig gelagert angenommenen Träger, es ist eine Parabel, deren Mitten-Ordinate $\frac{1}{8} Pl$ gemessen von einer Bezugslinie ist. Das hier verwendete Vorzeichenübereinkommen ist, daß Biegemomente, die an der Trägerunterseite Zug erzeugen, als positiv gelten und durch Ordinaten unterhalb der Bezugslinie dargestellt werden. Das tatsächliche Biegemoment $M$ an einem beliebigen Querschnitt des Trägers muß die Summe des freien Biegemomentes $M^{(F)}$ und des *Einspannmomentes* $M^{(R)}$ sein. Wenn also das Einspannmomenten-Diagramm mit umgekehrtem Vorzeichen des Einspannmomentes aufgetragen wird, gibt die Differenz der Ordinaten der beiden Biegemomentendiagramme das tatsächliche Biegemoment an, da

$$M = M^{(F)} + M^{(R)} = M^{(F)} - (- M^{(R)}).$$

Im elastischen Bereich sind die überzähligen Endmomente $M_E$ beide negativ und von gleicher Größe $\frac{1}{12} Pl$, so daß das Einspannmoment $M^{(R)}$ an jedem Querschnitt gleich $- \frac{1}{12} Pl$ ist. Das Einspannmomenten-Diagramm mit umgekehrtem Vorzeichen stellt somit ein gleichförmiges positives Moment $\frac{1}{12} Pl$ dar, wie in Abb. 2.4 b gezeigt. Dieses Einspannmomenten-Diagramm kann als die Bezugslinie angesehen werden, von der das tatsächliche Biegemoment als Ordinate zum freien Momentendiagramm gemessen wird. Das Biegemoment in Trägermitte ergibt sich als $\frac{1}{24} Pl$ positiv.

Das elastische Verhalten ist zu Ende, wenn die Endbiegemomente, die die größten im Träger vorkommenden Momente sind, den Wert $-M_p$ erreichen, so daß sich an den Trägerenden Fließgelenke bilden. Der zugehörige Wert der Last $P$, der Fließlast genannt und mit $P_f$ bezeichnet wird, wird gegeben durch

$$-\frac{P_f l}{12} = -M_p$$

$$P_f = 12\,\frac{M_p}{l}\,. \tag{2.2}$$

Bei der Fließlast ist das positive Biegemoment in Trägermitte $\dfrac{P_f l}{24}$ oder $\tfrac{1}{2}M_p$. Die Mitten-Durchbiegung $\delta$ im elastischen Bereich ist $\dfrac{Pl^3}{384\,EI}$, so daß die Mitten-Durchbiegung $\delta_f$ bei der Fließlast unter Verwendung von Gl. (2.2) gegeben wird durch

$$\delta_f = \frac{P_f l^3}{384\,EI} = \frac{M_p l^2}{32\,EI}\,. \tag{2.3}$$

Wenn die Last um einen kleinen Betrag $\Delta P$ über $P_f$ gesteigert wird, tritt Verdrehung der beiden plastischen Gelenke an den Trägerenden ein, während das Biegemoment an jedem dieser Gelenke konstant auf dem Wert $M_p$ bleibt. Die *Änderungen* des Biegemomentes an den Träger-

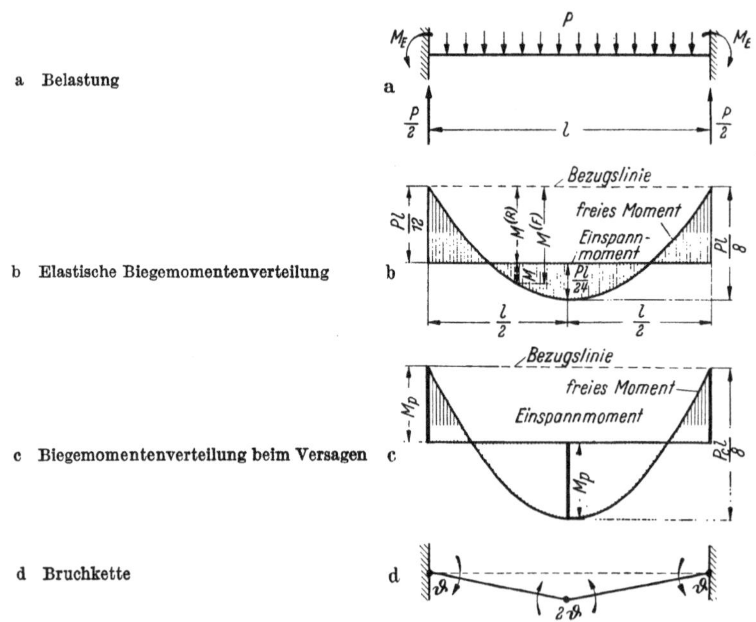


Abb. 2.4 a–d. Eingespannter Träger mit gleichförmig verteilter Belastung

enden sind daher während dieses Vorganges Null. Die durch Erhöhung der Last von $P_f$ auf $P_f + \Delta P$ verursachten Änderungen des Biegemomentes über den Träger müssen daher den Biegemomenten gleich sein, die durch Eintragung der Last $\Delta P$ im gleichen Träger hervorgerufen würden, wenn dieser an seinen Enden gelenkig gelagert wäre. Dies folgt daraus, daß im letzteren Falle die Endmomente bei freier Verdrehbarkeit der Trägerenden notwendig Null bleiben. Der wesentliche Punkt ist, daß der Träger zwei gleichgroße statisch überzählige Größen besitzt, wenn $P$ kleiner als $P_f$ ist, und die Endmomente $M_E$ aus der geometrischen Verträglichkeitsbedingung bestimmt werden, daß der Träger an den Enden die Neigung Null besitzt. Wenn jedoch $P$ den Wert $P_f$ übersteigt, wird der Träger statisch bestimmt, da die Endmomente dann gleich $-M_p$ sind. Dies folgt auch aus der Tatsache, daß die Einspannmomentenlinie in diesem Falle in einer Entfernung $M_p$ unterhalb der Bezugslinie gezeichnet werden kann, so daß die Biegemomentenverteilung für den ganzen Träger bekannt ist. Die bekannten Werte der Endmomente könnten dann verwendet werden, um die Verdrehungen der Fließgelenke an den Trägerenden zu ermitteln, wenn erforderlich. Somit werden durch die Bildung der Endgelenke die Endmomente bekannt, aber die direkte Kenntnis der Neigung an den Trägerenden wird verloren.

Die Biegemomentenverteilung für einen Träger auf zwei Stützen von der Länge $l$ unter einer gleichförmig verteilten Last $\varDelta P$ ist parabolisch, das maximale positive Biegemoment in Trägermitte ist $\frac{1}{8}\varDelta Pl$. Für den eingespannten Träger war das Mitten-Biegemoment bei der Fließlast $P_f$ gleich $\frac{1}{2}M_p$, so daß eine Erhöhung der Last um $\varDelta P$ über $P_f$ dieses Biegemoment auf $\frac{1}{2}M_p + \frac{1}{8}\varDelta Pl$ erhöhen würde. Dieser *Bereich*, in dem sich Verdrehungen der plastischen Gelenke an den Trägerenden fortsetzen, während der übrige Träger sich elastisch verhält, hört auf, wenn das positive Biegemoment in Trägermitte gleich $M_p$ wird. Der Lastzuwachs $\varDelta P$, der erforderlich ist, um dieses Moment auf den Wert $M_p$ zu bringen, wird gegeben durch

$$\frac{1}{2}M_p + \frac{1}{8}\varDelta Pl = M_p$$

$$\varDelta P = \frac{4\,M_p}{l} \tag{2.4}$$

Bei Verwendung von Gl. (2.2) ergibt sich, daß die auf den Träger wirkende Gesamtlast bei Erreichen dieser Bedingung $P_f + \varDelta P = \dfrac{16\,M_p}{l}$ ist, die Biegemomentenverteilung ist wie in Abb. 2.4 c dargestellt. Bei dieser Last bildet sich in Trägermitte ein plastisches Gelenk, und es ist offensichtlich, daß keine weitere Laststeigerung möglich ist, ohne daß der Wert des vollen plastischen Momentes $M_p$ an den Trägerenden oder in Trägermitte überschritten wird. Tatsächlich versagt der Träger bei dieser Last durch plastischen Bruch, denn die Bildung eines Gelenkes in Trägermitte reduziert das Tragwerk auf eine zwangsläufige kinematische Kette. Diese kinematische Kette ist in Abb. 2.4 d wiedergegeben, sie ist ähnlich der für den im vorhergehend betrachteten Träger auf zwei

Stützen, wie in Abb. 2.2 d gezeigt. Der einzige Unterschied zwischen diesen beiden kinematischen Ketten ist, daß die an den Enden des eingespannten Trägers vorkommenden Fließgelenke die gelenkige Lagerung ersetzen, die im vorhergehenden Beispiel die Verdrehung unter dem Biegemoment Null zulassen. Da der Träger sich außer an den Stellen, wo das Biegemoment von der Größe $M_p$ ist, elastisch verhält, treten während des Versagens in den beiden Trägerabschnitten zwischen den Fließgelenken keine Krümmungsänderungen ein; denn die Biegemomentenverteilung bleibt ungeändert. Daher stellt die in Abb. 2.4 d gezeigte kinematische Kette die *Änderungen* der Verformung dar, die während des plastischen Bruches infolge zusätzlicher Verdrehungen $\vartheta$ der Endgelenke eintreten.

Die Traglast für diesen Träger, die mit $P_c$ bezeichnet wird, hat somit den Wert $16\,\dfrac{M_p}{l}$ ; dieses Ergebnis wurde zuerst von KAZINCZY [2] angegeben. Es ist von Interesse, den Wert der Durchbiegung in Trägermitte $\delta_c$ zu bestimmen, der entstanden ist, wenn $P$ gerade den Wert $P_c$ erreicht, aber bevor eine Verdrehung des plastischen Gelenkes in Trägermitte erfolgt ist. Das geschieht durch Feststellung, daß die Mittendurchbiegung eines Trägers auf zwei Stützen von der Länge $l$ unter gleichförmig verteilter Belastung $P$ den Wert $\dfrac{5\,Pl^3}{384\,EI}$ hat. Damit wird die Änderung der Mittendurchbiegung $(\delta_c - \delta_f)$ bei Laststeigerung von $P_f$ auf $P_c$, das heißt Lastzunahme um $\dfrac{4\,M_p}{l}$ gegeben durch

$$\delta_c - \delta_f = \frac{5\,(P_c - P_f)\,l^3}{384\,EI} = \frac{5\,M_p\,l^2}{96\,EI}\ .$$

Aus Gl. (2.3) folgt, daß

$$\delta_c = \frac{M_p\,l^2}{32\,EI} + \frac{5\,M_p\,l^2}{96\,EI} = \frac{M_p\,l^2}{12\,EI}\ .$$

Das Verhalten des Trägers kann in übersichtlicher Weise in einem Diagramm zusammengefaßt werden, das die Mittendurchbiegung auf die Last bezieht wie in Abb. 2.5. In dieser Abbildung ist die Last-Durchbiegungsbeziehung für den Träger unter Zugrundelegung der idealisierten Momenten-Krümmungsbeziehung *Oabc*. *Oa* stellt das elastische Verhalten dar, *ab* gibt den Zustand wieder, bei dem sich die Fließgelenke an den Trägerenden verdrehen, und das plastische Versagen erfolgt entlang *bc*. Die strichlierte Linie *Odec* stellt den Typ der Last-Durchbiegungsbeziehung dar, die sich ergäbe, wenn das Fließmoment $M_f$ des Trägers nicht mit dem vollen plastischen Moment $M_p$ zusammenfällt. Das elastische Verhalten würde bei $d$ aufhören, wo die Last $\dfrac{12\,M_p}{\alpha\,l}$ ist mit $\alpha$ als Formbeiwert des Trägers. Bei dieser Last würden die Randfasern des Trägers an seinen Enden gerade die Fließspannung erreichen, aber Fließgelenke würden nicht entstehen bis die Last soweit angestiegen ist, daß die negativen Endbiegemomente von $M_f$ auf $M_p$ angewachsen sind. Die Last-Durchbiegungskurve würde sich also allmählich krümmen bis sie mehr oder weniger parallel zu $ab$ wird. Das Fließmoment würde in Trägermitte bei $e$ erreicht werden, und schließlich bildet sich bei der gleichen Last wie zuvor ein plastisches Gelenk in Trägermitte.

Diese Last-Durchbiegungsbeziehung ist typisch für einen Träger oder Rahmen mit einer überzähligen Größe. Wenn sich bei der Fließlast das erste plastische Gelenk bildet (in diesem Falle ein symmetrisches Gelenkpaar) ist das Tragwerk für weitere Laststeigerungen statisch bestimmt geworden, und die dann eintretenden Fließgelenkverdrehungen verursachen eine Verringerung der Neigung der Last-Durchbiegungsbeziehung. Das Versagen tritt nicht ein,

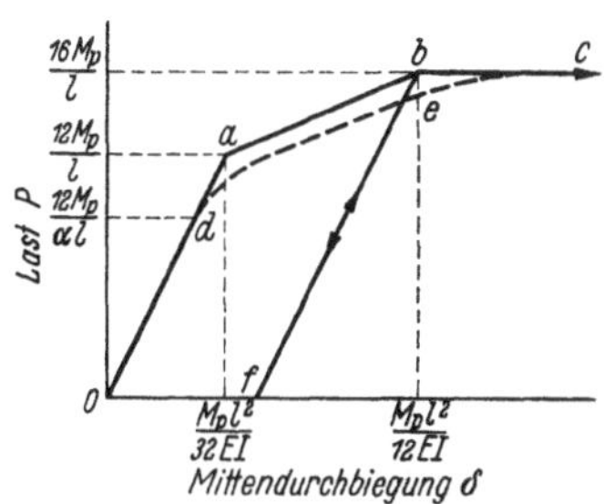

Abb. 2.5. Last-Durchbiegungsbeziehung für eingespannten Träger

bevor sich ein weiteres Fließgelenk bildet und das Tragwerk in eine kinematische Kette verwandelt. Im allgemeinen wird noch eine Erhöhung der Last über den Fließwert erforderlich sein, um das Moment an der letzten Fließgelenkstelle auf den vollplastischen Wert zu bringen.

Das Verhalten des eingespannten Trägers unterscheidet sich somit grundlegend von dem Verhalten des Trägers auf zwei Stützen, für den in Abb. 2.3 eine typische Last-Durchbiegungsbeziehung wiedergegeben ist. Hier führt die Bildung eines einzigen Fließgelenkes das Versagen herbei, und das Verhältnis der Traglast $P_c$ zur Fließlast $P_f$ ist das gleiche wie das Verhältnis des vollen plastischen Momentes $M_p$ zum Fließmoment $M_f$, welches gleich dem Formbeiwert $\alpha$ ist. Bei dem eben betrachteten eingespannten Träger ist jedoch die Fließlast $P_f$ unter Berücksichtigung des Einflusses des Formbeiwertes $\dfrac{12\,M_p}{\alpha\,l}$, während die Traglast $P_c$ gleich $\dfrac{16\,M_p}{l}$ ist, so daß das Verhältnis von $P_c$ zu $P_f$ den Wert $\tfrac{4}{3}\alpha$ hat. Der größere Bereich zwischen Fließ- und Traglasten für den eingespannten Träger ist eine Folge der in diesem Falle vorhandenen statischen Unbestimmtheit.

### *Verhalten bei Entlastung*

Wenn die auf den Träger wirkende Last nach Eintreten einer gewissen Verdrehung der Fließgelenke an den Trägerenden entfernt wird, wird die Verdrehung an diesen Gelenken aufhören und das Verhalten während der Entlastung wäre vollkommen elastisch entsprechend der angenommenen Biegemomenten-Krümmungsbeziehung von Abb. 2.1. Als Beispiel wird angenommen, daß die Last bis auf den Traglastwert $16\dfrac{M_p}{l}$ anwachsen gelassen und dann entfernt wird bevor Verdrehung des Fließgelenkes in Trägermitte eingetreten ist. Die Entlastungslinie ist dann $bf$ in Abb. 2.5; diese Linie ist parallel der ursprünglichen elastischen Linie $Oa$ und die Durchbiegung bei $f$ ergibt sich zu $\dfrac{M_p\, l^2}{24\, EI}$. Der Grund für die Existenz dieser Rest-Durchbiegung ist, daß der entlastete Träger nicht mehr frei von Biegemomenten ist. Die Fließgelenkverdrehungen an den Trägerenden bleiben während der Entlastung konstant, so daß, wenn der Träger nach Entlastung an seinen Enden freigemacht würde, dort eine abrupte Neigungsänderung im negativen Sinne vorhanden wäre. Die an den Enden erforderliche Neigung Null wird somit durch die Existenz gleichgroßer positiver Biegemomente an den Trägerenden erreicht. Diese Restmomente können ohne weiteres berechnet werden unter Beachtung, daß das Endbiegemoment im elastischen Bereich $\frac{1}{12}Pl$ negativ ist. Die Entfernung der Last $16\dfrac{M_p}{l}$ verursacht also eine elastische *Änderung* dieses Momentes von $\frac{1}{12}(16\dfrac{M_p}{l})l$, oder $\frac{4}{3}M_p$ positiv, und da dieses Moment am Punkt des Versagens $M_p$ negativ war, ist das Restmoment $\frac{1}{3}M_p$ positiv. Das Mittenbiegemoment im elastischen Bereich ist $\frac{1}{24}Pl$ positiv, so daß die Entfernung der Last $16\dfrac{M_p}{l}$ dieses Moment um $\frac{2}{3}M_p$ im negativen Sinne verändert. Am Punkt des Versagens war dieses Moment gleich $M_p$ positiv, und das Restmoment ist somit $\frac{1}{3}M_p$ positiv in Übereinstimmung mit dem vorherigen Ergebnis.

Die Tatsache, daß durch Vorbelastung in den elastisch-plastischen Bereich hinein Restmomente in ein Tragwerk eingeführt werden können, zeigt, daß das Superpositionsprinzip in solchen Fällen nicht anwendbar ist. Wenn der Träger beispielsweise von Punkt $f$ in Abb. 2.5 aus wiederbelastet würde, verhielte er sich notwendig elastisch entlang $fb$ bis bei $b$ die Traglast erreicht wird, da das elastische Verhalten während der Entlastung umkehrbar ist. Bei einer derartigen Wiederbelastung würden sich die durch eine gegebene Last hervorgerufenen Biegemomente und Durchbiegungen von den bei der Erstbelastung entstehenden unterscheiden, wohingegen bei Gültigkeit des Superpositionsprinzips alle Biegemomente und Durchbiegungen eindeutige lineare Funktionen der eingetragenen Belastung sind. Der Grund für das Versagen des Superpositionsprinzipes in derartigen Fällen ist, daß das HOOKE'sche Gesetz nicht befolgt wird; denn dieses fordert lineare Proportionalität zwischen Biegemoment und Krümmung.

Auf den ersten Blick scheint das ein ernster Nachteil der plastischen Verfahren der Tragwerksberechnung zu sein, denn das Superpositionsprinzip ist bei den üblichen elastischen Verfahren von beträchtlicher Nützlichkeit und Bedeutung. Beispielsweise kann bei Fehlen von Instabilitätseffekten, damit das Superpositionsprinzip anwendbar ist, eine elastische Spannungsberechnung für ein Tragwerk für den Einfluß jeder eingetragenen Last getrennt angestellt werden, und die Ergebnisse können dann überlagert werden zur Bestimmung der für die Spannungen in einem beliebigen gegebenen Querschnitt ungünstigsten Lastkombination. Das ist bei einer elastisch-plastischen Berechnung nicht mehr möglich, selbst wenn Instabilitätseffekte nicht berücksichtigt werden brauchen. Jedoch geht aus Kap. 3 und 4 hervor, daß dieser Nachteil mehr als aufgewogen wird durch die Tatsache, daß die Berechnung der plastischen Traglast für ein gegebenes Tragwerk und gegebene Belastung weit einfacher ist als eine entsprechende Tragwerksberechnung auf elastischer Grundlage.

### *Direkte Berechnung der Traglast*

Es ist ersichtlich, daß es für den vorstehend betrachteten eingespannten Träger nur eine mögliche Bruchkette gibt, die die kinematische Kette von Abb. 2.4 d ist. Daher ist die direkte Bestimmung der Traglast auf einfache Weise möglich, ohne auf das eben angegebene schrittweise Vorgehen zurückgreifen zu müssen. Zwei Verfahren können verwendet werden, die sich auf statische bzw. kinematische Betrachtungen gründen. Das statische Verfahren ergibt sich unmittelbar aus Abb. 2.4 c. Das freie Biegemomentendiagramm wird mit einer maximalen Mitten-Ordinate von $\frac{1}{8} P_c l$ unter der Bezugslinie gezeichnet. Da bekannt ist, daß beim Versagen die Endmomente gleich $-M_p$ und das Mittenmoment gleich $M_p$ sind, ist die Einspannmomentenlinie wie angegeben einzuzeichnen. Die Änderung des Biegemomentes vom Ende zur Mitte des Trägers ergibt sich zu $2 M_p$; aus Gleichsetzung dieses Wertes mit $\frac{1}{8} P_c l$ folgt unmittelbar $P_c = 16 \frac{M_p}{l}$. Dieses Beispiel zeigt den den plastischen Verfahren innewohnenden Vorteil der Schnelligkeit; die zur Bestimmung des Endbiegemomentes $\frac{1}{12} Pl$ für den elastischen Fall erforderlichen Berechnungen sind, verglichen mit dieser trivialen Rechnung, ziemlich langwierig.

Die plastische Traglast kann auch durch Betrachtung der Kinematik der Bruchkette von Abb. 2.4 d gefunden werden. Die vertikale Verschiebung der Mitte des Trägers bei einer kleinen Bewegung der Bruchkette ist $\frac{1}{2} l\vartheta$, und damit beträgt die *durchschnittliche* vertikale Verschiebung der gleichförmig verteilten Belastung $P_c$ die Hälfte dieses Wertes oder $\frac{1}{4} l\vartheta$. Die von der Last geleistete Arbeit ist daher $\frac{1}{4} P_c l\vartheta$. Das Fließgelenk in Trägermitte unterläuft einer Verdrehung der Größe $2\,\vartheta$ im positiven Sinne, das Biegemoment an diesem Gelenk ist positiv und von der Größe $M_p$, so daß die in diesem Gelenk absorbierte Arbeit $2 M_p \vartheta$ ist. Die Verdrehung jedes der beiden Endgelenke ist von der Größe $\vartheta$ im negativen Sinne, das Biegemoment ist negativ und von der Größe $M_p$, so daß die in jedem dieser Gelenke absorbierte Arbeit $M_p \vartheta$ ist. Somit ist die gesamte in den Gelenken absorbierte Arbeit $4 M_p \vartheta$. Gleichsetzung der geleisteten mit der absorbierten Arbeit ergibt

$$\frac{1}{4} P_c\, l \vartheta = 4\, M_p\, \vartheta$$

$$P_c = \frac{16\, M_p}{l}$$

wie im vorhergehenden erhalten. Es ist hervorzuheben, daß die in jedem der plastischen Gelenke absorbierte Arbeit positiv ist ohne Rücksicht auf seinen Verdrehungssinn. Aus physikalischen Gründen ist klar, daß dies stets der Fall sein muß; das geht auch aus Abb. 1.2 hervor, welche zeigt, daß bei Erreichen des vollen plastischen Momentes das Vorzeichen der Krümmung, die dann unendlich wird, mit dem Vorzeichen des vollen plastischen Momentes übereinstimmt.

### Einfluß einer mittigen Einzellast

In Ausnahmefällen können Fließ- und Traglasten zusammenfallen, selbst wenn das Tragwerk statisch unbestimmt ist. Das ist dann der Fall, wenn ein Tragwerk elastisch bleibt, bis sich eine für die Überführung des Tragwerkes in eine zwangsläufige kinematische Kette hinreichende Anzahl von plastischen Gelenken gleichzeitig gebildet hat. Ein einfaches Beispiel ist der Fall eines eingespannten Trägers von gleichförmigem Querschnitt und der Länge $l$, der durch eine mittige Einzellast beansprucht wird, wie in Abb. 2.6 a dargestellt. Die elastische Biegemomentenverteilung ist in Abb. 2.6 b wiedergegeben, die negativen Endbiegemomente und das positive Biegemoment in Trägermitte sind beide von der Größe $\frac{1}{8} Pl$. Es folgt, daß sich dieser Träger elastisch verhalten würde, bis diese Momente auf den Wert $M_p$ angewachsen sind, worauf sich gleichzeitig an den Enden und in der Mitte plastische Gelenke bilden, was den plastischen Bruch herbeiführt. Die Fließlast $P_f$ und die Traglast $P_c$ würden daher beide gleich $\frac{8\, M_p}{l}$ sein. Bei Berücksichtigung des Formbeiwertes würde sich die Fließlast auf $\frac{8\, M_p}{\alpha l}$ redu-

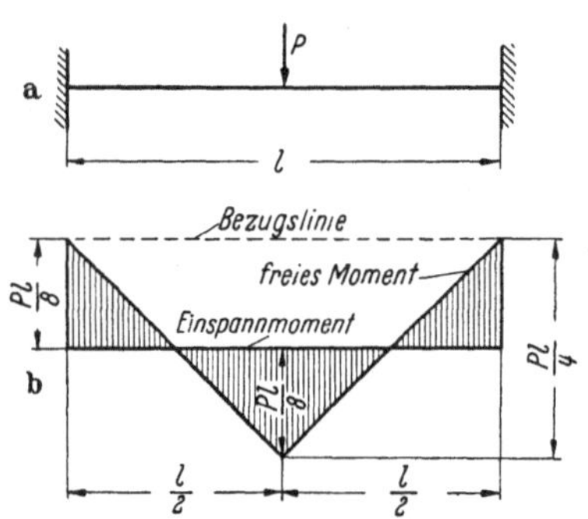


Abb. 2.6 a u. b.
Eingespannter Träger mit mittiger Einzellast

zieren und das Verhältnis von $P_c$ zu $P_f$ wäre dann dasselbe wie im Falle eines Trägers auf zwei Stützen.

## 2.4 Einfluß teilweiser Endeinspannung

Einer der großen Vorteile der plastischen Theorie biegesteifer Stabwerke ist, daß die Werte der plastischen Traglasten nicht von der tatsächlichen Steifigkeit von Knotenverbindungen oder Stützungen abhängig sind. Es ist unmöglich, in der Praxis vollkommene Endeinspannung der in den vorhergehenden Beispielen angenommenen Art zu garantieren, und natürlich wird die elastische Biegemomentenverteilung von dem tatsächlichen Grad der Endeinspannung abhängen. Jedoch ergibt sich aus dem Beispiel von Abb. 2.6 a, daß das Versagen nur in einer Weise, mit plastischen Gelenken an den Enden und in der Mitte des Trägers, eintreten kann. Damit wird unter der Voraussetzung, daß die Endverbindungen in der Lage sind, das volle plastische Moment zu entwickeln, die Traglast eindeutig durch Gleichgewichtsbetrachtungen

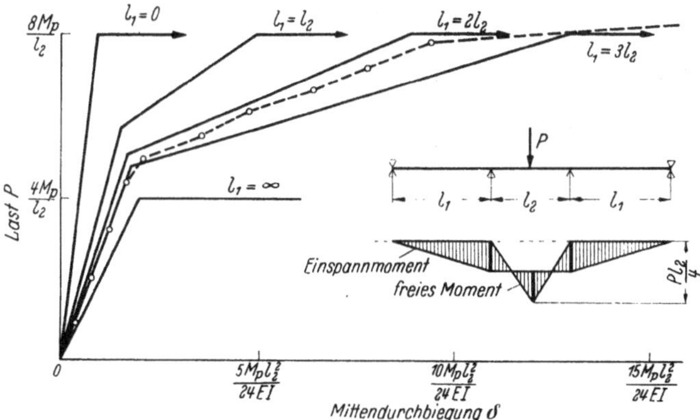


Abb. 2.7. Durchlaufträger auf vier Stützen

bestimmt; das Biegemomentendiagramm beim Versagen ist in Abb. 2.6 b wiedergegeben. Jedoch ist die Last-Durchbiegungsbeziehung vor dem Versagen offensichtlich von dem Grad der Endeinspannung abhängig. Das gleiche Argument ergibt, daß das Sinken von einer oder mehreren der Stützen während der Lasteintragung keinen Einfluß auf den Wert der Traglast haben kann, wie von MAIER-LEIBNITZ [3] aufgezeigt wurde.

Der Einfluß teilweiser Endeinspannung kann am einfachsten anhand der Untersuchung des Falles eines gleichförmigen Durchlaufträgers auf vier Stützen, wie in der Einfügung in Abb. 2.7 gezeigt, demonstriert werden. Hier hat das durch eine mittige Einzellast belastete Mittelfeld die feste Länge $l_2$ und die beiden unbelasteten Außenfelder sind beide von variabler Länge $l_1$. Wenn $l_1$ Null ist, wird das Mittelfeld vollständig eingespannt, und für $l_1$ gleich unendlich ist das Mittelfeld an seinen Enden effektiv frei gestützt. Das Biegemomentendiagramm für den Zustand des Versagens des Mittelfeldes ist in Abb. 2.7 dargestellt; dieses Diagramm unterscheidet sich lediglich von dem der Abb. 2.6 b durch die Zufügung der linearen Variation der Momente in den beiden Außenfeldern. Die Traglast $P_c$ ergibt sich unmittelbar zu $8\,\dfrac{M_p}{l_2}$, sie ist unabhängig von dem Wert von $l_1$.

Im elastischen Bereich tritt das größte Biegemoment unter der Last auf, und Fließlast $P_f$ und Mittendurchbiegung $\delta_f$ beim Fließen ergeben sich zu

$$P_f = \frac{8\,M_p}{l_2}\left[\frac{2\,l_1 + 3\,l_2}{4\,l_1 + 3\,l_2}\right]$$

$$\delta_f = \frac{M_p\,l_2{}^2}{24\,EI}\left[\frac{8\,l_1 + 3\,l_2}{4\,l_1 + 3\,l_2}\right].$$

Über der Fließlast erfolgt Verdrehung am Mittelgelenk. Durch schrittweises Verfolgen des weiteren Verhaltens kann bestätigt werden, daß die Momente an den beiden inneren Stützen bei $P = 8\,\dfrac{M_p}{l_2}$ den Wert $-M_p$ erreichen, und die entsprechende Mittendurchbiegung $\delta_c$ am Punkt des Versagens ist

$$\delta_c = \frac{M_p\,l_2}{24\,EI}\,(4\,l_1 + l_2).$$

Aus diesen Ergebnissen abgeleitete Last-Durchbiegungsbeziehungen sind in Abb. 2.7 wiedergegeben. Daraus geht hervor, daß mit wachsendem $l_1$, also Reduktion des Grades der Endeinspannung, die Neigung der Last-Durchbiegungsbeziehung zwischen Fließen und Versagen progressiv verringert und die Durchbiegung $\delta_c$ am Punkt des Versagens größer wird. Für Werte von $l_1$ über etwa $3\,l_2$ wird die Last-Durchbiegungsbeziehung nach Erreichen der Fließlast $P_f$ so flach, daß vor dem Erreichen der rechnungsmäßigen Traglast übermäßig große Durchbiegungen entstehen würden. In solchen Fällen wäre die theoretische Traglast von geringem Interesse; denn der normale Zweck der Berechnung der Traglast ist die Bestimmung der Last, bei der kleine Laststeigerungen große Formänderungszunahmen zu verursachen beginnen. Diese Beobachtung ist von KAZINCZY [4] gemacht worden, der Last-Durchbiegungsbeziehungen ähnlich denen von Abb. 2.7 für den Fall eines Trägers mit teilweiser Endeinspannung unter gleichförmig verteilter Belastung erörterte. Die Feststellung, daß der Wert der Traglast unabhängig von der tatsächlichen Steifigkeit von Knotenverbindungen ist, muß daher, obgleich vom analytischen Standpunkt korrekt, mit Vorsicht interpretiert werden, wenn die Knoten-Biegsamkeit sehr groß ist. Wenn vermutet wird, daß sich vor dem Erreichen der Traglast große Durchbiegungen herausbilden können, sollte die Berechnung der plastischen Traglast durch eine Schätzung der Durchbiegung am Punkt des Versagens ergänzt werden. Diese Frage wird im Kap. 5 beleuchtet.

Wenn im Extremfall $l_1$ unendlich ist, wird die Durchbiegung $\delta_c$ am Punkt des Versagens ebenfalls unbegrenzt, und damit wird die Neigung der Last-Durchbiegungsbeziehung zwischen Fließbeginn und Versagen gleich Null. Die Last-Durchbiegungsbeziehung für diesen Fall scheint damit einer Traglast von nur $\dfrac{4\,M_p}{l_2}$ zu entsprechen, was die Traglast für einen Träger auf zwei Stützen von der Stützweite $l_2$ bedeuten würde, wogegen die rechnungsmäßige plastische Traglast noch $8\,\dfrac{M_p}{l_2}$ ist. Jedoch löst sich dieses augenscheinliche Paradoxon, das von STÜSSI und KOLLBRUNNER [5] aufgezeigt wurde, wenn beachtet wird, daß die horizontale Last-Durchbiegungsbeziehung, die in diesem Fall bei $P = P_f$ eintritt, lediglich der Grenzfall ist, für den die Neigung der Last-Durchbiegungsbeziehung zwischen Fließbeginn und Versagen gegen Null strebt, wenn $l_1$ gegen unendlich strebt.

STÜSSI und KOLLBRUNNER führten Versuche dieser Art an kleinen Trägern mit I-Querschnitt, 4,7 × 3,6 cm, durch. Bei diesen Versuchen war $l_2 = 60$ cm, und für $l_1$ wurden die Werte $0,5\,l_2$, $l_2$, $2\,l_2$ und $3\,l_2$ verwendet. Vergleichsversuche mit Trägern auf zwei Stützen von 60 cm Stützweite wurden ebenfalls angestellt. Die einzigen in der Abhandlung angegebenen Last-Durchbiegungskurven sind die für $l_1 = 2\,l_2$. Das Mittel ihrer Beobachtungen aus zwei Versuchen dieser Art (Träger 532/6 und 534/8) ist in Abb. 2.7 wiedergegeben; bei der Reduzierung dieser Versuche auf dimensionslose Form wurden folgende Werte verwendet:

$$E = 2\,100 \text{ t/cm}^2 \qquad I = 16,73 \text{ cm}^4 \qquad M_p = 25,7 \text{ tcm.}$$

Dieser Wert von $M_p$ wurde in einem Versuch mit einem Träger auf zwei Stützen desselben Querschnittes erhalten, dessen Ergebnisse von MAIER-LEIBNITZ [6] angeführt wurden. Es ist ersichtlich, daß die Übereinstimmung zwischen den Versuchswerten und der theoretischen Beziehung gut ist. Die rechnerisch für diese Versuche ermittelte Traglast ist 3,43 t, und STÜSSI und KOLLBRUNNER stellten fest, daß „Versagen" bei einer Last von 3,90 t durch Kippung eintrat. Bei drei Versuchen mit Trägern auf zwei Stützen von derselben Stützweite war die durchschnittliche „Trag"last mutmaßlich wieder die Last, bei der Kippung eintrat, sie betrug 2,36 t. STÜSSI und KOLLBRUNNER folgerten, daß die Traglast für die Durchlaufträgerversuche doppelt so groß wie dieser Wert, also 4,72 t, sein müsse, und führten die geringeren beobachteten Werte als Beweismittel gegen die Gültigkeit der einfachen plastischen Theorie an.

Jedoch sagt die plastische Theorie keine Knicklasten voraus, sondern sie bestimmt die Lasten, bei denen sich große Durchbiegungszunahmen zu entwickeln beginnen, so daß ein Vergleich von Knicklasten der von STÜSSI und KOLLBRUNNER angestellten Art nicht gültig ist.

Weitere Versuche ähnlicher Art wurden von MAIER-LEIBNITZ [7] durchgeführt. Ein im Prinzip ähnlicher Versuchstyp wird durch Eintragung einer Vertikallast in der Mitte des Riegels eines rechteckigen Portalrahmens (wie in Abb. 2.8 mit $H = 0$) erhalten, in welchem Falle der Riegel als teilweise eingespannter Träger fungiert. Versuche dieser Art sind von GIRKMANN [8], BAKER und RODERICK [9] und auch von HENDRY [10] durchgeführt worden, der gezeigt hat, daß eine Vergrößerung der Höhe der Rahmen bei konstanter Stützweite nicht die Traglast beeinflußt, aber die Durchbiegungen vor dem Versagen vergrößert. Ähnliche Versuche, aber mit symmetrischer Zwei-Punkt-Belastung sind von RUSEK, KNUDSEN, JOHNSTON und BEEDLE [11] beschrieben worden. Der Einfluß teilweiser Endeinspannung auf die Bemessung von Trägern unter gleichförmig verteilten Lasten, deren Enden in Stahlbeton oder Mauerwerk eingeschlossen sind, ist Gegenstand einer theoretischen und experimentellen Untersuchung von KAZINCZY [4] gewesen. Das Verhalten eines Portalrahmens in voller Größe, dessen Füße durch Fundamente auf kurzen Pfählen gestützt werden, wurde von BAKER und EICKHOFF [12] experimentell untersucht, die zeigten, daß bei diesem Rahmen die Traglast durch die teilweise Einspannung der Füße nicht in irgendeinem wesentlichen Maße beeinflußt wurde.

### 2.5 Rechteckiger Portalrahmen

Im folgenden wird auf das Verhalten des rechteckigen Portalrahmens, dessen Abmessungen und Belastung in Abb. 2.8 angegeben sind, eingegangen. Alle Stäbe dieses Rahmens werden als gleichförmig und von gleichem Querschnitt und Material angenommen, und als Beziehung zwischen Biegemoment und Krümmung wird für jeden Stab die idealisierte Beziehung von Abb. 2.1 zugrunde gelegt. Die Verbindungen an den Querschnitten 2 und 4 werden als steif vorausgesetzt, und die Füße der Rahmenstiele werden als an den Querschnitten 1 und 5 starr eingespannt angenommen. An erster Stelle wird angenommen, daß die Horizontallast $H$ und die Vertikallast $V$ während des ganzen Belastungsvorganges gleich demselben Wert $P$ sind, der stetig gesteigert wird, bis das Versagen eintritt. Diese Art der Belastung wird als *proportionale Belastung* bezeichnet. Der vorliegende Rahmen ist dreifach statisch unbestimmt; denn wenn an einem beliebigen Querschnitt ein Schnitt geführt wird und die Werte von Querkraft, Längskraft und Biegemoment an dieser Stelle festgelegt werden, wird der Rahmen statisch bestimmt.

Entlang jedes der vier geraden und von äußeren Lasten freien Rahmenabschnitte, nämlich 12, 23, 34 und 45, muß die **Querkraft** konstant sein. Daher muß das Biegemoment entlang jedes dieser Abschnitte linear variieren. Die Biegemomentenwerte an den fünf mit 1 bis 5 bezifferten Querschnitten in Abb. 2.8 bestimmen daher die Biegemomentenverteilung für den ganzen Rahmen. Da weiterhin das Biegemoment an keinem Querschnitt den Wert $M_p$ übersteigen kann, folgt, daß Fließgelenke nur an den Enden dieser Abschnitte auftreten können. Somit sind die fünf mit 1 bis 5 bezifferten Querschnitte in Abb. 2.8 die einzig

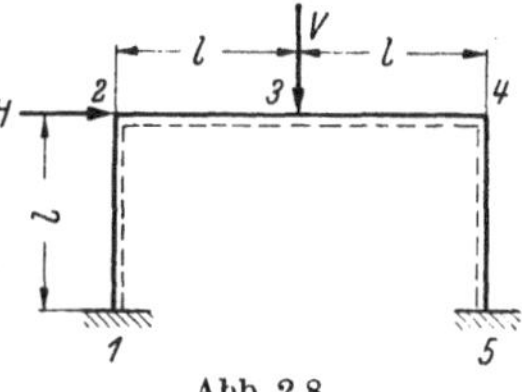

Abb. 2.8.
Rechteckiger Portalrahmen

möglichen Fließgelenkstellen. Das schließt den Sonderfall aus, bei dem die Querkraft über einen Abschnitt Null ist, so daß das Biegemoment entlang des Abschnitts konstant ist.

Die elastische Lösung für diesen Rahmen mit der angegebenen Belastung ergibt, daß das größte elastische Biegemoment am Querschnitt 5 in Abb. 2.8 eintritt, und daß die Größe dieses Biegemomentes 0,413 $Pl$ ist. Das elastische Verhalten wird also aufhören, wenn an diesem Querschnitt das volle plastische Moment erreicht ist. Der zugehörige Wert von $P$ ist die Fließlast $P_f$, die gegeben wird durch

$$0{,}413\ P_f l = M_p$$
$$P_f = 2{,}424\ \frac{M_p}{l}\ .$$

Wenn jede Last über den Wert $P_f$ erhöht wird, erfolgt Verdrehung des Fließgelenkes an Querschnitt 5 bei an diesem Querschnitt konstant auf dem Wert $M_p$ bleibendem Biegemoment. Die Kenntnis dieses Biegemomentes reduziert den Grad der statischen Unbestimmtheit des Rahmens von drei auf zwei. Entsprechend geht die Verträglichkeitsbedingung der Neigungsänderung Null an diesem Querschnitt verloren; denn die bei Anwachsen der Lasten eintretende Gelenkverdrehung ist *a priori* nicht bekannt. Für die Untersuchung des folgenden Verhaltens wird bemerkt, daß bei einer Erhöhung jeder der beiden Lasten von $P_f$ auf $P_f + \Delta P$ die Lastzunahmen keine Änderung des Biegemomentes am Querschnitt 5 bewirken, während eine Gelenkverdrehung von unbekannter Größe eintreten wird. An anderen Stellen wird sich das Tragwerk noch elastisch verhalten, da das Biegemoment linear entlang des Stabes 45 variiert, so daß das volle plastische Moment nur am Querschnitt 5 erreicht ist. Damit entsprechen die folgenden *Zunahmen* des Biegemomentes den Biegemomenten, die durch in den Rahmen eingetragene Lasten $\Delta P$ verursacht würden, wenn dieser sich elastisch verhielte, aber die Einspannung am Querschnitt 5 durch eine Gelenkverbindung ersetzt würde. Diese Biegemomente können für dieses zweifach statisch unbestimmte Tragwerk mittels der herkömmlichen Methoden der elastischen Tragwerksberechnung bestimmt werden.

Der Wert von $\Delta P$ wird so gewählt, daß bei Zufügung der entsprechenden Zunahmen des Biegemomentes zu den von der Fließlast $P_f$ verursachten Biegemomenten ein zweites Biegemoment gerade auf den vollplastischen Wert gebracht wird, so daß der Rahmen dann nur noch einfach statisch unbestimmt ist. Über dieser Last besteht ein neuer *Bereich*, in dem die Änderungen der Biegemomente wie für ein elastisches Tragwerk mit an den beiden Fließgelenkstellen eingesetzten Gelenkverbindungen berechnet werden. Dieser *Bereich* endet, wenn sich ein drittes plastisches Gelenk bildet, das den Rahmen statisch bestimmt macht. Die Berechnungen schreiten in dieser Weise fort, bis ein viertes Gelenk entsteht, das den plastischen Bruch herbeiführt.

Die Ergebnisse dieser Berechnungen sind in Tab. 2.1 angegeben. Die erste Zeile dieser Tafel zeigt die elastische Lösung für die Lasten $P_f = 2,424 \frac{M_p}{l}$. Das Vorzeichenübereinkommen für die Biegemomente ist, daß ein Biegemoment positiv ist, wenn es in den auf der Seite der strichlierten Linie in Abb. 2.8 liegenden Stabfasern Zug hervorruft und somit den Rahmen zu öffnen strebt. Die zweite Zeile dieser Tafel zeigt die elastische Lösung für den Rahmen mit einer am Querschnitt 5 eingesetzten Gelenkverbindung. Der Biegemomentenzuwachs dieser Lösung kann zu den Biegemomenten der Lösung für den vollständig elastischen Zustand zugezählt werden, solange sich keine weiteren Fließgelenke bilden. Man findet, daß ein Zuwachs von $P$ von $0,143 \frac{M_p}{l}$ das Erreichen des vollen plastischen Momentes am Querschnitt 4 bewirkt, und die elastische Lösung in der zweiten Zeile der Tafel entspricht diesem Wert des Zuwachses $\Delta P$ in $P$. Die dritte Zeile der Tafel zeigt das Ergebnis der Addition der Biegemomente der ersten und zweiten Zeile und gibt somit die Biegemomentenverteilung für $P = P_f + \Delta P = 2,567 \frac{M_p}{l}$.

Tabelle 2.1.

*Schrittweise Berechnungen für proportionale Belastung bis zum Versagen*

| $\dfrac{\Delta Pl}{M_p}$ | $\dfrac{Pl}{M_p}$ | $\dfrac{M_1}{M_p}$ | $\dfrac{M_2}{M_p}$ | $\dfrac{M_3}{M_p}$ | $\dfrac{M_4}{M_p}$ | $\dfrac{M_5}{M_p}$ |
|---|---|---|---|---|---|---|
|  | 2,424 | −0,515 | −0,030 | 0,727 | −0,939 | 1 |
| 0,143 |  | −0,067 | 0,015 | 0,049 | −0,061 | 0 |
|  | 2,567 | −0,582 | −0,015 | 0,776 | −1 | 1 |
| 0,390 |  | −0,331 | 0,058 | 0,224 | 0 | 0 |
|  | 2,957 | −0,913 | 0,043 | 1 | −1 | 1 |
| 0,043 |  | −0,087 | −0,043 | 0 | 0 | 0 |
|  | 3 | −1 | 0 | 1 | −1 | 1 |

Wenn $P$ noch weiter erhöht wird, finden an den Fließgelenken an den Querschnitten 4 und 5 Verdrehungen statt, so daß das folgende Verhalten mittels einer elastischen Lösung für das Tragwerk mit an den Querschnitten 4 und 5 eingesetzten Gelenkverbindungen untersucht wird. Diese Lösung ist in der vierten Zeile von Tab. 2.1 für einen Lastzuwachs von $0{,}390 \frac{M_p}{l}$ angegeben, der hinreicht, um das Biegemoment am Querschnitt 3 auf den vollplastischen Wert zu bringen. Durch Addition dieser Biegemomentenänderungen zu den zu $P = 2{,}567 \frac{M_p}{l}$ gehörigen Biegemomenten wird die Biegemomentenverteilung für $P = 2{,}957 \frac{M_p}{l}$ erhalten mit vollen plastischen Momenten an den Querschnitten 3, 4 und 5. Diese Verteilung ist in der fünften Zeile der Tafel angegeben. Die sechste Zeile der Tafel gibt die elastische Lösung für das Tragwerk mit an diesen drei Querschnitten eingesetzten Gelenkverbindungen, und man findet, daß ein Lastzuwachs von $0{,}043 \frac{M_p}{l}$ dann das Biegemoment am Querschnitt 1 auf den vollplastischen Wert bringt. Der Wert von $P$ ist dann $3 \frac{M_p}{l}$, und die zugehörige Biegemomentenverteilung ist in der letzten Zeile von Tab. 2.1 wiedergegeben mit vier plastischen Gelenken an den Querschnitten 1, 3, 4 und 5. Diese vier Fließgelenke sind hinreichend zur Überführung des Rahmens in eine zwangsläufige kinematische Kette, so daß Versagen eintritt, während die Lasten und Biegemomente ungeändert bleiben. Die Traglast $P_c$ für diesen Rahmen ist damit $3 \frac{M_p}{l}$, wogegen die Fließlast zu $2{,}424 \frac{M_p}{l}$ ermittelt wurde oder unter Berücksichtigung des Einflusses des Formbeiwertes zu $2{,}424 \frac{M_p}{\alpha l}$. Das Verhältnis von $P_c$ zu $P_f$ ist in diesem Falle $\frac{3}{2{,}424}\alpha$ oder $1{,}24\alpha$. Die Bruchkette ist in Abb. 2.9 dargestellt.

In jedem Stadium des Belastungsprogramms ist die Bestimmung der Ausbiegungen mit Hilfe einer Neigungs-Ausbiegungsberechnung oder anderer wohlbekannter Verfahren möglich. Die Ergebnisse derartiger Berechnungen sind in Abb. 2.10(a) angegeben, in der die waagrechte Ausbiegung $h$ am oberen Ende der beiden Rahmenstiele in dimensionsloser Form als $\frac{hEI}{M_p l^2}$ als Funktion der dimensionslos als $\frac{Pl}{M_p}$ ausgedrückten Lasten aufgetragen ist. Jeder Punkt, an dem sich ein neues Fließgelenk bildet, wird in der Abbildung durch die Nummer des Querschnitts bezeichnet, an dem sich das Gelenk bildet, in Übereinstimmung mit Abb. 2.8.

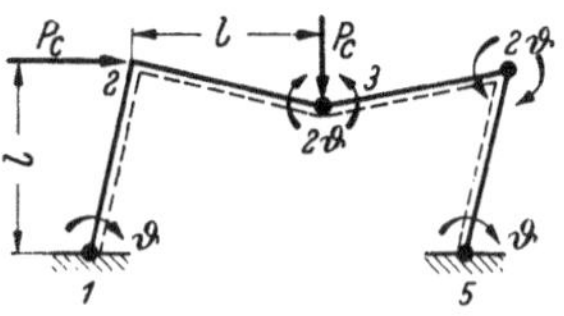


Abb. 2.9. Bruchkette

## 2.6 Invarianz der Traglasten

Bei einem tatsächlichen Tragwerk unter der Einwirkung mehr als einer Last werden die Lasten kaum in proportionalem Verhältnis zueinander zunehmen, und man könnte vermuten, daß die Reihenfolge der Eintragung der Lasten einen gewissen Einfluß auf den Wert der Traglast haben kann. Glücklicherweise ist das jedoch nicht der Fall, es können weite Variationen in der Art, in der die verschiedenen Lasten auf ihre Traglastwerte gebracht werden, vorkommen, ohne die Traglast zu beeinflussen. Für den eben betrachteten Rahmen ergab sich, daß das Versagen bei $H = V = 3\,\dfrac{M_p}{l}$ eintritt. Um einen Extremfall zu nehmen, wird angenommen, daß die Vertikallast $V$ auf den Wert $3\,\dfrac{M_p}{l}$ gesteigert und dann konstant gehalten wird, während $H$ stetig von Null anwachsen gelassen wird. Es kann gezeigt werden, daß die Last $V = 3\,\dfrac{M_p}{l}$ in vollkommen elastischer Weise aufgenommen wird, und daß $H$ dann auf den Wert $2{,}133\,\dfrac{M_p}{l}$ gesteigert werden muß, ehe das erste plastische

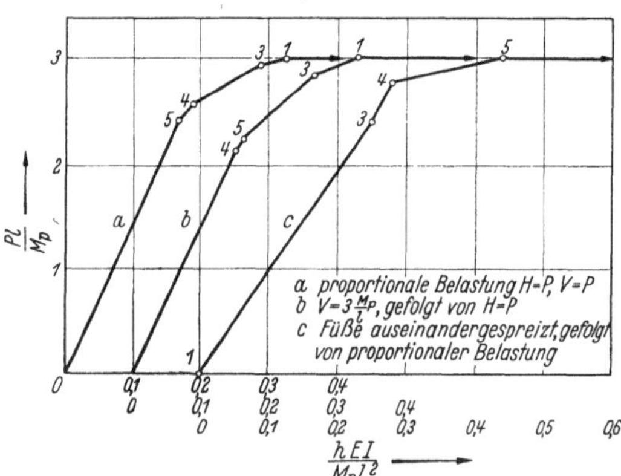



Abb. 2.10. Last-Durchbiegungsbeziehungen
für rechteckigen Portalrahmen

Gelenk entsteht. Dieses Gelenk bildet sich am Querschnitt 4, im Gegensatz zu dem Fall proportionaler Belastung, bei dem sich das erste Gelenk am Querschnitt 5 bildete. Durch schrittweise Berechnungen wird die Last-Ausbiegungsbeziehung für weitere Erhöhungen von $H$ erhalten, und die Ergebnisse sind in Abb. 2.10 (b) angegeben. Wenn sich am Querschnitt 1 ein viertes Fließgelenk bildet, ist $H = 3\,\dfrac{M_p}{l}$; das Versagen erfolgt dann durch dieselbe kinematische Kette wie zuvor. Somit ist die Traglastbedingung für diesen Fall die gleiche wie für proportionale Belastung, das Versagen tritt in beiden Fällen bei $H = V = 3\,\dfrac{M_p}{l}$ ein. Der einzige Unterschied zwischen den beiden Fällen liegt in der Verschiedenheit der Last-Ausbiegungsbeziehung vor dem Versagen.

Ein weiteres allgemeines Ergebnis von beträchtlicher Bedeutung ist, daß die Traglastbedingung stets unabhängig von den Werten irgendwelcher Restspannungen ist, die in dem unbelasteten Tragwerk vorhanden sein können, ob diese aus dem Schweißen herrühren, aus fehlerhaften Abmessungen der einzelnen Tragteile, aus Fließgelenkverdrehungen, die in der vorhergehenden Belastungsgeschichte des Tragwerkes erfolgt sein können, oder aus Stützenbewegungen. Zur Veranschaulichung dieses Punktes wird angenommen, daß die Füße des Rahmens von Abb. 2.8 gespreizt worden sind, während die Vertikalstäbe ihre Richtung beibehalten, und daß die Größe dieser Spreizung gerade hinreichend war, um im unbelasteten Zustand die Biegemomente an den Füßen 1 und 5 auf den Wert $-M_p$ zu bringen. Eine elastische Berechnung zeigt dann, daß der Riegel dadurch einem gleichförmigen positiven Biegemoment $\frac{1}{3} M_p$ unterworfen ist. Wenn die Lasten $H$ und $V$ dann proportional gesteigert werden, tritt unmittelbar Verdrehung des Fließgelenkes am Querschnitt 1 ein, während das Biegemoment am Querschnitt 5 unter seinen vollplastischen Wert abgemindert wird. Eine schrittweise Berechnung gestattet dann die Ableitung der resultierenden Last-Ausbiegungsbeziehung, die in Abb. 2.10 (c) wiedergegeben ist. wiederum ergibt sich, daß das Versagen eintritt, sowie sich bei $H = V = 3\,\dfrac{M_p}{l}$ am Querschnitt 5 ein viertes plastisches Gelenk bildet, obgleich sich die Last-Ausbiegungsbeziehung von dem in Abb. 2.10 (a) dargestellten Fall proportionaler Belastung des anfänglich spannungsfreien Rahmens unterscheidet und die Reihenfolge der Entstehung der Gelenke ebenfalls ganz verschieden ist.

Die Tatsache, daß Restspannungen keinen Einfluß auf den Wert der Traglast für ein gegebenes Tragwerk haben, wurde von KAZINCZY [13] aufgezeigt. Abgesehen von der Arbeit von MAIER-LEIBNITZ [3] und von HORNE [14] über Durchlaufträger, in denen der Einfluß anfänglicher Stützensenkung auf die Traglast als vernachlässigbar gezeigt wurde, steht die direkte experimentelle Bestätigung dieses Punktes aus. Da jedoch jedes geschweißte Rahmentragwerk Restspannungen aus dem Schweißprozeß enthalten muß, wenn nicht eine spannungsbefreiende Behandlung angewendet wird, ist die indirekte Bestätigung durch das Fehlen jedes bemerkbaren Einflusses in den vielen Versuchen, die an derartigen Tragwerken durchgeführt worden sind, erbracht worden. Es muß hervorgehoben werden, daß Restspannungen von bedeutendem Einfluß auf die Werte der Knicklasten sein können, wie von HORNE [15] erläutert worden ist.

Die Unabhängigkeit der Traglast von der vorhergehenden Belastungsgeschichte und den Werten irgendwelcher Restspannungen, die vorhanden sein können, ist offensichtlich von erstrangiger Bedeutung in der plastischen Theorie der Tragwerke. Die Erklärung ist verhältnismäßig einfach und rührt aus der Tatsache, daß das Versagen nur eintreten kann, wenn sich eine hinreichende Anzahl plastischer Gelenke gebildet hat, um das Tragwerk in eine zwangsläufige kinematische Kette zu überführen. Allgemein gesprochen wird diese Anzahl von Gelenken um eins größer sein als die Anzahl, die erforderlich ist, um das gesamte Tragwerk oder einen Tragwerksabschnitt statisch bestimmt zu machen. In dem gerade betrachteten Rechteckrahmen gab es drei überzählige Größen. Wenn sich in irgendeinem Belastungsstadium drei Fließgelenke gebildet haben, so daß das Biegemoment an jeder dieser drei Fließgelenkstellen gleich dem vollen plastischen Moment ist, können diese drei Überzähligen aus den Gleichgewichtsbedingungen bestimmt werden, so daß das Biegemoment an einem beliebigen Querschnitt des Rahmens als Funktion der eingetragenen Lasten angeschrieben werden kann. Wenn dann ein viertes Gelenk entsteht, muß das Tragwerk zu einer zwangsläufigen kinematischen Kette reduziert sein, und die Kenntnis des Biegemomentes an diesem vierten Gelenk erlaubt die Berechnung der Lasten. Es folgt, daß, wenn einmal die zwangsläufige kinematische Kette des Versagens bekannt ist, die Traglast aus den Gleichgewichtsbedingungen in Verbindung mit der Kenntnis der Biegemomente an den plastischen Gelenken berechnet werden kann. Keine dieser Betrachtungen wird geändert durch die Gegenwart von Restspannungen, die Reihenfolge der Lasteintragung oder unvollkommene Steifigkeit von Verbindungen, und somit ist offenbar, daß die Traglast von derartigen Faktoren nicht beeinflußt wird.

Zur Erläuterung dieses Punktes wird der Rahmen in Riegelmitte geschnitten, und die drei überzähligen Größen werden an diesem Querschnitt als Querkraft $V$, Längskraft $H$ und positives Biegemoment $M_3$ angesetzt, wie in Abb. 2.11 dargestellt. Die in Riegelmitte angreifende Vertikallast $P_c$ wird willkürlich der rechten Rahmenhälfte zugeteilt; würde sie als an der linken Hälfte angreifend angesehen, so blieben die Berechnungen davon unbeeinflußt bis auf den für $V$ ermittelten Wert. Beim Versagen bilden sich an den Querschnitten 1, 3, 4 und 5 plastische Gelenke, und die Vorzeichen der Biegemomente an diesen plastischen Gelenken ergeben sich ohne weiteres aus einer Betrachtung von Abb. 2.9, die die kinematische Kette des Bruchzustandes zeigt. Damit erzeugt die Fließgelenkverdrehung am Querschnitt 1 in den an die strichlierte Linie angrenzenden Randfasern Druck, so daß das Biegemoment an diesem Gelenk $-M_p$ sein muß; entsprechend müssen beim Eintreten des Versagens die Biegemomente an den Querschnitten 3, 4 und 5 $M_p$, $-M_p$ bzw. $M_p$ sein. Die Momentengleichungen für diese vier Querschnitte 1, 3, 4 und 5 lauten:

$$M_1 = M_3 + Hl + Vl - P_c l = -M_p$$
$$M_3 = M_p$$
$$M_4 = M_3 - Vl - P_c l = -M_p$$
$$M_5 = M_3 - Vl + Hl - P_c l = M_p,$$

und aus diesen vier Gleichgewichtsgleichungen können die drei statisch unbestimmten Größen $H$, $V$ und $M_3$ zusammen mit der Traglast $P_c$ bestimmt werden. Die erhaltenen Werte sind

$$H = 2\frac{M_p}{l}, \ V = -\frac{M_p}{l}, \ M_3 = M_p, \ P_c = 3\frac{M_p}{l};$$

der Wert von $P_c$ stimmt mit dem vorher erhaltenen Ergebnis überein.

Es ist gewöhnlich empfehlenswert, bei der Durchführung einer statischen Berechnung dieser Art ein Biegemomentendiagramm für den Rahmen zu zeichnen, wie es in Abb. 2.11 geschehen ist. Die Konstruktion dieses Diagramms erfolgte durch getrennte Auftragung des freien und des Einspannmomenten-Diagramms für den Rahmen, wobei der Rahmen zu einer waagrechten Bezugslinie aufgefaltet wurde. Das freie Biegemoment an einem beliebigen Querschnitt ist das Moment infolge

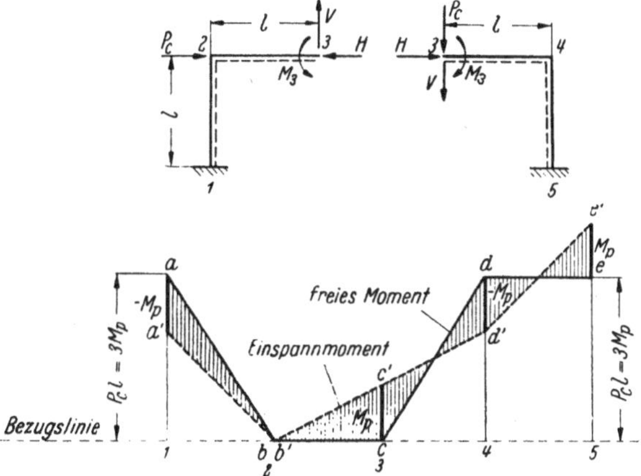


Abb. 2.11. Biegemomentendiagramm für rechteckigen Portalrahmen beim Versagen

der horizontalen und vertikalen äußeren Lasten $P_c$, wobei die statisch unbestimmten Größen $H$, $V$ und $M_3$ sämtlich Null sind. Es ist ohne weiteres zu ersehen, daß die freien Biegemomente an den Querschnitten 2 und 3 beide Null sind, während sie an den Querschnitten 1, 4 und 5 jedes den Wert $-P_c l$ oder $-3M_p$ haben. Das entsprechende freie Biegemomentendiagramm ist in Abb. 2.11 als ausgezogene Linie $a\,b\,c\,d\,e$ eingezeichnet. Das Einspannmoment an einem beliebigen Querschnitt ist das Moment infolge der Überzähligen $H$, $V$ und $M_3$ allein unter der äußeren Belastung Null. Somit wird das Einspannmoment am Querschnitt 1 gegeben durch

$$M_1^{(R)} = M_3 + Hl + Vl = M_p + 2M_p - M_p = 2M_p.$$

Die Einspannmomente an den Querschnitten 2, 3, 4 und 5 ergeben sich zu 0, $M_p$, $2M_p$ bzw. $4M_p$. Der strichlierte Linienzug $a'b'c'd'e'$ in

Abb. 2.11 zeigt das entsprechende Einspannmomenten-Diagramm, in dem die Vorzeichen der Einspannmomente umgekehrt worden sind. Die Ordinatendifferenz zwischen dem freien und dem Einspannmomenten-Diagramm stellt dann das tatsächliche Biegemoment dar. Das Biegemoment am Querschnitt 2 ergibt sich zu Null in Übereinstimmung mit dem in Tabelle 2.1 angegebenen Wert.

Während diese Art der Konstruktion des Biegemomentendiagrammes für dieses besondere Problem vielleicht unnötig umständlich ist, ist sie von Wert, wenn die Belastung eines Portalrahmens und damit das freie Biegemomentendiagramm komplizierter ist. Ihre Anwendung auf Rahmen dieser Art wurde zuerst von PARTRIDGE [16] vorgeschlagen.

Eine Berechnung dieser Art stellt ein statisches Vorgehen bei der Bestimmung der Traglast dar. Wie bereits hervorgehoben wurde, ist es bei bekannter Form der Bruchkette auch möglich, die Traglast alternativ durch ein kinematisches Verfahren zu bestimmen. Eine Untersuchung der Bruchkette von Abb. 2.9 zeigt, daß sich bei der in dieser Abbildung angedeuteten kleinen Bewegung der kinematischen Kette die Entfernung zwischen den Rahmenecken 2 und 4 nur um einen Betrag ändert, der von zweiter Ordnung der kleinen Größen in $\vartheta$ ist. Beide Stiele drehen sich daher effektiv um denselben Winkel $\vartheta$. Die horizontale Bewegung an der Ecke 2 ist somit $l\vartheta$, und die Horizontallast $P_c$ leistet die Arbeit $P_c l\vartheta$. Da an der Ecke 2 kein Fließgelenk vorhanden ist, dreht sich die linke Hälfte des Riegels im Uhrzeigersinn um einen Winkel $\vartheta$, so daß sich die Vertikallast $P_c$ um eine Strecke $l\vartheta$ bewegt und die Arbeit $P_c l\vartheta$ leistet. Dabei wurde die Vertikalbewegung zweiter Ordnung von $\frac{1}{2} l\vartheta^2$ infolge der Neigung des Stieles 12 um einen Winkel $\vartheta$ zur Vertikalen vernachlässigt. Die gesamte, von den beiden Lasten geleistete Arbeit ergibt sich somit zu $2 P_c l\vartheta$. Da die Vertikalbewegung in Riegelmitte $l\vartheta$ ist, muß die rechte Riegelhälfte von der Länge $l$ sich im Gegenzeiger um einen Winkel $\vartheta$ drehen, und die Gelenkverdrehungen an den Querschnitten 3 und 4 sind daher beide von der Größe $2\vartheta$. Der Gesamtwert der Gelenkverdrehung ist $6\vartheta$ und die in den plastischen Gelenken absorbierte gesamte Arbeit $6 M_p \vartheta$. Aus der Gleichsetzung der geleisteten und der absorbierten Arbeit

$$2 P_c l\vartheta = 6 M_p \vartheta$$
$$\text{folgt} \quad P_c = 3\frac{M_p}{l}$$

wie bereits vorher erhalten.

Aus den gerade vorgeführten statischen und kinematischen Berechnungen ist zu ersehen, daß die Bestimmung der Traglast bemerkenswert einfach ist, wenn einmal die tatsächliche kinematische Kette des Bruchzustandes bekannt ist. Jedoch kann die tatsächliche Bruchkette im allgemeinen nicht ohne weiteres erkannt werden, wenn es sich nicht um ein extrem einfaches Tragwerk handelt. Wie bereits bemerkt wurde, gab es im Falle des eingespannten Trägers von Abb. 2.4 nur eine mögliche Bruchkette, die daher die tatsächliche Bruchkette sein muß. Bei dem Beispiel, das gerade betrachtet wurde, liegen drei mögliche Bruchketten vor. Eine dieser Bruchketten ist die kinematische Kette von Abb. 2.9, die durch die schrittweise Berechnung als die tatsächliche Bruchkette ermittelt wurde. Die beiden anderen möglichen kinematischen Ketten des Bruchzustandes sind in Abb. 2.12 dargestellt. Die kinematische Kette von Abb. 2.12 a stellt einfach das Versagen des Riegels in einer ähnlichen Weise, wie es bei dem eingespannten Träger von Abb. 2.4 d vorlag, dar, und bei der kinematischen Kette von Abb. 2.12 b handelt es sich um ein *Seitenverschiebungs-Versagen*, bei

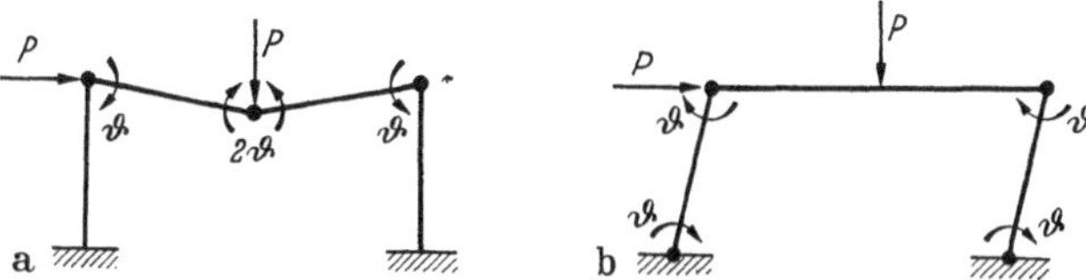

Abb. 2.12a u. b. Alternative kinematische Ketten des Bruchzustandes.
a Trägerkette, b Seitenverschiebungskette

dem sich beide Stiele um den gleichen Winkel $\vartheta$ drehen. Wären die schrittweisen Berechnungen nicht durchgeführt worden, so wäre *a priori* nicht bekannt, welche dieser drei kinematischen Ketten die wirkliche Bruchkette ist. Bei komplizierteren Rahmentragwerken gibt es natürlich eine viel größere Anzahl möglicher Bruchketten, und es ist daher notwendig, einige Leitprinzipe zu haben, die das Auffinden der tatsächlichen Bruchkette gestatten; denn sonst hätte die Einfachheit der Traglastberechnung mittels dieser direkten Methoden keinen Wert. Die zur Verfügung stehenden Prinzipe, die die Auswahl der tatsächlichen Bruchkette aus all den möglichen Bruchketten gestatten, werden im Kap. 3 angegeben und besprochen.

## Literatur

[1] BAKER, J. F.: The design of steel frames. Struct. Engr., 27, 397 (1949), siehe S. 421

[2] KAZINCZY, G. v.: Kisérletek befalazott tartókkal. Betonszemle, 2, 68 (1914)

[3] MAIER-LEIBNITZ, H.: Beitrag zur Frage der tatsächlichen Tragfähigkeit einfacher und durchlaufender Balkenträger aus Baustahl St. 37 und aus Holz. Bautechnik, 6, 11 (1928)

[4] KAZINCZY, G. v.: Die Bemessung unvollkommen eingespannter Stahl I-Deckenträger unter Berücksichtigung der plastischen Formänderungen. Proc. Intern. Assn. Bridge and Struct. Engng., 2, 249 (1934)

[5] STÜSSI, F. u. C. F. KOLLBRUNNER: Beitrag zum Traglastverfahren. Bautechnik, 13, 264 (1935)

[6] MAIER-LEIBNITZ, H.: Versuche, Ausdeutung und Anwendung der Ergebnisse. Prelim. Pubn. 2nd Congr. Intern. Assn. Bridge and Struct. Engng., **97**. Berlin (1936)

[7] MAIER-LEIBNITZ, H.: Versuche zur weiteren Klärung der Frage der tatsächlichen Tragfähigkeit durchlaufender Träger aus Baustahl. Stahlbau, **9**, 153 (1936)

[8] GIRKMANN, K.: Über die Auswirkung der „Selbsthilfe" des Baustahls in rahmenartigen Stabwerken. Stahlbau, **5**, 121 (1932)

[9] BAKER, J. F. u. J. W. RODERICK: An experimental investigation of the strength of seven portal frames. Trans. Inst. Weld., **1**, 206 (1938)

[10] HENDRY, A. W.: An investigation of the strength of certain welded portal frames in relation to the plastic method of design. Struct. Engr., **28**, 311 (1950)

[11] RUSEK, J. M., K. E. KNUDSEN, E. R. JOHNSTON u. L. S. BEEDLE: Welded portal frames tested to collapse. Weld. J., Easton Pa., **33**, 469-s (1954)

[12] BAKER, J. F. u. K. G. EICKHOFF: The behaviour of saw tooth portal frames. Prelim. Vol., Conference on the correlation between calculated and observed stresses and displacements in structures, Instn. Civ. Engrs., 107 (1955)

[13] KAZINCZY, G. v.: Versuche mit innerlich statisch unbestimmten Fachwerken. Bauingenieur, **19**, 236 (1938)

[14] HORNE, M. R.: Experimental investigations into the behaviour of continuous and fixed-ended beams. Prelim. Pubn. 4th Congr. Intern. Assn. Bridge and Struct. Engng., 147. Cambridge (1952)

[15] HORNE, M. R.: The influence of residual stresses on the behaviour of ductile structures. Residual Stresses in Metals and Metal Construction. Ed. W. R. Osgood. Reinhold (N. Y.) 139 (1954)

[16] BAKER, J. F., J. W. RODERICK u. M. R. HORNE: Plastic design of single bay portal frames. Brit. Weld. Res. Assn. Report FE 1/2 (1947), siehe S. 17



## Übungsaufgaben

1. Ein Träger mit gleichförmigem Querschnitt, dessen volles plastisches Moment $M_p$ ist, wird über einer Spannweite $l$ gelenkig gestützt. Berechne die Traglast nach dem kinematischen Verfahren für die folgenden beiden Belastungsfälle:

    a) gleichförmig verteilte Belastung $P$;

    b) Einzellast $P$ im Abstand $^1/_3\,l$ von einer Stützung,

und bestätige das Ergebnis in beiden Fällen aus dem Biegemomentendiagramm.

2. Bestimme die Traglast für den Träger von Aufgabe 1, Belastungsfall (b), wenn die Trägerenden eingespannt anstatt gelenkig gelagert sind.

3. Weise nach, daß der von MAIER-LEIBNITZ an einem Träger auf zwei Stützen, Abb. 1.1 a, durchgeführte Versuch mit einem vollen plastischen Moment von 5,88 tm konsistent war. Erbringe unter Zugrundelegung dieses Wertes für das volle plastische Moment die Bestätigung, daß der Wert von $P$, der das Versagen des eingespannten Trägers mit symmetrischer Zwei-Punkt-Belastung wie in Abb. 1.1 b dargestellt, 14,7 t ist.

4. Der in Abb. 2.8 dargestellte Rahmen wird einer proportionalen Belastung

$$H = V = P$$ unterworfen bis $P$ den Wert $2{,}957\,\dfrac{M_p}{l}$ erreicht, worauf die Lasten

entfernt werden. Berechne unter Verwendung der Ergebnisse in Tab. 2.1 die Werte der Restmomente an den in Abb. 2.8 von 1 bis 5 bezifferten Querschnitten. Berechne aus den Werten der Restmomente an den Querschnitten 1, 2 und 3 die in Abb. 2.11 definierten statisch unbestimmten Größen $H$ und $V$, und erbringe die Bestätigung, daß die Restmomente an den Querschnitten 4 und 5, wie aus diesen Werten von $H$ und $V$ und dem Wert des Restmomentes am Querschnitt 3 berechnet, mit den erhaltenen Werten übereinstimmen.

# Kapitel 3

# Plastischer Bruch — Grundlegende Sätze und einfache Beispiele

## 3.1 Einführung

Wie in Kap. 2 gezeigt wurde, kann der Wert der plastischen Traglast für ein gegebenes Tragwerk mit gegebener Belastung auf sehr einfache Weise entweder mit einem statischen oder mit einem kinematischen Verfahren ermittelt werden, wenn einmal die tatsächliche Bruchkette bekannt ist. Bei gewissen besonders einfachen Tragwerken ist offenbar, daß es nur eine mögliche Bruchkette gibt, und in solchen Fällen bereitet die Errechnung der Traglast keine Schwierigkeiten. Wenn es jedoch mehr als eine mögliche Bruchkette gibt, ist es erforderlich, zunächst die tatsächliche Bruchkette aus den verschiedenen Möglichkeiten herausfinden zu können, denn sonst wäre die Einfachheit der direkten Verfahren für die Berechnung der plastischen Traglasten wertlos. Der Hauptzweck dieses Kapitels ist die Feststellung der die Werte der plastischen Traglasten betreffenden Sätze, die dafür zur Verfügung stehen, und die Anwendung jedes Satzes auf einige einfache Beispiele vorzuführen, so daß ihre Bedeutung erfaßt werden kann. Formale Beweise dieser Sätze werden nicht im Text, sondern in einem Anhang gegeben; jedoch wird im Laufe der Erläuterung der Anwendung dieser Sätze auf die Gründe für ihre Gültigkeit eingegangen. Es werden zwei einfache Verfahren zur Berechnung plastischer Traglasten vorgeführt, auf deren begrenzte Anwendbarkeit hingewiesen wird. Allgemeine Verfahren für die Bestimmung plastischer Traglasten werden im Kap. 4 angegeben.

Die Gültigkeit der Traglastsätze hängt wesentlich von der Annahme ab, daß die Biegemomenten-Krümmungsbeziehung für jeden Stab eines biegesteifen Stabwerkes von der in Abb. 1.2 dargestellten allgemeinen Form ist. Die beiden grundlegenden Merkmale dieser Beziehung sind: Erstens, eine Zunahme des Biegemomentes verursacht stets einen Krümmungszuwachs von gleichem Vorzeichen, und zweitens, der Betrag der Krümmung strebt gegen einen unendlich großen Wert, wenn die Größe des Biegemomentes den Grenzwert $M_p$ für volle Plastizierung erreicht. Als ein Korrolat wird angenommen, daß sich bei Erreichen des vollen plastischen Momentes an einem Querschnitt ein Fließgelenk bildet, das frei verdrehbar ist, solange das Biegemoment konstant auf dem vollplastischen Wert bleibt. Für die folgende Behandlung wird die Annahme getroffen, daß das volle plastische Moment für einen gegebenen Stab eine definite Konstante ist, ohne Rücksicht auf die Werte gleichzeitig vorhandener Längs- und Querkräfte. Tatsächlich wird der Wert des vollen plastischen Momentes von Längs- und Querkräften beeinflußt und auch durch Faktoren wie die örtlichen Spannungskonzentrationen, die an den Stellen der Eintragung von Einzellasten auftreten. Jedoch sind diese Einflüsse oft vernachlässigbar klein, und ihre Erörterung wird bis zum Kap. 6 aufgeschoben.

Die vorgenannten Annahmen stellen die speziellen Erfordernisse der einfachen plastischen Traglasttheorie dar. Zusätzlich wird die Annahme getroffen, daß die Formänderungen der betrachteten Rahmentragwerke klein genug sind, daß die für die unverformten Rahmen aufgestellten statischen Gleichgewichtsgleichungen hinreichend genau für die verformten Tragwerke gültig sind. Diese Annahme liegt in gleicher Weise auch allen üblichen elastischen Rahmenberechnungsverfahren zugrunde; damit werden Betrachtungen des Versagens durch Instabilität vor dem Erreichen der theoretischen plastischen Traglast ausgeschlossen.

## [3.2 Feststellung der Traglastsätze

Bei jedem der beiden einfachen Tragwerke, die in Kap. 2 als Beispiele betrachtet wurden, war offenbar, daß sich bei Erreichen der Traglast eine hinreichende Anzahl plastischer Gelenke gebildet hatte, um das Tragwerk in eine zwangsläufige kinematische Kette zu verwandeln. Die Ausbiegungen konnten dann infolge der an diesen Gelenken eintretenden Verdrehungen unter konstant bleibenden Lasten zunehmen, während die Biegemomente an den Gelenken konstant auf ihren vollen plastischen Werten blieben. Aus den Gleichgewichtsbedingungen folgte, daß die Biegemomentenverteilung für das gesamte Tragwerk während des Versagens ungeändert blieb. Diese Ergebnisse waren für die betrachteten einfachen Fälle offensichtlich zutreffend, aber es ist erwünscht, sie auch für den allgemeinen Fall aufzustellen. Formale Beweise wurden von GREENBERG [1] unter Verwendung der Terminologie der Fachwerke erbracht; eine Anpassung seiner Argumentation auf den Fall biegesteifer Stabwerke wird im Anhang B gegeben. Der erste Schritt ist die Definition des plastischen Bruchzustandes als eines Zustandes, bei dem die Ausbiegungen eines biegesteifen Stabwerkes bei konstant bleibenden äußeren Lasten fortfahren können zuzunehmen. Von dieser Definition ausgehend kann bewiesen werden, daß während des plastischen Versagens die Biegemomentenverteilung in einem Rahmentragwerk bei anwachsenden Ausbiegungen ungeändert bleibt. Aus den Eigenschaften der angenommenen Biegemomenten-Krümmungsbeziehung folgt, daß während des plastischen Versagens keine Krümmungsänderungen an irgendwelchen Querschnitten des biegesteifen Stabwerkes außer denen, wo das Biegemoment den vollplastischen Wert hat, eintreten können. Die Ausbiegungszunahmen während des plastischen Bruches müssen daher einzig aus den Fließgelenkverdrehungen herrühren, und diese Fließgelenke müssen an einer hinreichenden Anzahl von Querschnitten gebildet werden, um das Tragwerk in eine zwangsläufige kinematische Kette zu überführen. Ein Korrolat sagt aus, daß während des plastischen Bruches die von den äußeren Lasten geleistete Arbeit gleich der in den plastischen Gelenken absorbierten Arbeit sein muß, wie in Kap. 2 bei der Ableitung der Werte der plastischen Traglasten mittels des kinematischen Verfahrens angenommen wurde. Dies folgt aus der Tatsache, daß während des Versagens keine Krümmungsänderungen an irgendwelchen Querschnitten außer denen, wo sich die Fließgelenke verdrehen, eintreten, so daß außer an den Gelenken von den Biegemomenten keine Arbeit geleistet werden kann.

*Statischer Satz*

Der erste festzustellende Satz gründet sich auf eine Betrachtung der Gleichgewichtsbedingungen eines biegesteifen Stabwerkes. Im allgemeinen wird es für ein gegebenes statisch unbestimmtes Rahmentragwerk viele Biegemomentenverteilungen geben, die alle die Bedingungen des statischen Gleichgewichts mit einer gegebenen äußeren Belastung befriedigen. GREENBERG und PRAGER [2] haben Verteilungen dieser Art *statisch zulässig* genannt. Zusätzlich wird eine Biegemomentenverteilung, bei der das volle plastische Moment an keiner Stelle des biegesteifen Stabwerkes überschritten wird, als *sicher* bezeichnet. Es ist klar, daß ein Rahmentragwerk natürlich keine Belastung tragen kann, für die es unmöglich ist, eine statisch zulässige Biegemomentenverteilung zu finden, die auch sicher ist; denn die Gleichgewichtsbedingungen müssen notwendig erfüllt sein, wenn ein Tragwerk eine gegebene Belastung aufnehmen soll, und es ist unmöglich, daß das Biegemoment an irgendeinem Querschnitt den vollplastischen Wert überschreitet. Es folgt, daß eine *notwendige* Bedingung, die erfüllt werden muß, wenn ein Rahmentragwerk in der Lage sein soll, eine gegebene Belastung aufzunehmen, ist, daß es wenigstens eine sichere Biegemomentenverteilung für den ganzen Rahmen geben muß, die für die gegebenen Lasten statisch zulässig ist. Der statische Satz der plastischen Theorie der Tragwerksberechnung stellt fest, daß diese Bedingung auch *hinreichend* ist, um zu versichern, daß das Rahmentragwerk der gegebenen Belastung standhalten kann.

Eine formale Feststellung dieses Ergebnisses kann wie folgt gegeben werden: Es wird angenommen, daß ein gegebenes Rahmentragwerk der Einwirkung verschiedener Lasten unterworfen wird, wobei jede Last an einer gegebenen Stelle in festliegender Richtung eingetragen wird. Eine der Lasten sei mit $P$ bezeichnet, und jede der anderen Lasten sei ein gegebenes Vielfaches von $P$. Dann wird die Gruppe von Lasten vollständig durch den Wert von $P$ beschrieben und kann somit kollektiv als die Gruppe von Lasten $P$ bezeichnet werden. Die Lastgruppe, die bei Eintragung in das Rahmentragwerk den plastischen Bruch verursachen würde, wird mit $P_c$ bezeichnet, dieser Wert von $P$ wird Traglast genannt. Der statische Satz kann nun wie folgt festgestellt werden:

*Statischer Satz.* Wenn für ein gegebenes Rahmentragwerk und eine gegebene Belastung irgendeine Biegemomentenverteilung für das ganze Tragwerk existiert, die für eine Gruppe von Lasten $P$ sowohl sicher als auch statisch zulässig ist, muß der Wert von $P$ kleiner oder gleich der Traglast $P_c$ sein.

Ein ohne weiteres einzusehendes Korrolat dieses Satzes ist, daß, wenn für eine gegebene Belastung $P$ gezeigt werden kann, daß keine Biegemomentenverteilung existiert, die sowohl sicher als auch statisch zulässig ist, dieser Wert von $P$ größer als die Traglast $P_c$ sein muß. Der statische Satz drückt daher die Tatsache aus, daß ein beliebiges Rahmentragwerk tatsächlich die höchsten Lasten tragen kann, die ohne Eintreten des Versagens zu tragen denkbar sind; denn die Traglast $P_c$ ist der höchste Wert von $P$, bei dem die beiden notwendigen Erfordernisse, daß das statische Gleichgewicht erhalten bleiben soll und daß das Biegemoment an keinem Querschnitt das volle plastische Moment übersteigen darf, erfüllt werden können.

Der statische Satz wurde zuerst von KIST [3] als ein intuitives Axiom vorgeschlagen; sein Beweis wurde von GREENBERG und PRAGER [2] erbracht und auch von HORNE [4] und ist im Anhang B wiedergegeben.

Ein anderes interessantes Korrolat dieses Satzes bezieht sich auf den Einfluß der Verstärkung eines Rahmentragwerkes durch Erhöhung des vollen plastischen Momentes eines oder mehrerer seiner Stäbe. Es kann leicht gezeigt werden, daß dies nicht in einer Abminderung der Traglast resultieren kann. Wenn ein Rahmentragwerk bei Einwirkung einer gegebenen Belastung unter einer Gruppe von Lasten $P_c$ versagt, muß es wenigstens eine Biegemomentenverteilung geben, die für diese Lasten sicher und statisch zulässig ist. Dieselbe Biegemomentenverteilung muß für diese Lasten sicher und statisch zulässig bleiben, wenn das volle plastische Moment an einem oder mehreren Querschnitten erhöht wird; denn die Bedingungen des plastischen Gleichgewichts bleiben ungeändert, und wenn das volle plastische Moment im ursprünglichen Rahmentragwerk nirgendwo überschritten wurde, wird es in dem verstärkten Rahmentragwerk mit Sicherheit nicht überschritten werden. Dieses Resultat ist von FEINBERG [5] als ein Axiom festgestellt worden, ein Beweis wurde nicht geliefert.

Für den Fall, daß dieses Ergebnis als offenbar erscheinen sollte, kann darauf hingewiesen werden, daß es bei der Betrachtung des elastischen Verhaltens eines Rahmentragwerkes möglich ist, durch Vergrößerung des Querschnitts eines Stabes die maximale Spannung in einem anderen Stab, der der höchst-beanspruchte Tragteil im Rahmen sein kann, zu erhöhen.

*Kinematischer Satz*

Wenn die tatsächliche kinematische Kette des Bruchzustandes für ein gegebenes biegesteifes Stabwerk unter einer gegebenen Belastung bekannt ist, kann — wie an Hand verschiedener Beispiele im Kap. 2 gezeigt wurde — der Wert der Traglast durch Gleichsetzung der von den Lasten während einer kleinen Bewegung der Bruchkette geleisteten Arbeit mit der in den plastischen Gelenken absorbierten Arbeit gefunden werden. Wenn die tatsächliche Bruchkette nicht bekannt ist, ist es möglich, eine Arbeitsgleichung dieser Art für irgendeine angenommene Bruchkette anzuschreiben. Man erhält dann einen Wert von $P$, der der angenommenen kinematischen Kette zugehörig ist. Der kinematische Satz betrifft derartige zugehörige Werte von $P$ und kann wie folgt formuliert werden:

*Kinematischer Satz.* Für ein gegebenes Rahmentragwerk unter der Einwirkung einer Gruppe von Lasten $P$ ist der Wert von $P$, der irgendeiner angenommenen kinematischen Kette zugehört, entweder größer oder gleich der Traglast $P_c$.

Die Bedeutung dieses Ergebnisses ist offenbar; denn es folgt, daß, wenn die zugehörigen Werte von $P$ für alle möglichen Bruchketten gefunden sind, die tatsächliche Traglast $P_c$ der kleinste dieser Werte sein wird. Durch Fortschreiten auf diesem Wege könnte die Traglast für einen gegebenen Fall aus rein kinematischen Betrachtungen bestimmt werden.

Ein formaler Beweis dieses Satzes wird in Anhang B gegeben. Er wurde zuerst von GREENBERG und PRAGER [2] aufgestellt unter Verwendung eines interessanten physikalischen Arguments gegründet auf FEINBERGS Axiom, von dem gezeigt worden ist, daß es direkt aus dem statischen Satz folgt. Jede beliebige für ein gegebenes Rahmentragwerk und eine gegebene Belastung angenommene kinematische Kette des Bruchzustandes wäre ohne Zweifel die richtige Bruchkette für dieses Rahmentragwerk, wenn die vollen plastischen Momente an den Querschnitten, an denen bei der angenommenen Bruchkette Fließgelenke vorkommen, ungeändert bleiben, aber an allen anderen Querschnitten unbestimmt vergrößert werden. Da dieser Prozeß entweder die Traglast des ursprünglichen Rahmentragwerkes vergrößern würde oder sie ungeändert ließe, folgt, daß die Traglast des ursprünglichen Rahmens nicht größer sein kann als der Wert von $P$, der sich als der angenommenen kinematischen Kette zugehörig ergeben hat.

*Einzigkeitssatz*

Die statischen und kinematischen Sätze können zu einem Einzigkeitssatz kombiniert werden. So ist aus dem statischen Satz bekannt, daß es für jeden Wert $P$ über $P_c$ unmöglich ist, eine Biegemomentenverteilung zu finden, die sowohl sicher als auch statisch zulässig ist. Ferner ist aus dem kinematischen Satz bekannt, daß es unmöglich ist, eine kinematische Kette zu finden, deren zugehörige Last kleiner als $P_c$ ist. Die Kombination dieser Ergebnisse führt zur Feststellung des folgenden Satzes.

*Einzigkeitssatz.* Wenn für ein gegebenes Rahmentragwerk und gegebene Belastung wenigstens eine sichere und statisch zulässige Biegemomentenverteilung gefunden werden kann und in dieser Verteilung das Biegemoment an genügend Querschnitten gleich dem vollen plastischen Moment ist, um das Versagen des Rahmentragwerkes infolge Verdrehungen von plastischen Gelenken an diesen Querschnitten zu verursachen, ist die zugehörige Last gleich der Traglast $P_c$.

Dieser Satz wurde von HORNE [4] bewiesen. Sein praktischer Wert liegt darin, daß die Bestätigung, ob die ermittelte Bruchkette richtig ist, sofort durch Konstruktion des entsprechenden Biegemomentendiagramms erhalten werden kann.

Bevor wir uns der Anwendung dieser Sätze zuwenden, ist es von Interesse, festzustellen, daß ihre Gegenstücke von DRUCKER, PRAGER und GREENBERG [6] für den allgemeinen Fall fester Körper aufgestellt worden sind, die aus Material bestehen, dessen Spannungs-Dehnungsbeziehungen geeignete Verallgemeinerungen der ideal-plastischen Beziehung von Abb. 1.4 b sind.

### 3.3 Einfaches erläuterndes Beispiel

Die Bedeutung der in Abschn. 3.2 in allgemeiner Form festgestellten Sätze wird nun in Verbindung mit einem bestimmten Problem im Einzelnen erläutert. Das für diesen Zweck ausgewählte Rahmentragwerk ist der einfache rechteckige Portalrahmen, dessen Abmessungen in Abb. 3.1 a gegeben sind. Jeder Stab des Rahmens wird als von gleichförmigem Querschnitt und Material vorausgesetzt mit einem vollen plastischen Moment von der Größe $M_p$. Der Rahmen wird einer Horizontallast $3\,P$ und einer Vertikallast $2\,P$ wie dargestellt unterworfen, und es ist der Wert $P_c$ von $P$ zu ermitteln, der den plastischen Bruch herbeiführen würde. Diese Aufgabe ist ähnlich dem in Abschn. 2.5 (s. Abb. 2.8) erörterten Rechteckrahmen-Problem; der einzige Unterschied ist das Verhältnis von Horizontal- zu Vertikallast. Wie in Abschn. 2.6 aufgezeigt wurde, gibt es für diesen Typ Rahmentragwerk und Belastung drei mögliche kinematische Ketten des Bruchzustandes, die in Abb. 2.9 und 2.12 dargestellt sind. Das Problem besteht daher in der Ermittlung, welche von diesen die tatsächliche kinematische Kette des Bruchzustandes ist, und in der Bestimmung des zugehörigen Wertes der Traglast.

In der folgenden Behandlung werden die Gleichgewichtsgleichungen extensiv verwendet, so daß der erste Schritt die Ableitung dieser Gleichungen ist. Das Vorzeichenübereinkommen für die Biegemomente ist,

daß ein positives Biegemoment in den auf der Seite der strichlierten
Linie in Abb. 3.1 liegenden Fasern Zug erzeugt und somit den Rahmen
zu öffnen strebt.

Das Biegemomentendiagramm für den Rahmen besteht aus einer Reihe
von Geradenabschnitten zwischen den in Abb. 3.1 a mit 1, 2, 3, 4
und 5 bezeichneten Querschnitten, so daß die Biegemomentenverteilung
für den gesamten Rahmen bestimmt ist, wenn die Werte der Biege-

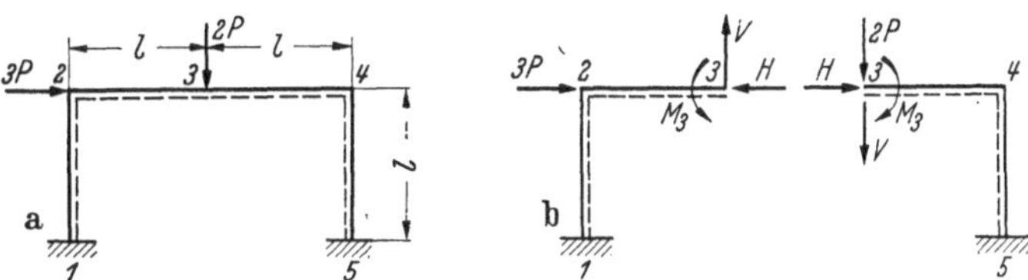

Abb. 3.1 a u. b.
Rechteckiger Portalrahmen. a Abmessungen und Belastung, b Statisch unbestimmte Größen

momente an diesen fünf Querschnitten bekannt sind. Wegen der linearen
Variation des Biegemomentes zwischen diesen fünf Querschnitten können
sich an irgendwelchen anderen Stellen keine plastischen Gelenke bilden,
— außer in dem Sonderfall, bei dem das Biegemoment zwischen zwei
der bezeichneten Querschnitte konstant ist. Daher brauchen sich die
Gleichgewichtsgleichungen nur mit den Werten der Biegemomente an
den fünf numerierten Querschnitten befassen.

Dieser Rahmen hat drei überzählige Größen, die in bequemer Weise
als Längsdruckkraft $H$, Querkraft $V$ und Biegemoment $M_3$ am Querschnitt 3 wie in Abb. 3.1 b gezeigt angesetzt werden. Da fünf unbekannte Biegemomente vorhanden sind, muß es zwei Gleichgewichtsgleichungen geben, die diese Biegemomente auf die eingetragenen
Lasten beziehen. Diese beiden Gleichgewichtsbedingungen werden durch
Anschreiben der Ausdrücke für die Biegemomente an den Querschnitten 1,
2, 4 und 5 in Termen der eingetragenen Lasten und der drei statisch
unbestimmten Größen und Elimination der Werte $H$ und $V$ aus diesen
Gleichungen gefunden. Die Momentengleichungen für diese vier Querschnitte lauten

$$M_1 = M_3 + Hl + Vl - 3\,Pl \qquad (3.1)$$

$$M_2 = M_3 + Vl \qquad (3.2)$$

$$M_4 = M_3 - Vl - 2\,Pl \qquad (3.3)$$

$$M_5 = M_3 + Hl - Vl - 2\,Pl \qquad (3.4)$$

Elimination von $H$ und $V$ aus diesen Gleichungen ergibt

$$3\,Pl = M_2 - M_1 + M_5 - M_4 \qquad (3.5)$$

$$2\,Pl = 2\,M_3 - M_2 - M_4 \qquad (3.6)$$

Die Gln. (3.5) und (3.6) sind die beiden Gleichgewichtsgleichungen für
den Rahmen. Es ist zu bemerken, daß diese zwei Gleichungen lediglich
die Bedingungen des statischen Gleichgewichts ausdrücken und gültig
sind, gleichgültig, ob die folgende Berechnung nach der plastischen
Theorie durchgeführt wird oder nicht.

*Berechnung der Seitenverschiebungskette*

Mit Hilfe dieser zwei Gleichgewichtsgleichungen können verschiedene
Ableitungen gemacht werden, wenn eine bestimmte kinematische Kette
— nicht notwendig die Bruchkette — analysiert wird. Zunächst wird
willkürlich die in Abb. 3.2 dargestellte Seitenverschiebungskette zur Betrachtung ausgewählt. Die Abbildung zeigt die zusätzlichen Formänderungen des Rahmens infolge einer kleinen Bewegung der kinematischen
Kette. Es ist zu ersehen, daß vier Fließge-
lenke an den Querschnitten 1, 2, 4 und 5
vorhanden sind. Bei einer Bewegung dieser
kinematischen Kette bleibt der Riegel horizontal, und die Stiele 12 und 54 drehen sich
beide um den gleichen Winkel $\vartheta$, so daß die
Größe der Verdrehung an jedem der vier
Gelenke $\vartheta$ ist. Die Verdrehung an Gelenk 1

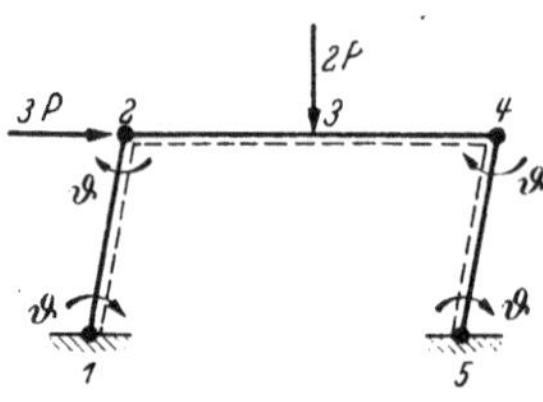

Abb. 3.2. Seitenverschiebungskette

verursacht Druck in den an die strichlierte
Linie in Abb. 3.1 (a) angrenzenden Fasern, so daß das Biegemoment an
diesem Gelenk — $M_p$ ist. Die Vorzeichen der Biegemomente an den
anderen drei Fließgelenken können in ähnlicher Weise ermittelt werden,
und es ergibt sich, daß

$$M_1 = -M_p, \quad M_2 = M_p, \quad M_4 = -M_p, \quad M_5 = M_p.$$

Diese Biegemomente an den vier angenommenen plastischen Gelenken
erscheinen auf der rechten Seite der Gleichgewichtsgleichung (3.5). Einsetzen ihrer Werte in diese Gleichung ergibt

$$3\,Pl = M_2 - M_1 + M_5 - M_4$$
$$= M_p - (-M_p) + M_p - (-M_p) = 4\,M_p$$
$$P = 1{,}333\,\frac{M_p}{l}. \tag{3.7}$$

Dieser der Seitenverschiebungskette zugehörige Wert von $P$ kann auch
aus einer Betrachtung der Kinematik dieser kinematischen Kette hergeleitet werden. So geht aus Abb. 3.2 hervor, daß, da jeder Rahmenstiel
von der Länge $l$ ist und der Verdrehung $\vartheta$ unterläuft, die Horizontallast 3 $P$ sich um die horizontale Strecke $l\vartheta$ bewegt, so daß diese Last
die Arbeit 3 $Pl\vartheta$ leistet. In der ersten Ordnung kleinerer Größen bewegt
sich der Riegel nicht vertikal, so daß die von der Vertikallast geleistete

Arbeit im Vergleich dazu vernachlässigbar ist. Da vier plastische Gelenke vorhanden sind, deren jedes einer Verdrehung $\vartheta$ unterläuft, während das Biegemoment konstant auf dem Werte $M_p$ bleibt, ist die gesamte in den Gelenken absorbierte Arbeit $4\,M_p\vartheta$. Gleichsetzung der von den Lasten geleisteten Arbeit mit der in den Fließgelenken absorbierten Arbeit ergibt

$$3\,Pl\vartheta = 4\,M_p\vartheta$$
$$P = 1{,}333\,\frac{M_p}{l}$$

in Übereinstimmung mit Gl. (3.7).

Gleichgültig, ob eine statische oder eine kinematische Berechnungsmethode verwendet wird, ergibt sich der der Seitenverschiebungskette entsprechende Wert von $P$ zu $1{,}333\,\frac{M_p}{l}$. Nach dem kinematischen Satz ist der Wert von $P$, der irgendeiner angenommenen kinematischen Kette entspricht, stets größer oder gleich der Traglast $P_c$. Als eine direkte Folge dieses Satzes ist

$$P_c \leq 1{,}333\,\frac{M_p}{l}$$

Diese Berechnung hat daher eine *obere Eingrenzung* für den Wert von $P_c$ gesetzt.

Die Tatsache, daß dieser Wert von $P$ eine obere Eingrenzung für $P_c$ ist, kann ohne Bezugnahme auf den kinematischen Satz abgeleitet werden. Die Gleichgewichtsgleichung (3.5), aus der dieser Wert von $P$ erhalten wurde, lautet

$$3\,Pl = M_2 - M_1 + M_5 - M_4\,.$$

Jedes der vier Biegemomente, die auf der rechten Seite dieser Gleichung erscheinen, muß zwischen den Grenzen $\pm\,M_p$ liegen. Es ist unmittelbar ersichtlich, daß der größtmögliche Wert der rechten Seite dieser Gleichung $4\,M_p$ ist, erhalten durch Setzen von

$$M_1 = -\,M_p,\ M_2 = M_p,\ M_4 = -\,M_p,\ M_5 = M_p\,.$$

Aus dieser Gleichung allein folgt, daß $3\,Pl$ nicht den Wert $4\,M_p$ übersteigen kann, oder $P$ nicht den Wert $1{,}333\,\frac{M_p}{l}$. Der formale Beweis des kinematischen Satzes kann als eine Verallgemeinerung dieser Art Argumentation angesehen werden.

Die Werte der vier Biegemomente $M_1$, $M_2$, $M_4$ und $M_5$, die die rechte Seite von Gl. (3.5) zu einem Maximum machen, sind genau die Werte dieser Biegemomente, die dem Drehsinn der Fließgelenkverdrehungen der Seitenverschiebungskette entsprechend ermittelt worden sind. Somit entspricht die Seitenverschiebungskette der *Gültigkeitsgrenze* der Gleichgewichtsgleichung (3.5); denn bei dem Grenzwert von $P$, ober-

halb dessen diese Gleichung nicht erfüllt werden kann, hätten die vier
in der Gleichung enthaltenen Biegemomente die durch die Seitenverschiebungskette bedingten vollplastischen Werte.

Die Analyse der Seitenverschiebungskette kann nun durch Bestimmung des Wertes von $M_3$, welches das einzige übrigbleibende unbekannte
Biegemoment ist, vervollständigt werden. In Gl. (3.6) sind $M_2$ und $M_4$
nun als $M_p$ bzw. $- M_p$ bekannt, während $P$ den Wert $1{,}333 \dfrac{M_p}{l}$ hat.
Einsetzen dieser Werte in Gl. (3.6) ergibt

$$2Pl = 2\,M_3 - M_2 - M_4$$
$$2{,}666\,M_p = 2\,M_3 - M_p + M_p$$
$$M_3 = 1{,}333 M_p.$$

Da $M_3$ voraussetzungsgemäß nicht das volle plastische Moment $M_p$
übersteigen kann, folgt, daß die Seitenverschiebungskette nicht die tatsächliche Bruchkette sein kann.

Wie von GREENBERG und PRAGER [2] aufgezeigt worden ist, kann eine
*untere Eingrenzung* der Traglast auch sehr einfach aus der vollständigen
statischen Berechnung einer beliebig angenommenen kinematischen
Kette erhalten werden. Für die vorstehend behandelte Seitenverschiebungskette ergab sich die vollständige Biegemomentenverteilung zu

$$M_1 = - M_p,\ M_2 = M_p,\ M_3 = 1{,}333\,M_p,\ M_4 = - M_p,\ M_5 = M_p.$$

Diese Biegemomente befriedigen die Gleichgewichtsbedingungen mit
$P = 1{,}333\,\dfrac{M_p}{l}$ und sind somit statisch zulässig. Da die Gleichgewichtsgleichungen linear in Biegemomenten und Lasten sind, folgt, daß die
durch Multiplikation jedes der obigen Biegemomente mit einem beliebigen Faktor $k$ erhaltenen Biegemomente mit Lasten entsprechend
$P = k\left(1{,}333\,\dfrac{M_p}{l}\right)$ statisch zulässig sind. Wenn $k$ zu $0{,}75$ angesetzt
wird, wird der zugehörige Satz Biegemomente ebenfalls sicher, da $M_3$
dadurch auf $M_p$ reduziert wird. Damit sind die Biegemomente

$$M_1 = - 0{,}75\,M_p,\ M_2 = 0{,}75\,M_p,\ M_3 = M_p,$$
$$M_4 = - 0{,}75\,M_p,\ M_5 = 0{,}75\,M_p$$

sowohl sicher als auch statisch zulässig mit den Lasten entsprechend
$P = 0{,}75\left(1{,}333\,\dfrac{M_p}{l}\right) = \dfrac{M_p}{l}$. Aus dem statischen Satz folgt unmittelbar, daß die Traglast $P_c$ größer oder gleich $\dfrac{M_p}{l}$ sein muß. In dieser
Biegemomentenverteilung gibt es nur ein Biegemoment, das gleich dem
vollen plastischen Moment ist, nämlich am Querschnitt 3, und es ist
klar, daß das Vorhandensein eines einzigen Fließgelenkes nicht zur
Überführung des Rahmens in eine zwangsläufige kinematische Kette

hinreicht. Diese Biegemomentenverteilung erfüllt daher nicht die Erfordernisse des Einzigkeits-Satzes, so daß die zugehörige Last $P = \dfrac{M_p}{l}$ nicht die tatsächliche Traglast $P_c$ sein kann. Es folgt, daß $P_c$ größer als $\dfrac{M_p}{l}$ sein muß. Deshalb ergibt die Kombination dieser unteren Eingrenzung mit der bereits gefundenen oberen Eingrenzung

$$\frac{M_p}{l} < P_c < 1{,}333\,\frac{M_p}{l}\,.$$

*Berechnung der Trägerkette*

Die zweite mögliche Bruchkette, die zu untersuchen ist, ist die in Abb. 3.3 dargestellte Trägerkette. Aus einer Betrachtung des Drehsinnes der Gelenkverdrehungen an jedem der drei Fließgelenke ergibt sich, daß die Biegemomente an diesen Gelenken sein müssen:

$$M_2 = -\,M_p,\; M_3 = M_p,\; M_4 = -\,M_p.$$

Diese Biegemomente sind die drei in der Gl. (3.6) vorkommenden Biegemomente, und Einsetzen ihrer Werte in diese Gleichung ergibt

$$2\,Pl = 2\,M_3 - M_2 - M_4$$
$$= 2\,M_p - (-\,M_p) - (-\,M_p) = 4\,M_p$$
$$P = 2\,\frac{M_p}{l} \qquad\qquad (3.8)$$

Dieser der Trägerkette zugehörige Wert von $P$ kann auch aus der Betrachtung der Kinematik dieser kinematischen Kette abgeleitet werden. Infolge der Verdrehung $\vartheta$ an jedem der Fließgelenke an den Querschnitten 2 und 4 bewegt sich die Vertikallast $2\,P$ durch eine Entfernung $l\vartheta$ und leistet damit die Arbeit $2\,Pl\vartheta$. Die Entfernung zwischen den Rahmenecken 2 und 4 ändert sich nur um einen Betrag, der von zweiter Ordnung der kleinen Größen $\vartheta$ ist, so daß die vertikalen Stäbe keiner wesentlichen Drehung unterlaufen und die von der Hori-

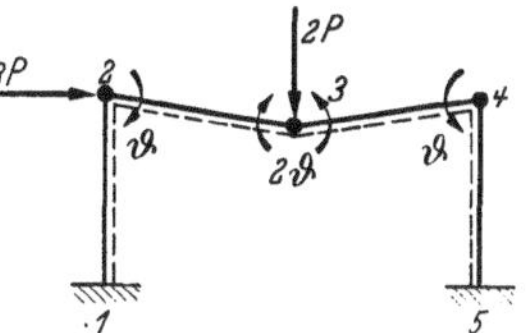

Abb. 3.3. Trägerkette

zontallast $3\,P$ geleistete Arbeit vernachlässigbar ist. Da die Verdrehungen an den drei plastischen Gelenken von der Größe $\vartheta$, $2\,\vartheta$ und $\vartheta$, insgesamt $4\,\vartheta$, sind, muß die in diesen Gelenken absorbierte gesamte Arbeit $4\,M_p\vartheta$ sein. Aus der Gleichsetzung der von den Lasten geleisteten Arbeit mit der in den Fließgelenken absorbierten Arbeit folgt

$$2\,Pl\vartheta = 4\,M_p\vartheta$$
$$P = 2\,\frac{M_p}{l}$$

in Übereinstimmung mit Gl. (3.8).

Dieser der Trägerkette zugehörige Wert von $P$ ist nach dem kinematischen Satz eine obere Eingrenzung für den Wert von $P_c$. Alternativ könnte gesagt werden, daß die Werte der Biegemomente $M_2$, $M_3$ und $M_4$, die an den Fließgelenken dieser Trägerkette vorkommen, gerade die Werte sind, die die rechte Seite von Gl. (3.6) zu einem Maximum machen. Es folgt daher, daß die Trägerkette der Gültigkeitsgrenze dieser Gleichgewichtsgleichung entspricht, im gleichen Sinne, wie gezeigt worden ist, daß die Seitenverschiebungskette der Gültigkeitsgrenze der Gleichgewichtsgleichung (3.5) entsprach, und es folgt ebenfalls, daß allein vom Standpunkt dieser Gleichgewichtsgleichung $P$ nicht $2\dfrac{M_p}{l}$ übersteigen kann.

Da die vorherige Berechnung der Seitenverschiebungskette eine obere Eingrenzung von $1{,}333\,\dfrac{M_p}{l}$ für $P_c$ lieferte, ist ersichtlich, daß die Trägerkette, für die der entsprechende Wert von $P$ gleich $2\dfrac{M_p}{l}$ ist, nicht die tatsächliche Bruchkette sein kann. Trotzdem wird jedoch die Berechnung der Trägerkette zuende geführt, um eine weitere Erläuterung der Anwendung des statischen Satzes zu bieten. Es gibt zwei unbekannte Biegemomente $M_1$ und $M_5$, und die einzige verfügbare Gleichgewichtsbedingung ist Gl. (3.5). Einsetzen von $M_2 = -M_p$, $M_4 = -M_p$ und $P = 2\dfrac{M_p}{l}$ in diese Gleichung ergibt

$$3\,Pl = M_2 - M_1 + M_5 - M_4$$
$$6\,M_p = -M_p - M_1 + M_5 + M_p$$
$$= M_5 - M_1 \tag{3.9}$$

Somit sind in diesem Falle $M_1$ und $M_5$ nicht eindeutig bestimmt. Das rührt aus der Tatsache her, daß die Gesamtzahl der Unbekannten in dem Problem der Bestimmung der Traglast für diesen Rahmen vier ist, nämlich die drei statisch unbestimmten Größen und der Wert der Traglast selbst. Da die Trägerkette nur drei Gelenke hat, an denen das Biegemoment bekannt ist, ist es offensichtlich unmöglich, diese vier Unbekannten eindeutig zu bestimmen. Das steht im Gegensatz zu dem Fall der Seitenverschiebungskette, die vier Gelenke hat, und daher die Bestimmung der Traglast und der vollständigen Biegemomentenverteilung beim Versagen ermöglicht.

Obwohl $M_5$ und $M_1$ nicht bekannt sind, ist zu ersehen, daß es keine Weise gibt, in der Gl. (3.9) durch Werte dieser beiden Momente innerhalb der Grenzen $\pm M_p$ erfüllt werden kann, und es kann daher auch auf dieser Grundlage gefolgert werden, daß die Trägerkette nicht die tatsächliche Bruchkette ist.

Um eine untere Eingrenzung für den Wert von $P_c$ zu finden, wird bemerkt, daß bei Zuordnung von Werten zu $M_1$ und $M_5$, die sich in Übereinstimmung mit Gl. (3.9) befinden, eine statisch zulässige Biegemomentenverteilung resultiert. Wenn die Werte $M_1 = -3\,M_p$, $M_5 = 3\,M_p$ gewählt werden, folgt, daß die Biegemomente

$$M_1 = -3\,M_p, \quad M_2 = -M_p, \quad M_3 = M_p, \quad M_4 = -M_p, \quad M_5 = 3\,M_p$$

statisch zulässig mit $P = 2\dfrac{M_p}{l}$ sind. Durch Multiplizieren jedes der obigen Biegemomente und des Wertes von $P$ mit dem Faktor 0,333 wird eine sichere und statisch zulässige Biegemomentenverteilung erhalten, und aus dem statischen Satz folgt dann, daß $P = 0{,}333 \left(2\dfrac{M_p}{l}\right) =$ $= 0{,}666\,\dfrac{M_p}{l}$ eine untere Eingrenzung für $P_c$ ist. Dieses ist der höchste Wert der unteren Eingrenzung, der erhalten werden kann; denn jede andere Wahl der Werte von $M_5$ und $M_1$ konsistent mit Gl. (3.9) würde die Größe eines dieser Momente erhöhen und damit die untere Eingrenzung herabsetzen. Dieser Wert der unteren Eingrenzung ist kleiner als die in entsprechender Weise aus der Seitenverschiebungskette erhaltene untere Eingrenzung $\dfrac{M_p}{l}$.

*Berechnung der kombinierten kinematischen Kette*

Die letzte zu untersuchende kinematische Kette ist in Abb. 3.4 gezeigt. Diese kinematische Kette wird als kombinierte kinematische Kette bezeichnet, da die bei einer kleinen Bewegung dieser kinematischen Kette eintretenden Ausbiegungen und Gelenkverdrehungen als die Summe der bei kleinen Bewegungen der Seitenverschiebungs- und Trägerkette von Abb. 3.2 bzw. 3.3 eintretenden Ausbiegungen und Gelenkverdrehungen angesehen werden können. Die Biegemomente an den vier Fließgelenken in dieser kinematischen Kette sind

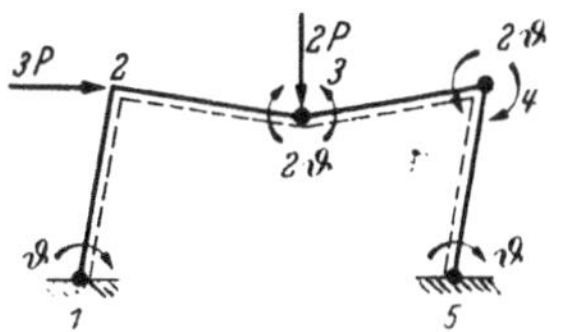

Abb. 3.4.
Kombinierte kinematische Kette

$$M_1 = -M_p, \quad M_3 = M_p, \quad M_4 = -M_p, \quad M_5 = M_p.$$

Die Untersuchung der Seitenverschiebungs- und der Trägerkette ergab, daß die an den Fließgelenken vorkommenden vollen plastischen Momente die einzigen in den Gleichgewichtsgleichungen (3.5) bzw. (3.6) enthaltenen Momente waren. Bei der kombinierten kinematischen Kette gibt es an Querschnitt 2 kein plastisches Gelenk, wogegen das Moment $M_2$ in diese beiden Gleichgewichtsgleichungen eingeht. Jedoch kann durch Addition der Gleichungen (3.5) und (3.6) sofort eine Gleichgewichtsgleichung erhalten werden, die $M_2$ nicht enthält:

$$5\,Pl = 2\,M_3 - M_1 + M_5 - 2\,M_4 \tag{3.10}$$

Einsetzen der obigen Biegemomentenwerte in diese Gleichung ergibt

$$5\,Pl = 2\,M_p - (-M_p) + M_p - 2\,(-M_p) = 6\,M_p$$
$$P = 1{,}2\,\frac{M_p}{l} \tag{3.11}$$

Dieser der kombinierten kinematischen Kette entsprechende Wert von $P$ kann auch auf kinematische Art abgeleitet werden. Die Kinematik dieses Typs einer kinematischen Kette ist bereits in Abschn. 2.5 (s. Abb. 2.9) behandelt worden. Die horizontalen und vertikalen Lasten bewegen sich beide um den gleichen Weg $l\vartheta$ und leisten die Arbeit $3\,Pl\vartheta$ bzw. $2\,Pl\vartheta$, so daß die von den Lasten geleistete gesamte Arbeit $5\,Pl\vartheta$ ist. Die Fließgelenkverdrehungen an den Querschnitten 1, 3, 4 und 5 sind von der Größe $\vartheta$, $2\,\vartheta$, $2\,\vartheta$ bzw. $\vartheta$. Somit ist der Gesamtbetrag der Gelenkverdrehung $6\,\vartheta$ und die in den plastischen Gelenken absorbierte Arbeit $6\,M_p\vartheta$. Aus der Gleichsetzung der geleisteten und der absorbierten Arbeit folgt

$$5\,Pl\vartheta = 6\,M_p\vartheta$$
$$P = 1{,}2\,\frac{M_p}{l}$$

in Übereinstimmung mit Gl. (3.11).

Dieser Wert von $P$ ist eine obere Eingrenzung für $P_c$, wie aus dem kinematischen Satz hervorgeht oder daraus, daß die in der Bruchkette erscheinenden vollen plastischen Momente die rechte Seite der Gl. (3.10) zu einem Maximum machen. Um eine untere Eingrenzung zu erhalten, wird die statische Berechnung durch Bestimmung des Wertes von $M_2$ aus einer der Gleichungen (3.5) oder (3.6) vervollständigt. Einsetzen von $M_3 = M_p$, $M_4 = -M_p$ und $P = 1{,}2\,\dfrac{M_p}{l}$ in Gl. (3.6) ergibt

$$2\,Pl = 2\,M_3 - M_2 - M_4$$
$$2{,}4\,M_p = 2\,M_p - M_2 + M_p$$
$$M_2 = 0{,}6\,M_p.$$

Da dieser Wert von $M_2$ kleiner als das volle plastische Moment $M_p$ ist, ist die der kombinierten kinematischen Kette zugehörige Biegemomentenverteilung nicht nur mit einem Wert $P = 1{,}2\,\dfrac{M_p}{l}$ statisch zulässig, sondern auch sicher, da das volle plastische Moment an keiner Stelle des Rahmens überschritten wird. Aus dem statischen Satz folgt unmittelbar, daß $1{,}2\,\dfrac{M_p}{l}$ eine untere Eingrenzung für $P_c$ ist; da gezeigt worden ist, daß dieser Wert auch eine obere Eingrenzung für $P_c$ ist, kann gefolgert werden, daß die tatsächliche Traglast $P_c$ gleich $1{,}2\,\dfrac{M_p}{l}$ sein muß. Dieses Ergebnis ist auch aus dem Einzigkeits-Satz offenbar; denn die der kombinierten kinematischen Kette zugehörige Biegemomentenverteilung ist sowohl sicher als auch mit $P = 1{,}2\,\dfrac{M_p}{l}$ statisch zulässig, während das volle plastische Moment an einer hinreichenden Anzahl von Querschnitten entwickelt wird, um den Rahmen in eine zwangsläufige kinematische Kette zu überführen.

Zur Bestätigung der Schlußfolgerung, daß die kombinierte kinematische Kette von Abb. 3.4 die Bruchkette ist, und die entsprechende Traglast $1{,}2\,\dfrac{M_p}{l}$ beträgt, kann das Biegemomentendiagramm für den Rahmen durch Konstruktion und Überlagerung freier und Einspannmomenten-Diagramme gezeichnet werden. Aus Abb. 3.1 b geht hervor, daß mit $P = 1{,}2\,\dfrac{M_p}{l}$ die freien Biegemomente an den Querschnitten 1, 2, 3, 4 und 5 sind: $-3{,}6\,M_p$, $0$, $0$, $-2{,}4\,M_p$ bzw. $-2{,}4\,M_p$. Einsetzen der bekannten Werte der Biegemomente an den vier plastischen Gelenken in die Gleichungen (3.1) bis (3.4) ergibt folgende Werte für die drei statisch unbestimmten Schnittkräfte

$$H = 2\,\frac{M_p}{l}, \quad V = -0{,}4\,\frac{M_p}{l}, \quad M_3 = M_p.$$

Die Einspannmomente an den Querschnitten 1, 2, 3, 4 und 5 sind damit $2{,}6\,M_p$, $0{,}6\,M_p$, $M_p$, $1{,}4\,M_p$ bzw. $3{,}4\,M_p$. Die entsprechenden Momentendiagramme sind in Abb. 3.5 dargestellt, und es ist zu ersehen, daß das tatsächliche Biegemoment das volle plastische Moment an keiner Stelle überschreitet, was bestätigt, daß diese Biegemomentenverteilung der tatsächlichen Traglast entspricht.

Bei der Behandlung dieses Beispieles sind zwei mögliche Wege für die Bestimmung von Traglasten aufgezeigt worden. Die erste Methode be-

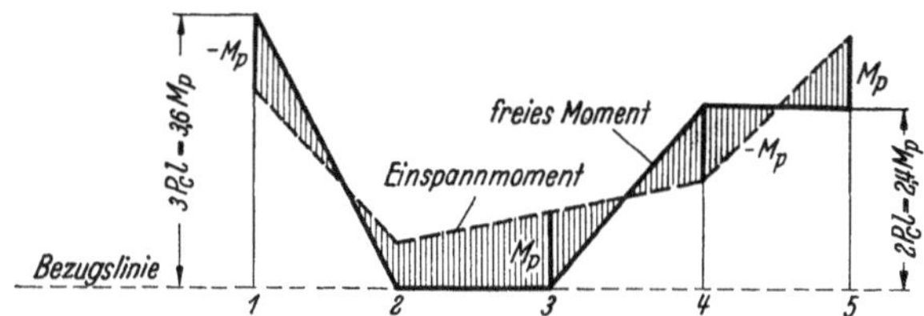


Abb. 3.5. Biegemomentendiagramm beim Versagen

steht in der Annahme einer Bruchkette und der Durchführung einer vollständigen statischen Berechnung für diese Bruchkette, wodurch die vollständige Biegemomentenverteilung erhalten wird. Wenn in dieser Verteilung das volle plastische Moment an keiner Stelle des Rahmentragwerkes überschritten wird, muß dem Einzigkeits-Satz zufolge die zugehörige Last die Traglast sein. Wenn dies nicht der Fall ist, werden andere mögliche Bruchketten entsprechend untersucht bis die richtige Bruchkette gefunden ist. Dieses Verfahren, das als *Probierverfahren* bezeichnet werden kann, wurde zuerst von BAKER [7] vorgeschlagen, —

Beispiele seiner Anwendung werden im Kap. 4 gegeben. Die zweite Methode besteht in der Untersuchung aller möglichen Bruchketten durch Anschreiben der Arbeitsgleichung für jede dieser Bruchketten und damit der Ableitung des zugehörigen Wertes der Traglast. Der tatsächliche Wert der Traglast wird dann nach dem kinematischen Satz der kleinste der so erhaltenen Werte sein. Bei einfachen Rahmen ist es verhältnismäßig leicht, die notwendigen Berechnungen durchzuführen, aber bei komplizierten Rahmentragwerken wird es eine große Zahl möglicher zwangsläufiger kinematischer Ketten geben, und die Durchführung des Verfahrens würde sehr mühselig sein. Eine Methode zur Umgehung der Notwendigkeit, alle möglichen kinematischen Ketten zu untersuchen, wird im Kap. 4 beschrieben.

Umfangreiche experimentelle Arbeiten sind an rechteckigen Portalrahmen unter horizontaler und vertikaler Belastung durchgeführt worden, und es ergab sich, daß die nach der plastischen Theorie biegesteifer Stabwerke rechnerisch ermittelten Traglasten im allgemeinen in ausgezeichneter Übereinstimmung mit den bei den Versuchen beobachteten Lastwerten stehen, bei denen sich große Ausbiegungen zu entwickeln beginnen. Die umfassendsten Versuchsreihen waren die von BAKER und HEYMAN [8] beschriebenen mit Miniatur-Rahmen; eine Bestätigung der hierbei erhaltenen Ergebnisse wurde durch einige von BAKER und RODERICK [9] beschriebene Großversuche erbracht. Über weitere Großversuche ist von SCHILLING, SCHUTZ und BEEDLE [10] berichtet worden.

### 3.4 Anwendung des Prinzips der virtuellen Arbeit

In dem eben behandelten Beispiel wurde gezeigt, wie der einer beliebigen angenommenen Bruchkette zugehörige Wert von $P$ entweder aus einer Gleichgewichtsgleichung oder einer Arbeitsgleichung für die kinematische Kette gefunden werden kann. Für jede der drei kinematischen Ketten ergab sich, daß diese zwei Methoden zum gleichen Wert von $P$ führten. Auf den ersten Blick scheint wenig Verbindung zwischen diesen zwei Verfahren zu bestehen; jedoch kann gezeigt werden, daß sie in viel engerer Beziehung zueinander stehen als dies auf den ersten Blick scheinen könnte. Der Grund dafür ist, daß jede Gleichgewichtsgleichung für ein gegebenes Tragwerk und gegebene Belastung stets durch die Anwendung des Prinzips der virtuellen Arbeit auf eine kleine Bewegung der entsprechenden kinematischen Kette abgeleitet werden kann, bei der von den an den Gelenken wirkenden Momenten lediglich angenommen wird, daß sie sich im statischen Gleichgewicht mit den Lasten befinden. Die Gelenke werden somit nicht als plastische Gelenke angesehen, sondern ihr Auftreten wird lediglich angenommen, um eine kleine imaginäre Bewegung des Tragwerkes zu ermöglichen, während das Gleichgewicht aufrechterhalten wird. Wenn die Gelenkstellen als die gleichen angenommen werden wie die in den möglichen Bruchketten vorkommenden, die nach der plastischen Theorie berechnet würden, werden die erhaltenen Gleichgewichtsgleichungen exakt diejenigen sein, die diesen Bruchketten entsprechen.

Als Beispiel wird die Seitenverschiebungskette von Abb. 3.2 betrachtet. Bei einer kleinen Bewegung dieser kinematischen Kette sind die Verdrehungen an jedem der vier Gelenke von der Größe $\vartheta$. Es ist nun notwendig, die Vorzeichen jeder dieser Verdrehungen zu bestimmen; denn die Gelenke sind nicht als plastische Gelenke zu betrachten, und so ist es nicht mehr möglich, auf eine Kenntnis der Vorzeichen aus dem Grunde zu verzichten, daß die in einem plastischen Gelenk absorbierte Arbeit stets positiv ist ohne Rücksicht auf den Sinn der Verdrehung des Gelenkes. Es ist bereits festgestellt worden, daß das Vorzeichenübereinkommen für Biegemomente besagt, daß ein positives Biegemoment Zug in den an die strichlierte Linie in Abb. 3.2 angrenzenden Fasern erzeugt; zur Übereinstimmung muß eine positive Gelenkverdrehung als Dehnung in den gleichen Fasern erzeugend definiert werden. Die Verdrehungen an den vier Gelenken sind daher wie folgt:

| Querschnitt | Gelenkverdrehung |
|:-:|:-:|
| 1 | $-\vartheta$ |
| 2 | $\vartheta$ |
| 4 | $-\vartheta$ |
| 5 | $\vartheta$ |

Diese Gelenkverdrehungen verursachen eine horizontale Verschiebung $l\vartheta$ der Horizontallast und eine vernachlässigbare vertikale Verschiebung der Vertikallast. Es wird angenommen, daß diese kleine Bewegung der Seitenverschiebungskette während der Einwirkung der Horizontallast $3\,P$ und der Vertikallast $2\,P$ eintritt und sich der Rahmen dabei im statischen Gleichgewicht befindet. Die von der Horizontallast $3\,P$ geleistete virtuelle Arbeit ist dann $3\,Pl\vartheta$, während die von der Vertikallast geleistete virtuelle Arbeit Null ist. Wird das am Querschnitt 1 wirkende Biegemoment mit $M_1$ bezeichnet, dann ist die in diesem Gelenk absorbierte virtuelle Arbeit $-M_1\vartheta$, da die Verdrehung $-\vartheta$ ist. In entsprechender Weise ergibt sich, daß die in den Gelenken 2, 4 und 5 absorbierte virtuelle Arbeit $M_2\vartheta$, $-M_4\vartheta$ bzw. $M_5\vartheta$ ist. Die Biegemomente $M_1$, $M_2$, $M_4$ und $M_5$ müssen natürlich die Erfordernisse des Gleichgewichtes mit den gegebenen Lasten erfüllen. Die von den Lasten geleistete virtuelle Arbeit kann nun mit der in den Gelenken absorbierten virtuellen Arbeit gleichgesetzt werden:

$$3\,Pl\vartheta = -M_1\vartheta + M_2\vartheta - M_4\vartheta + M_5\vartheta$$
$$3\,Pl = M_2 - M_1 + M_5 - M_4.$$

Da die in dieser Gleichung erscheinenden Momente im Gleichgewicht mit den eingetragenen Lasten stehen müssen, stellt diese Gleichung eine Gleichgewichtsbedingung dar; sie ist tatsächlich identisch mit Gl. (3.5), die aus rein statischen Betrachtungen abgeleitet wurde.

Entsprechend kann gezeigt werden, daß die Gleichgewichtsgleichungen (3.6) und (3.10) abgeleitet werden können durch Anwendung des Prinzips der virtuellen Arbeit auf die Trägerkette von Abb. 3.3 bzw. die kombinierte kinematische Kette von Abb. 3.4. Allgemein ergibt sich, daß eine Gleichgewichtsgleichung stets durch Anwendung des Prinzips der virtuellen Arbeit auf eine kinematische Kette auf diese Weise abgeleitet werden kann.

Wenn einmal eine Gleichgewichtsgleichung wie Gl. (3.5) abgeleitet worden ist, wird — wie bereits aufgezeigt wurde — eine obere Eingrenzung des Wertes von $P_c$ unmittelbar erhalten durch Feststellung, daß die rechte Seite der Gleichung nicht eine bestimmte Grenze übersteigen kann, die dadurch gesetzt wird, daß kein Biegemoment die Größe des vollen plastischen Momentes übersteigen kann. In Gl. (3.5) wird also die rechte Seite ein Maximum, indem gesetzt wird

$$M_1 = -M_p,\ M_2 = M_p,\ M_4 = -M_p,\ M_5 = M_p,$$

und dieses sind eben die Biegemomente, die an den plastischen Gelenken der Seitenverschiebungskette vorkommen.

Es folgt, daß das Verfahren des Niederschreibens einer Arbeitsgleichung zur Bestimmung des einer angenommenen kinematischen Kette zugehörigen Wertes von $P$ als eine Kombination zweier Schritte angesehen werden kann. Der erste dieser Schritte ist die Aufstellung einer Gleichgewichtsgleichung nach dem Prinzip der virtuellen Arbeit und der zweite besteht in dem Einsetzen der Biegemomentenwerte, die die Last zu einem Maximum machen, in diese Gleichung. In dieser Weise interpretiert wird offenbar, daß durch Niederschreiben einer Arbeitsgleichung ein Wert der Last erhalten werden muß, der identisch dem durch eine statische Berechnung gefundenen ist. Diese Tatsache ist von auf der Hand liegender Bedeutung für ein volles Verständnis der engen Beziehung zwischen den statischen und kinematischen Verfahren, auf die in Kap. 4 näher eingegangen wird.

Ein letzter Punkt ist, daß, während bei der Aufstellung einer Gleichgewichtsgleichung nach der Methode der virtuellen Arbeit den Vorzeichen der Gelenkverdrehung sorgfältige Beachtung geschenkt werden muß, diese Vorzeichen beim Niederschreiben einer Arbeitsgleichung für eine angenommene Bruchkette zur Bestimmung des entsprechenden Wertes der Last nicht bekannt sein brauchen. Der physikalische Grund ist, daß die in einem plastischen Gelenk absorbierte Arbeit stets positiv sein muß; analytisch folgt es aus der Tatsache, daß den in eine Gleichgewichtsgleichung wie Gl. (3.5) eingesetzten vollen plastischen Momenten Vorzeichen gegeben werden, die jeden Term auf der rechten Seite der Gleichung positiv machen.

## 3.5 Verteilte Lasten

Wenn ein Stab in einem Rahmentragwerk einer gleichförmig verteilten Belastung unterworfen wird, ist die Stelle, wo das maximale Biegemoment in diesem Stabe auftritt, *a priori* nicht bekannt, da die Biegemomentenverteilung in dem Stab parabolisch ist. Es folgt, daß ein plastisches Gelenk an irgendeinem Querschnitt entlang des Stabes auftreten könnte. Bevor die Traglast für einen Rahmen gefunden werden kann, in dem einige der Stäbe gleichförmig verteilten Lasten unterworfen sind, ist es daher notwendig, die genauen Stellen der plastischen Gelenke in diesen Stäben zu bestimmen, wenn nicht gezeigt werden kann, daß die tatsächliche Bruchkette keine plastischen Gelenke in diesen Stäben enthält. Die Bestimmung der Traglast ist daher in diesen Fällen langwieriger, obgleich durch Verwendung des Verfahrens der oberen und unteren Eingrenzungen gute Näherungen gefunden werden können.

Das zur Erläuterung gewählte Beispiel ist der einfache Portalrahmen, dessen Abmessungen und Belastung in Abb. 3.6 a angegeben sind. In diesem Rahmen sind die Stäbe sämtlich von gleichem Querschnitt und Material mit dem vollen plastischen Moment $M_p$.

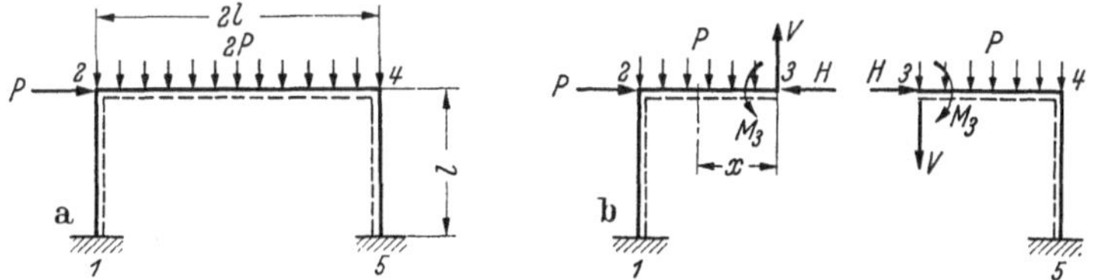

Abb. 3.6a u. b. Rahmen mit gleichförmig verteilter Vertikalbelastung. a Rahmen mit Belastung, b Statisch unbestimmte Größen

Die Abmessungen dieses Rahmens sind identisch mit denen des Rahmens von Abb. 3.1, und die Kinematik jeder der drei möglichen Bruchketten, der Seitenverschiebungs-, der Träger- und der kombinierten kinematischen Kette ist somit ungeändert. Jedoch enthalten die letzteren beiden kinematischen Ketten plastische Gelenke im Riegel, und während bei dem früheren Beispiel bekannt war, daß diese Gelenke in Riegelmitte auftraten, ist ihre Lage nun *a priori* nicht bekannt. Nichtsdestoweniger werden sie zunächst in Riegelmitte angenommen. Auf dieser Basis können entsprechende Werte der Last entweder nach dem statischen oder dem kinematischen Verfahren erhalten werden; hier wird das kinematische Verfahren gewählt, da die Kinematik jeder der kinematischen Ketten bereits bekannt ist.

Zuerst wird die Seitenverschiebungskette von Abb. 3.2 betrachtet. Hier leistet die Horizontallast $P$ bei Bewegung auf der Weglänge $l\vartheta$ die Arbeit $Pl\vartheta$, während die Vertikallast sich nicht um eine wesentliche vertikale Strecke bewegt. Jedes der vier Gelenke bewegt sich um den gleichen Winkel $\vartheta$, so daß die gesamte absorbierte Arbeit $4\,M_p\vartheta$ ist. Gleichsetzen der geleisteten mit der absorbierten Arbeit ergibt

$$Pl\vartheta = 4\,M_p\vartheta$$
$$P = 4\,\frac{M_p}{l}.$$

Bei der Trägerkette von Abb. 3.3 bewegt sich die Mitte des Riegels vertikal um die Strecke $l\vartheta$. Damit ist die *durchschnittliche* vertikale Verschiebung der gleichförmig verteilten Vertikallast $2\,P$ gleich $\frac{1}{2}\,l\vartheta$, so daß die von dieser Last geleistete Arbeit $Pl\vartheta$ ist. Die Gesamtheit der Verdrehungen an den drei plastischen Gelenken ist $4\,\vartheta$, so daß die in diesen Gelenken absorbierte Gesamtarbeit $4\,M_p\vartheta$ ist. Der zugehörige Wert von $P$ wird damit gegeben durch

$$Pl\vartheta = 4\,M_p\vartheta$$
$$P = 4\,\frac{M_p}{l},$$

ein Ergebnis, das mit dem für die Seitenverschiebungskette erhaltenen identisch ist.

Endlich bewegt sich in der kombinierten kinematischen Kette von Abb. 3.4 die Horizontallast $P$ um die Entfernung $l\vartheta$, und die gleichförmig verteilte Vertikallast $2\,P$ bewegt sich um die durchschnittliche Strecke $\frac{1}{2}\,l\vartheta$, so daß die von diesen beiden Lasten geleistete Arbeit $2\,Pl\vartheta$ ist. Der Gesamtbetrag der Verdrehungen an den vier plastischen Gelenken ist $6\,\vartheta$, so daß die gesamte absorbierte Arbeit $6\,M_p\vartheta$ ist. Gleichsetzen der geleisteten mit der absorbierten Arbeit ergibt:

$$2\,Pl\vartheta = 6\,M_p\vartheta$$
$$P = 3\,\frac{M_p}{l}.$$

Dies ist der kleinste diesen kinematischen Ketten zugehörige Wert von $P$. Aus dem kinematischen Satz wird daher gefolgert, daß dieses der Wert der Traglast ist, und daß das Versagen in Form der kombinierten kinematischen Kette eintritt, nur mit der Einschränkung, daß eine gewisse Berichtigung notwendig sein kann, um die Tatsache zu berücksichtigen, daß das plastische Gelenk im Riegel nicht in Feldmitte aufzutreten braucht. Die Notwendigkeit für eine Berichtigung dieser Art kann am besten aus der Konstruktion des Biegemomentendiagrammes für den Rahmen entsprechend der kombinierten kinematischen Kette mit einem plastischen Gelenk in Riegelmitte ersehen werden. Für diesen

Zweck wird der Rahmen in Riegelmitte geschnitten und die drei statisch
unbestimmten Größen $H$, $V$ und $M_3$ werden wie in Abb. 3.6 b dargestellt
eingeführt. Wenn $M_3$ gleich $M_p$ gesetzt wird, ergibt sich für die Momente
um die drei anderen Fließgelenkstellen, daß

$$M_1 = M_p + Hl + Vl - 1,5\,Pl = -M_p$$
$$M_4 = M_p - Vl - 0,5\,Pl = -M_p$$
$$M_5 = M_p + Hl - Vl - 0,5\,Pl = M_p$$

Lösung dieser Gleichungen ergibt:

$$H = 2\,\frac{M_p}{l},\; V = 0,5\,\frac{M_p}{l},\; P = 3\,\frac{M_p}{l}.$$

Mit diesen Werten der statisch unbestimmten Größen und von $P$ ergeben sich die freien und Einspannmomente wie folgt:

| Querschnitt | 1 | 2 | 3 | 4 | 5 |
|---|---|---|---|---|---|
| Freies Moment | $-4,5\,M_p$ | $-1,5\,M_p$ | $0$ | $-1,5\,M_p$ | $-1,5\,M_p$ |
| Einspannmoment | $3,5\,M_p$ | $1,5\,M_p$ | $M_p$ | $0,5\,M_p$ | $2,5\,M_p$ |

Unter Berücksichtigung, daß das freie Biegemcment entlang des Riegels
parabolisch variiert, können die Momentendiagramme aus diesen Werten
konstruiert werden, wie in Abb. 3.7 gezeigt.

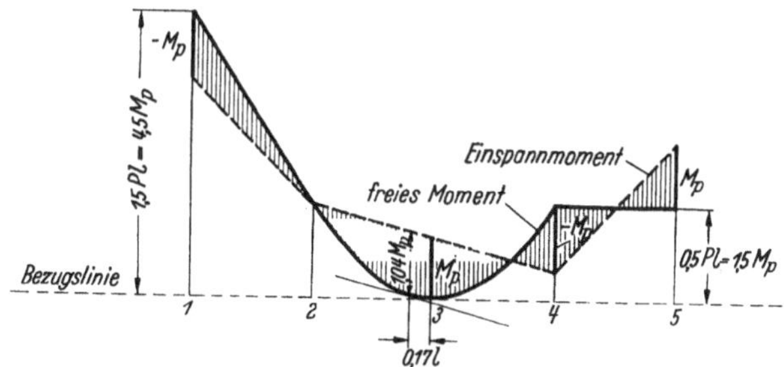


Abb. 3.7.
Biegemomentenverteilung für kombinierte kinematische Kette mit Fließgelenk in Riegelmitte

Aus dieser Abbildung geht hervor, daß in der Biegemomentenverteilung das volle plastische Moment in der linken Riegelhälfte um einen
geringen Betrag überschritten wird. Das maximale Biegemoment im
Riegel tritt an der Querkraftnullstelle auf. Die Querkraft in Riegelmitte
ist $V = 0,5\,\dfrac{M_p}{l}$ an der linken Riegelhälfte aufwärts wirkend, und die
Intensität der abwärts wirkenden Belastung des Riegels ist $\dfrac{P}{l} = 3\,\dfrac{M_p}{l^2}$
je Längeneinheit. Somit ist in einer Entfernung $x$ von der Riegelmitte
nach links gemessen, wie in Abb. 3.6 b definiert, die Querkraft gleich
$\left(0,5\,\dfrac{M_p}{l} - 3\,x\,\dfrac{M_p}{l^2}\right)$, so daß die Querkraft bei $x = 0,17\,l$ Null wird. Diese
Lage der Querkraftnullstelle und damit des maximalen Biegemomentes

ist in Abb. 3.7 angegeben; sie kann auch auf graphische Weise erhalten werden, als die Stelle, wo die Tangente zum freien Momentendiagramm parallel der Einspannmomentenlinie ist. Der Wert $M_{max}$ des Biegemomentes an diesem Querschnitt ergibt sich unmittelbar durch Anschreiben der Momente in Übereinstimmung mit Abb. 3.6 b:

$$M_{max} = M_3 + 0{,}17\ Vl - \tfrac{1}{2}\ (\tfrac{P}{l})\ (0{,}17\ l)^2$$
$$= 1{,}04\ M_p.$$

Es folgt, daß die angenommene Bruchkette nicht ganz korrekt war, denn das plastische Gelenk im Riegel hätte nicht in der Mitte angenommen werden dürfen. Der zugehörige Wert von $P$, nämlich $3\ \dfrac{M_p}{l}$ ist damit eine obere Eingrenzung des Wertes von $P_c$. Um eine untere Eingrenzung zu erhalten, ist es lediglich erforderlich festzustellen, daß das maximale Biegemoment $1{,}04\ M_p$ war, so daß die durch Multiplikation sämtlicher Biegemomente mit dem Faktor 0,96 erhaltene Biegemomentenverteilung sicher ist. Diese Verteilung wäre statisch zulässig mit einem Wert $P = 0{,}96 \cdot 3\ \dfrac{M_p}{l} = 2{,}88\ \dfrac{M_p}{l}$, und nach dem statischen Satz ist dieser Wert von $P$ eine untere Eingrenzung für $P_c$. Kombination dieser oberen und unteren Eingrenzungen ergibt

$$2{,}88\ \frac{M_p}{l} < P_c < 3\ \frac{M_p}{l}.$$

Dieses Ergebnis, das den Wert von $P_c$ mit einer Genauigkeit von $\pm 2\%$ definiert, dürfte für viele Zwecke genau genug sein. Wenn der exakte Wert von $P_c$ erforderlich ist, ist es nur notwendig, den Wert von $P$ zu ermitteln, der der in Abb. 3.8 dargestellten kombinierten kinematischen Kette mit dem Gelenk im Riegel in einer beliebigen Entfernung $x$ von Riegelmitte entspricht, und diesen Wert von $P$ als Funktion von $x$ zu einem Minimum zu machen. Dies folgt aus dem kinematischen Satz, denn jeder beliebige Wert von $x$ definiert eine kinematische Kette, für die der zugehörige Wert von $P$ eine obere Eingrenzung für $P_c$ ist. Zur Bestimmung des entsprechenden Wertes von $P$ wird das kinematische Verfahren verwendet; das gleiche Ergebnis könnte aber auch auf statischer Grundlage abgeleitet

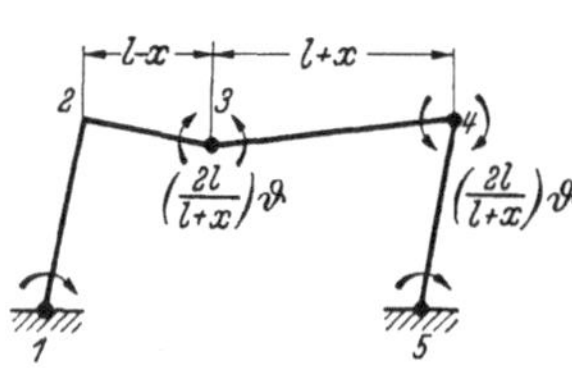



**Abb. 3.8.**
Kombinierte kinematische Kette

werden. Aus Abb. 3.8, in der der Klarheit halber die Lasten weggelassen sind, geht hervor, daß die vertikale Ausbiegung am plastischen Gelenk im Riegel $(l - x)\ \vartheta$ ist, wobei $\vartheta$ die Größe der Gelenkverdrehung am Querschnitt 1 ist. Die *durchschnittliche* vertikale Verschiebung der verteilten Last $2\ P$ auf dem Riegel ist damit

$\frac{1}{2}(l - x)\,\vartheta$, so daß die von dieser Last geleistete Arbeit $P\,(l - x)\,\vartheta$ ist. Die horizontale Ausbiegung am Querschnitt 2 ist $l\vartheta$, so daß die von der Horizontallast $P$ geleistete Arbeit $Pl\vartheta$ ist. Die von der Belastung geleistete Gesamtarbeit ist $P\,(2\,l - x)\,\vartheta$. Die horizontale Ausbiegung am Querschnitt 4 ist ebenfalls $l\vartheta$ in erster Ordnung, so daß die Verdrehung des Gelenkes am Querschnitt 5 den Wert $\vartheta$ hat. Da die vertikale Ausbiegung am plastischen Gelenk im Riegel $(l - x)\,\vartheta$ beträgt, muß die Gegenzeiger-Drehung des rechten Riegelteiles von der Länge $(l + x)$ gleich $\left(\dfrac{l - x}{l + x}\right)\vartheta$ sein. Der linke Riegelteil dreht sich im Uhrzeigersinn um einen Winkel $\vartheta$, so daß die Verdrehung am Fließgelenk im Riegel von der Größe $\vartheta + \left(\dfrac{l - x}{l + x}\right)\vartheta$, oder $\left(\dfrac{2\,l}{l + x}\right)\vartheta$ sein muß. Es kann auch gezeigt werden, daß dies die Größe der Gelenkverdrehung am Querschnitt 4 ist. Die Summe der Gelenkverdrehungen in dieser kinematischen Kette ist somit $2\,\vartheta + 2\left(\dfrac{2\,l}{l + x}\right)\vartheta$ oder $2\left(\dfrac{3\,l + x}{l + x}\right)\vartheta$, und die in den Gelenken absorbierte Gesamtarbeit ist $2\left(\dfrac{3\,l + x}{l + x}\right)M_p\,\vartheta$. Gleichsetzung der geleisteten und der absorbierten Arbeit ergibt

$$P\,(2\,l - x)\,\vartheta = 2\left(\frac{3\,l + x}{l + x}\right)M_p\,\vartheta$$

$$P = 2\,M_p\left[\frac{(3\,l + x)}{(2\,l - x)\,(l + x)}\right].$$

Der Wert von $x$, der $P$ in diesem Ausdruck zu einem Minimum macht, ist $0{,}16\,l$ und der zugehörige Wert von $P$, der die tatsächliche Traglast $P_c$ ist, ist $2{,}96\,\dfrac{M_p}{l}$. Der korrekte Wert von $x$ unterscheidet sich nur geringfügig von dem Wert $0{,}17\,l$, der die Lage des maximalen Biegemomentes in der Verteilung von Abb. 3.7 bestimmte. Wenn an Stelle der Bestimmung des genauen Wertes von $x$ eine neue statische Berechnung durchgeführt worden wäre unter der Annahme, daß sich das plastische Gelenk in einer Entfernung $0{,}17\,l$ von Riegelmitte befindet, wäre der entsprechende Wert von $P$ dem richtigen Wert von $P_c$ auf drei Stellen gleich.

### 3.6 Teilweises und über-vollständiges Versagen

Bei den in den Abschn. 3.3 und 3.5 angeführten Beispielen war der einfache Portalrahmen dreifach statisch unbestimmt und die Bruchketten waren beide vom kombinierten Typ und enthielten vier plastische Gelenke. Da an einem plastischen Gelenk der Wert des Biegemomentes gleich dem vollen plastischen Moment ist, waren in diesen Fällen die Werte der vier Biegemomente beim Versagen bekannt, und die Kenntnis dieser vier Biegemomente gestattete die Bestimmung der drei statisch unbestimmten Größen zusammen mit dem Traglastwert $P_c$ der Belastung. Somit war in diesen Fällen die Biegemomentenverteilung beim Versagen für den ganzen Rahmen aus den Gleichgewichtsbedingungen bestimmbar.

Es ist oft die Verallgemeinerung gemacht worden, daß in der Bruchkette eines $r$-fach statisch unbestimmten Rahmentragwerkes $r + 1$ plastische Gelenke enthalten sind, so daß beim Versagen nicht nur der Traglastwert $P_c$ der Belastung gefunden werden kann, sondern daß auch das gesamte Rahmentragwerk statisch bestimmt ist. An Hand der folgenden besonderen Beispiele wird gezeigt, daß diese Verallgemeinerung nicht korrekt ist.

Zuerst wird ein einfacher Fall dessen beschrieben, was als *teilweises* Versagen bezeichnet wird. Ein Fall des Versagens wird als teilweise bezeichnet, wenn die in der Bruchkette enthaltenen plastischen Gelenke beim Versagen nicht das gesamte Rahmentragwerk statisch bestimmt machen. In dem betrachteten Fall hat der Rahmen $r$ gleich drei statisch unbestimmte Größen, und in der Bruchkette treten nur drei plastische Gelenke auf, die für die Bestimmung der drei statisch unbestimmten Größen zusammen mit der Traglast unzureichend sind.

Folgend auf die Erörterung dieses Falles des teilweisen Versagens werden drei Fälle des sogenannten *über-vollständigen* Versagens angeführt. Über-vollständiges Versagen tritt ein, wenn zwei oder mehr kinematische Ketten bestehen, deren zugehörige Lastwerte übereinstimmen; bei diesem Lastwert handelt es sich um die tatsächliche Traglast. Es wird gezeigt, daß in solchen Fällen eine einzige kinematische Kette mit mehr als einem Freiheitsgrad durch Verschmelzen dieser kinematischen Ketten konstruiert werden kann.

Die Bezeichnung *vollständiges* Versagen bleibt den Fällen vorbehalten, bei denen in der Bruchkette $r + 1$ plastische Gelenke vorhanden sind, und diese kinematische Kette hat nur einen Freiheitsgrad. Die in den Abschn. 3.3 und 3.5 behandelten Fälle waren Beispiele des vollständigen Versagens.

*Beispiel für teilweises Versagen*

In den Abb. 3.9 a und b ist ein einfacher Fall des teilweisen Versagens dargestellt. Die Stäbe dieses Portalrahmens sind von gleichförmigem Querschnitt mit dem vollen plastischen Moment $M_p$. Die Gleichgewichtsgleichungen für diesen Rahmen und die gegebene Belastung können entweder nach dem statischen Verfahren von Abschn. 3.3 oder dem Verfahren der virtuellen Arbeit von Abschn. 3.4 abgeleitet werden. Diese Gleichungen lauten:

$$4,5\,Pl = 2\,M_3 - M_2 - M_4 \tag{3.12}$$

$$Pl = M_2 - M_1 + M_5 - M_4. \tag{3.13}$$

Wenn die Trägerkette von Abb. 3.9 (b) als Bruchkette angenommen wird, sind die Biegemomente an den drei plastischen Gelenken

$$M_2 = -M_p,\ M_3 = M_p,\ M_4 = -M_p.$$

Einsetzen dieser Werte in Gl. (3.12) ergibt den zugehörigen Wert von $P$ zu $0{,}89\,\dfrac{M_p}{l}$. Bei Verwendung dieses Wertes von $P$ in Gl. (3.13) findet man

$$M_5 - M_1 = 0{,}89\,M_p. \tag{3.14}$$

Somit werden die Werte von $M_1$ und $M_5$ bei dieser kinematischen Kette nicht eindeutig bestimmt. Das wird aus der Tatsache offenbar, daß die

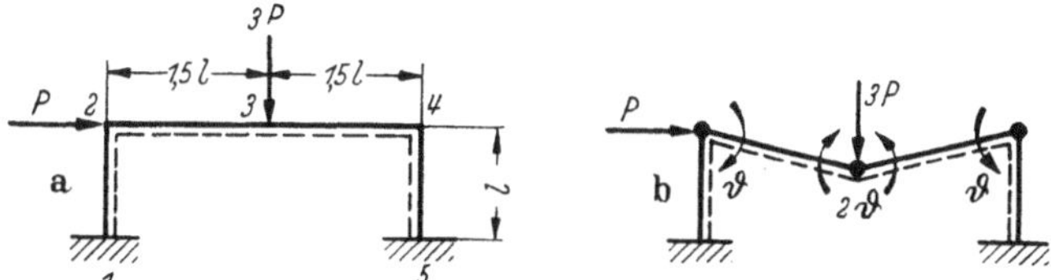

Abb. 3.9a u. b. Fall von teilweisem Versagen. a Rahmen und Belastung, b Bruchkette

Anzahl der statisch unbestimmten Größen bei diesem Rahmentragwerk drei beträgt, aber in der angenommenen kinematischen Kette nur drei plastische Gelenke auftreten.

Es ist klar, daß es viele mögliche Wertepaare von $M_1$ und $M_5$ gibt, die Gl. (3.14) befriedigen und dabei nicht den Betrag von $M_p$ übersteigen, z. B. $M_1 = -0{,}89\,M_p$, $M_5 = 0$ oder $M_1 = -0{,}4\,M_p$, $M_5 = 0{,}49\,M_p$. Jedes derartige Momentenpaar würde mit $P = 0{,}89\,\dfrac{M_p}{l}$ sicher und statisch zulässig sein. Aus dem Einzigkeitssatz folgt, daß dieser Wert von $P$ die Traglast $P_c$ ist, und daß die Trägerkette von Abb. 3.9 b die Bruchkette ist.

Dieses Beispiel ist ein typischer Fall des teilweisen Versagens, wobei beim Versagen nicht das gesamte Rahmentragwerk statisch bestimmt wird. Im allgemeinen muß infolge der Bildung einer kinematischen Kette bei einem Fall des teilweisen Versagens ein Teil des Rahmens statisch bestimmt werden. Somit ist es stets möglich, die einer angenommenen kinematischen Teilkette des Tragwerkes entsprechende Traglast durch Niederschreiben der Arbeitsgleichung für diese kinematische Kette zu berechnen, oder natürlich auch auf statische Art. Es ist dann nicht erforderlich, die tatsächliche Biegemomentenverteilung im übrigen Tragwerk beim Versagen zu bestimmen. Solange gezeigt werden kann, daß irgendeine mit den Gleichgewichtsgleichungen konsistente Biegemomentenverteilung existiert, bei der das volle plastische Moment an keiner Stelle des Rahmentragwerkes überschritten wird, ist bekannt, daß das Versagen in dieser Teilkette eintreten muß. Im vorliegenden Beispiel kann gezeigt werden, daß bei Zugrundelegung der idealisierten Biegemomenten-Krümmungsbeziehung von Abb. 2.1 die Biegemomente an den Querschnitten 1 und 5 beim Versagen unter proportionaler Belastung $0{,}05\,M_p$ bzw. $0{,}94\,M_p$ sind; jedoch ist eine Kenntnis dieser Momente nicht erforderlich, um entscheiden zu können, daß die Trägerkette die tatsächliche Bruchkette ist.

Es ist zu erkennen, daß der Nachweis des Vorhandenseins wenigstens einer sicheren und statisch zulässigen Biegemomentenverteilung für das gesamte Rahmentragwerk entsprechend einer angenommenen kinematischen Teilkette und ihrer Last bei komplizierteren Rahmentragwerken, deren teilweise Bruchketten mit einer beträchtlich geringeren Zahl als $r + 1$ plastischen Gelenken auftreten können, erhebliche Schwierigkeiten bereiten kann. Das Probierverfahren für die Bestimmung von Traglasten, bei dem angenommene Bruchketten auf statische Art berechnet werden, ist somit in den Fällen von begrenzter Anwendbarkeit, bei denen das Eintreten von teilweisem Versagen zu erwarten ist.

### Beispiel für über-vollständiges Versagen

In bestimmten Sonderfällen ist es möglich, daß die tatsächliche Bruchkette eines Tragwerkes eine kinematische Kette mit mehr als einem Freiheitsgrad ist. Als Beispiel wird der in Abb. 3.10 a dargestellte Portalrahmen betrachtet, bei dem jeder Stiel das volle plastische Moment $M_p$ hat, während der Riegel ein volles plastisches Moment $1{,}5\,M_p$ besitzt, wie in der Abbildung angegeben. Dies ist das erste angeführte Beispiel eines Rahmens, dessen Stäbe nicht sämtlich das gleiche volle plastische Moment haben. Die durch dieses Fehlen der Gleichförmigkeit eingeführte einzige zusätzliche Betrachtung ist, daß plastische Gelenke, die an den Knoten 2 oder 4 vorkommen, sich in dem entsprechenden Stiel mit einem vollen plastischen Moment der Größe $M_p$ bilden, anstatt in dem stärkeren Riegel.

In diesem Fall wird ein kinematisches Vorgehen gewählt. Zuerst wird die Seitenverschiebungskette von Abb. 3.10 b betrachtet. Die Horizontallast $P$ bewegt sich um die Strecke $2l\vartheta$ und leistet dabei die Arbeit $2\,Pl\vartheta$, während die Vertikalverschiebung der vertikalen Last vernachlässigbar ist. Die vier plastischen Gelenke bilden sich alle in den Stielen, deren volle plastische Momente gleich $M_p$ sind; ihre Gesamtverdrehung ist $4\vartheta$ und die in den plastischen Gelenken absorbierte Gesamtarbeit ist $4\,M_p\vartheta$. Die Arbeitsgleichung für diese kinematische Kette lautet

$$2\,Pl\vartheta = 4\,M_p\vartheta$$

$$P = 2\,\frac{M_p}{l}. \qquad (3.15)$$

Bei der kombinierten kinematischen Kette von Abb. 3.10 c bewegt sich die Horizontallast $P$ um eine Strecke $2l\varphi$ und die Vertikallast $1{,}5\,P$ um eine Strecke $l\varphi$, so daß die geleistete Arbeit $3{,}5\,Pl\varphi$ ist. Die plastischen Gelenke an den Querschnitten 1,4 und 5 in den Stielen unterlaufen einer Gesamtverdrehung von $4\,\varphi$, so daß die in diesen drei Gelenken absorbierte Arbeit $4\,M_p\varphi$ ist. Das Fließgelenk am Querschnitt 3 des Riegels verdreht sich um $2\varphi$ und die in diesem Gelenk absorbierte Arbeit ist $3\,M_p\varphi$. Die in den plastischen Gelenken absorbierte Arbeit ist damit $7\,M_p\varphi$, und die Arbeitsgleichung lautet

$$3{,}5\,Pl\varphi = 7\,M_p\varphi$$

$$P = 2\,\frac{M_p}{l}. \tag{3.16}$$

Der Seitenverschiebungskette und der kombinierten kinematischen Kette ist somit der gleiche Wert von $P$, $2\,\dfrac{M_p}{l}$, zugehörig, für die Trägerkette ergibt sich ein höherer Wert von $P$, $3{,}33\,\dfrac{M_p}{l}$. Aus dem kinematischen Satz folgt, daß der Wert der Traglast $P_c = 2\,\dfrac{M_p}{l}$ ist, aber es erscheint, daß die Bruchkette entweder die Seitenverschiebungskette oder die kombinierte kinematische Kette sein könnte.

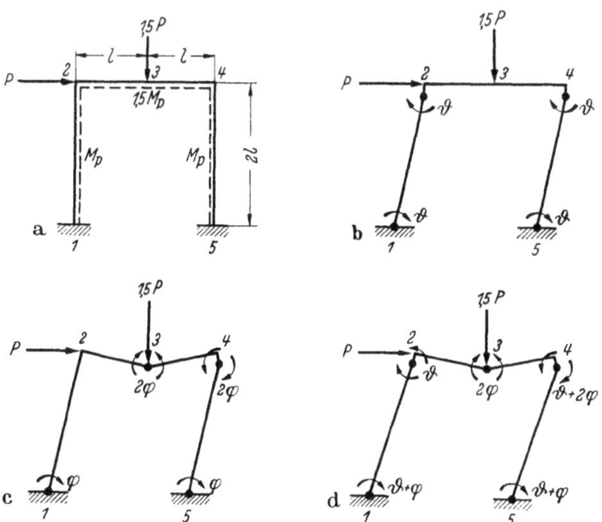

Abb. 3.10a—d. Über-vollständiges Versagen. a Rahmen und Belastung, b Seitenverschiebungskette, c Kombinierte kinematische Kette, d Kinematische Kette mit zwei Freiheitsgraden

Diese Ergebnisse bedeuten, daß die korrekte Beschreibung der Bruchkette in diesem Falle wie in Abb. 3.10 d angegeben ist, in der die Verschiebungen und Gelenkverdrehungen der beiden kinematischen Ketten,

der Abb. 3.10 (b) und (c) zu einer kinematischen Kette mit den durch
die Winkel $\vartheta$ und $\varphi$ ausgedrückten zwei Freiheitsgraden addiert sind.
Hier sind die einzigen Einschränkungen für $\vartheta$ und $\varphi$, daß diese Winkel
positiv sein sollen, so daß die Gelenkverdrehungen an den Querschnitten 2
und 3 im richtigen Sinne erfolgen. Die *relative* Größe von $\vartheta$ und $\varphi$ braucht
nicht festgesetzt zu werden. Die aus der Betrachtung der Kinematik
dieser kinematischen Kette direkt abgeleitete Arbeitsgleichung ist

$$2\,Pl\,(\vartheta + \varphi) + 1{,}5\,Pl\,\varphi = M_p(4\vartheta + 4\varphi) + 1{,}5\,M_p(2\varphi)$$

$$2\,Pl\,\vartheta + 3{,}5\,Pl\,\varphi = 4\,M_p\vartheta + 7\,M_p\varphi$$

$$P = \frac{M_p}{l}\left(\frac{4\vartheta + 7\varphi}{2\vartheta + 3{,}5\varphi}\right) = 2\,\frac{M_p}{l}\,.$$

Es ist ersichtlich, daß diese Arbeitsgleichung auch durch Addition der
beiden Arbeitsgleichungen (3.15) und (3.16) für die Seitenverschiebungskette und die kombinierte kinematische Kette hätte erhalten werden
können, was daraus hervorgeht, daß die Verschiebungen und Gelenkverdrehungen dieser kinematischen Ketten zu der kinematischen Kette
von Abb. 3.10 d addiert wurden. Das erklärt die Tatsache, daß ohne
Rücksicht auf die relativen Größen von $\vartheta$ und $\varphi$ der gleiche entsprechende
Wert von $P$ gefunden wird.

Es ergibt sich somit, daß die tatsächliche Bruchkette fünf plastische
Gelenke enthält, wie in Abb. 3.10 d dargestellt, und zwei Freiheitsgrade
hat. Da dieser Rahmen eine Anzahl statisch unbestimmter Größen von $r$
gleich drei hat, sind in der Bruchkette $r + 2$ plastische Gelenke
vorhanden. Ein Ergebnis dieser Art tritt nur bei bestimmten
Werten der Verhältnisse der eingetragenen Lasten ein. Bei konstant
auf dem Wert $P$ gehaltener Horizontallast zeigt sich, daß das Versagen
bei einer Vertikallast von $1{,}49\,P$ durch Seitenverschiebung eintritt,
wogegen das Versagen bei einer Größe dieser Last von $1{,}51\,P$ in Form
der kombinierten kinematischen Kette erfolgt.

### *Durchlaufträger*

Ein Durchlaufträger auf mehreren Stützen versagt gewöhnlich in einer
entweder teilweisen oder über-vollständigen kinematischen Kette. Als
Beispiel wird der in Abb. 3.11 a dargestellte Durchlaufträger betrachtet, der auf vier einfachen Stützungen lagert und einen durchweg gleichförmigen Querschnitt mit dem vollen plastischen Moment $M_p$ hat. Bei
den angegebenen Abmessungen und Lasten kann das Versagen nur in
einer der beiden in den Abb. 3.11 b und c gezeigten kinematischen
Ketten eintreten. Es ist bequem, das kinematische Berechnungsverfahren
anzuwenden, und die Arbeitsgleichungen für diese beiden kinematischen
Ketten ergeben sich wie folgt:

$$\text{Abb. 3.11 (b):} \quad \tfrac{1}{2}\, Pl\vartheta = 4\, M_p\vartheta$$

$$P = 8\,\frac{M_p}{l}$$

$$\text{Abb. 3.11 (c):} \quad \tfrac{1}{2}\, Pl\vartheta = 3\, M_p\vartheta$$

$$P = 6\,\frac{M_p}{l}\,.$$

Der für die kinematische Kette von Abb. 3.11 (c) erhaltene Wert von $P$ ist der niedrigere. Aus dem kinematischen Satz folgt, daß dieses die tatsächliche Bruchkette ist und die Traglast $P_c = 6\,\dfrac{M_p}{l}$ ist.

Der dargestellte Träger ist zweifach statisch unbestimmt; denn er würde bei Entfernung der beiden Innenstützen statisch bestimmt. Da in der Bruchkette nur zwei plastische Gelenke vorkommen, ist das Versagen teilweise, und der Träger wird beim Versagen nicht statisch bestimmt. Das kann aus dem Versuch, das Biegemomentendiagramm für den Zustand des Versagens zu konstruieren, wie in Abb. 3.11 d illustriert, ersehen werden. In dieser Abbildung ist das freie Biegemomentendiagramm für die Annahme einfacher Stützung jedes Trägerfeldes mit dem Endmoment Null gezeichnet. Das Mittenbiegemoment in den belasteten Feldern ist dann $\tfrac{1}{4}\,Pl$. Das Einspannbiegemomentendiagramm gibt die Biegemomentenverteilung für den nun als über die Innenstützen durchlaufend angesehenen Träger an, die von den Reaktionen an diesen Stützen

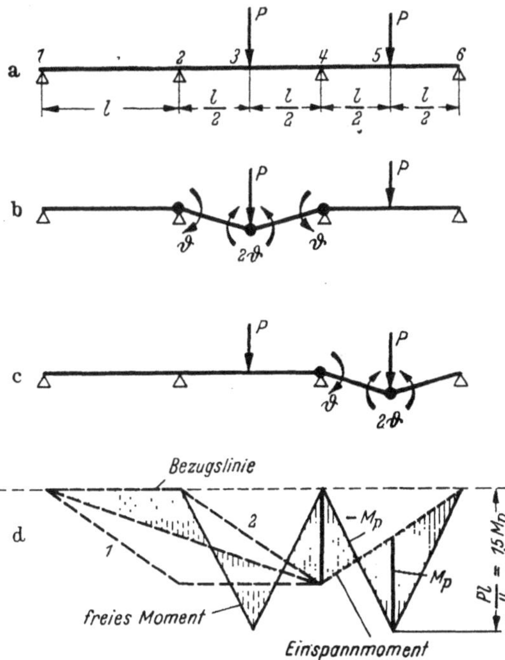



Abb. 3.11 a—d. Durchlaufträger auf vier Stützen

herrührt. Dieses Diagramm besteht aus linearen Variationen innerhalb jedes der drei Trägerfelder mit dem Biegemoment Null an beiden äußeren Stützen. Im rechten Feld wird die Einspannmomentenlinie eindeutig aus der Tatsache bestimmt, daß die Biegemomente an den Querschnitten 4 und 5 — $M_p$ bzw. $M_p$ sind, wie in Abb. 3.11 d dargestellt. Dies sind jedoch die einzigen bekannten Biegemomente, so daß die Einspannmomentenlinie in den beiden übrigen Feldern nicht festgelegt wird. Abb. 3.11 d zeigt strichliert gezeichnet eine mögliche Biegemomentenverteilung in diesen Feldern entsprechend einer zwischen den Querschnitten 4 und 1 geradlinig verlaufenden Einspannmomentenlinie. Da in dieser Verteilung das volle plastische Moment nicht überschritten wird, bestätigt ihr Vorhandensein nach dem Einzigkeitssatz, daß die richtige Bruchkette gefunden ist. In Abb. 3.11 d sind zwei weitere, als (1) und (2) bezeichnete Einspannmomentenlinien eingezeichnet, die die beiden extrem möglichen Lagen dieser Linie darstellen. Bei (1) wäre das Biegemoment am Querschnitt 2 gleich $- M_p$, während bei (2) das Biegemoment am Querschnitt 3 gleich $M_p$ wäre. Für eine außerhalb dieser Grenzen liegende Einspannmomentenlinie würde das volle plastische Moment entweder am Querschnitt 2 oder am Querschnitt 3 überschritten.

Bei diesem Träger entsteht ein Fall über-vollständigen Versagens, wenn die Last im rechten Felde von $P$ auf $0{,}75\,P$ reduziert wird. Es ist unmittelbar zu ersehen, daß in diesem Falle der der kinematischen Kette von Abb. 3.11 c entsprechende Wert von $P$ von $6\,\dfrac{M_p}{l}$ auf $8\,\dfrac{M_p}{l}$ erhöht würde, was ebenfalls der Wert von $P$ ist, der der kinematischen Kette von Abb. 3.11 b entspricht. In diesem Falle kann durch Addition der Gelenkverdrehungen und Verschiebungen der beiden kinematischen Ketten und Bezeichnung ihrer Bewegungen durch verschiedene Gelenkverdrehungen $\vartheta$ und $\varphi$ an der Stütze 4 eine Bruchkette mit zwei Freiheitsgraden gebildet werden.

Es liegen hinreichende Versuchsergebnisse dafür vor, daß die Traglasten von Durchlaufträgern mittels der plastischen Theorie mit guter Genauigkeit bestimmt werden können. MAIER-LEIBNITZ [11] hat einen kritischen Überblick über die vielen bis 1936 von ihm selbst [12], SCHAIM [13], HARTMANN [14] und mehreren anderen Forschern ausgeführten Versuche gegeben. Bei einigen der frühen Versuche von MAIER-LEIBNITZ [15] wurden vor dem Versuchsbeginn Innenstützen gesenkt, Versuche dieser Art wurden auch von HORNE [16] ausgeführt; die Ergebnisse bestätigten, daß die Traglast dadurch nicht beeinflußt wird. HORNE [16] hat ebenfalls gezeigt, daß die Traglast durch nichtproportionale Belastung nicht beeinflußt wird.

*Durch Gurtplatten verstärkter eingespannter Träger*

Ein letztes Beispiel des über-vollständigen Versagens wird durch den Fall eines eingespannten Trägers gegeben, der durch an den Trägerenden angeschweißte Gurtplatten verstärkt wird, wie in Abb. 3.12 dargestellt.

Eine vollständige Erörterung der Wirtschaftlichkeit, die bei eingespannten Trägern durch diese Art der Verstärkung erzielt werden kann, ist von HORNE [17] gegeben worden. Es wird hier angenommen, daß sich diese Platten je über eine Länge 0,1 $l$ erstrecken, wobei $l$ die Trägerspannweite bedeutet. Der Träger, dessen unverstärkter Querschnitt ein volles plastisches Moment $M_p$ hat, ist einer gleichförmig verteilten Belastung unterworfen.

Die optimale verstärkende Wirkung wird erzielt, wenn das volle plastische Moment des verstärkten Querschnittes so gewählt wird, daß sich beim Versagen das volle plastische Moment an den Trägerenden entwickelt, ferner zusätzlich das volle plastische Moment des unverstärkten Querschnitts in

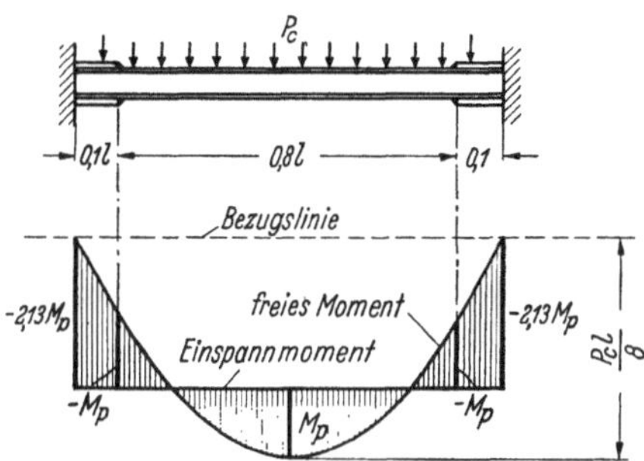


Abb. 3.12. Eingespannter Träger mit Gurtplatten

Trägermitte erreicht wird und ebenfalls an den Querschnitten, an denen die Verstärkung beginnt. Das entsprechende Biegemomentendiagramm ist in Abb. 3.12 dargestellt. Eine einfache Rechnung zeigt, daß der an den Trägerenden erforderliche Wert des vollen plastischen Momentes 2,13 $M_p$ ist, und aus der Abbildung geht hervor, daß die Traglast $P_c$ gegeben wird durch:

$$\frac{P_c l}{8} = M_p + 2,13\, M_p$$

$$P_c = 25,0\, \frac{M_p}{l}.$$

Die Traglast für den unverstärkten Träger wäre $16\,\frac{M_p}{l}$, wie in Abschnitt 2.3 gezeigt wurde. Somit kann durch Verstärkung des Trägers über 20% seiner Länge, derart daß sein volles plastisches Moment von $M_p$ auf 2,13 $M_p$ gehoben wird, die Traglast um 56% heraufgesetzt werden.

Es ist ersichtlich, daß für diesen Fall zwei Bruchketten bestehen, denen der gleiche Traglastwert entspricht. Die eine dieser kinematischen Ketten hat zwei Endgelenke und ein Mittengelenk, die zweite hat zwei Gelenke am Ende der Verstärkungen zusammen mit einem Mittengelenk. Eine Bruchkette mit zwei Freiheitsgraden kann deshalb ohne Schwierigkeit gebildet werden.

## Literatur

[1] GREENBERG, H. J.: The principle of limiting stress for structures. 2nd Symposium on Plasticity, Brown Univ., April 1949

[2] GREENBERG, H. J. u. W. PRAGER: On limit design of beams and frames. Trans. Amer. Soc. Civ. Engrs., 117, 447 (1952). [Zuerst veröffentlicht als Tech. Rep. A 18-1, Brown Univ. (1949)]

[3] KIST, N. C.: Leidt een Sterkteberekening, die Uitgaat van de Evenredigheid van Kracht en Vormverandering, tot een goede Constructie van Ijzeren Bruggen en gebouwen? Inaugural Dissertation, Polytechnic Institute, Delft (1917)

[4] HORNE, M. R.: Fundamental propositions in the plastic theory of structures. J. Instn. Civ. Engrs., 34, 174 (1950)

[5] FEINBERG, S. M.: Das Prinzip der Grenzspannung (russisch). Prikladnaja Matematika i Mechanika, 12, 63 (1948)

[6] DRUCKER, D. C., W. PRAGER u. H. J. GREENBERG: Extended limit design theorems for continuous media. Quart. Appl. Math., 9, 381 (1952)

[7] BAKER, J. F.: The design of steel frames. Struct. Engr., 27, 397 (1949)

[8] BAKER, J. F. u. J. HEYMAN: Tests on miniature portal frames. Struct. Engr., 28, 139 (1950)

[9] BAKER, J. F. u. J. W. RODERICK: Tests on full-scale portal frames. Proc. Instn. Civ. Engrs., 1, (Part I), 71 (1952)

[10] SCHILLING, C. G., F. W. SCHUTZ u. L. S. BEEDLE: Behaviour of welded single-span frames under combined loading. Weld. J., Easton, Pa.; im Druck befindlich

[11] MAIER-LEIBNITZ, H.: Versuche, Ausdeutung und Anwendung der Ergebnisse. Prelim. Pubn. 2nd Congr. Intern. Assn. Bridge and Struct. Engng., 97. Berlin (1936)

[12] MAIER-LEIBNITZ, H.: Versuche mit eingespannten und einfachen Balken von I-Form aus St. 37. Bautechnik, 7, 313 (1929)

[13] SCHAIM, J. H.: Der durchlaufende Träger unter Berücksichtigung der Plastizität. Stahlbau, 3, 13 (1930)

[14] HARTMANN, F.: Die Formänderungen einfacher und durchlaufender Stahlträger. Mit einem Versuch. Schweiz. Bauztg., 101, 75 (1933)

[15] MAIER-LEIBNITZ, H.: Beitrag zur Frage der tatsächlichen Tragfähigkeit einfacher und durchlaufender Balkenträger aus Baustahl St. 37 und aus Holz. Bautechnik, 6, 11 (1928)

[16] HORNE, M. R.: Experimental investigations into the behaviour of continuous and fixed-ended beams. Prelim. Pubn. 4th Congr. Intern. Assn. Bridge and Struct. Engng., 147. Cambridge (1952)

[17] HORNE, M. R.: Determination of the shape of fixed-ended beams for maximum economy according to the plastic theory. Prelim. Pubn. 4th Congr. Intern. Assn. Bridge and Struct. Engng., 111. Cambridge (1952)

## Übungsaufgaben

1. Ein Durchlaufträger gleichförmigen Querschnittes mit einem vollen plastischen Moment von 7 tm lagert auf fünf einfachen Stützungen $A$, $B$, $C$, $D$ und $E$. $AB = 6$ m, $BC = 8$ m, $CD = 8$ m, $DE = 10$ m. Jedes Trägerfeld ist in der Mitte durch eine Einzellast belastet, diese Lasten sind: $AB = P$, $BC = P$, $CD = 1{,}4\,P$, $DE = 0{,}5\,P$. Bestimme unter Verwendung des kinematischen Verfahrens den Wert von $P$, der das Versagen gerade herbeiführt, und konstruiere eine sichere und statisch zulässige Biegemomentenverteilung. Ermittle ferner die Grenzen, zwischen denen das Stützenmoment bei $A$ liegen muß.

2. Ein Durchlaufträger gleichförmigen Querschnittes, dessen volles plastisches Moment $M_p$ ist, lagert auf drei einfachen Stützungen bei $A$, $B$ und $C$; jedes der beiden Felder $AB$ und $BC$ hat die Länge $l$. Das Trägerfeld $AB$ ist unbelastet, während das Feld $BC$ einer gleichförmig verteilten Belastung $P$ unterworfen wird. Zeige, daß beim Versagen das sich im Feld $BC$ bildende Fließgelenk in einer Entfernung $(\sqrt{2}-1)\, l$ von $C$ gelegen ist, und bestimme den Wert von $P$, der das Versagen verursacht. Zeige mittels einer elastischen Berechnung, daß bei stetigem Anwachsen der Last $P$ von Null an das Fließen zuerst in einer Entfernung $\frac{7}{16}\, l$ von $C$ eintritt.

3. Ein Durchlaufträger lagert auf vier einfachen Stützungen, $A$, $B$, $C$ und $D$· $AB = BC = CD = 10$ m. Jedes Trägerfeld trägt eine gleichförmig verteilte Last wie folgt: $AB = 5$ t, $BC = 10$ t, $CD = 6$ t. Der Träger ist so zu bemessen, daß er innerhalb jedes Feldes von gleichförmigem Querschnitt ist, aber die vollen plastischen Momente der einzelnen Felder können alle verschieden sein. Bestimme den für jedes Feld erforderlichen Wert des vollen plastischen Momentes unter der Annahme, daß das volle plastische Moment des Mittelfeldes größer ist als das jedes der beiden äußeren Felder.

4. Ein eingespannter Träger gleichförmigen Querschnittes mit der Länge $l$ und dem vollen plastischen Moment $M_p$ wird einer gleichförmig verteilten Last $W$ zusammen mit einer Einzellast $P$ in der Entfernung $^1/_3\, l$ von einem Trägerende unterworfen. Bestimme den Wert von $W$, der bei den folgenden drei Werten von $P$ gerade das Versagen herbeiführt: $0{,}25\, W$, $0{,}5\, W$ und $W$.

5. Bei dem eingespannten Träger von Abb. 3.12 wurde die Traglast $P_c$ von $16\, \dfrac{M_p}{l}$ auf $25\, \dfrac{M_p}{l}$ heraufgesetzt, wenn das volle plastische Moment über eine Entfernung von $0{,}1\, l$ von jedem Trägerende von $M_p$ auf $2{,}13\, M_p$ erhöht wurde. Ermittle für den Fall, daß die Trägerenden nicht in dieser Weise verstärkt werden, die Länge des mittleren Abschnittes, die eine Verstärkung auf den gleichen erhöhten Wert des vollen plastischen Momentes benötigt, um die gleiche Heraufsetzung von $P_c$ zu erzielen.

6. Konstruiere das Biegemomentendiagramm für den Rahmen der Abb. 3.10 a unter der Annahme, daß das Versagen in Form der kombinierten kinematischen Kette der Abb. 3.10 c eintritt, und erbringe den Nachweis, daß der entsprechende Wert des Biegemomentes am Querschnitt 2 die Größe $M_p$ hat.

7. Ein eingespannter rechteckiger Portalrahmen von der Höhe $l$ und der Stützweite $2\, l$ ist von durchweg gleichförmigem Querschnitt mit dem vollen plastischen Moment $M_p$. Die Belastung dieses Rahmens besteht aus einer am oberen Ende eines der Stiele eingetragenen Horizontallast $H$ zusammen mit einer Vertikallast $V$ in Riegelmitte. Bestimme den Wert von $P$, der das Versagen für die nachstehenden Wertepaare von $H$ und $V$ verursachen würde, und konstruiere für jeden Fall das Biegemomentendiagramm beim Versagen.

$$\begin{array}{lll}
\text{a)} & H = P, & V = 0 \\
\text{b)} & H = P, & V = 0{,}5\, P \\
\text{c)} & H = P, & V = P \\
\text{d)} & H = P, & V = 2\, P \\
\text{e)} & H = P, & V = 3\, P
\end{array}$$

Weise nach, daß das Versagen in den Fällen b und d über-vollständig ist. Skizziere für den Fall d die über-vollständige Bruchkette mit zwei Freiheitsgraden und zeige, daß der Wert von $P_c$ aus der dieser kinematischen Kette zugehörigen Arbeitsgleichung gefunden werden kann.

8. Ein rechteckiger Portalrahmen mit Fußgelenken hat die Höhe $l$ und die Stützweite $3\,l$ und ist von durchweg gleichförmigem Querschnitt mit dem vollen plastischen Moment $M_p$. Der Rahmen wird durch eine am oberen Ende eines der Stiele eingetragene Horizontallast $P$ belastet, zusammen mit einer Vertikallast $P$ in einer Entfernung $l$ von einem Ende des Riegels. Bestimme den Wert von $P$, der das Versagen verursacht.

9. Konstruiere das Biegemomentendiagramm für den Rahmen von Abb. 3.6 a unter der Annahme, daß das Versagen in Form der Seitenverschiebungskette eintritt. Ermittle das größte Biegemoment in dieser Verteilung und bestimme eine untere Eingrenzung für den Wert von $P_c$.

10. Bestimme für den Rahmen von Abb. 3.6 a den der kombinierten kinematischen Kette zugehörigen Wert von $P$ mit dem Fließgelenk im Riegel an der in Aufgabe 9 gefundenen Stelle des maximalen Biegemomentes. Ermittle das maximale Moment in der entsprechenden Biegemomentenverteilung und bestimme eine untere Eingrenzung für den Wert $P_c$.

11. Ein eingespannter rechteckiger Portalrahmen ist vonHöhe und Stützweite $l$. Die Stiele haben jeder das volle plastische Moment $2\,M_p$, der Riegel hat ein volles plastisches Moment $M_p$. Einer der Stiele ist einer gleichförmig verteilten Horizontallast $P$ unterworfen. Verwende das Probierverfahren zur Bestimmung des Wertes von $P$, der das Versagen verursacht. Ermittle auch den Wert der Traglast für den Fall, daß das volle plastische Moment der Stiele auf $M_p$ reduziert wird.

12. Der Stiel $AB$ eines eingespannten rechteckigen Portalrahmens $ABCD$ hat eine Höhe von 10 m, der Stiel $DC$ eine Höhe von 15 m. Der Fuß $D$ liegt 5 m tiefer als der Fuß $A$, so daß der 10 m lange Riegel $BC$ horizontal ist. Sämtliche Stäbe des Rahmens haben das gleiche volle plastische Moment $M_p$. Der Riegel $BC$ trägt in der Mitte eine vertikale Einzellast von 5 t, und bei $C$ ist in der Richtung $BC$ eine horizontale Einzellast von 2 t eingetragen. Bestimme den Wert von $M_p$, bei dem das Versagen gerade eintritt. Bestimme auch den erforderlichen Wert von $M_p$, wenn die Horizontallast 2 t in ihrer Richtung umgekehrt wird.

13. Ein Träger von der Länge $l$ und gleichförmigem Querschnitt mit dem vollen plastischen Moment $M_p$ ist an einem Ende einfach gestützt und am anderen Ende fest eingespannt. An beliebiger Stelle innerhalb des Trägerfeldes werde eine Einzellast $P$ eingetragen. Bestimme den kleinsten Wert von $M_p$, so daß das Versagen gerade eintritt, wenn die Last an der ungünstigsten Stelle angreift.

# Kapitel 4

## Allgemeine Verfahren für die plastische Tragwerksbemessung

### 4.1 Einführung

In diesem Kapitel werden drei der hauptsächlichen allgemeinen Verfahren eingehend erläutert, die für die Bemessung von Rahmentragwerken, so daß der plastische Bruch unter der vorgeschriebenen Belastung gerade eintreten würde, zur Verfügung stehen. Verschiedene andere Verfahren werden am Ende des Kapitels kurz beschrieben. Zunächst wird in Abschn. 4.2 das von BAKER [1] entwickelte *Probierverfahren*, auf das in Abschn. 3.3 kurz Bezug genommen wurde, näher dargelegt. Diese auf den Einzigkeitssatz gegründete Methode besteht in der statischen Untersuchung einer angenommenen Bruchkette zur Feststellung, ob eine entsprechende sichere und statisch zulässige Biegemomentenverteilung für das ganze Rahmentragwerk gefunden werden kann. Wenn gezeigt werden kann, daß eine derartige Verteilung existiert, dann ist die tatsächliche Bruchkette aufgefunden, andernfalls ist geführt durch die Ergebnisse der vorherigen Berechnung eine neue Annahme für die Bruchkette zu treffen, und der Prozeß wird wiederholt. Dieses Verfahren arbeitet dann zufriedenstellend, wenn es lediglich erforderlich ist, Fälle des vollständigen oder über-vollständigen Bruches zu untersuchen, wobei das ganze Rahmentragwerk beim Versagen statisch bestimmt ist. Wenn die tatsächliche Bruchkette teilweise ist, so daß beim Versagen nur ein Teil des Rahmentragwerkes statisch bestimmt wird, ist seine Anwendung bedeutend mühevoller. Derartige Fälle kommen in der Praxis oft vor, so daß die Notwendigkeit für ein anderes Verfahren für die Ermittlung der tatsächlichen Bruchkette besteht. Ein derartiges Verfahren steht in der von NEAL und SYMONDS [2], [3] angegebenen Methode der *Kombination kinematischer Ketten* zur Verfügung, die in Abschn. 4.3 beschrieben wird.

Wie in Abschn. 3.3 aufgezeigt wurde, bestünde eine gültige Methode für die Bestimmung der tatsächlichen Bruchkette und der Traglast in dem Niederschreiben der Arbeitsgleichung für jede mögliche kinematische Kette des Versagens, um den zugehörigen Wert der Last abzuleiten. Die Traglast wäre dann nach dem kinematischen Satz der niedrigste der so erhaltenen Lastwerte. Bei einem komplizierten Rahmentragwerk mit einer großen Anzahl möglicher kinematischer Ketten wäre ein solches Vorgehen unpraktisch. Es kann jedoch gezeigt werden, daß für ein gegebenes Rahmentragwerk und gegebene Belastung alle möglichen kinematischen Ketten als verschiedene Kombinationen einer verhältnismäßig geringen Anzahl *unabhängiger kinematischer Ketten* erhalten werden können, die für ein gegebenes Rahmentragwerk und gegebene

Belastung ohne weiteres zu identifizieren sind. Man findet dann, daß es nicht erforderlich ist, alle möglichen Kombinationen der unabhängigen kinematischen Ketten zu untersuchen; denn die gesuchte Kombination ist diejenige, der der geringste Wert der Last entspricht, und in einem bestimmten Fall ist sofort zu ersehen, daß es nur sehr wenige Kombinationen gibt, die zu untersuchen sind. Dieses Verfahren ist bei Fällen des teilweisen Versagens in der Anwendung nicht schwieriger; denn das Niederschreiben der Arbeitsgleichung für eine kinematische Kette des teilweisen Versagens bereitet keine zusätzliche Schwierigkeit.

Ein weiteres Verfahren, das von HORNE [4] entwickelt wurde, wird in Abschn. 4.4 erläutert. Dieses Verfahren wird als *plastisches Momentenverteilungsverfahren* bezeichnet, da es Anklänge an das Momentenverteilungsverfahren der Elastizitätstheorie in sich birgt. In diesem Falle wird der statische Weg begangen. Das Ziel ist, zunächst eine Biegemomentenverteilung abzuleiten, die sich mit den gegebenen Lasten im Gleichgewicht befindet und somit statisch zulässig ist. Wenn dann das volle plastische Moment jedes Stabes gleich dem größten in dem Stab vorkommenden Biegemoment gemacht wird, ist die Biegemomentenverteilung ebenfalls sicher, und nach dem statischen Satz wären die Lasten kleiner oder gleich den zur Verursachung des Versagens erforderlichen Werten. Wenn nicht das volle plastische Moment an einer hinreichenden Anzahl von Querschnitten erreicht wird, um das Tragwerk in eine kinematische Kette zu überführen, wäre das so bemessene Rahmentragwerk unnötig stark. Es werden daher Berichtigungen der Biegemomentenverteilung in solcher Weise vorgenommen, daß das Gleichgewicht beibehalten bleibt, während die Bedingung der kinematischen Kette erfüllt wird, so daß schließlich eine wirtschaftliche Bemessung erhalten wird.

Abschließend werden in Abschn. 4.5 die übrigen für die Bestimmung plastischer Traglasten entwickelten Verfahren kurz erläutert.

## 4.2 Probierverfahren

Das Probierverfahren wird durch seine Anwendung auf den Giebelrahmen erläutert, dessen Abmessungen und Belastung in Abb. 4.1 a angegeben sind. Sämtliche auf diesen Rahmen wirkenden Lasten sind entlang der Stäbe gleichförmig verteilt, und ihre Größen sind an den strichlierten Pfeilen angegeben, die die Wirkungsrichtungen der Lasten anzeigen. Die gleichförmig verteilten Vertikallasten von 2,6 t auf jedem Giebelstab stellen ständige Last und Schneelast dar. Die auf die Stiele wirkenden gleichförmig verteilten Horizontallasten von 0,5 t und der gleichförmig verteilte Sog von 0,4 t und 0,8 t auf den Giebelstäben bedeuten Belastung durch einen von links nach rechts gerichteten Wind. Es wird vorausgesetzt, daß sämtliche Verbindungen, einschließlich der an den Stützenfüßen, in der Lage sind, das volle plastische Moment zu entwickeln. Die Rahmenstäbe sollen alle das gleiche volle plastische Moment $M_p$ besitzen, und der Wert von $M_p$ soll so sein, daß das Versagen unter den gegebenen Lasten gerade eintritt.

In einem Falle dieser Art, bei dem die Stäbe gleichförmig verteilten Lasten unterworfen sind, können sich plastische Gelenke an irgendwelchen Stellen entlang der Stäbe bilden und nicht einfach an einigen bekannten Stellen, wie es bei Einzellasten der Fall ist. Die statische Berechnung einer angenommenen kinematischen Kette wird daher am besten durch Konstruktion des gesamten Biegemomentendiagrammes für den Rahmen ausgeführt, so daß es möglich wird, unmittelbar zu ersehen, ob das volle plastische Moment an irgendeinem Querschnitt überschritten wird. Das bequemste Verfahren ist die Zeichnung von freien und Einspannmomentendiagrammen. Für diesen Zweck wird am First des Rahmens ein Schnitt geführt, und die drei statisch unbestimmten Größen werden als die horizontalen und vertikalen Schnittkräfte $H$ und $V$ an diesem Querschnitt eingeführt zusammen mit dem Biegemoment $M_3$, wie in Abb. 4.1 b angegeben. Darauf wird das freie Biegemomentendiagramm

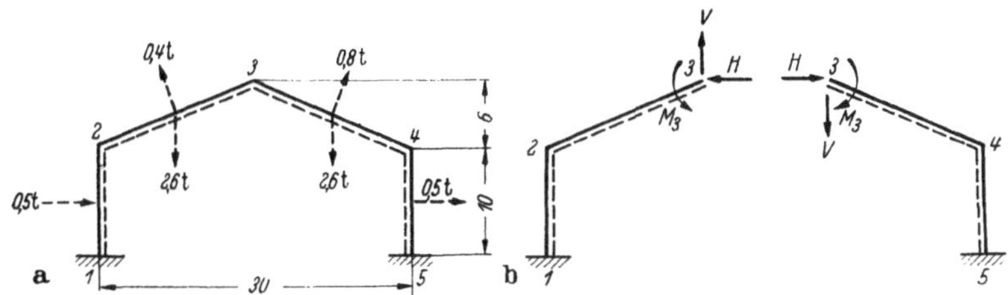



Abb. 4.1 a u. b.
Giebelrahmen. a Abmessungen des Rahmens und Belastung, b Statisch unbestimmte Größen

gezeichnet, das die Biegemomente infolge der eingetragenen Lasten darstellt und wobei $H$, $V$ und $M_3$ als Null angenommen werden. Aus der statischen Berechnung irgendeiner angenommenen kinematischen Kette werden die Werte der drei statisch unbestimmten Größen und von $M_p$ gefunden, und das gestattet die Zeichnung des Einspannmomentendiagrammes, das die Biegemomente infolge der drei statisch Unbestimmten allein darstellt. Dieses Diagramm wird mit den umgekehrten Vorzeichen der Einspannmomente gezeichnet, so daß die Ordinatendifferenz zwischen dem freien und dem Einspannmomentendiagramm an jedem Querschnitt das tatsächliche Biegemoment darstellt.

Das freie Biegemomentendiagramm an einem beliebigen Querschnitt hängt nur von den Abmessungen des Rahmens und seiner Belastung ab. Somit ist das freie Biegemomentendiagramm unabhängig von der Wahl einer angenommenen Bruchkette und kann am Anfang konstruiert werden. Durch das Ansetzen der Momente um die Querschnitte 1, 2, 4 und 5 werden die an Tab. 4.1 angegebenen Werte der freien Biegemomente an diesen Querschnitten gefunden, das freie Biegemoment am Querschnitt 3 ist Null. Das aus vier parabolischen Segmenten bestehende vollständige Biegemomentendiagramm ist in Abb. 4.2 a angegeben, in der der Rahmen zu einer horizontalen Bezugslinie abgewickelt angenommen wird mit den als Ordinaten aufgetragenen freien Momenten. Die parabolischen Verteilungen in den Giebelstäben können ohne weiteres aus einer Kenntnis der in Tab. 4.1 angegebenen freien Momente

Tabelle 4.1 *Freie Biegemomente*

| Querschnitt . . . . . . . . . . . | 1 | 2 | 3 | 4 | 5 |
|---|---|---|---|---|---|
| Freies Moment [tm] . . . . . . | −17,28 | −16,27 | 0 | −13,04 | −7,57 |

aufgetragen werden; für die Stiele ist es notwendig, zusätzlich die Querkräfte an jedem Ende zu berechnen. Das für die Biegemomente angenommene Vorzeichenübereinkommen ist, daß ein positives Moment Zug in den Fasern des Stabes erzeugt, die auf der Seite der strichlierten Linie in Abb. 4.1 b liegen.

Die in Abb. 4.2 a dargestellte kinematische Kette mit plastischen Gelenken an den Querschnitten 1, 3, 4 und 5 wird als erste untersucht. Es ist nicht notwendig, die Kinematik dieser kinematischen Kette über die Feststellung hinaus zu beachten, daß der Sinn der Verdrehungen an den Gelenken die Vorzeichen der vollen plastischen Momente folgendermaßen bestimmt:

$$M_1 = -M_p, \; M_3 = M_p, \; M_4 = -M_p, \; M_5 = M_p.$$

Somit ist in dieser kinematischen Kette eine der statisch Unbestimmten, $M_3$, bereits bestimmt; die anderen beiden, $H$ und $V$, zusammen mit dem entsprechenden Wert von $M_p$ werden durch das Ansetzen der Momente um die Querschnitte 1, 4 und 5 gefunden. Die Momente infolge der statisch unbestimmten Größen können durch Betrachtung von Abb. 4.1 b angeschrieben werden, und die Lastmomente sind einfach die freien Momente, die aus Tab. 4.1 zu entnehmen sind. Die entsprechenden Gleichungen lauten

$$M_1 = M_3 + 16\,H + 15\,V - 17,28 = -M_p$$
$$M_3 = M_p$$
$$M_4 = M_3 + 6\,H - 15\,V - 13,04 = -M_p$$
$$M_5 = M_3 + 16\,H - 15\,V - 7,57 = M_p$$

und die Lösung dieser Gleichungen ergibt

$$H = 0,461 \text{ t}, \; V = -0,012 \text{ t}, \; M_3 = M_p = 5,04 \text{ tm}.$$

Das Einspannmomentendiagramm besteht aus vier Geradenabschnitten,
einer für jeden Stab, und es ist daher zur Konstruktion dieses Diagrammes lediglich erforderlich, das Einspannmoment an jedem der Querschnitte 1, 2, 3, 4 und 5 zu kennen. Aus Abb. 4.1 b und den Werten der

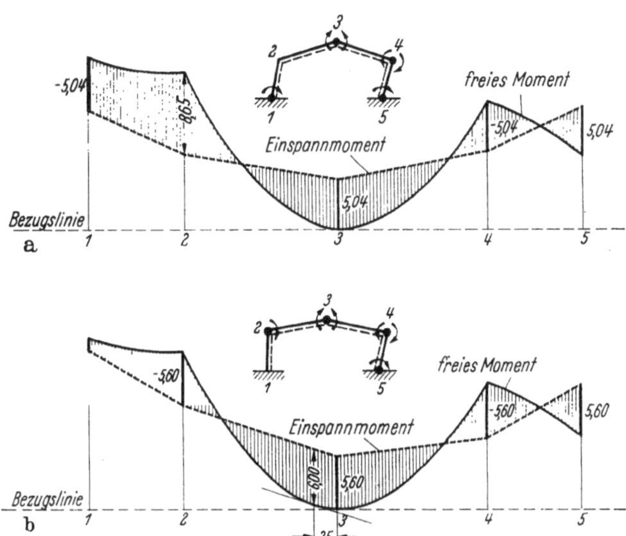


Abb. 4.2 a u. b. Biegemomentendiagramme für Giebelrahmen

gerade erhaltenen statisch unbestimmten Größen ergibt sich der Wert
des Einspannmomentes $M_1^{(R)}$ am Querschnitt 1 zu

$$M_1^{(R)} = M_3 + 16\,H + 15\,V = 12{,}24\,\text{tm}.$$

Für die übrigen Einspannmomente werden in entsprechender Weise die
nachstehend angegebenen Werte gefunden:

| Querschnitt | 1 | 2 | 3 | 4 | 5 |
|---|---|---|---|---|---|
| Einspannmoment [tm] | 12,24 | 7,62 | 5,04 | 8,00 | 12,61 |

Das entsprechende Einspannmomentendiagramm ist in Abb. 4.2 a als
strichlierte Linie eingezeichnet. Aus dieser Abbildung ist zu ersehen, daß
das in der resultierenden Biegemomentenverteilung vorkommende
größte Biegemoment am Querschnitt 2 auftritt, wo das Biegemoment
—8,65 tm beträgt und somit die Größe von $M_p$ von 5,04 tm übersteigt.
Es ist sofort offenbar, daß die angenommene Bruchkette nicht die richtige war. Aus den Ergebnissen dieses ersten Versuches können jedoch
obere und untere Eingrenzungen für den gesuchten Wert von $M_p$ hergeleitet werden. Hätte das volle plastische Moment den Wert 8,65 tm,

dann wäre die Biegemomentenverteilung von Abb. 4.2 a bei den gegebenen Lasten sowohl statisch zulässig als auch sicher. Dem statischen Satz zufolge würden die gegebenen Lasten dann nicht das Versagen herbeiführen, und der Rahmen hätte dann eine mehr als adäquate Tragfähigkeit. Es folgt, daß 8,65 tm eine *obere Eingrenzung* für den gesuchten Wert von $M_p$ ist. Wenn andererseits das volle plastische Moment den Wert 5,04 tm hätte, hat die Berechnung gezeigt, daß die gegebenen Lasten die der angenommenen kinematischen Kette entsprechenden wären, die nicht die tatsächliche Bruchkette ist. Diese Lasten wären dann dem kinematischen Satz zufolge größer als die Werte, die das Versagen verursachen würden. Es folgt also, daß der Rahmen mit einem vollen plastischen Moment von 5,04 tm nicht den gegebenen Lasten standhalten könnte, und so ist der Wert eine *untere Eingrenzung* des gesuchten Wertes von $M_p$.

In Abschn. 3.3 wurde der in der statischen Berechnung einer angenommenen kinematischen Kette erhaltene höchste Wert des Biegemomentes durch Anwendung des statischen Satzes zur Ableitung einer *unteren Eingrenzung* für die Traglast $P_c$ verwendet, wogegen gezeigt wurde, daß der einer angenommenen kinematischen Kette zugehörige Lastwert nach dem kinematischen Satz eine *obere Eingrenzung* für $P_c$ ist. In diesem Falle wurde das Problem als die *Berechnung* eines Rahmentragwerkes mit gegebenen vollen plastischen Momenten formuliert, mit dem Ziel der Bestimmung der Traglast. Im Gegensatz dazu ist das hier beleuchtete Problem die *Bemessung* eines Rahmens, der gegebenen Lasten unterworfen ist, so daß der Wert des vollen plastischen Momentes der Stäbe derart zu bestimmen ist, daß das Versagen unter diesen Lasten gerade eintreten würde. Wie dargelegt wurde, ist in diesem Falle der in einer statischen Berechnung erhaltene höchste Wert des Biegemomentes eine *obere Eingrenzung* für den erforderlichen Wert von $M_p$, wogegen der einer angenommenen kinematischen Kette zugehörige Wert von $M_p$ eine *untere Eingrenzung* des erforderlichen Wertes von $M_p$ ist.

Bei der Betrachtung, welche kinematische Kette dem zweiten Versuch zugrunde gelegt werden sollte, können die Ergebnisse der statischen Berechnung der ersten angenommenen kinematischen Kette verwendet werden. Aus der Untersuchung der Biegemomentenverteilung von Abb. 4.2 a geht hervor, daß das plastische Gelenk am Querschnitt 1 an den Querschnitt 2 gesetzt werden sollte, wo ein größeres negatives Moment auftritt. Die zweite Annahme der kinematischen Kette ist in Abb. 4.2 b dargestellt. Diese kinematische Kette wird wie zuvor zur Bestimmung der Werte der drei statisch unbestimmten Größen und von $M_p$ berechnet durch Aufstellen der Momentengleichungen für diejenigen Querschnitte, an denen Fließgelenke auftreten. Auf diese Weise ergibt sich

$$M_2 = M_3 + 6\,H + 15\,V - 16{,}27 = -M_p$$
$$M_3 = M_p$$
$$M_4 = M_3 + 6\,H - 15\,V - 13{,}04 = -M_p$$
$$M_5 = M_3 + 16\,H - 15\,V - 7{,}57 = M_p,$$

und die Lösung dieser Gleichungen ergibt

$$H = 0{,}574\ \text{t}, \qquad V = 0{,}108\ \text{t}, \qquad M_3 = M_p = 5{,}60\ \text{tm}.$$

Das diesen Werten der statisch unbestimmten Größen entsprechende Einspannmomentendiagramm ist in Abb. 4.2 b dargestellt, in der das freie Biegemomentendiagramm natürlich identisch mit dem von Abb. 4.2 a ist.

Eine Untersuchung des resultierenden Biegemomentendiagrammes in Abb. 4.2 b zeigt, daß die angenommene kinematische Kette in diesem Falle im wesentlichen korrekt war; denn der berechnete Wert von $M_p$ wird nur in der Nachbarschaft des Firstpunktes, Querschnitt 3, geringfügig überschritten. Tatsächlich tritt das größte Biegemoment in ungefähr 2,5 m Entfernung links vom First auf, an der Stelle, wo die Tangente an das freie Momentendiagramm parallel dem Einspannmomentendiagramm ist; diese Stelle kann aus einer genauen Zeichnung oder durch Berechnung der Querkraftnullstelle in diesem Stab bestimmt werden. Der Wert dieses maximalen Biegemomentes ist 6,00 tm, so daß der zweite Versuch für den gesuchten Wert von $M_p$ obere und untere Eingrenzungen von 6,00 tm und 5,60 tm ergeben hat.

Die tatsächliche Bruchkette erhält man aus der kinematischen Kette von Abb. 4.2 b durch Verschieben des plastischen Gelenkes vom First an eine etwa 2,5 m links davon gelegene Stelle. Ein für alle praktischen Zwecke hinreichend genauer Wert von $M_p$ kann erhalten werden durch Annahme, daß dieses Gelenk genau 2,5 m links vom First liegt, und durch Ausführung einer statischen Berechnung zur Ermittlung des zugehörigen Wertes von $M_p$. Einzelheiten dieser Berechnung werden nicht angegeben, das erhaltene Ergebnis ist 5,73 tm.

Die angegebenen auf den Rahmen wirkenden Lasten stellen die *Gebrauchslasten* dar, denen ein derartiges Tragwerk unterworfen werden kann. Wenn der Rahmen für einen Lastfaktor 2 zu bemessen ist, sind Stäbe zu wählen, deren volle plastische Momente wenigstens $2 \cdot 5{,}73$ tm, oder 11,46 tm betragen.

Weitere Beispiele der Anwendung des Probierverfahrens brauchen hier nicht angegeben zu werden. BAKER [1] hat eine Erläuterung seiner Anwendung auf einen dreifeldrigen Portalrahmen gegeben; ein Vergleich zwischen den elastischen Bemessungen mehrerer Giebelrahmen und mittels des Probierverfahrens aufgestellten plastischen Bemessungen wurde von FOULKES [5] angestellt. Einige Beispiele sind auch in einer Veröffentlichung der British Constructional Steelwork Association [6] ausgearbeitet, HENDRY [7] hat das Verfahren auf die Bemessung von Vierendeel-Trägern angewandt, und mehrere Modelle dieses Rahmentyps wurden experimentell untersucht, um die Gültigkeit der Theorie zu belegen.

Der maßgebende Belastungsfall für die Bemessung eines einfeldrigen Portalrahmens dieser Art ist oft derjenige, in dem die Windlasten fehlen und der Rahmen lediglich einer gleichförmig verteilten vertikalen Belastung unterworfen ist. In einem derartigen Fall ist die Biegemomentenverteilung symmetrisch, und die statisch unbestimmte Größe $V$ von Abb. 4.1 b ist Null. Ein anderer Fall von praktischer Bedeutung liegt vor, wenn die Stützenfüße gelenkig gelagert sind, so daß die Biegemomente an diesen Stellen Null sind. In einem derartigen Fall ist der Rahmen nur einfach statisch unbestimmt, und die in Abb. 4.1 b definierten Werte von $H$, $V$ und $M_3$ sind nicht mehr unabhängig, sondern werden durch zwei Gleichungen verknüpft, die ausdrücken, daß das Biegemoment am Fuße jedes Rahmenstieles Null ist.

Das Probierverfahren ist ausgezeichnet geeignet für die Fälle, in denen das Versagen in dem in Abschn. 3.6 definierten Sinne vollständig ist, so daß das gesamte Rahmentragwerk beim Versagen statisch bestimmt wird. Es ist dann lediglich erforderlich, angenommene Bruchketten vom vollständigen Typ zu untersuchen, und bei jedem Versuch wird wie in dem eben behandelten Beispiel die vollständige Biegemomentenverteilung allein aus den Gleichgewichtsbedingungen ermittelt. Einfeldrige Portalrahmen dieser Art versagen fast stets in vollständiger Weise, so daß bei derartigen Rahmentragwerken das Probierverfahren gut angewendet werden kann. Schwierigkeiten entstehen jedoch, wenn die tatsächliche Bruchkette vom Typ des teilweisen Versagens ist, bei dem beim Versagen nur ein Teil des Rahmentragwerkes statisch bestimmt ist. Bei der Untersuchung einer angenommenen Bruchkette dieser Art ist es eine einfache Aufgabe, das eindeutig bestimmte Biegemomentendiagramm für den Teil des Rahmens aufzutragen, der beim Versagen statisch bestimmt ist, und nachzuprüfen, ob das volle plastische Moment innerhalb dieser Verteilung an irgendeiner Stelle überschritten wird. Es ist jedoch notwendig, auch den übrigen Teil des Rahmens zu untersuchen, in dem die Biegemomentenverteilung nicht eindeutig bestimmt ist, um festzustellen, ob unter den verschiedenen möglichen statisch zulässigen Biegemomentenverteilungen wenigstens eine sichere Verteilung existiert. Eine derartige Untersuchung kann große Schwierigkeiten bereiten, besonders, wenn der beim Versagen nicht statisch bestimmte Teil des Rahmentragwerkes hochgradig statisch unbestimmt ist. Tatsächlich würde eine Untersuchung dieser Art kaum ohne einige Gewißheit ausgeführt werden, daß die angenommene teilweise Bruchkette fast mit Sicherheit die tatsächliche Bruchkette ist.

Erfahrung in der Bemessung ähnlicher Tragwerke kann die notwendige Richtschnur für die Annahme von Bruchketten bilden. Für die Behandlung ungewöhnlicher Probleme wird jedoch ein Verfahren benötigt, mittels dessen eine gute Annäherung an die tatsächliche Bruchkette schnell gefunden werden kann, selbst wenn diese kinematische Kette vom Typ des teilweisen Versagens ist. Das Verfahren der Kombination kinematischer Ketten gestattet dies zu tun.

## 4.3 Verfahren der Kombination kinematischer Ketten

Der Grundgedanke des Verfahrens der Kombination kinematischer Ketten ist, daß für ein gegebenes Rahmentragwerk und gegebene Belastung jede mögliche Bruchkette als eine Kombination einer gewissen Anzahl *unabhängiger kinematischer Ketten* angesehen werden kann. Wenn einmal diese unabhängigen Ketten identifiziert sind, kann eine Arbeitsgleichung niedergeschrieben und der entprechende Wert von $M_p$ für jede dieser kinematischen Ketten abgeleitet werden. Nun ist die tatsächliche Bruchkette unter all den möglichen kinematischen Ketten dadurch ausgezeichnet, daß sie nach dem kinematischen Satz den höchsten zugehörigen Wert von $M_p$ besitzt. Demgemäß werden die unabhängigen kinematischen Ketten mit hohen zugehörigen Werten von $M_p$ untersucht, um zu sehen, ob sie zu einer kinematischen Kette kombiniert werden können, die einen noch höheren Wert von $M_p$ liefert. Es ist lediglich erforderlich, in dieser Weise einige der wahrscheinlichsten Kombinationen zu untersuchen, um zu einer kinematischen Kette zu gelangen, die fast mit Sicherheit die tatsächliche Bruchkette oder eine gute Annäherung ist. Darauf wird eine statische Kontrolle durchgeführt, die entweder bestätigt, daß die tatsächliche Bruchkette aufgefunden worden ist, oder die geringfügigen Berichtigungen andeutet, die zu machen sind. Durch dieses Vorgehen wird die Notwendigkeit der Untersuchung jeder möglichen Bruchkette vermieden bei der Ermittlung derjenigen mit dem höchsten zugehörigen Wert von $M_p$.

Zunächst werden die Grundprinzipe des Verfahrens unter Bezugnahme auf einen einfachen Rechteckrahmen erklärt, anschließend wird seine Anwendung auf einen zweifeldrigen rechteckigen Portalrahmen unter der Einwirkung von Einzellasten erörtert. Darauf wird die Bemessung eines einfeldrigen, zweistöckigen Rechteckrahmens vorgeführt, um eine Methode zur Behandlung von Fällen, in denen die Stäbe gleichförmig verteilten Lasten unterworfen sind, zu erläutern. Schließlich werden Anwendungen auf ein- und zweifeldrige Giebelrahmen beschrieben, da die Kinematik einiger der kinematischen Ketten derartiger Rahmen komplizierter ist als bei rechteckigen Rahmentragwerken.

### *Einfacher rechteckiger Portalrahmen*

Das Verfahren der Kombination kinematischer Ketten wird zunächst anhand des Beispieles des einfachen rechteckigen Portalrahmens erklärt, dessen Abmessungen und Belastung in Abb 4.3 a dargestellt sind. In diesem Rahmen erhält der Riegel ein volles plastisches Moment $M_p$ und jeder der Stiele ein volles plastisches Moment 1,5 $M_p$, wie in der Abbildung angegeben. Die Aufgabe ist, den Wert von $M_p$ so zu bestimmen, daß der Rahmen unter der gegebenen Belastung gerade versagt.

Aus der in Abschn. 3.3 vorangegangenen Betrachtung der Bruchketten für einfache Rechteckrahmen ist bekannt, daß für derartige

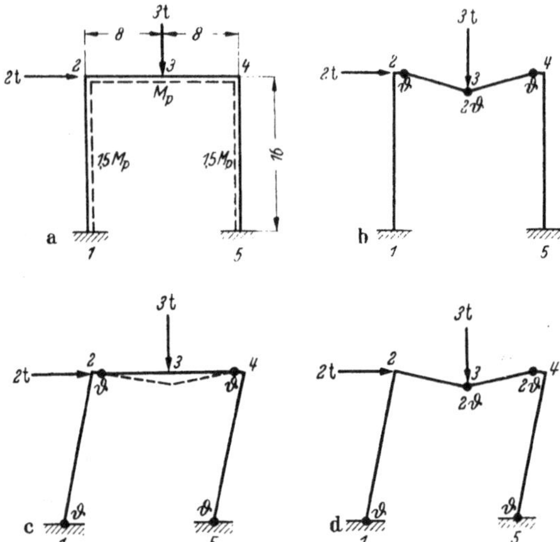

Abb. 4.3 a–d. Rechteckiger Portalrahmen. a Rahmen mit Belastung, b Trägerkette, c Seitenverschiebungskette, d Kombinierte kinematische Kette

Tragwerke nur drei mögliche Bruchketten bestehen. Diese sind in den Abb. 4.3 b, c und d dargestellt, in denen die Größen der Gelenkverdrehungen für jede dieser kinematischen Ketten in Termen eines einzigen Parameters $\vartheta$ gegeben sind. Die kinematische Kette von Abb. 4.3 b stellt das Versagen des Riegels dar und die von Abb. 4.3 c Seitenverschiebungsversagen, die Fließgelenke an den Ecken 2 und 4 liegen im Riegel, der schwächer als die Stiele ist. In Abb. 4.3 c stellen die strichlierten Linien den Einfluß der Überlagerung der Verschiebungen und Gelenkverdrehungen der Trägerkette auf die der Seitenverschiebungskette dar, und es ist zu ersehen, daß durch diese Superposition die kinematische Kette von Abb. 4.3 d erhalten wird. Diese kinematische Kette ist eine Kombination von Träger- und Seitenverschiebungskette und wird aus diesem Grunde als kombinierte kinematische Kette bezeichnet. Tatsächlich können die Träger- und Seitenverschiebungsketten als die zwei unabhängigen kinematischen Ketten für diesen Rahmen angesehen werden, aus denen die andere mögliche Bruchkette durch Kombination erhalten wird. Das wichtige Korrolat dieser Feststellung ist, daß die Arbeitsgleichung für die kombinierte kinematische Kette durch Kombination der Arbeitsgleichungen der zwei unabhängigen kinematischen Ketten abgeleitet werden kann.

Um zu zeigen, wie die Arbeitsgleichung für die kinematische Kette abgeleitet wird, müssen zunächst die Arbeitsgleichungen für die zwei unabhängigen kinematischen Ketten aufgestellt werden. In der Trägerkette von Abb. 4.3 b leistet die Horizontallast 2 t keine Arbeit, und die Vertikallast 3 t, die sich um die Strecke 8 $\vartheta$ m bewegt, leistet die Arbeit 24 $\vartheta$ tm. Die drei plastischen Gelenke treten sämtlich im Riegel auf, dessen volles plastisches Moment $M_p$ ist; ihre Gesamtverdrehung ist 4 $\vartheta$ und die gesamte absorbierte Arbeit ist 4 $M_p\vartheta$. Die Arbeitsgleichung für die Trägerkette lautet also

$$24\,\vartheta \;=\; 4\,M_p\vartheta \qquad\qquad (4.1)$$
$$M_p \;=\; 6\,\text{tm}.$$

In der Seitenverschiebungskette von Abb. 4.3 c leistet die Vertikallast 3 t keine Arbeit und die Horizontallast 2 t, die sich um die Strecke 16 $\vartheta$ m bewegt, leistet die Arbeit 32 $\vartheta$ tm. Die plastischen Gelenke an den Querschnitten 2 und 4 treten im Riegel auf, dessen volles plastisches Moment $M_p$ ist. Da ihre Gesamtverdrehung 2 $\vartheta$ beträgt, ist die in diesen Gelenken absorbierte Arbeit 2 $M_p\vartheta$. Die plastischen Gelenke an den Querschnitten 1 und 5 treten in den Stielen auf, deren volles plastisches Moment 1,5 $M_p$ ist; ihre Gesamtverdrehung ist 2 $\vartheta$, und die gesamte in diesen Gelenken absorbierte Arbeit ist 3 $M_p\vartheta$. Die in den vier plastischen Gelenken absorbierte Gesamtarbeit ist damit 5 $M_p\vartheta$, und die Arbeitsgleichung für die Seitenverschiebungskette lautet

$$32\vartheta = 5\,M_p\vartheta \qquad\qquad (4.2)$$
$$M_p \;=\; 6,4\,\text{tm}.$$

Nun wird die Ableitung der Arbeitsgleichung für die kombinierte kinematische Kette aus den Arbeitsgleichungen (4.1) und (4.2) vorgenommen. Der wesentliche enthaltene Punkt ist, daß die Ausbiegungen und Fließgelenkverdrehungen dieser kinematischen Kette durch Addition der Ausbiegungen und Fließgelenkverdrehungen von Trägerkette und Seitenverschiebungskette erhalten werden. In der Trägerkette erfährt das Gelenk an der Ecke 2 eine Verdrehung der Größe $\vartheta$ im negativen Sinne, wogegen die Verdrehung des Gelenkes an diesem Querschnitt in der Seitenverschiebungskette von der gleichen Größe $\vartheta$ im positiven Sinne ist. Bei Kombination der beiden kinematischen Ketten heben diese Gelenkverdrehungen einander auf. Der einzige andere Querschnitt, an dem sowohl in der Trägerkette als auch in der Seitenverschiebungskette plastische Gelenke auftreten, ist Querschnitt 4. Diese Gelenke unterlaufen beide einer negativen Verdrehung der Größe $\vartheta$, die sich in der kombinierten kinematischen Kette zu der Verdrehung $2\vartheta$ addiert. An den Querschnitten 1, 3 und 5 tritt eine Gelenkverdrehung nur in einer der unabhängigen kinematischen Ketten auf, so daß an einem beliebigen dieser drei Querschnitte, ebenso wie am Querschnitt 4, die Größe der Gelenkverdrehung in der kombinierten kinematischen Kette gleich der Summe der Größen der Gelenkverdrehungen in den zwei unabhängigen kinematischen Ketten ist.

Um die in den plastischen Gelenken der kombinierten kinematischen Kette absorbierte Gesamtarbeit zu erhalten, wird vermerkt, daß die in den Gelenken der Trägerkette und der Seitenverschiebungskette absorbierte Arbeit aus den Gl. (4.1) und (4.2) zu $4\,M_p\vartheta$ und $5\,M_p\vartheta$ erhalten wurde. Jede dieser Summen enthält einen Ausdruck $M_p\vartheta$ für die in dem Gelenk am Querschnitt 2 absorbierte Arbeit. Da dieses Fließgelenk bei der Bildung der kombinierten kinematischen Kette wegfällt, folgt, daß die in beiden unabhängigen kinematischen Ketten absorbierte Gesamtarbeit von $9\,M_p\vartheta$ die in der kombinierten kinematischen Kette absorbierte Gesamtarbeit um einen Betrag $2\,M_p\vartheta$ übersteigt. Daher muß die in der kombinierten kinematischen Kette absorbierte Gesamtarbeit $7\,M_p\vartheta$ betragen. Da die Verschiebung eines beliebigen Punktes der kombinierten kinematischen Kette durch Addition der Verschiebungen dieses Punktes in den zwei unabhängigen kinematischen Ketten erhalten wird, muß die von den Lasten in der kombinierten kinematischen Kette geleistete Arbeit gleich der Summe der von den Lasten in den zwei unabhängigen kinematischen Ketten geleisteten Arbeit sein. Aus den Gl. (4.1) und (4.2) geht hervor, daß die von den Lasten geleistete Arbeit für die Trägerkette $24\vartheta$ und für die Seitenverschiebungskette $32\vartheta$ beträgt, so daß die in der kombinierten kinematischen Kette von den Lasten geleistete Gesamtarbeit $56\vartheta$ ist.

Die vorstehende Argumentation kann durch die Feststellung zusammengefaßt werden, daß man die Arbeitsgleichung für die kombinierte kinematische Kette aus den Gl. (4.1) und (4.2) erhalten kann durch Addition der Termen auf den linken Seiten, um die von den eingetragenen Lasten geleistete Gesamtarbeit zu erhalten, Addition der Termen auf den rechten Seiten, um die gesamte in den zwei zusammengefügten kinematischen Ketten absorbierte Arbeit zu erhalten, und Subtraktion von $2\,M_p\vartheta$, um die Aufhebung des Gelenkes am Querschnitt 2 zu berücksichtigen, wie folgt:

Trägerkette:                    $24\vartheta = 4\,M_p\vartheta$                    (4.1)

Seitenverschiebungskette:       $32\vartheta = 5\,M_p\vartheta$                    (4.2)

kombinierte kinematische Kette: $56\vartheta = 9\,M_p\vartheta - 2\,M_p\vartheta = 7\,M_p\vartheta$ (4.3)

$$M_p = 8\,\text{tm}.$$

Der der kombinierten kinematischen Kette zugehörige Wert von $M_p$ liegt mit 8 tm höher als jeder der beiden Werte, die sich für Träger- und Seitenverschiebungskette ergaben. Aus dem kinematischen Satz folgt, daß dies der erforderliche Wert von $M_p$ ist. Diese Folgerung kann durch Konstruktion des entsprechenden Biegemomentendiagrammes für den ganzen Rahmen nachgeprüft werden.

Das bedeutendste Merkmal dieser Berechnung ist, daß durch Kombination zweier kinematischer Ketten mit den entsprechenden Werten von $M_p$ von 6 tm und 6,4 tm eine kinematische Kette mit dem zugehörigen Wert $M_p = 8$ tm abgeleitet wurde, also einem höheren Wert als die Werte für jede der beiden zusammengefügten kinematischen Ketten waren. Dieses Ergebnis wird durch die Aufhebung des Gelenkes an Querschnitt 2 ermöglicht, die bei der Kombination der kinematischen Ketten erfolgt, und bewirkt, daß die in den plastischen Gelenken der kombinierten kinematischen Kette absorbierte gesamte Arbeit geringer ist als die absorbierte gesamte Arbeit in den zwei kinematischen Ketten, die zusammengefügt wurden. Allgemein kann gesagt werden, daß das Ziel bei der Berechnung eines Rahmentragwerkes darin besteht, die kinematische Kette zu finden, der der höchste mögliche Wert von $M_p$ entspricht. Die unabhängigen kinematischen Ketten werden deshalb in Augenschein genommen, um zwei oder mehr kinematische Ketten mit zugehörigen hohen Werten von $M_p$ zu ermitteln, die so kombiniert werden können, daß ein Gelenk ausgeschaltet wird. Auf diese Weise kann eine kombinierte kinematische Kette erhalten werden, deren zugehöriger Wert von $M_p$ höher ist als der Wert für jede der kinematischen Ketten, die zusammengefügt wurden. Wenn keine Aufhebung eines plastischen Gelenkes erfolgt, liegt der einer Kombination kinematischer Ketten entsprechende Wert zwischen den höchsten und niedrigsten Werten von $M_p$ für die Einzelketten.

Das für die Ableitung der Arbeitsgleichung für die kombinierte kinematische Kette beschriebene Verfahren ist bei diesem besonderen Beispiel wenig kürzer als die direkte Ableitung aus der Kinematik der kombinierten kinematischen Kette. Es ist jedoch nicht schwer einzusehen, daß dieses Vorgehen bei komplizierteren Problemen gewöhnlich eine beträchtliche Verringerung der Rechenarbeit ergibt. Das ist insbesondere dann der Fall, wenn die kinematischen Berechnungen für eine oder mehrere der unabhängigen kinematischen Ketten einige Mühe bereiten, da in derartigen Fällen die Arbeitsgleichung für eine beliebige kinematische Kette ohne die Durchführung der weiteren mühseligen kinematischen Berechnungen erhalten werden kann, die eine direkte Behandlung dieser kinematischen Kette erfordern würde.

### *Die Anzahl der unabhängigen kinematischen Ketten*

Bei Anwendung des Verfahrens der Kombination kinematischer Ketten ist es natürlich von größter Bedeutung, eingangs die richtige Zahl unabhängiger kinematischer Ketten zu bestimmen. Diese Anzahl entspricht der Anzahl der unabhängigen Gleichgewichtsgleichungen. Der Grund dafür ist bereits in Abschnitt 3.3 berührt worden, wo die Gleichgewichtsgleichungen für den rechteckigen Portalrahmen von Abb. 3.1 a aufgestellt wurden. Es wurde dann gezeigt, daß jede der drei möglichen Bruchketten der Gültigkeitsgrenze einer bestimmten Gleichgewichtsgleichung entsprach, in dem Sinne, daß die an den plastischen Gelenken der kinematischen Kette vorkommenden vollen plastischen Momente genau die Werte hatten, die die in der Gleichgewichtsgleichung vorkommende Last zu einem Maximum machten. Diese Übereinstimmung jeder kinematischen Kette mit der Gültigkeitsgrenze einer Gleichgewichtsgleichung ist ganz allgemein, obgleich sie in Abschnitt 3.3 nur für ein besonderes Beispiel aufgezeigt wurde. Da sämtliche möglichen Gleichgewichtsgleichungen für ein gegebenes Rahmentragwerk und gegebene Belastung durch Kombination einer bestimmten Anzahl unabhängiger Gleichungen erhalten werden können, folgt zwangsläufig, daß sämtliche möglichen kinematischen Ketten durch Kombination der gleichen Zahl unabhängiger kinematischer Ketten erhalten werden können. Somit ist es zur Bestimmung der richtigen Anzahl unabhängiger kinematischer Ketten lediglich erforderlich, die Anzahl der unabhängigen Gleichgewichtsgleichungen zu bestimmen.

Angesichts der grundlegenden Bedeutung dieses Ergebnisses wird für das obige Beispiel eine kurze Erörterung der Übereinstimmung der jeweiligen Gleichgewichtsgleichungen mit Träger-, Seitenverschiebungs- und kombinierter kinematischer Kette gegeben. Zur Bestimmung der Anzahl der unabhängigen Gleichgewichtsgleichungen wird bemerkt, daß der Rahmen dreifach statisch unbestimmt ist und die vollständige Biegemomentenverteilung durch die Werte der Biegemomente an den fünf mit 1 bis 5 bezifferten Querschnitten in Abb. 4.3 a festgelegt ist. Es muß daher zwei unabhängige Gleichgewichtsgleichungen geben, die diese Biegemomente auf die eingetragenen Lasten beziehen.

Die Ableitung dieser zwei Gleichungen kann nach einem statischen Verfahren erfolgen, bei dem der Rahmen in Riegelmitte geschnitten wird, Längskraft, Querkraft und Biegemoment als statisch unbestimmte Größen an diesem Querschnitt eingeführt werden und Ausdrücke für jedes der fünf unbekannten Biegemomente in Termen dieser drei statisch

Unbestimmten und der Lasten niedergeschrieben werden. Elimination der drei statisch unbestimmten Größen aus diesen fünf Gleichungen führt dann zu den zwei Gleichgewichtsgleichungen. Alternativ kann ein kinematisches Verfahren, bei dem das Prinzip der virtuellen Arbeit auf die Trägerkette und die Seitenverschiebungskette angewendet wird, verwendet werden. Einzelheiten der Ableitung dieser Gleichungen werden nicht gegeben, da beide Verfahren in den Abschnitten 3.3 und 3.4 auf den ähnlichen Fall des rechteckigen Portalrahmens von Abb. 3.1 a angewendet wurden, was zu den Gleichgewichtsgleichungen (3.5) und (3.6) führte. Die zwei Gleichgewichtsgleichungen für den Rahmen von Abb. 4.3 a sind

$$24 = 2\,M_3 - M_2 - M_4 \tag{4.4}$$

$$32 = M_2 - M_1 + M_5 - M_4 \tag{4.5}$$

mit dem üblichen Vorzeichenübereinkommen für die Biegemomente.

In Gl. (4.4) muß jedes Biegemoment innerhalb der Grenzen $\pm M_p$ liegen, und der mit der Erfüllung dieser Gleichung konsistente minimal mögliche Wert von $M_p$ wird erhalten durch Setzen von

$$M_2 = -M_p, \quad M_3 = M_p, \quad M_4 = -M_p,$$

so daß $4\,M_p = 24$ und $M_p = 6\,\text{tm}$ ist, wie aus der entsprechenden Arbeitsgleichung (4.1) erhalten wurde. Vom Gesichtspunkt dieser Gleichung allein muß $M_p$ wenigstens 6 tm betragen, und dieser Wert ist eine untere Eingrenzung des erforderlichen Wertes von $M_p$. Die obigen Biegemomente sind genau die an den plastischen Gelenken der Trägerkette von Abb. 4.3 b vorkommenden, so daß diese kinematische Kette als der Gültigkeitsgrenze der Gleichgewichtsgleichung (4.4) entsprechend bezeichnet werden kann.

Ein ähnliches Argument im Hinblick auf Gl. (4.5) zeigt, daß durch diese Gleichung eine untere Eingrenzung des Wertes von $M_p$ geliefert wird, wenn die folgenden Biegemomentenwerte eingesetzt werden:

$$M_1 = -1{,}5\,M_p, \quad M_2 = M_p, \quad M_4 = -M_p, \quad M_5 = 1{,}5\,M_p,$$

was $5\,M_p = 32$, oder $M_p = 6{,}4$ tm ergibt, wie durch die Arbeitsgleichung (4.2) gefunden wurde. Diese Biegemomente sind die an den plastischen Gelenken der Seitenverschiebungskette vorkommenden, die daher der Gültigkeitsgrenze der Gleichgewichtsgleichung (4.5) entspricht.

Die kombinierte kinematische Kette von Abb. 4.3 d hat am Querschnitt 2 kein plastisches Gelenk, und die entsprechende Gleichgewichtsgleichung wird somit durch Addition der Gleichungen (4.4) und (4.5) zur Eliminierung von $M_2$ erhalten:

$$56 = 2\,M_3 - M_1 + M_5 - 2\,M_4 \tag{4.6}$$

Diese Addition ist das statische Äquivalent der Kombination der Träger- und Seitenverschiebungskette durch Addieren ihrer Ausbiegungen und Gelenkverdrehungen. Aus Gl. (4.6) geht hervor, daß eine untere Eingrenzung für $M_p$ erhalten wird, indem gesetzt wird

$$M_1 = -1{,}5\,M_p, \quad M_3 = M_p, \quad M_4 = -M_p, \quad M_5 = 1{,}5\,M_p,$$

was $7\,M_p = 56$, oder $M_p = 8$ tm ergibt, wie mittels der Arbeitsgleichung (4.3) gefunden.

Die obige Erörterung hebt den allgemeinen Punkt hervor, daß jede mögliche Bruchkette für ein gegebenes Rahmentragwerk und gegebene Belastung dem Zusammenbrechen einer bestimmten Gleichgewichtsgleichung entspricht. Da sämtliche möglichen Gleichgewichtsgleichungen von einer gewissen Anzahl unabhängiger Gleichungen abgeleitet werden können, folgt, daß sämtliche möglichen Bruchketten von der gleichen Anzahl unabhängiger kinematischer Ketten abgeleitet werden können. Bei der Bestimmung der Anzahl der unabhängigen Gleichgewichtsgleichungen und damit der unabhängigen kinematischen Ketten für den Portalrahmen von Abb. 4.3 a wurde festgestellt, daß die Anzahl der Biegemomente, deren Werte zur Festlegung der Biegemomentenverteilung für den gesamten Rahmen benötigt werden, fünf beträgt, wogegen die Anzahl der statisch unbestimmten Größen drei ist, so daß zwei unabhängige Gleichgewichtsgleichungen bestehen müssen, die die fünf unbekannten Biegemomente aufeinander beziehen. Im allgemeinen Falle ist die Anzahl der unabhängigen kinematischen Ketten $(n - r)$, wobei $n$ die zur Festlegung der Biegemomentenverteilung im Rahmentragwerk erforderliche Anzahl der Biegemomente ist und $r$ die Anzahl der statisch unbestimmten Größen.

Bei dem Beispiel von Abb. 4.3 hätte ein beliebiges Paar der drei dargestellten kinematischen Ketten als die zwei unabhängigen kinematischen Ketten gewählt werden können. Der Hauptgrund für die Wahl der Träger- und Seitenverschiebungskette als die zwei unabhängigen kinematischen Ketten ist, daß die Wahl der kombinierten Kette als eine der unabhängigen kinematischen Ketten die Subtraktion von Gelenkverdrehungen und Verschiebungen mit sich bringt. Beispielsweise wird bei der Wahl der kombinierten Kette und der Trägerkette als die zwei unabhängigen kinematischen Ketten die Seitenverschiebungskette abgeleitet durch Subtraktion der Verschiebungen und Gelenkverdrehungen der Trägerkette von denen der kombinierten Kette. Das würde in den entsprechenden Berechnungen zu einer leichten Komplizierung führen.

*Zweifeldriger rechteckiger Portalrahmen*

Das Verfahren der Kombination kinematischer Ketten wird nun auf den zweifeldrigen rechteckigen Portalrahmen angewendet, dessen Abmessungen und Belastung in Abb. 4.4 a angegeben sind. In diesem

Rahmen erhält jeder der drei Stiele ein volles plastisches Moment $M_p$ und jeder der beiden Riegel ein volles plastisches Moment $2\,M_p$. Der Wert von $M_p$ ist so zu bestimmen, daß der Rahmen unter den gegebenen Lasten gerade versagt.

Der erste Schritt besteht in der Bestimmung der richtigen Anzahl unabhängiger kinematischer Ketten. Für diesen Zweck wird festgestellt, daß die zur Festlegung der Biegemomentenverteilung für den ganzen Rahmen erforderliche Anzahl von Biegemomenten $n = 10$ ist, da das

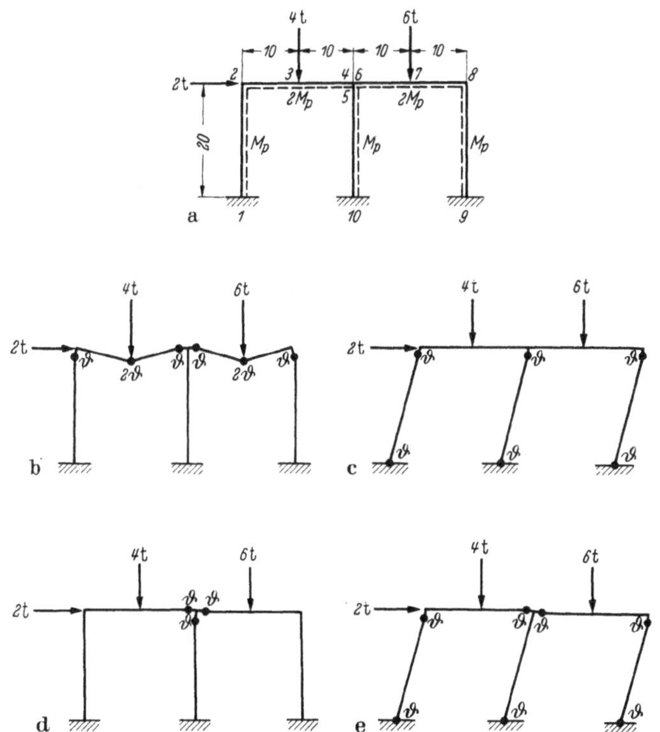

Abb. 4.4a−e. Zweifeldriger Rechteckrahmen. a Abmessungen des Rahmens und Belastung, b Unabhängige Trägerketten, c Unabhängige Seitenverschiebungskette, d Unabhängige Knotenverdrehung, e Knotenverdrehung kombiniert mit Seitenverschiebung

Biegemoment zwischen den in Abb. 4.4 a mit 1 bis 10 bezifferten Querschnitten linear variieren muß. Weiterhin ist die Anzahl der statisch unbestimmten Größen dieses Rahmens $r = 6$, da der Rahmen statisch bestimmt wird, wenn zwei Schnitte geführt, z. B. an den Querschnitten 3 und 7, und an jedem dieser Schnitte Biegemoment, Querkraft und Längskraft eingeführt werden. Es folgt, daß die Anzahl der unabhängigen Gleichgewichtsgleichungen und daher die Zahl der unabhängigen kinematischen Ketten $(n - r) = 10 - 6 = 4$ ist.

Drei der unabhängigen kinematischen Ketten werden ohne weiteres identifiziert als die zwei in Abb. 4.4 b dargestellten Trägerketten und die in Abb. 4.4 c dargestellte Seitenverschiebungskette. Die vierte unabhängige kinematische Kette wird als eine Verdrehung des mittleren Knotens im Uhrzeigersinn um einen Winkel $\vartheta$ gewählt, wie in Abb. 4.4 d angegeben. Diese Wahl der kinematischen Kette kann auf den ersten Blick verwirrend erscheinen angesichts der Tatsache, daß an diesem Knoten kein äußeres Moment angreift, so daß eine Arbeitsgleichung für diese kinematische Kette nicht in der gleichen Weise wie für die anderen kinematischen Ketten angeschrieben werden kann. Jedoch ist diese kinematische Kette offensichtlich unabhängig von den gewählten anderen drei kinematischen Ketten. Weiterhin ist zu ersehen, daß bei ihrer Kombination mit der Seitenverschiebungskette die kinematische Kette von Abb. 4.4 e erhalten wird, und die in den Abb. 4.4 b, c und e dargestellten vier kinematischen Ketten bilden einen gültigen Satz von vier unabhängigen kinematischen Ketten, in dem Sinne, daß keine dieser kinematischen Ketten durch irgendeine Kombination der übrigen drei abgeleitet werden kann. Die Knotenverdrehungskette kann somit als in sich selbst bedeutungslos angesehen werden, aber als von Bedeutung, wenn sie mit anderen kinematischen Ketten kombiniert wird.

Die Arbeitsgleichungen für die drei in den Abb. 4.4 b und c dargestellten unabhängigen kinematischen Ketten lauten wie folgt:

$$\text{linker Riegel:} \qquad 40\,\vartheta = 7\,M_p\vartheta\,; \quad M_p = 5{,}71\ \text{tm} \qquad (4.7)$$

$$\text{rechter Riegel:} \qquad 60\,\vartheta = 7\,M_p\vartheta\,; \quad M_p = 8{,}57\ \text{tm} \qquad (4.8)$$

$$\text{Seitenverschiebung:} \ 40\,\vartheta = 6\,M_p\vartheta\,; \quad M_p = 6{,}67\ \text{tm} \qquad (4.9)$$

Die Ableitung dieser Gleichungen braucht nicht über die Bemerkung hinaus erläutert werden, daß sich bei den Trägerketten die Fließgelenke an den Querschnitten 2 und 8 in den Stielen anstatt in den stärkeren Riegeln bilden. Wie bereits hervorgehoben wurde, kann für die Knotenverdrehungskette keine Arbeitsgleichung niedergeschrieben werden.

Die unabhängige kinematische Kette, die den höchsten zugehörigen Wert von $M_p$ ergibt, ist die rechte Trägerkette, für die $M_p = 8{,}57$ tm ist. Bei dem Versuch, eine kinematische Kette zu finden, die einen höheren Wert von $M_p$ ergibt, ist es naheliegend, die Kombination dieser kinematischen Kette mit der Seitenverschiebungskette zu untersuchen, die den nächsthöchsten Wert von 6,67 tm für $M_p$ liefert. Eine direkte Addition der Verschiebungen und Gelenkverdrehungen dieser beiden kinematischen Ketten wäre witzlos, denn sie besitzen kein gemeinsames Gelenk, dessen Verdrehung durch die Addition aufgehoben werden und dadurch die in den plastischen Gelenken der kombinierten kinematischen Kette absorbierte Arbeit reduzieren könnte. Die aus dieser einfachen Addition hervorgehende kinematische Kette ist in Abb. 4.5 a dargestellt. Es ist zu ersehen, daß in dieser kinematischen Kette am mittleren Knoten zwei plastische Gelenke vorhanden sind, eins im rechten Riegel und eins im Mittelstiel. Durch Verdrehen des Knotens im Uhrzeigersinn um einen Winkel $\vartheta$ können diese zwei Gelenke durch ein einziges Gelenk im linken Riegel ersetzt werden, was die kinematische Kette von Abb. 4.5 b ergibt. Dadurch wird die in den plastischen Gelenken an diesem Knoten absorbierte Arbeit von $3\,M_p\vartheta$ auf $2\,M_p\vartheta$ reduziert, während die anderen Termen in der Arbeitsgleichung ungeändert bleiben.

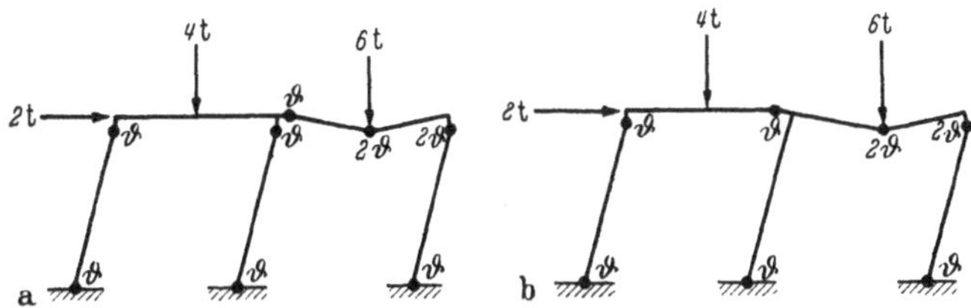

Abb. 4.5 a u. b. Kombination von Trägerkette des rechten Feldes mit Seitenverschiebungskette
a Ohne Knotenverdrehung, b Mit Knotenverdrehung

Die Arbeitsgleichung für die kinematische Kette der Abb. 4.5 b wird erhalten durch Addition der Arbeitsgleichungen (4.8) und (4.9) für die rechte Trägerkette und die Seitenverschiebungskette, die kombiniert wurden, und folgende Subtraktion von $M_p\vartheta$ von der resultierenden in den plastischen Gelenken absorbierten Arbeit, um den Einfluß der Knotenverdrehung zu berücksichtigen. Die Berechnung ist damit wie folgt:

$$\text{rechter Riegel:} \qquad 60\,\vartheta = 7\,M_p\vartheta \qquad\qquad (4.8)$$

$$\text{Seitenverschiebung:} \quad 40\,\vartheta = 6\,M_p\vartheta \qquad\qquad (4.9)$$

kinematische Kette
$$\text{von Abb. 4.5 b:} \qquad 100\,\vartheta = 13\,M_p\vartheta - M_p\vartheta = 12\,M_p\vartheta \quad (4.10)$$

$$M_p = 8{,}33 \text{ tm.}$$

Trotz der durch die Knotenverdrehung erzielten Gelenkaufhebung übersteigt dieser Wert von $M_p$ nicht den für das Versagen des rechten Riegels erhaltenen Wert von 8,57 tm. Auf der Grundlage des kinematischen Satzes kann daher gefolgert werden, daß die kinematische Kette von Abb. 4.5 b nicht die tatsächliche Bruchkette ist.

Die obenstehende Berechnung zeigt die Rolle, die die Knotenverdrehung spielt. Bei jeder besonderen Kombination kinematischer Ketten wird der Knoten in die Lage gedreht, die die in den plastischen Gelenken des mittleren Knotens absorbierte Arbeit zu einem Minimum macht. Auf diese Weise dient die Knotenverdrehungskette bei dem Verfahren als eine unabhängige kinematische Kette, obgleich sie für sich selbst betrachtet keine physikalische Bedeutung hat.

Eine andere mögliche Kombination wird durch Addition der Ausbiegungen und Gelenkverdrehungen der linken Trägerkette, Abb. 4.4 b, zu denen der Seitenverschiebungskette von Abb. 4.4 c erhalten. Das führt zu der Aufhebung des Fließgelenkes am Querschnitt 2 und zur Bildung der in Abb. 4.6 a dargestellten kinematischen Kette. Bei dieser kinematischen Kette bietet eine Verdrehung des mittleren Knotens keine Vorteile. Für jede der zusammengefügten kinematischen Ketten enthält die gesamte in den plastischen Gelenken absorbierte Arbeit

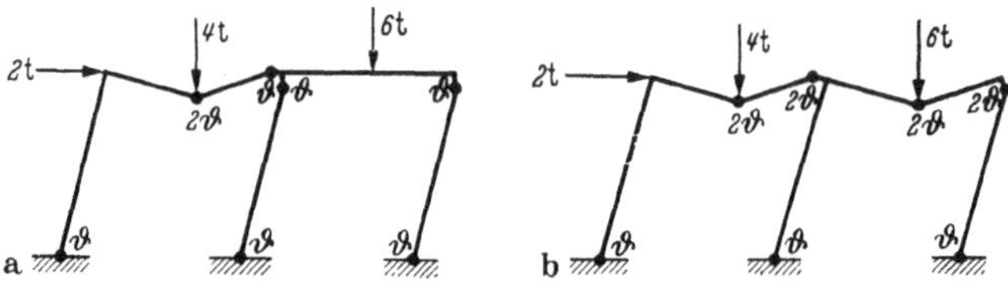


Abb. 4.6a u. b. Kombinierte kinematische Ketten. a Kombination von Trägerkette des linken Feldes mit Seitenverschiebungskette, b Kombination der Träger- und Seitenverschiebungsketten mit Knotenverdrehung

einen Term $M_p\vartheta$ für das Gelenk am Querschnitt 2, so daß durch diese Kombination eine Verringerung der absorbierten Gesamtarbeit um $2\,M_p\vartheta$ erzielt wird. Die resultierende Arbeitsgleichung wird wie folgt erhalten:

| | | |
|---|---|---|
| linker Riegel: | $40\,\vartheta = 7\,M_p\vartheta$ | (4.7) |
| Seitenverschiebung: | $40\,\vartheta = 6\,M_p\vartheta$ | (4.9) |

kinematische Kette

von Abb. 4.6 a:  $80\,\vartheta = 13\,M_p\vartheta - 2\,M_p\vartheta = 11\,M_p\vartheta$  (4.11)

$$M_p = 7{,}27 \text{ tm}.$$

Der den beiden zusammengefügten kinematischen Ketten zugehörige Wert von $M_p$ ist zwar größer als die Werte der einzelnen Ketten von 5,71 tm und 6,67 tm, aber kleiner als der Wert von 8,57 tm für die rechte Trägerkette.

Die einzige andere mögliche Kombination wird durch Addition der Ausbiegungen und Gelenkverdrehungen der rechten Trägerkette zu denen der kinematischen Kette von Abb. 4.6 a erhalten. Eine direkte Addition dieser kinematischen Kette würde drei plastische Gelenke an dem mittleren Knoten ergeben, sämtlich mit Verdrehungen von der Größe $\vartheta$, so daß die an dem Knoten absorbierte Arbeit $2\,M_p\vartheta$ in jedem Riegel und $M_p\vartheta$ in dem Stiel betragen würde, insgesamt $5\,M_p\vartheta$. Wenn jedoch der Knoten im Uhrzeigersinn um einen Winkel $\vartheta$ gedreht wird, werden die Gelenke im Stiel und rechten Riegel aufgehoben, und die Gelenkverdrehung im linken Riegel wird $2\,\vartheta$, so daß die an dem Knoten absorbierte Arbeit auf $4\,M_p\vartheta$ verringert wird. Die resultierende kinematische Kette ist in Abb. 4.6 b dargestellt, und die Arbeitsgleichung wird wie folgt erhalten:

$$\text{kinematische Kette}$$

von Abb. 4.6 a:  $\quad 80\,\vartheta = 11\,M_p\,\vartheta \qquad\qquad (4.11)$

rechter Riegel:  $\quad 60\,\vartheta = \phantom{1}7\,M_p\,\vartheta \qquad\qquad\; (4.8)$

kinematische Kette

von Abb. 4.6 b:  $\quad 140\,\vartheta = 18\,M_p\,\vartheta - M_p\,\vartheta = 17\,M_p\,\vartheta \quad (4.12)$

$$M_p = 8{,}24 \text{ tm.}$$

Wiederum ist der Wert von $M_p$ kleiner als der Wert 8,57 tm, der der rechten Trägerkette entspricht. Es wird daher gefolgert, daß die rechte Trägerkette die tatsächliche Bruchkette ist, und daß der erforderliche Wert von $M_p$ 8,57 tm beträgt. Dieser Schluß wird nun durch eine statische Berechnung bestätigt.

*Statische Berechnung*

Während es möglich ist, die statischen Berechnungen durch Konstruieren von freien und Einspann-Momentendiagrammen in der vorher bei einfeldrigen Portalrahmen erfolgten Weise durchzuführen, wird dieses Verfahren progressiv schwieriger, wenn das Rahmentragwerk komplizierter wird. Selbst bei einem zweifeldrigen Rahmen der betrachteten Art kann es einfacher sein, die Existenz einer sicheren statisch zulässigen Biegemomentenverteilung durch Verwendung der Gleichgewichtsgleichungen nachzuweisen, besonders wenn der Rahmen durch Einzellasten belastet ist, so daß die möglichen Fließgelenkstellen in den Stabfeldern bekannt sind. Die beste Methode für die Aufstellung der Gleichgewichtsgleichungen besteht in der Anwendung des Prinzips der virtuellen Arbeit auf die unabhängigen kinematischen Ketten; denn die Kinematik dieser kinematischen Ketten ist bereits abgeleitet worden. Die den vier unabhängigen kinematischen Ketten entsprechenden Gleichgewichtsgleichungen ergeben sich auf diese Weise wie folgt:

linker Riegel:  $\quad 40 = 2\,M_3 - M_2 - M_4 \qquad\qquad (4.13)$

rechter Riegel:  $\quad 60 = 2\,M_7 - M_6 - M_8 \qquad\qquad (4.14)$

Seitenverschiebung:  $\quad 40 = M_2 - M_1 + M_5 - M_{10} + M_9 - M_8 \quad (4.15)$

Knoten:  $\quad 0 = M_4 + M_5 - M_6 \qquad\qquad\qquad (4.16)$

Das übliche Vorzeichenübereinkommen wird hier für die Biegemomente angenommen. Gl. (4.16), die der Knotenverdrehungskette von Abb. 4.4 d entspricht, drückt lediglich aus, daß sich der mittlere Knoten im Verdrehungsgleichgewicht befinden muß.

Die in der Bruchkette für den rechten Riegel vorkommenden vollen plastischen Momente sind:

$$M_6 = -\ 2\,M_p = -\ 17{,}14\ \text{tm}$$
$$M_7 = \ \ 2\,M_p = \ \ \ 17{,}14\ \text{tm}$$
$$M_8 = -\ \ \ M_p = -\ \ 8{,}57\ \text{tm}$$

Diese Werte befriedigen die dieser Trägerkette entsprechende Gl. (4.14). Es bestehen drei weitere Gleichgewichtsgleichungen, die die übrigen sieben Biegemomente verknüpfen, und keines dieser Biegemomente wird durch die Gleichungen eindeutig bestimmt. Zur Ermittlung einer statisch zulässigen Lösung ist es notwendig, vier der unbekannten Biegemomente Werte zuzuerteilen; die übrigen drei werden dann aus den Gln. (4.13), (4.15) und (4.16) bestimmt. Eine Richtschnur bei dieser Wahl wird dadurch gegeben, daß die kinematische Kette, deren zugehöriger Wert von $M_p$ dem Wert für die tatsächliche Bruchkette am nächsten kommt, die kombinierte kinematische Kette von Abb. 4.5 b ist, die einen Wert von 8,33 tm ergibt. Das bedeutet, daß die Gültigkeitsgrenze der dieser kinematischen Kette entsprechenden Gleichgewichtsgleichung vorliegt, wenn $M_p$ kleiner als 8,33 tm ist und daher nur durch einen engen Bereich von Biegemomenten befriedigt werden kann, die für $M_p = 8{,}57$ t die vollplastischen Werte nicht überschreiten. Es folgt, daß die vier auszusuchenden unbekannten Biegemomente so gewählt werden müssen, daß sie Werte haben, die dicht an den in der kombinierten kinematischen Kette von Abb. 4.5 b vorkommenden vollen plastischen Momenten liegen, die nicht in der rechten Trägerkette vorkommen.

In der kombinierten kinematischen Kette von Abb. 4.5 b treten plastische Gelenke an fünf Querschnitten auf, wo in der rechten Trägerkette keine Gelenke vorkommen, nämlich an den Querschnitten 1, 2, 4, 9 und 10. Da nur die Werte von vier Biegemomenten ausgesucht werden brauchen, wird eine willkürliche Wahl von beliebigen vier dieser Querschnitte getroffen, beispielsweise der Querschnitte 1, 4, 9 und 10. Den Biegemomenten an diesen Querschnitten werden dann vollplastische Werte entsprechend dem Sinn der Gelenkverdrehungen in der kombinierten kinematischen Kette von Abb. 4.5 b zugeteilt, nämlich

$$M_1 = -\ \ \ M_p = -\ \ 8{,}57\ \text{tm}$$
$$M_4 = -\ 2\,M_p = -\ 17{,}14\ \text{tm}$$
$$M_9 = \ \ \ \ M_p = \ \ \ 8{,}57\ \text{tm}$$
$$M_{10} = -\ \ \ M_p = -\ \ 8{,}57\ \text{tm}$$

Durch Einsetzen dieser Werte in die Gln., (4.13), (4.15) und (4.16) werden die entsprechenden Werte der übrigen drei unbekannten Biegemomente ermittelt als

$$M_2 = \ \ 5{,}72\ \text{tm}$$
$$M_3 = 14{,}29\ \text{tm}$$
$$M_5 = 0$$

Keines der auf diese Weise gefundenen sieben Biegemomente übersteigt den entsprechenden vollplastischen Wert, so daß eine Biegemomentenverteilung für das gesamte Rahmentragwerk gefunden worden ist, die nicht nur statisch zulässig, sondern auch sicher ist. Dies ist nach dem Einzigkeitssatz die Bestätigung dafür, daß die rechte Trägerkette die tatsächliche Bruchkette ist. Es gibt natürlich viele andere mögliche sichere und statisch zulässige Biegemomentenverteilungen, die dieser teilweisen Bruchkette entsprechen, aber es ist nur notwendig, die Existenz einer derartigen Verteilung nachzuweisen, um die Lösung zu bestätigen.

### *Zweistöckiger einfeldriger Rechteckrahmen*

Im folgenden wird die Berechnung eines zweistöckigen, einfeldrigen Rechteckrahmens vorgeführt, um eine Methode zur Behandlung von Streckenlasten zu erläutern. Abmessungen und Belastung des Rahmens

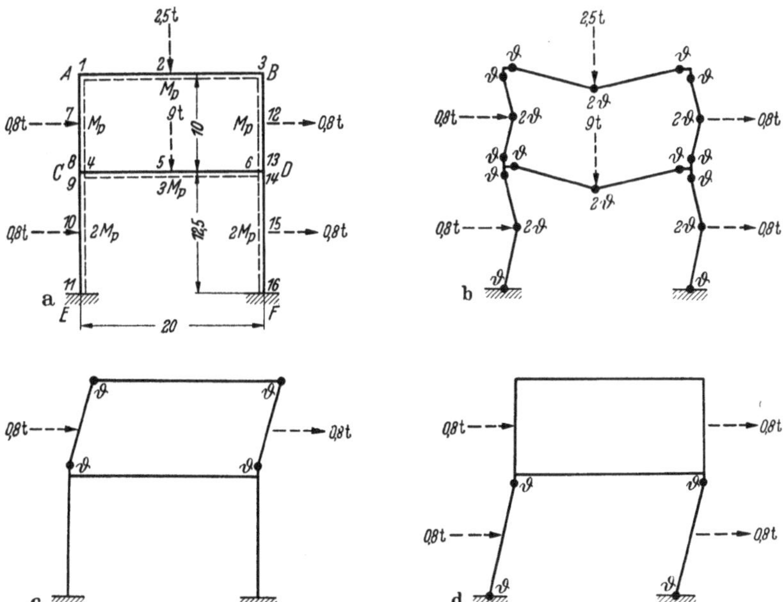

Abb. 4.7a—d. Zweistöckiger, einfeldriger Rechteckrahmen. a Rahmen und Belastung, b Trägerketten, c Seitenverschiebung des oberen Stockwerkes, d Seitenverschiebung des unteren Stockwerkes

sind in Abb. 4.7 a angegeben. Die Last auf jedem Stabe ist gleichförmig über die Stablänge verteilt, die Größe jeder Last ist an dem strichlierten Pfeil angeschrieben, der in der Wirkungsrichtung der Last zeigt. Die vollen plastischen Momente der Stäbe sind in der Abbildung als Vielfache eines einzigen Wertes $M_p$ angegeben, und die Aufgabe ist, den Wert von

8*

$M_p$ so zu bestimmen, daß der Rahmen unter der gegebenen Belastung gerade versagt.

Zur Bestimmung der Anzahl der unabhängigen kinematischen Ketten für diesen Rahmen ist es notwendig, die Anzahl der Biegemomente zu bestimmen, die zur Festlegung der Biegemomentenverteilung für das gesamte Rahmentragwerk erforderlich sind. Bei einem Stabe unter gleichförmig verteilter Belastung, wie $AB$ oder $CE$, ist die Biegemomentenverteilung parabolisch. Da zur Definition einer Parabel drei Punkte erforderlich sind, sind die Biegemomentenwerte an drei Querschnitten innerhalb eines solchen Stabfeldes, beispielsweise an jedem Ende und in Stabmitte, hinreichend zur Bestimmung der vollständigen Biegemomentenverteilung in dem Stabe. Es folgt, daß die Anzahl der Biegemomente $n$, die bekannt sein muß, um die Biegemomentenverteilung für das gesamte Rahmentragwerk festzulegen, 16 beträgt; die entsprechenden Querschnitte in Abb. 4.7 a sind mit 1 bis 16 beziffert.

Die Anzahl der statisch unbestimmten Größen $r$ für diesen Rahmen ist 6, wie durch Schneiden des Rahmens an zwei Stellen, z. B. den Mitten der Riegel $AB$ und $CD$, zu ersehen ist. Wenn die Werte von Querkraft, Längskraft und Biegemoment an jedem dieser beiden Querschnitte bekannt wären, wäre der Rahmen statisch bestimmt, so daß die Werte dieser drei Größen an den zwei Querschnitten als die 6 statisch Unbestimmten genommen werden können. Die Anzahl der unabhängigen Gleichgewichtsgleichungen, und damit die Anzahl der unabhängigen kinematischen Ketten beträgt $(n - r) = 16 - 6 = 10$.

Die unabhängigen kinematischen Ketten können folgendermaßen identifiziert werden. An erster Stelle gibt es für jeden der beiden Riegel eine Trägerkette, und ebenfalls für jeden der vier Stiele. Diese sechs kinematischen Ketten sind in Abb. 4.7 b dargestellt. Es bestehen ferner zwei unabhängige Seitenverschiebungsketten, eine für jedes Stockwerk, wie in den Abb. 4.7 c und d gezeigt. Der Klarheit halber sind in den Darstellungen jeder der beiden kinematischen Ketten nur die Lasten, die Arbeit leisten, angegeben. Ebenso wie die Träger- und Seitenverschiebungsketten sind zwei Knotenverdrehungsketten als unabhängige kinematische Kette zu zählen, nämlich an den Knoten $C$ und $D$, wo sich mehr als zwei Stäbe treffen. Die zehn unabhängigen kinematischen Ketten setzen sich daher folgendermaßen zusammen:

6 Trägerketten  
2 Seitenverschiebungsketten  
2 Knotenverdrehungsketten  
____________________  
Insgesamt $= \overline{10}$ unabhängige kinematische Ketten.

Bei der Ableitung der Arbeitsgleichungen für die Trägerketten wird zunächst angenommen, daß die plastischen Gelenke innerhalb der Felder in Stabmitte auftreten. In der tatsächlichen Bruchkette können diese plastischen Gelenke an irgendeiner Stelle innerhalb der Stabfelder vorkommen. Jedoch werden in den anfänglichen Stadien der Berechnung die Trägerketten mit den anderen unabhängigen kinematischen Ketten kombiniert, während die plastischen Gelenke in den Stabmitten gehalten werden, und erst, wenn angenommen wird, daß die tatsächliche Form der Bruchkette erhalten worden ist, wird eine Berichtigung durchgeführt, um die inkorrekte Lage dieser Gelenke zu berücksichtigen. Ein einfaches Beispiel dieses Vorgehens ist bereits im Abschn. 3.5 für den Rahmen und die Belastung von Abb. 3.6 a gegeben worden. Auf dieser Grundlage lauten die Arbeitsgleichungen für die sechs Trägerketten folgendermaßen:

$$AB : 12{,}5\;\vartheta = \;\;4\,M_p\vartheta;\quad M_p = 3{,}13\;\text{tm} \tag{4.17}$$

$$CD : 45\;\;\;\;\vartheta = 12\,M_p\vartheta;\quad M_p = 3{,}75\;\text{tm} \tag{4.18}$$

$$AC,\,BD : 2\;\;\;\vartheta = \;\;4\,M_p\vartheta;\quad M_p = 0{,}5\;\;\text{tm} \tag{4.19}$$

$$CE,\,DF : 2{,}5\;\vartheta = \;\;8\,M_p\vartheta;\quad M_p = 0{,}31\;\text{tm} \tag{4.20}$$

Die Arbeitsgleichungen für die zwei Seitenverschiebungsketten sind:

oberes Stockwerk: $\;8\,\vartheta = 4\,M_p\vartheta;\quad M_p = 2\;\;\;\;\text{tm}$ $\tag{4.21}$

unteres Stockwerk: $30\,\vartheta = 8\,M_p\vartheta;\quad M_p = 3{,}75\,\text{tm.}$ $\tag{4.22}$

Der höchste Wert von $M_p$, der einer dieser unabhängigen kinematischen Ketten zugehört, ist 3,75 tm für den Riegel $CD$ und ebenfalls für Seitenverschiebung des unteren Stockwerkes.

Die Trägerketten können nicht in einer Weise miteinander verbunden werden, daß eine Ausschaltung von Gelenken erzielt wird mit einer sich möglicherweise daraus ergebenden Erhöhung des entsprechenden Wertes von $M_p$. Die Berechnung nimmt daher die Form der Untersuchung von Kombinationen der Trägerketten mit den Seitenverschiebungsketten an. Von den zwei unabhängigen Seitenverschiebungsketten ergibt die Seitenverschiebung des unteren Stockwerkes, Abb. 4.7 d, einen Wert $M_p$ von 3,75 tm verglichen mit 2 tm für die Seitenverschiebung des oberen Stockwerkes, Abb. 4.7 c, und infolgedessen ist es naheliegend, zuerst

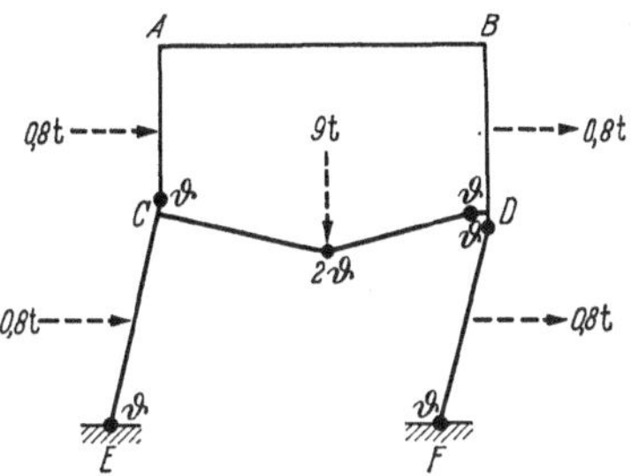


Abb. 4.8. Trägerkette kombiniert mit Seitenverschiebungskette des unteren Stockwerkes

die möglichen Kombinationen der Trägerketten mit der Seitenverschiebungskette des unteren Stockwerkes zu untersuchen. Die Trägerketten für die Stiele besitzen zugehörige Werte von $M_p$, die nicht 0,5 tm überschreiten, so daß es sich kaum lohnt, ihre Kombinationen mit der Seitenverschiebungskette des unteren Stockwerkes einer Betrachtung zu unterziehen. Aus Abb. 4.7 geht hervor, daß die einzige Trägerkette, die mit der Seitenverschiebungskette des unteren Stockwerkes so kombiniert werden kann, daß sich die Aufhebung von plastischen Gelenken ergibt, die kinematische Kette für den Riegel $CD$ ist, die einen zugehörigen Wert von $M_p$ hat, der ebenfalls 3,75 tm beträgt.

Eine direkte Addition der Gelenkverdrehungen und Verschiebungen dieser beiden kinematischen Ketten eliminiert keinerlei Gelenke, aber es treten dann am Knoten $C$ Gelenkverdrehungen der Größe $\vartheta$ sowohl im Riegel $CD$ auf, dessen volles plastisches Moment $3\,M_p$ ist, als auch in dem Stiel $CE$ mit dem vollen plastischen Moment $2\,M_p$, so daß die an diesem Knoten absorbierte Gesamtarbeit $5\,M_p\vartheta$ ist. Eine Verdrehung des Knotens $C$ im Uhrzeigersinn um einen Winkel $\vartheta$ eliminiert jedoch

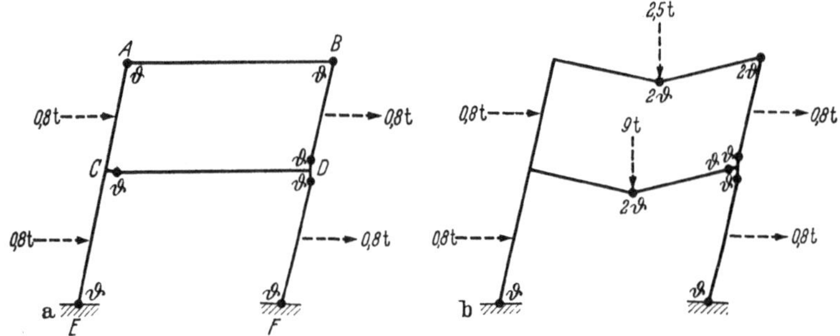

Abb. 4.9a u. b.  Kombination von Ober- und Untergeschoß-Ketten. a Kinematische Kette (2),
b Kinematische Kette (3)

diese beiden Gelenke und ersetzt sie durch ein einziges Gelenk mit einer Verdrehung $\vartheta$ in dem Stiel $CA$, dessen volles plastisches Moment $M_p$ ist, so daß die an diesem Knoten absorbierte Arbeit $M_p\vartheta$ wird. Diese Knotenverdrehung reduziert somit die an dem Knoten $C$ absorbierte Arbeit um $4\,M_p\vartheta$. Die Arbeitsgleichung für diese Kombination, die als kinematische Kette (1) bezeichnet wird, und in Abb. 4.8 dargestellt ist, wird daher wie folgt erhalten:

Riegel $CD$: $\qquad\qquad\quad 45\,\vartheta = 12\,M_p\vartheta$ $\qquad\qquad\qquad\qquad$ (4.18)

unteres Stockwerk: $\qquad\ \ 30\,\vartheta = \phantom{0}8\,M_p\vartheta$ $\qquad\qquad\qquad\qquad$ (4.22)

kinematische Kette (1): $\ \ 75\,\vartheta = 20\,M_p\vartheta - 4\,M_p\vartheta = 16\,M_p\vartheta$ $\quad$ (4.23)

$$M_p = 4,69 \text{ tm}.$$

Dieser Wert von $M_p$ liegt höher als der Wert 3,75 tm, der beiden der zusammengefügten kinematischen Ketten entsprach.

Es ist nun eine andere Art Kombination zu untersuchen, in der die beiden Seitenverschiebungsketten zusammengefügt werden. Die Bezugnahme auf die Abb. 4.7 c und d zeigt, daß die zwei Seitenverschiebungsketten zu der in Abb. 4.9 a dargestellten Seitenverschiebungskette kombiniert werden können, die als kinematische Kette (2) bezeichnet wird. Aus der Abbildung geht hervor, daß der Knoten $C$ bei der Kombination dieser kinematischen Ketten im Uhrzeigersinn um einen Winkel $\vartheta$ verdreht worden ist. Wenn dieser Knoten nicht verdreht würde, entstünden, wie aus den Abb. 4.7 c und d hervorgeht, Gelenkverdrehungen von der Größe $\vartheta$ in den Stielen $CA$ und $CE$, deren volle plastische Momente $M_p$ bzw. $2\,M_p$ sind, so daß die an dem Knoten absorbierte Gesamtarbeit $3\,M_p\vartheta$ wäre. Die Knotenverdrehung eliminiert diese Gelenke, aber ersetzt sie durch ein Gelenk mit einer Verdrehung $\vartheta$ im Riegel $CD$, dessen volles plastisches Moment $3\,M_p$ ist. Die an diesem Knoten absorbierte Arbeit bleibt damit auf dem Wert $3\,M_p\vartheta$, so daß sich durch die Knotenverdrehung keine Änderung des Nettobetrages der absorbierten Arbeit ergibt. Der einzige Zweck bei der Verdrehung des Knotens ist, die Gelenk-Aufhebung zu erreichen, die sich am Knoten $C$ ergibt, wenn die Trägerkette für die Riegel $CD$ zugefügt wird. Der Knoten $D$ wird nicht verdreht, denn wiederum würde eine Verdrehung nicht den Betrag der absorbierten Arbeit ändern, und ein Gelenk im Riegel $CD$ an diesem Knoten könnte durch Kombination mit der Trägerkette für $CD$ nicht eliminiert werden. Da sich infolge der Kombination keine Reduktion in der absorbierten Arbeit ergibt, wird die Arbeitsgleichung für die kinematische Kette (2) wie folgt erhalten:

$$\text{oberes Stockwerk:} \qquad 8\,\vartheta = 4\,M_p\vartheta \qquad (4.21)$$

$$\text{unteres Stockwerk:} \qquad 30\,\vartheta = 8\,M_p\vartheta \qquad (4.22)$$

$$\text{kinematische Kette (2):} \quad 38\,\vartheta = 12\,M_p\vartheta \qquad (4.24)$$

$$M_p = 3{,}17 \text{ tm.}$$

Die Kombinationen der Trägerketten mit der kinematischen Kette (2) können in der gleichen Weise untersucht werden wie für die Seitenverschiebungskette des unteren Stockwerkes erläutert wurde. Einzelheiten brauchen hier nicht gegeben werden; es ergibt sich, daß der entsprechende Wert von $M_p$ durch Zufügung der Trägerketten für die Riegel $AB$ und $CD$ heraufgesetzt wird. Die resultierende kinematische Kette, die als kinematische Kette (3) bezeichnet wird, ist in Abb. 4.9 b dargestellt. Die Arbeitsgleichung für diese kinematische Kette lautet:

$$95{,}5\,\vartheta = 20\,M_p\vartheta \qquad (4.25)$$

$$M_p = 4{,}775 \text{ tm.}$$

Kombinationen mit der Seitenverschiebungskette des oberen Stockwerkes, Abb. 4.7 c, sind nicht betrachtet worden; denn der entsprechende Wert von $M_p = 2$ tm ist so gering, daß sich eine Untersuchung nicht lohnt. Da somit der Wert $M_p = 4{,}775$ tm für die kinematische Kette (3) der höchste gefundene Wert ist, wird geschlossen, daß die kinematische

Kette (3) die tatsächliche Bruchkette ist und nur möglichen Berichtigungen der Fließgelenkstellen innerhalb der Riegelfelder $AB$ und $CD$ unterliegt. Bevor auf diese Berichtigungen eingegangen wird, ist es ratsam, eine statische Berechnung durchzuführen zum Nachweis, daß wenigstens eine sichere und statisch zulässige Biegemomentenverteilung für das ganze Rahmentragwerk entsprechend der kinematischen Kette (3) gefunden werden kann, — vorausgesetzt, daß sich die Betrachtung auf die Biegemomente an den Stabenden und die Mitten der gleichförmig verteilter Belastung unterworfenen Stäbe beschränkt.

*Statische Berechnung*

Die statische Berechnung kann durchgeführt werden durch Niederschreiben der den unabhängigen kinematischen Ketten entsprechenden Gleichgewichtsgleichungen nach dem Prinzip der virtuellen Arbeit, Einsetzen der Werte der in der kinematischen Kette (3) vorkommenden vollen plastischen Momente und dann Auflösung dieser Gleichungen für die übrigen unbekannten Biegemomente. Einzelheiten dieses Verfahrens brauchen nicht angegeben zu werden; der ganze Rahmen ist statisch bestimmt, und die Berechnungen bieten daher keine Schwierigkeiten. Die resultierende Biegemomentenverteilung ist in Tab. 4.2 angegeben.

Tabelle 4.2

*Biegemomentenverteilung in zweistöckigem, einfeldrigem Rechteckrahmen
beim Versagen*

| Querschnitt . . . . . . . | 1 | 2 | 3 | 4 | 5 | 6 | 7 | 8 |
|---|---|---|---|---|---|---|---|---|
| Biegemoment [tm]  . . | 1,825 | 4,775 | $-4,775$ | $-2,025$ | 14,325 | $-14,325$ | 3,60 | 3,375 |
| Querschnitt . . . . . . . | 9 | 10 | 11 | 12 | 13 | 14 | 15 | 16 |
| Biegemoment [tm]  . . | 1,350 | $-2,85$ | $-9,55$ | $-1$ | 4,775 | $-9,55$ | $-1,25$ | 9,55 |

Es ist zu ersehen, daß die Biegemomente in dieser Tabelle sicher sind in dem Sinne, daß das volle plastische Moment an keinem der betrachteten Querschnitte überschritten wird. Das bestätigt die Richtigkeit der kinematischen Berechnung, in der der Einfluß der Veränderung der Lage der plastischen Gelenke in den Mitten der Riegel $AB$ und $CD$ nicht erörtert wurde. Jedoch können bei der oben angegebenen Biegemomentenverteilung die maximalen Biegemomente an irgendwelchen Stellen innerhalb der Riegelfelder auftreten, des gleichen in den anderen gleichförmig verteilter Belastung unterworfenen Stäben, und können das volle plastische Moment überschreiten. Daher müssen die Werte der maximalen Biegemomente in diesen Stäben berechnet werden.

*Maximale Biegemomente in Stäben*

Es ist ein bequemes Vorgehen, allgemeine Formeln aufzustellen, aus denen das maximale Biegemoment in einem gleichförmig verteilter Belastung unterworfenen Stabe zusammen mit der Lage des Maximums berechnet werden kann. Abb. 4.10 zeigt einen typischen Stab von der Länge $l$, der einer gleichförmig verteilten Streckenlast $P$ unterworfen ist. Die Endbiegemomente am rechten und linken Trägerende werden mit $M_R$ bzw. $M_L$ bezeichnet, und das Mittenbiegemoment mit $M_C$, das Biegemomentendiagramm ist parabolisch. Das maximale Biegemoment $M_{max}$ tritt in einer Entfernung $x_0$ links von der Trägermitte auf. Das Biegemoment $M$ in einer Entfernung $y$ von der Maximalmomentenstelle ist

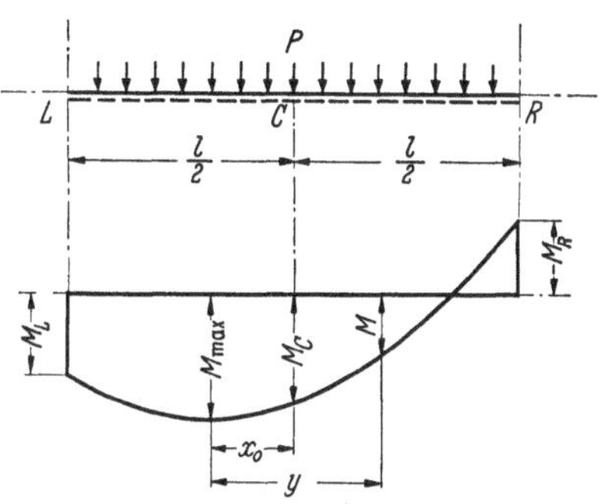

Abb. 4.10.
Biegemomentendiagramm eines durch gleichförmig verteilte Belastung beanspruchten Stabes

$$M = M_{max} - \frac{Py^2}{2l}, \tag{4.26}$$

da die Querkraft an der Stelle des maximalen Biegemomentes Null werden muß. Bei $y = x_0 - \dfrac{l}{2}$ ist $M = M_L$, und bei $y = x_0 + \dfrac{l}{2}$ ist $M = M_R$; damit ist

$$M_L = M_{max} - \frac{P}{2l}\left(x_0{}^2 - x_0 l + \frac{1}{4}l^2\right)$$

$$M_R = M_{max} - \frac{P}{2l}\left(x_0{}^2 + x_0 l + \frac{1}{4}l^2\right).$$

Auflösung dieser Gleichungen nach $x_0$ ergibt

$$x_0 = \frac{M_L - M_R}{P}. \tag{4.27}$$

Wird in Gl. (4.26) $M = M_C$ bei $y = x_0$ gesetzt, so ergibt sich

$$M_{max} = M_C + \frac{Px_0{}^2}{2l}. \tag{4.28}$$

Wenn also $M_L$, $M_C$ und $M_R$ berechnet worden sind, kann der Wert von $x_0$ aus der Gl. (4.27) gefunden werden, und dann folgt der Wert von $M_{max}$ aus Gl. (4.28). Es ist zu ersehen, daß die obige Berechnung bedeutungslos ist, wenn der aus Gl. (4.27) ermittelte Wert von $x_0$ die Größe $\dfrac{l}{2}$ übersteigt, in diesem Falle ist innerhalb des Feldes keine Maximalmomentenstelle vorhanden, und das Biegemoment nimmt von einem Ende des Trägers zum anderen stetig zu oder ab.

Tabelle 4.3 *Berechnung der maximalen Biegemomente in den Stäben*

| Stab | $M_L$ [tm] | $M_C$ [tm] | $M_R$ [tm] | $P$ [t] | $l$ [m] | $x_o$ [m] | $M_{max}$ [tm] | Volles plast. Moment [tm] |
|---|---|---|---|---|---|---|---|---|
| $AB$ | 1,825 | 4,775 | −4,775 | 2,5 | 20 | 2,64 | 5,21 | 4,775 |
| $CD$ | −2,025 | 14,325 | −14,325 | 9 | 20 | 1,37 | 14,75 | 14,325 |
| $AC$ | 3,375 | 3,60 | 1,825 | 0,8 | 10 | 1,94 | 3,75 | 4,775 |
| $BD$ | −4,775 | −1 | 4,775 | −0,8 | 10 | $>5$ | — | 4,775 |
| $CE$ | −9,55 | −2,85 | 1,35 | 0,8 | 12,5 | $< -6{,}25$ | — | 9,55 |
| $DF$ | −9,55 | −1,25 | 9,55 | −0,8 | 12,5 | $>6{,}25$ | — | 9,55 |

Diese Ergebnisse können nun auf das betrachtete besondere Beispiel angewendet werden; die Berechnungen sind in Tab. 4.3 zusammengestellt. Die letzte Spalte in Tab. 4.3 gibt die Werte der vollen plastischen Momente der Stäbe für $M_p = 4{,}775$ tm. Es ist zu ersehen, daß $M_{max}$ das volle plastische Moment nur in den Riegeln $AB$ und $CD$ überschreitet. Die ernsteste Diskrepanz tritt im Riegel $AB$ auf, wo das größte Biegemoment 5,21 tm ist. Das volle plastische Moment dieses Riegels ist als $M_p$ definiert, und es folgt, daß für einen Wert von $M_p = 5{,}21$ tm das volle plastische Moment in diesem Stabe nicht überschritten wird oder im Riegel $CD$ bei einem vollen plastischen Moment von $3\,M_p = 15{,}63$ tm. Die erhaltene Biegemomentenverteilung ist dann für das gesamte Rahmentragwerk sowohl statisch zulässig als auch sicher. Dieser Wert von $M_p$ ist somit nach dem statischen Satz eine obere Eingrenzung des erforderlichen Wertes, und die Kombination mit der unteren Eingrenzung von 4,775 tm gibt

$$4{,}775 \text{ tm} < M_p < 5{,}21 \text{ tm}.$$

### *Exakter Wert von $M_p$*

Für viele Zwecke wäre eine Kenntnis des erforderlichen Wertes von $M_p$ innerhalb derartiger Grenzen hinreichend. Um den genauen Wert zu erhalten, könnte eine Arbeitsgleichung für die kinematische Kette (3) mit in variablem Abstand von den Mitten der Riegel $AB$ und $CD$ gelegenen Gelenken niedergeschrieben und der entsprechende Wert von $M_p$ durch Differentiation zu einem Maximum gemacht werden. Dies war das Vorgehen in Abschn. 3.5 bei dem in Abb. 3.6 a dargestellten rechteckigen Portalrahmen. HORNE [8] hat eine allgemeine Analyse des Problems der Bestimmung richtiger Lagen der plastischen Gelenke in den Stäben von vielstöckigen, vielfeldrigen Rechteckrahmen zusammen mit dem zugehörigen Wert von $M_p$ geliefert. Diese Berechnung führt nicht zu expliziten Formeln, und für die meisten Fälle von praktischer Bedeutung können Ergebnisse von hinreichender Genauigkeit mit Hilfe eines Näherungsverfahrens erhalten werden, das am besten unter Bezugnahme auf das betrachtete Beispiel erklärt wird.

Es wird angenommen, daß die richtigen Stellen der Fließgelenke in den Riegelfeldern $AB$ und $CD$ diejenigen sind, wo in der Biegemomentenverteilung von Tab. 4.2 das maximale Biegemoment auftritt; diese Stellen sind in Tab. 4.3 angegeben. Der dieser Annahme entsprechende Wert von $M_p$ kann am bequemsten mittels einer kinematischen Berechnung gefunden werden. Wenn die Arbeitsgleichung für die kinematische Kette (3) niedergeschrieben wird, in der jedoch die Mittengelenke in den Riegeln $AB$ und $CD$ durch Gelenke im Abstand 2,64 m bzw. 1,37 m von Riegelmitte nach links gemessen ersetzt sind, wird der zugehörige Wert von $M_p$ zu 4,856 tm gefunden, was eine untere Eingrenzung des erforderlichen Wertes von $M_p$ darstellt. Eine einfache statische Kontrolle zeigt, daß in der entsprechenden Biegemomentenverteilung das maximale Biegemoment im Riegel $AB$ nun in einer Entfernung von 2,47 m links von der Mitte auftritt und der Wert dieses Maximalmomentes 4,858 tm ist, was eine obere Eingrenzung des erforderlichen Wertes von $M_p$ ist. Die Enge dieser Grenzen ist typisch und zeigt an, daß in der Praxis die endgültige statische Berechnung unnötig ist.

Im allgemeinen wird daher das folgende Vorgehen Ergebnisse von beträchtlicher Genauigkeit zeitigen:

1. Bestimme die „richtige" Bruchkette unter der Annahme, daß plastische Gelenke in den Stäben, die gleichförmig verteilte Lasten aufnehmen, in Stabmitte vorkommen.

2. Führe eine statische Kontrolle durch, in der die entsprechenden Biegemomente an den Stabenden und in der Mitte der belasteten Stäbe bestimmt werden.

3. Bestimme die maximalen Biegemomente in den Stäben, die gleichförmig verteilte Lasten tragen, und die Stellen, an denen diese maximalen Momente vorkommen.

4. Verschiebe bei den gleichförmig verteilte Lasten tragenden Stäben, bei denen in der „richtigen" kinematischen Kette plastische Gelenke in Stabmitte auftraten, diese Gelenke an die bei Schritt (3) gefundenen Maximalmomentenstellen und führe eine kinematische Untersuchung der resultierenden kinematischen Kette durch. Der entsprechende Wert von $M_p$ ist dann der erforderliche Wert.

*Einfacher Giebelrahmen*

Die kinematische Untersuchung einiger der unabhängigen kinematischen Ketten, die im Falle von Giebelrahmen betrachtet werden müssen, gestaltet sich etwas schwieriger als die der bei der Behandlung von Rechteckrahmen auftretenden kinematischen Ketten. Zur Erläuterung der Verfahren für die Behandlung derartiger Rahmentragwerke wird der in Abb. 4.11 a dargestellte einfeldrige Zweigelenk-Giebelrahmen nach der Methode der Kombination kinematischer Ketten berechnet. Jeder

Stab dieses Rahmens steht unter der Einwirkung gleichförmig verteilter Streckenlasten, deren Größen an den die Wirkungsrichtung anzeigenden strichlierten Pfeilen angeschrieben sind. Sämtliche Stäbe haben das gleiche volle plastische Moment $M_p$, und der Wert von $M_p$ ist so zu bestimmen, daß das Versagen unter den gegebenen Lasten gerade eintritt. Der der gleichen Belastung unterworfene Rahmen, aber mit eingespannten Füßen, wurde in Abschn. 4.2 nach dem Probierverfahren berechnet (s. Abb. 4.1 a).

Für diesen Rahmen und seine Belastung wird die vollständige Biegemomentenverteilung durch die Werte der sieben Biegemomente an den

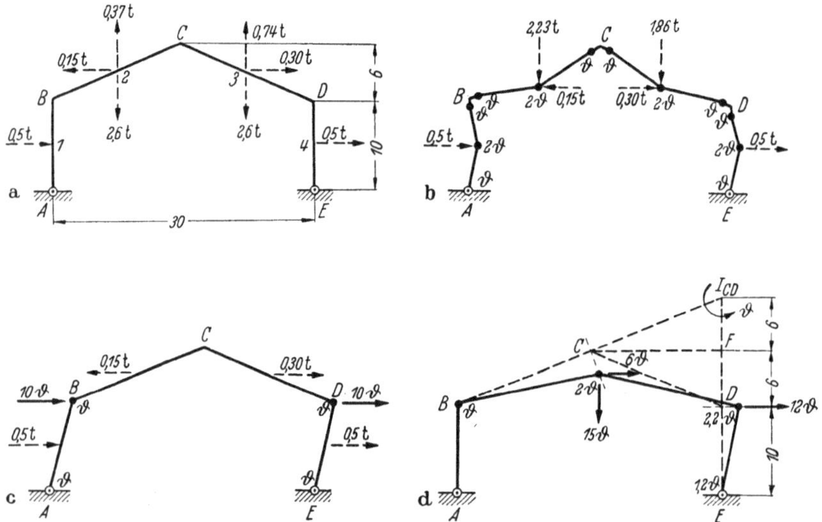

Abb. 4.11 a—d. Giebelrahmen. a Rahmen und Belastung, b Kinematische Ketten vom Trägertyp, c Seitenverschiebungskette, d Kinematische Kette vom Rahmentyp

in Abb. 4.11 a mit $B$, $C$ und $D$ und 1 bis 4 bezeichneten Querschnitten festgelegt. Da dieser Rahmen einfach statisch unbestimmt ist, folgt, daß es sechs unabhängige Gleichgewichtsgleichungen geben muß, die diese sieben Biegemomente miteinander verknüpfen, und daher sechs unabhängige Bruchketten.

Vier dieser unabhängigen kinematischen Ketten werden unmittelbar als die in der Abb. 4.11 b dargestellten Trägerketten identifiziert. Für jeden der Stiele $AB$ und $DE$ lautet die Arbeitsgleichung

$$1{,}25\,\vartheta = 3\,M_p\vartheta; \quad M_p = 0{,}42 \text{ tm.} \tag{4.29}$$

Zu der kinematischen Kette des linken Giebelstabes ist zu bemerken, daß die horizontalen und vertikalen Komponenten der Bewegung der

Mitte des Stabes $3\vartheta$ m nach rechts und $7{,}5\vartheta$ m nach unten sind. Die Arbeitsgleichung für diese kinematische Kette lautet damit

$$- \tfrac{1}{2} \cdot 3\vartheta \cdot 0{,}15 + \tfrac{1}{2} \cdot 7{,}5\vartheta \cdot 2{,}23 = 4\,M_p\vartheta$$
$$8{,}14\vartheta = 4\,M_p\vartheta; \quad M_p = 2{,}04\ \text{tm}. \tag{4.30}$$

Die Arbeitsgleichung für die kinematische Kette des rechten Giebelstabes ergibt sich in ähnlicher Weise zu

$$6{,}53\vartheta = 4\,M_p\vartheta; \quad M_p = 1{,}63\ \text{tm}. \tag{4.31}$$

Eine fünfte unabhängige kinematische Kette ist die in Abb. 4.11 c dargestellte Seitenverschiebungskette. Bei dieser kinematischen Kette erfährt das ganze Dach eine Horizontalverschiebung von $10\vartheta$ m, die Vertikalbewegung ist Null. Daher leisten nur die in die Abbildung eingezeichneten Horizontallasten Arbeit, und die Arbeitsgleichung lautet:

$$2 \cdot 0{,}5 \cdot 5\vartheta + (0{,}30 - 0{,}15) \cdot 10\vartheta = 2\,M_p\vartheta$$
$$6{,}5\vartheta = 2\,M_p\vartheta; \quad M_p = 3{,}25\ \text{tm}. \tag{4.32}$$

Die sechste unabhängige kinematische Kette wird am bequemsten als die in Abb. 4.11 d dargestellte Rahmenkette gewählt, in welcher der Klarheit halber die Lasten fortgelassen sind. In dieser kinematischen Kette dreht sich der Giebelstab $BC$ um $B$, so daß der First $C$ sich nur in einer zu $BC$ senkrechten Richtung bewegen kann, wie durch die durch $C$ verlaufende strichlierte Linie angedeutet. Der Stiel $DE$ dreht sich um $E$, so daß $D$ sich horizontal bewegen muß. Es folgt, daß das *Momentanzentrum der Drehung* des Giebelstabes $CD$ bei $I_{CD}$ liegt, wie in der Abbildung angegeben.

Nun wird angenommen, daß der Stab $CD$ einer kleinen Drehung $\vartheta$ um sein Momentanzentrum unterläuft. Die Bewegung von $C$ in der Richtung senkrecht zu $BC$ ist $CI_{CD} \cdot \vartheta$, und die Drehung des Stabes $BC$ ist $\dfrac{CI_{CD} \cdot \vartheta}{BC}$, oder einfach $\vartheta$, da $BC = CI_{CD}$. Die Gelenkverdrehung bei $B$ ist somit $\vartheta$, und die Gelenkverdrehung bei $C$ ist $2\vartheta$, da $BC$ sich im Uhrzeigersinn um einen Winkel $\vartheta$ dreht und $CD$ im Gegenzeiger um denselben Winkel.

Die Horizontalbewegung von $D$ ist $DI_{CD} \cdot \vartheta$, oder $12\vartheta$ m, so daß die Drehung von $DE$ im Uhrzeigersinn $\dfrac{12\vartheta}{DE} = 1{,}2\vartheta$ ist. Da $CD$ sich im Gegenzeiger um einen Winkel $\vartheta$ dreht, beträgt die Gelenkverdrehung bei $D$ $2{,}2\vartheta$. Aus der Abbildung geht ebenfalls hervor, daß die horizontalen und vertikalen Komponenten der Bewegung von $C$ $FI_{CD} \cdot \vartheta$ und $FC \cdot \vartheta$ sind oder $6\vartheta$ m bzw. $15\vartheta$ m. Die horizontalen und vertikalen Komponenten der Bewegungen von Zwischenpunkten der Giebelstäbe können durch lineare Interpolation gefunden werden. Die Komponenten sind $3\,\vartheta$m bzw. $7{,}5\,\vartheta$m für die Mitte des Stabes $BC$ und $9\,\vartheta$m bzw. $7{,}5\,\vartheta$m für die Mitte des Stabes $CD$.

Die Arbeitsgleichung für diese kinematische Kette kann nun wie folgt niedergeschrieben werden:

$$2{,}23 \cdot 7{,}5\,\vartheta - 0{,}15 \cdot 3\,\vartheta + 1{,}86 \cdot 7{,}5\,\vartheta + 0{,}30 \cdot 9\,\vartheta + 0{,}5 \cdot 6\,\vartheta = 5{,}2\,M_p\vartheta$$

$$35{,}93\,\vartheta = 5{,}2\,M_p\vartheta; \quad M_p = 6{,}91 \text{ tm}. \tag{4.33}$$

Dies ist der höchste, einer der unabhängigen kinematischen Ketten zugehörige Wert von $M_p$. Der nächsthöchste Wert ist 3,17 tm für die Seitenverschiebungskette, und es ist naheliegend, zuerst die mögliche Kombination dieser beiden kinematischen Ketten zu untersuchen, um festzustellen, ob sich ein höherer Wert von $M_p$ ergibt. Aus den Abb. 4.11 c und d geht hervor, daß eine direkte Addition der Verschiebungen und Gelenkverdrehungen dieser beiden kinematischen Ketten in der Aufhebung des Gelenkes bei $B$ resultiert und damit die in der kombinierten kinematischen Kette absorbierte Arbeit um $2\,M_p\vartheta$ reduziert. Die resultierende kinematische Kette ist in Abb. 4.12 a dargestellt, und ihre Arbeitsgleichung wird wie folgt erhalten:

Seitenverschiebungskette: $\qquad 6{,}50\,\vartheta = 2\,M_p\vartheta \qquad\qquad (4.32)$

Rahmenkette: $\qquad\qquad\quad 35{,}93\,\vartheta = 5{,}2\,M_p\vartheta \qquad\qquad (4.33)$

$$\overline{\qquad\qquad\qquad 42{,}43\,\vartheta = 7{,}2\,M_p\vartheta - 2\,M_p\vartheta = 5{,}2\,M_p\vartheta}$$

$$M_p = 8{,}16 \text{ tm}.$$

Dieser Wert von $M_p$ ist höher als jeder der beiden den zusammengefügten kinematischen Ketten zugehörigen Werte.

Die direkte Bestimmung dieser Arbeitsgleichung aus einer Betrachtung der Kinematik der kombinierten kinematischen Kette von Abb. 4.12 a unter Verwendung der Tatsache, daß das Momentanzentrum der Drehung von $CD$ um 32 m vertikal über $E$ liegt, wäre bei weitem langwieriger als die vorstehenden Berechnungen, in denen Gebrauch von den Arbeitsgleichungen der beiden zusammengefügten kinematischen Ketten gemacht wird. Der Vorteil der Verwendung der Arbeitsgleichungen der zu kombinierenden kinematischen Ketten zur Gewinnung der Arbeitsgleichung für ihre Kombination ist bei der Behandlung von Fällen, bei denen die Kinematik jeder der zu kombinierenden Ketten einfach war, nicht so augenfällig gewesen.

Der höchste der einer der Trägerketten zugehörigen Werte von $M_p$ war 2,04 tm für den linken Giebelstab, Gl. (4.30). Die Ungleichheit zwischen diesem Wert von $M_p$ und dem eben erhaltenen Wert von 8,16 tm ist derart, daß eine Untersuchung irgendwelcher die Trägerketten enthaltenden Kombinationen kaum notwendig ist. Es wird daher geschlossen, daß es sich bei der kombinierten kinematischen Kette von

Abb. 4.12 a um die tatsächliche Bruchkette handelt, die kleinen Berichtigungen der Lage der Fließgelenkstellen unterworfen ist, welche die Konstruktion des Biegemomentendiagrammes aufzeigen kann. Einzelheiten dieser Konstruktion werden hier nicht gegeben; das Ergebnis ist in Abb. 4.12 b dargestellt, wo zu ersehen ist, daß das Biegemoment einen Maximalwert von 8,81 tm an einem Querschnitt im Ab-

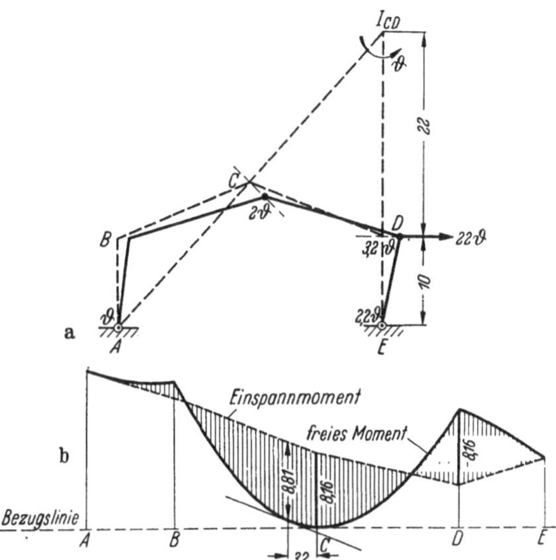


Abb. 4.12a u. b. Kombinierte kinematische Kette. a Kleine Bewegung der kinematischen Kette b Biegemomentendiagramm

stande 3,2 m links vom First $C$ erreicht. Es ist eine einfache Aufgabe, den der kinematischen Kette zugehörigen Wert von $M_p$ zu berechnen, in der das Gelenk am First $C$ durch ein Gelenk in 3,2 m Entfernung links vom First ersetzt ist, und diese Rechnung liefert den erforderlichen Wert von $M_p$ als 8,42 tm.

### Zweifeldriger Giebelrahmen

Als letztes Anwendungsbeispiel des Verfahrens der Kombination kinematischer Ketten wird der zweifeldrige eingespannte Giebelrahmen behandelt, dessen Abmessungen und Belastung in Abb. 4.13 a dargestellt sind. Sämtliche in diesen Rahmen eingetragenen Lasten sind gleichförmig entlang der Stäbe verteilt, die alle das gleiche volle plastische Moment $M_p$ erhalten.

Bei diesem Rahmen beträgt die zur Festlegung der vollständigen Biegemomentenverteilung erforderliche Anzahl von Biegemomenten $n = 16$, nämlich an den in Abb. 4.13 a mit 1 bis 10 bezeichneten Querschnitten und in der Mitte jedes der sechs den gleichförmigen

Streckenlasten unterworfenen Stäben. Da die Anzahl der statisch unbestimmten Größen $r = 6$ ist, ist die Anzahl der unabhängigen kinematischen Ketten $(n - r) = 16 - 6 = 10$. Jedoch können sechs dieser zehn unabhängigen kinematischen Ketten als die Trägerketten für die sechs der gleichförmig verteilten Belastung unterworfenen Stäbe gewählt werden, und wie aus dem vorhergehenden Beispiel hervorging, ist es unwahrscheinlich, daß diese kinematischen Ketten in der Kombination der tatsächlichen Bruchkette eine Rolle spielen. Damit sind nur vier unabhängige Bruchketten vorhanden, die von Bedeutung sein können

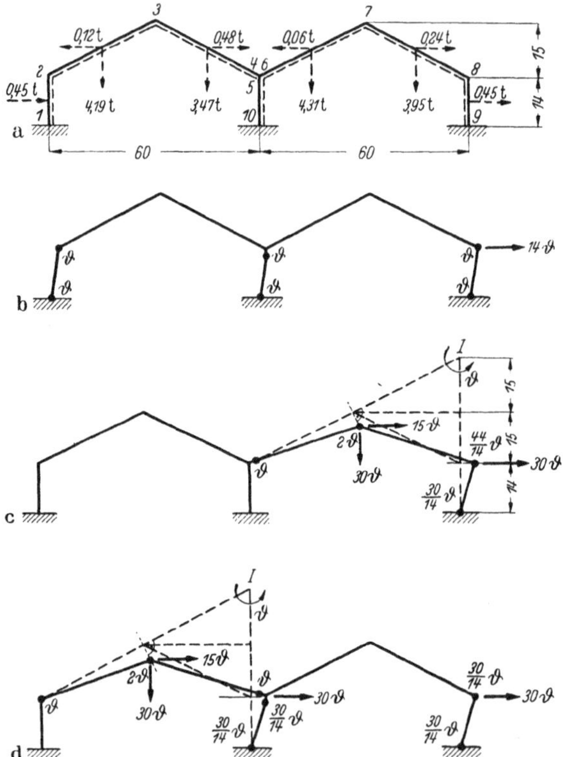

Abb. 4.13a—d. Zweife'driger Giebelrahmen. a Rahmen und Belastung, b Seitenverschiebungskette, c Versagen des rechten Feldes, d Versagen des linken Feldes mit Seitenverschiebung des rechten Feldes

Drei dieser kinematischen Ketten sind in den Abb. 4.13 b, c und d dargestellt, und die vierte besteht einfach aus einer Verdrehung des mittleren Knotens 456. Die kinematische Kette von Abb. 4.13 b ist von dem einfachen Seitenverschiebungstyp, und die Arbeitsgleichung lautet

$$2 \cdot 0{,}45 \cdot 7\vartheta + (0{,}48 - 0{,}12 + 0{,}24 - 0{,}06) \cdot 14\vartheta = 6 \, M_p \vartheta$$
$$13{,}86\vartheta = 6 \, M_p \vartheta; \quad M_p = 2{,}31 \text{ tm.} \qquad (4.34)$$

Die Rahmenkette von Abb. 4.13 c ist von ähnlicher Art wie die kinematische Kette von Abb. 4.11 d und benötigt somit keine Erklärung; die Kinematik ist wie in der Abbildung angegeben.

Die Arbeitsgleichung lautet

$$4{,}31 \cdot 15\vartheta - 0{,}06 \cdot 7{,}5\vartheta + 3{,}95 \cdot 15\vartheta + 0{,}24 \cdot 22{,}5\vartheta + 0{,}45 \cdot 15\vartheta =$$
$$= \frac{116}{14} M_p\vartheta$$
$$135{,}6\vartheta = 8{,}29\, M_p\vartheta; \quad M_p = 16{,}37\ \text{tm}. \tag{4.35}$$

Die Rahmenkette von Abb. 4.13 d enthält einen Zusammenbruch des linken Rahmenfeldes, ähnlich dem in Abb. 4.13 c dargestellten Versagen des rechten Schiffes, wobei das rechte Schiff zur Ermöglichung der Horizontalbewegung des mittleren Knotens einer einfachen Seitenverschiebung unterläuft. Die Arbeitsgleichung für diese kinematische Kette ist

$$4{,}19 \cdot 15\vartheta - 0{,}12 \cdot 7{,}5\vartheta + 3{,}47 \cdot 15\vartheta + 0{,}48 \cdot 22{,}5\vartheta + (0{,}24 - 0{,}06) \cdot 30\vartheta +$$
$$+ 45 \cdot 15\vartheta = \frac{176}{14} M_p\vartheta$$
$$136{,}95\vartheta = 12{,}57\, M_p\vartheta; \quad M_p = 10{,}89\ \text{tm}. \tag{4.36}$$

Zum Vergleich wird angegeben, daß der höchste Wert von $M_p$ für die Trägerketten der für das Versagen des Giebelstabes 67 erhaltene Wert ist. Die Arbeitsgleichung für diese kinematische Kette lautet:

$$32{,}1\vartheta = 4\, M_p\vartheta; \quad M_p = 8{,}03\ \text{tm}.$$

Es gibt viele andere Möglichkeiten, die unabhängigen kinematischen Ketten zu wählen. Das obige Schema ist vorteilhaft, einfach weil es ohne Schwierigkeiten auf den Fall des mehrfeldrigen Giebelrahmens ausgedehnt werden kann. Bei einem derartigen Rahmentragwerk ist es bequem, eine Anzahl unabhängiger kinematischer Ketten gleich der Anzahl der Rahmenfelder zu wählen, wobei jede dieser kinematischen Ketten in dem Versagen eines der Felder mit entsprechender Seitenverschiebung der übrigen Felder besteht, wie in Abb. 4.13 d. Diese kinematischen Ketten ergeben zusammen mit einer einzelnen Seitenverschiebungskette der in Abb. 4.13 b gezeigten Art und den Knoten- und Trägerketten die erforderliche Anzahl unabhängiger kinematischer Ketten.

Der aus den unabhängigen kinematischen Ketten erhaltene höchste Wert von $M_p$ ist 16,37 tm für die Rahmenkette von Abb. 4.13 c. Da die Seitenverschiebungskette einen zugehörigen Wert von $M_p$ von nur 2,31 tm besitzt, brauchen keine Kombinationen betrachtet werden, die diese kinematische Kette enthalten. Die einzige Kombination, die eine Untersuchung erfordert, ist die der kinematischen Ketten von Abb. 4.13 c und d. Eine direkte Addition der Verschiebungen und Gelenkverdrehungen dieser zwei kinematischen Ketten führt nicht zur Aufhebung irgendwelcher Gelenke. Jedoch läßt eine derartige direkte Kombination am mittleren Knoten drei Gelenke an den Querschnitten 4, 5 und 6 entstehen. Es ist zu ersehen, daß eine Verdrehung dieses Knotens im Uhrzeigersinn eine Reduzierung der Verdrehungen an den Gelenken 5 und 6 bewirkt, während sie die Verdrehung am Gelenk 4 vergrößert; sie führt somit zu einer Verringerung der Gesamt-Gelenkverdrehung an diesem Knoten und daher der absorbierten Arbeit. Um den vollen Vorteil dieser möglichen Reduzierung der an dem Knoten absorbierten Arbeit wahrzunehmen, ist es notwendig, die in der kinematischen Kette von Abb. 4.13 c enthaltenen Verdrehungen und Verschiebungen mit dem Faktor $\frac{30}{14}$ zu multiplizieren. Die Gelenkverdrehungen an den Querschnitten 5 und 6 können dann beide ausgeschaltet werden durch Drehung des Knotens im Uhrzeigersinn um einen Winkel $\frac{30}{14}\vartheta$. Die Verdrehung des Gelenkes am Querschnitt 4 wird dadurch um $\frac{30}{14}\vartheta$ vergrößert, was zu einer Netto-Reduktion der absorbierten Arbeit an diesem Knoten von $\frac{30}{14}M_p\vartheta$ führt.

Die Arbeitsgleichung für die Kombination wird wie folgt erhalten:

Rahmenkette von Abb. 4.13 c: $\frac{30}{14}\cdot 135{,}6\vartheta = \frac{30}{14}\cdot 8{,}29\,M_p\vartheta$ \hfill (4.35)

Rahmenkette von Abb. 4.13 d: $136{,}95\vartheta = 12{,}57\,M_p\vartheta$ \hfill (4.36)

kombinierte kinematische Kette: $427{,}52\vartheta = \left(30{,}33 - \frac{30}{14}\right)M_p\vartheta =$
$$= 28{,}19\,M_p\vartheta;\quad M_p = 15{,}17\ \text{tm}.$$

Da der entsprechende Wert von $M_p$ geringer als 16,37 tm ist, wird geschlossen, daß die kinematische Kette von Abb. 4.13 c die tatsächliche Bruchkette ist, die kleineren Variationen unterliegt, die in einer statischen Kontrolle aufgezeigt werden können.

Eine Anwendung des Verfahrens der Kombination kinematischer Ketten auf einen zweifeldrigen, dreistöckigen Rechteckrahmen ist von NEAL und SYMONDS [2] beschrieben worden. Die gleichen Verfasser haben auch die Bemessung eines dreifeldrigen Giebelrahmens für ständige Last und Schneelast allein sowie für ständige Last, Schnee- und Windlast erläutert [3]. Weitere Anwendungen auf andere Rahmentragwerke, die einen Sägedach-Portalrahmen und einen Vierendeelträger einschließen, sind ebenfalls gegeben worden [9].

### 4.4 Plastisches Momentenverteilungsverfahren

Es wird nun ein Abriß des von HORNE [4] entwickelten plastischen Momentenverteilungsverfahrens gegeben, das gestattet, ein Tragwerk so zu *bemessen*, daß eine gegebene Belastung gerade das Versagen herbeiführt. Ein entsprechendes Verfahren ist gleichzeitig von ENGLISH [*10*] unter der Benennung „Relaxation der Fließgelenke" vorgeschlagen worden. Die vorher in diesem Kapitel erläuterten Verfahren waren in erster Linie *Berechnungsverfahren,* insofern als die Verhältnisse der vollen plastischen Momente vor Beginn der Rechnung festgelegt werden müssen. Wenn einmal eine Berechnung nach dem Probierverfahren oder dem Verfahren der Kombination kinematischer Ketten durchgeführt worden ist, ist es natürlich eine einfache Sache, Abänderungen der Querschnittswerte einiger der Stäbe vorzunehmen, entweder um die erforderlichen plastischen Momente gleich denen der zur Verfügung stehenden Profile zu machen oder um zu sehen, ob das Gesamtgewicht der Stahlkonstruktion des Rahmentragwerkes verringert werden kann. Bei Verwendung des plastischen Momentenverteilungsverfahrens ist es nicht erforderlich, eingangs die Verhältnisse der vollen plastischen Momente der Stäbe festzusetzen; die vollen plastischen Momente werden gegen Ende der Berechnung gewählt. Das Verfahren ist daher ein wirkliches Bemessungsverfahren.

Das plastische Momentenverteilungsverfahren enthält ein im wesentlichen statisches Vorgehen, dessen Ziel es ist, verschiedene Biegemomentenverteilungen für das gesamte Rahmentragwerk aufzustellen, die sich mit den gegebenen Lasten im Gleichgewicht befinden. Wenn bei einer solchen Verteilung jedem Stab ein volles plastisches Moment gleich dem Betrage des im Stabe auftretenden größten Biegemomentes zugeteilt wird, ist die Biegemomentenverteilung sowohl sicher als auch statisch zulässig. Aus dem statischen Satz folgt, daß das so bemessene Rahmentragwerk unter den gegebenen Lasten nicht versagt. Wenn jedoch bei dieser Biegemomentenverteilung nicht genügend plastische Gelenke gebildet werden, um den Rahmen in eine kinematische Kette zu überführen, ist diese Bemessung von zu großer Tragfähigkeit und daher unwirtschaftlich. Das plastische Momentenverteilungsverfahren gestattet die Vornahme von Abänderungen in der Biegemomentenverteilung bei Aufrechterhaltung der Gleichgewichtsbedingungen. Durch Ausführung derartiger Abänderungen werden verschiedene Bemessungen untersucht, und es ist ein Leichtes, zu einer Bemessung zu gelangen, die in dem Sinne ausgenutzt ist, daß die Biegemomentenverteilung der Bildung einer hinreichenden Anzahl plastischer Gelenke entspricht, um das Tragwerk in eine kinematische Kette zu überführen. Wenn die erforderlichen vollen plastischen Momente nicht mit denen der zur Verfügung stehenden Profile übereinstimmen, können weitere Abänderungen durchgeführt werden, so daß wenigstens einige der vollen plastischen Momente mit denen der verfügbaren Profile übereinstimmen.

Die Berechnungen werden in den folgenden drei Schritten durchgeführt:

1. Ein Satz Biegemomente wird niedergeschrieben, der alle Gleichgewichtsbedingungen außer denen an den Knoten erfüllt.

2. Die Biegemomente werden so abgeändert, daß sämtliche Knoten in Verdrehungsgleichgewicht gebracht werden, ohne die übrigen Gleichgewichtsbedingungen zu verletzen.

3. Weitere Abänderungen der Biegemomente werden in einer Weise vorgenommen, daß die Erfüllung aller Gleichgewichtsbedingungen beibehalten bleibt.

### *Zweifeldriger rechteckiger Portalrahmen*

Das Verfahren wird unter Bezugnahme auf den zweifeldrigen rechteckigen Portalrahmen erläutert, dessen Abmessungen und Belastung in Abb. 4.14 angegeben sind. Dieser Rahmen ist so zu bemessen, daß er unter den gegebenen Lasten gerade zusammenbricht. Die Riegel $BD$ und $DF$ sollen von identischem Querschnitt sein, desgleichen die Stiele $AB$ $HD$ und $GF$, aber der letztere Querschnitt braucht nicht mit dem der Riegel übereinstimmen.

Da die Grundlage des ganzen Verfahrens in der simultanen Erfüllung der Gleichgewichtsgleichungen besteht, ist der erste Schritt die Ableitung dieser Gleichungen. Daher wird ein Vorzeichenübereinkommen für die Biegemomente angenommen, welches das gleiche ist wie das bei dem

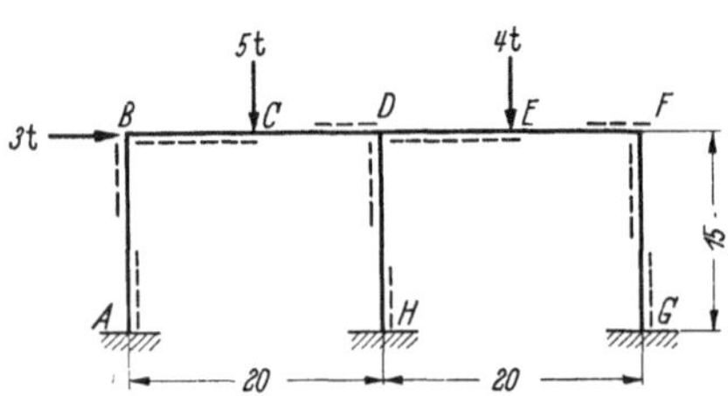


Abb. 4.14. Zweifeldriger Rechteckrahmen

elastischen Momentenverteilungsverfahren verwendete, soweit es die Knoten betrifft. Ein an einem Stabende im Uhrzeigersinn wirkendes Biegemoment wird damit als positiv angesehen. Ferner wird ein in Stabmitte wirkendes positives Biegemoment positiv eingeführt. Das Ergebnis der Verwendung dieses Übereinkommens ist, daß Biegemomente als positiv bezeichnet werden, wenn sie in den an die strichlierten Strecken in Abb. 4.14 angrenzenden Stabfasern Zug erzeugen. Dieses Übereinkommen bedeutet ein Abgehen von dem vorher angenommenen Übereinkommen, wie aus dem Vergleich dieser Abbildung mit Abb. 4.4 a hervorgeht. Der Grund für die Änderung ist, daß das neue Vorzeichenübereinkommen den Ausgleich der Knoten erleichtert; denn bei diesem Übereinkommen ist die Bedingung für das Verdrehungsgleichgewicht an jedem Knoten, daß die algebraische Summe sämtlicher an dem Knoten angreifender Momente gleich Null zu sein hat.

Die Bezeichnung der Biegemomente ist ähnlich der bei der elastischen Momentenverteilung häufig verwendeten. Zum Beispiel bedeutet $M_{BC}$

das Biegemoment im Riegel $BCD$ am Knoten $B$; der erste Index bezeichnet den Knoten, an dem das Biegemoment wirkt, und die zusammengenommenen Indizes bezeichnen den Stab, an dem das Biegemoment angreift. $M_{BA}$ bezeichnet daher das am Knoten $B$ am Stiel $BA$ angreifende Moment. Schließlich werden die Momente in den Mitten der Riegel $BCD$ und $DEF$ mit $M_C$ bzw. $M_E$ bezeichnet.

Bei Verwendung der obigen Bezeichnungs- und Vorzeichenregeln können die Gleichgewichtsgleichungen mittels gewöhnlicher statischer Methoden oder einfacher durch Anwendung des Prinzips der virtuellen Arbeit auf die verschiedenen unabhängigen kinematischen Ketten abgeleitet werden. Die Anzahl dieser Gleichgewichtsbedingungen ist vier, wie in Abschn. 4.3 für den Rahmen von Abb. 4.4 a gezeigt wurde, nämlich: eine Trägerkette für jeden der beiden Riegel, eine Seitenverschiebungskette und eine Verdrehung des Knotens $D$. Drei der auf diese Weise abgeleiteten Gleichgewichtsgleichungen lauten wie folgt:

$$50 = -M_{BC} + 2 M_C + M_{DC} \tag{4.37}$$

$$40 = -M_{DE} + 2 M_E + M_{FE} \tag{4.38}$$

$$45 = -M_{AB} - M_{BA} - M_{HD} - M_{DH} - M_{GF} - M_{FG} \,. \tag{4.39}$$

Die Gleichgewichtsgleichung für den Knoten $D$ braucht nicht niedergeschrieben zu werden, da aus dem angenommenen Vorzeichenübereinkommen folgt, daß die algebraische Summe der drei an dem Knoten wirkenden Momente Null sein muß. Eine ähnliche Bedingung muß an den Knoten $B$ und $D$ erfüllt sein, wo in den frühen Stadien der Berechnung die Momente an diesen Knoten in Riegel und Stiel nicht gleich zu sein brauchen.

### Schritt 1

Der erste Schritt besteht in dem Niederschreiben eines Satzes von Biegemomenten, der die Gleichgewichtsgleichungen (4.37), (4.38) und (4.39) erfüllt, während die drei Knoten unausgeglichen sind. Während es natürlich viele Wege gibt, auf denen dies getan werden kann, ist es am besten, den Satz von Momenten zu verwenden, deren Größen bei der Berechnung der diesen Gleichungen entsprechenden unabhängigen Bruchketten erhalten wurden. Beispielsweise ergibt die Betrachtung von Gl. (4.37), die dem unabhängigen Versagen des Riegels $BCD$ entspricht, daß für $M_{BC} = -12{,}5$, $M_C = 12{,}5$ und $M_{DC} = 12{,}5$ tm die Gleichung befriedigt wird und sämtliche im Riegel $BCD$ vorkommenden Momente dem Betrage nach gleich sind. Tatsächlich ist $12{,}5$ tm der Wert des vollen plastischen Momentes, der aus der Arbeitsgleichung für das unabhängige Versagen des Riegels erhalten wird, vorausgesetzt natürlich, daß das volle plastische Moment des Stieles $AB$ wenigstens gleich diesem Werte ist.

In ähnlicher Weise ergeben die Gln. (4.38) und (4.39) die folgenden Sätze von Momenten:

$$- M_{DE} = M_E = M_{FE} = 10 \text{ tm}$$
$$M_{AB} = M_{BA} = M_{HD} = M_{DH} = M_{GF} = M_{FG} = - 7,5 \text{ tm}.$$

### Schritt 2

Unter dem in Schritt 1 abgeleiteten Satz Biegemomente befinden sich die Knoten nicht im Verdrehungsgleichgewicht. Bei pielsweise sind die Momente am Knoten $B : M_{BA} = - 7,5$ tm und $M_{BC} = - 12,5$ tm, so daß $M_{BA} + M_{BC} = - 20$ tm, wogegen die Bedingung des Verdrehungsgleichgewichtes ein Nullwerden der Momentensumme verlangt. Zur Erzielung einer statisch zulässigen Momentenverteilung ist es daher erforderlich, Berichtigungen der Momentenwerte vorzunehmen, so daß die Knoten in das Verdrehungsgleichgewicht gebracht werden, während die Erfüllung der drei Gleichgewichtsgleichungen (4.37), (4.38) und (4.39) beibehalten werden muß.

Die Bedingungen, denen Änderungen in den Biegemomenten genügen müssen, damit diese Gleichungen erfüllt bleiben, können unmittelbar hergeleitet werden. Bei Gl. (4.37) ist offensichtlich, daß diese Gleichung erfüllt bleibt, wenn Änderungen $\triangle M_{BC}$, $\triangle M_C$ und $\triangle M_{DC}$ in den Werten eines Satzes von Biegemomenten, der diese Gleichungen befriedigt, unter der Voraussetzung vorgenommen werden, daß

$$- \triangle M_{BC} + 2 \triangle M_C + \triangle M_{DC} = 0.$$

Eine entsprechende Bedingung gilt für die zulässigen Änderungen der End- und Mittenbiegemomente für einen beliebigen, einer beliebigen Art der Belastung unterworfenen Stab. Die in dieser Gleichung enthaltene allgemeine Information ist in Tab. 4.4 angegeben, welche die entsprechenden Änderungen zeigt, die bei einem beliebigen Momentenpaar simultan durchgeführt werden können.

Tabelle 4.4 *Statthafte Änderungen in Träger-Momenten*

| linkes Moment | Mittenmoment | rechtes Moment |
|:---:|:---:|:---:|
| $+1$ | $0$ | $+1$ |
| $+1$ | $+\frac{1}{2}$ | $0$ |
| $0$ | $-\frac{1}{2}$ | $+1$ |

Es verbleibt die Aufstellung der Bedingung, der Änderungen in den sechs Momenten an den oberen und unteren Stielenden genügen müssen, damit Gl. (4.39) befriedigt bleibt. Diese Bedingung lautet:

$$\triangle M_{AB} + \triangle M_{BA} + \triangle M_{HD} + \triangle M_{DH} + \triangle M_{GF} + \triangle M_{FG} = 0,$$

daß also die Summe der Änderungen in diesen sechs Momenten Null sein muß.

Nun kann der zweite Berechnungsschritt durchgeführt werden. Die Zahlenrechnung kann in ähnlicher Weise wie bei der elastischen Momentenverteilung tabellarisch durchgeführt werden, wie in Tab. 4.5 gezeigt. In dieser Tabelle gibt es für jedes Moment eine Spalte, die Momente werden durch $BA$ an Stelle von $M_{BA}$, $C$ an Stelle von $M_C$ usw. bezeichnet. Die Spalten sind so angeordnet, daß alle an einem Knoten wirkenden Momente zusammen gruppiert sind, die Momente in jedem Riegel sind in horizontaler Folge angeordnet, und das Moment am Fuße eines Rahmenstieles erscheint unterhalb des an seinem oberen Ende wirkenden Momentes.

Tabelle 4.5 *Plastische Momentenverteilung für minimalen Riegel-Querschnitt*

|   | $BA$ | $BC$ | $C$ | $DC$ | $DH$ | $DE$ | $E$ | $FE$ | $FG$ | Seiten-verschiebg. |
|---|---|---|---|---|---|---|---|---|---|---|
| a | $-7,5$ | $-12,5$ | $+12,5$ | $+12,5$ | $-7,5$ | $-10$ | $+10$ | $+10$ | $-7,5$ | |
| b | $+20$ | $-$ | $-$ | $-$ | $+5$ | $-$ | $-$ | $-$ | $-2,5$ | $+22,5$ |
| c | $+12,5$ | $-12,5$ | $+12,5$ | $+12,5$ | $-2,5$ | $-10$ | $+10$ | $+10$ | $-10$ | |
| d | $-$ | $-$ | $-$ | $-$ | $-5$ | $+5$ | $+2,5$ $-1,25$ | $+2,5$ | $-2,5$ | $-7,5$ |
| e | $+12,5$ | $-12,5$ | $+12,5$ | $+12,5$ | $-7,5$ | $-5$ | $+11,25$ | $+12,5$ | $-12,5$ | |

|   | $AB$ |   | $HD$ |   | $GF$ | Seiten-verschiebg. |
|---|---|---|---|---|---|---|
| f | $-7,5$ | | $-7,5$ | | $-7,5$ | |
| g | $-7,5$ | | $-7,5$ | | $-7,5$ | $-22,5$ |
| h | $-15$ | | $-15$ | | $-15$ | |
| i | $+2,5$ | | $+2,5$ | | $+2,5$ | $+7,5$ |
| j | $-12,5$ | | $-12,5$ | | $-12,5$ | |

Die ersten Zeilen $a$ und $f$ von Tab. 4.5 geben den in Schritt 1 abgeleiteten Satz von Momenten wieder, der die beiden Gleichgewichtsgleichungen für die Riegel und die eine Seitenverschiebungs-Gleichgewichtsgleichung erfüllt. Die unausgeglichenen Momente an den Knoten $B$, $D$ und $F$ sind in diesem Stadium $-20$, $-5$ bzw. 2,5 tm. Die Knoten können ausgeglichen werden durch Eintragung gleichgroßer Momente entgegengesetzten Vorzeichens, 20, 5 bzw. $-2,5$ tm, aber die Art, in der diese Ausgleichsmomente auf die verschiedenen sich an einem Knoten treffenden Stäbe verteilt werden, ist ziemlich willkürlich. Das steht in scharfem Gegensatz zu der elastischen Momentenverteilung, bei der die Knotenausgleichsmomente auf die Stäbe im Verhältnis ihrer Steifigkeiten verteilt werden. Es ist in diesem Stadium dienlich, ein

Leitprinzip zu haben, und es ist vorteilhaft, zwei extreme Möglichkeiten zu untersuchen, wobei in dem einen Fall die Ausgleichsmomente allein den Stielen zugeteilt werden und in dem anderen Fall allein den Riegeln [4]. Der Zweck der Durchführung dieser zwei Berechnungssätze ist wie folgt: Es ist ersichtlich, daß das für die Riegel erforderliche volle plastische Moment nicht unter den der unabhängigen Bruchkette für jeden der beiden Riegel zugehörigen Wert reduziert werden kann, so daß das minimale volle plastische Moment für die Riegel 12,5 tm, der größere der beiden in Zeile $a$ angegebenen Werte, ist. Durch Verteilung der Ausgleichsmomente auf die Stiele, wodurch die Momente im Riegel $BCD$ ungeändert bleiben, kann das für die Stiele erforderliche volle plastische Moment ermittelt werden, und in dieser Bemessung besitzen daher die vollen plastischen Momente für die Riegel und Stiele ihre kleinsten bzw. größten möglichen Werte. Umgekehrt kann den Stielen das kleinstmögliche volle plastische Moment, nämlich 7,5 tm, zugewiesen werden, und die Riegel erhalten dann in der entsprechenden Bemessung das größte mögliche volle plastische Moment. Nach Eingrenzung der erforderlichen vollen plastischen Momente in dieser Weise kann das volle plastische Moment eines zur Verfügung stehenden Profiles, das zwischen den bekannten Grenzen liegt, entweder den Riegeln oder den Stielen zugeteilt und das erforderliche volle plastische Moment der anderen Stäbe abgeleitet werden.

Zunächst werden die Ausgleichsmomente allein in die Stiele eingetragen. Die Knoten $B$, $D$ und $F$ werden in Zeile $b$ der Tabelle durch Momente von 20, 5 bzw. $-2,5$ tm ausgeglichen, die in jedem Falle ganz den Stielen $BA$, $DH$ und $FG$ zugewiesen werden. Da durch diesen Ausgleich keines der Riegelmomente geändert wird, ist nur die Seitenverschiebungs-Gleichgewichtsgleichung gestört worden; wenn diese Gleichung befriedigt bleiben soll, muß die Summe der Momentenänderungen am oberen und unteren Ende jedes der drei Stiele gleich Null sein. Die Summe der Änderungen an den Oberenden dieser drei Stiele ist $20 + 5 - 2,5 = +22,5$, wie in Zeile $b$ der mit *Seitenverschiebung* überschriebenen letzten Spalte der Tabelle eingeschrieben. Es ist daher erforderlich, an den Füßen dieser drei Stiele Änderungen in den Momenten vorzunehmen, die insgesamt $-22,5$ tm ausmachen. Da die drei Stiele den gleichen Querschnitt erhalten sollen, werden an den Füßen gleichgroße Änderungen von $-7,5$ tm durchgeführt, wie in Zeile $g$ eingetragen. Die Summe dieser Änderungen, $-22,5$ tm, wird in der Seitenverschiebungsspalte vermerkt, in der sich die beiden Eintragungen $+22,5$ und $-22,5$ tm wie erforderlich zu Null addieren. Schließlich werden in den Zeilen $c$ und $h$ die Momentenänderungen zu den ursprünglichen Momenten addiert, wodurch die resultierenden Momente erhalten werden. Da die Knoten-, Träger- und Seitenverschiebungs-Gleichgewichtsbedingungen durch diese resultierenden Momente sämtlich erfüllt werden, ist eine statisch zulässige Lösung gefunden. Eine Untersuchung dieser statisch zulässigen Lösung zeigt, daß, wenn den Riegeln ein Querschnitt mit einem vollen plastischen Moment von 12,5 tm zugewiesen wird, und die Stiele jeder ein volles plastisches Moment von 15 tm besitzen, das volle plastische Moment an keiner Stelle des Rahmens überschritten wird, und damit die Lösung sowohl sicher als auch statisch zulässig ist. Die Biegemomentenverteilung entspricht einer Bruchbedingung für den Riegel $BCD$, denn die Biegemomente in diesem Riegel sind nicht von den ursprünglich in Übereinstimmung mit der unabhängigen Trägerkette angesetzten Werten abgeändert worden. Somit ist eine mögliche Bemessung aufgestellt worden mit vollen plastischen Momenten für Riegel und Stiele von 12,5 bzw. 15 tm, deren in dem Versagen des Riegels $BCD$ bestehende Bruchkette nur teilweise ist.

### Schritt 3

Die Bemessung ist sicher, aber nicht wirtschaftlich, denn es zeigt sich, daß das volle plastische Moment der Rahmenstiele reduziert werden kann, ohne daß eine Erhöhung des vollen plastischen Momentes der Riegel erforderlich wird. Das volle plastische Moment der Stiele kann nicht unter 12,5 tm abgemindert werden, denn das für die Träger-Bruchkette des Riegels $BCD$ erforderliche Biegemoment am Knoten $B$ ist gleich diesem Wert. Wenn der Stiel $AB$ ein volles plastisches Moment von weniger als 12,5 tm hätte, wäre der Knoten $B$ nur in der Lage, ein Moment gleich dem vollen plastischen Moment bei $AB$ zu übertragen. Der nächste Berechnungsschritt besteht daher in der Ermittlung, ob das volle plastische Moment der Stiele auf 12,5 tm reduziert werden kann. Demgemäß sind in Zeile $i$ der Tabelle Momente von $+$ 2,5 tm zu den Momenten $-15$ tm an den Füßen der drei Stiele addiert, um die Maximalmomente an diesen Stellen auf $-12,5$ tm zu vermindern. Die Seitenverschiebungsspalte registriert eine Änderung von $+7,5$ tm in dieser Zeile, so daß an den oberen Enden der Stiele eine Gesamtänderung von $-7,5$ tm vorgenommen werden muß, wie in der Seitenverschiebungsspalte, Zeile $d$, eingetragen. Von dieser Änderung werden $FG$ $-2,5$ tm zugewiesen, so daß dieses Moment auf $-12,5$ tm gebracht wird, und die übrigen $-5$ tm werden $DH$ zugeteilt, um das Moment am Knoten $B$ ungeändert zu lassen. Die Ausgleichsmomente von $+5$ tm und $+2,5$ tm werden $DE$ und $FE$ zugeteilt, und zur Aufrechterhaltung des Gleichgewichtes des Riegels $DEF$ werden gemäß Tab. 4.4 bei $E$ Momente von $+\frac{1}{2} \cdot 5 = +2,5$ tm und $-\frac{1}{2} \cdot 2,5 = -1,25$ tm zugefügt. Die Momentenänderungen erfüllen nun sämtliche Gleichgewichtsbedingungen, und die Zeilen $e$ und $j$ geben den resultierenden statisch zulässigen Satz Biegemomente an. Weder die Momente in den Riegeln noch in den Stielen überschreiten den Wert 12,5 tm. Somit haben bei der bestmöglichen Bemessung unter der Bedingung, daß die Riegel das minimal mögliche volle plastische Moment von 12,5 tm erhalten, die Stiele das gleiche volle plastische Moment.

Nun wird die andere mögliche extreme Bemessung untersucht, bei der das volle plastische Moment der Stiele auf dem minimal möglichen Wert von 7,5 tm gehalten wird, und das entsprechende volle plastische Moment für die Riegel wird ermittelt. Die Berechnungen sind in Tab. 4.6 wiedergegeben. In dieser Tabelle sind die ersten beiden Zeilen $a$ und $f$ identisch mit denen von Tab. 4.5. In der zweiten Zeile $b$ werden die Knoten durch in die Riegel bei $BC$, $DC$ und $FE$ eingetragene Momente ausgeglichen, und die zur Aufrechterhaltung des Gleichgewichtes gemäß Tab. 4.4 erforderlichen Momente werden bei $C$ und $E$ zugefügt. Eine zu den Füßen der Stiele zu übertragende Seitenverschiebungsänderung tritt natürlich nicht auf. Der resultierende statisch zulässige Satz von

Tabelle 4.6 *Plastische Momentenverteilung für minimalen Stiel-Querschnitt*

| | $BA$ | $BC$ | $C$ | $DC$ | $DH$ | $DE$ | $E$ | $FE$ | $FG$ | Seiten-verschiebg. |
|---|---|---|---|---|---|---|---|---|---|---|
| $a$ | $-7,5$ | $-12,5$ | $+12,5$ | $+12,5$ | $-7,5$ | $-10$ | $+10$ | $+10$ | $-7,5$ | |
| $b$ | $-$ | $+20$ | $+10$ $-2,5$ | $+5$ | $-$ | $-$ | $+1,25$ | $-2,5$ | $-$ | $-$ |
| $c$ | $-7,5$ | $+7,5$ | $+20$ | $+17,5$ | $-7,5$ | $-10$ | $+11,25$ | $+7,5$ | $-7,5$ | |
| $d$ | $-$ | $-$ | $-0,83$ | $+1,67$ | $-$ | $-1,67$ | $-0,83$ | $-$ | $-$ | $-$ |
| $e$ | $-7,5$ | $+7,5$ | $+19,17$ | $+19,17$ | $-7,5$ | $-11,67$ | $+10,42$ | $+7,5$ | $-7,5$ | |

| | $AB$ | | | | $HD$ | | | | $GF$ | Seiten-verschiebg. |
|---|---|---|---|---|---|---|---|---|---|---|
| $f$ | $-7,5$ | | | | $-7,5$ | | | | $-7,5$ | |
| $g$ | $-$ | | | | $-$ | | | | $-$ | $-$ |
| $h$ | $-7,5$ | | | | $-7,5$ | | | | $-7,5$ | |
| $i$ | $-$ | | | | $-$ | | | | $-$ | $-$ |
| | $-7,5$ | | | | $-7,5$ | | | | $-7,5$ | |

Momenten ist in die Zeilen $c$ und $h$ eingetragen. Es ist zu ersehen, daß die größten Riegelmomente im Rahmenriegel $BCD$ vorkommen, nämlich $+20$ tm bei $C$ und $+17,5$ tm bei $DC$; das Moment bei $BC$ bleibt auf $+7,5$ tm wie durch das volle plastische Moment des Rahmenstieles $AB$ festgelegt ist. Zur Bestimmung des kleinsten erforderlichen vollen plastischen Momentes für die Riegel werden nun in Zeile $d$ die Momente bei $C$ und $DC$ numerisch gleich 19,17 tm gemacht durch Zufügung von Momenten $-0,83$ tm und $+1,67$ tm bei $C$ bzw. $DC$; diese Momentenänderungen geschehen in einer Weise, daß das Gleichgewicht des Riegels

*BCD* beibehalten bleibt, in Übereinstimmung mit Tab. 4.4. Der Knoten *D* wird dann durch ein Moment von $-1,67$ tm bei *DE* ausgeglichen, und das Gleichgewicht des Riegels *DEF* wird durch ein Moment von $-0,83$ tm bei *E* beibehalten. Die resultierenden Momente erscheinen in den Zeilen *e* und *j*. Es folgt, daß, wenn die Stiele ihr minimal mögliches volles plastisches Moment von 7,5 tm erhalten, die Riegel ein volles plastisches Moment von 19,17 tm haben müssen.

Die vollen plastischen Momente der Stäbe in [tm] in den beiden extremen möglichen Bemessungen sind damit wie folgt:

$$\begin{array}{lcc} \text{Riegel} & 12,5 & 19,17 \\ \text{Stiele} & 12,5 & 7,5. \end{array}$$

Es wird nun angenommen, daß ein innerhalb des Bereiches der vollen plastischen Momente der Riegel liegendes Profil mit einem vollen plastischen Moment von 16,4 tm existiert. Die Riegel erhalten dann dieses

Tabelle 4.7

*Plastische Momentenverteilung für volles plastisches Moment der Riegel von 16,4 tm*

| | *BA* | *BC* | *C* | *DC* | *DH* | *DE* | *E* | *FE* | *FG* | *Seiten-verschiebg.* |
|---|---|---|---|---|---|---|---|---|---|---|
| *a* | $-7,5$ | $-12,5$ <br> $+3,9$ | $+12,5$ <br> $+3,9$ | $+12,5$ <br> $+3,9$ | $-7,5$ | $-10$ <br> $+1,1$ | $+10$ <br> $+1,25$ <br> $+0,55$ | $+10$ <br> $-2,5$ | $-7,5$ | |
| *b* | $+8,3$ | $+7,8$ | | | $-$ | | | | $-$ | $+8,3$ |
| *c* | $+0,8$ <br> $-$ | $-0,8$ <br> $-$ | $+16,4$ <br> $-$ | $+16,4$ <br> $-$ | $-7,5$ <br> $-1,66$ | $-8,9$ <br> $+1,66$ | $+11,8$ <br> $+0,83$ <br> $-0,83$ | $+7,5$ <br> $+1,66$ | $-7,5$ <br> $-1,66$ | $-3,32$ |
| *d* | | | | | | | | | | |
| *e* | $+0,8$ | $-0,8$ | $+16,4$ | $+16,4$ | $-9,16$ | $-7,24$ | $+11,8$ | $+9,16$ | $-9,16$ | |

| | *AB* | *HD* | *GF* | *Seiten-verschiebg.* |
|---|---|---|---|---|
| *f* | $-7,5$ <br> $-2,77$ | $-7,5$ <br> $-2,77$ | $-7,5$ <br> $-2,77$ | $-8,3$ |
| *g* | | | | |
| *h* | $-10,27$ <br> $+1,11$ | $-10,27$ <br> $+1,11$ | $-10,27$ <br> $+1,11$ | $+3,33$ |
| *i* | | | | |
| *j* | $-9,16$ | $-9,16$ | $-9,16$ | |

volle plastische Moment, und das entsprechende erforderliche volle plastische Moment für die Stiele ist zu bestimmen. Die Berechnungen sind in Tab. 4.7 wiedergegeben. Die ersten Zeilen *a* und *f* in dieser Tabelle sind wieder identisch mit denen von Tab. 4.5. Aus den beiden vorherigen Lösungen geht hervor, daß das volle plastische Moment bei *C* und *DC* erreicht wird, und diese Momente werden dementsprechend auf den Wert 16,4 tm gebracht, wie in Zeile *b* gezeigt. Die Momente werden dann zur Aufrechterhaltung des Gleichgewichtes des Riegels *BCD* auf *BC* übertragen, und sämtliche Knoten werden darauf ausgeglichen. Die in Zeile *b*

vermerkte Seitenverschiebungs-Momentenänderung von $+$ 8,3 tm wird
zur Aufrechterhaltung des Gleichgewichtes als $-$ 8,3 tm zu Zeile $g$ her-
untergetragen, und den Stielfüßen zu drei gleichen Teilen von $-$ 2,77 tm
zugewiesen. Die resultierenden statisch zulässigen Momente sind in den
Zeilen $c$ und $h$ eingetragen.

Die maximalen Momente in den Rahmenstielen haben die Größe
10,27 tm an den Füßen, aber die Momente bei $DH$ und $FG$ betragen nur
$-$ 7,5 tm und das Moment bei $BA$ ist 0,8 tm. Es ist unmöglich, das
Moment bei $BA$ zu ändern, ohne die Momente im Riegel $BCD$ zu ändern,
aber zur Erzielung einer wirtschaftlichen Bemessung sollten, wenn möglich, die Momente bei $DH$ und $FG$ und an den Füßen der drei Rahmenstiele gleichgemacht werden. Dies kann tatsächlich geschehen, und die entsprechenden Momentenänderungen sind in den Zeilen $d$ und $i$ angegeben,
welche zu dem statisch zulässigen Satz von Momenten in den Zeilen $e$ und

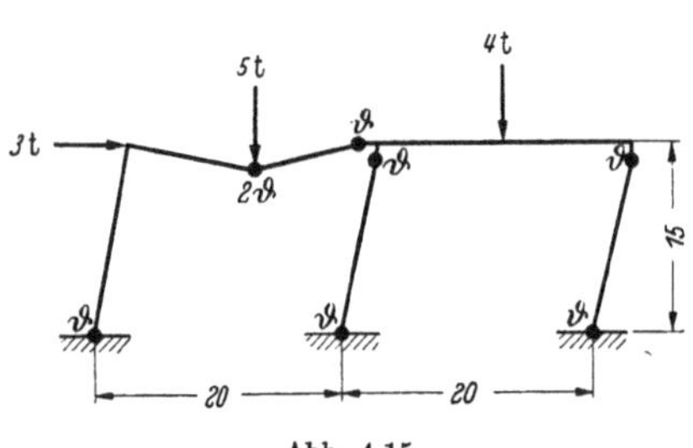


Abb. 4.15.
Bruchkette für zweifeldrigen Rechteckrahmen

$j$ führen, in dem die Momente bei $DH$, $FG$, $AB$, $HD$ und
$GF$ sämtlich $-$ 9,16 tm sind,
während die Momente im Riegel $DEF$ dem Betrage nach
alle kleiner als 16,4 tm sind.
Für ein volles plastisches Moment der Riegel von 16,4 tm
ergibt sich somit die optimale
Bemessung, wenn die Stiele
ein volles plastisches Moment
von 9,16 tm erhalten. Die entsprechende Bruchkette ist in Abb. 4.15
dargestellt.

Das plastische Momentenverteilungsverfahren eignet sich besonders
für rechteckige Rahmentragwerke. Verschiedene Anwendungen auf derartige Rahmen sind von HORNE [4] und auch von BAKER und HORNE [11]
gegeben worden, die die Grundlage des Verfahrens mit der des Verfahrens der Kombination kinematischer Ketten vergleichen. ENGLISH [10]
hat ebenfalls die Behandlung von rechteckigen Rahmentragwerken nach
seiner Methode der Relaxation von Fließgelenken erläutert. Wenn jedoch
nicht-rechteckige Rahmentragwerke, wie Giebelrahmen, betrachtet
werden, werden die Bedingungen, denen die Biegemomentenänderungen
genügen müssen, um das Gleichgewicht aufrechtzuerhalten, komplizierter. Dieser Punkt wurde von HORNE [4] in der Erwiderung auf die
Diskussion über seine Abhandlung erörtert.

## 4.5 Andere Verfahren für die Bestimmung plastischer Traglasten

Es sind eine Anzahl weiterer Verfahren für die Bestimmung plastischer
Traglasten entwickelt worden, die sich von den in diesem Kapitel bereits

beschriebenen drei Verfahren unterscheiden. Einzelheiten dieser Verfahren werden nicht gegeben, aber eine kurze Darstellung der Grundlage jeder der Berechnungsmethoden und ihrer Grenzen kann von Interesse sein.

Der erste Versuch zur Behandlung von mit der Bemessung großer Rahmentragwerke verbundener Probleme scheint von GIRKMANN [12], [13] unternommen worden zu sein. Der Grundgedanke seines Verfahrens besteht in der Konstruktion einer statisch zulässigen Biegemomentenverteilung für den betrachteten Rahmen und seine Belastung, und dann in der Zuordnung eines vollen plastischen Momentes für jeden Stab, das der Größe nach gleich dem maximalen Biegemoment in dem Stabe ist. Im wesentlichen entspricht daher sein Verfahren dem plastischen Momentenverteilungsverfahren, obgleich die Durchführung sich auf die Konstruktion von Biegemomentendiagrammen gründet anstatt auf tabellarische Rechnungen. Jedoch betrachtet GIRKMANN nur rechteckige Rahmentragwerke und begnügt sich damit, seine Biegemomentenverteilung abzuändern, bis die maximalen positiven und negativen Biegemomente in jedem Stabe einander gleich sind. Im allgemeinen bedeutet dies, daß das Versagen unter den gegebenen Lasten nicht eintritt, so daß die Bemessungen in dem Sinne unwirtschaftlich sind, als sie nach dem statischen und dem Einzigkeitssatz eine größere als für die gegebenen Lasten erforderliche Tragfähigkeit haben.

Ein anderes Verfahren, das ein im wesentlichen statisches Vorgehen enthält, wurde von NEAL und SYMONDS [14] entwickelt. Dieses Verfahren gründet sich auf die Lösung von Systemen von linearen Ungleichungen nach der Methode von DINES [15]. Die Bedingung, daß das Biegemoment an einem beliebigen Querschnitt innerhalb der Grenzen der positiven und negativen vollen plastischen Momente liegen muß, kann für jeden betrachteten Querschnitt als ein Paar von Ungleichungen ausgedrückt werden. Diese Ungleichungen werden für das Biegemoment an jedem Querschnitt aufgestellt, an dem ein plastisches Gelenk entstehen könnte. Wenn es $n$ derartiger Querschnitte gibt, bestehen $2n$ Ungleichungen dieser Art, die die Werte der $n$ Biegemomente enthalten. Da es $(n-r)$ Gleichgewichtsgleichungen gibt, wobei $r$ die Anzahl der statisch unbestimmten Größen ist, ist es möglich, $(n-r)$ der Biegemomente in Termen der übrigen $r$ Momente und der Werte der äußeren Lasten auszudrücken. Das resultiert in der Bildung von $2n$ Ungleichungen, die nur $r$ Biegemomente als Variable enthalten. Da die Gleichgewichtsgleichungen in den Momenten und den eingetragenen Lasten linear sind, sind diese Ungleichungen sämtlich linear.

Die $r$ Biegemomente können nacheinander aus den Ungleichungen eliminiert werden, und nach Durchführung dieser Elimination bleiben eine Anzahl von Ungleichungen für den Wert von $P$ zurück, als dessen

Vielfaches jede Last ausgedrückt wird. Jede dieser Ungleichungen setzt dem Wert von $P$ eine obere Eingrenzung, und die kleinste dieser oberen Eingrenzungen ist die Traglast $P_c$. Obgleich dieses Verfahren vollständig systematisch ist, sind die enthaltenen Rechnungen extrem langwierig, und der einzige Vorteil ist, daß es sich für Maschinenrechnung eignet.

Das von GREENBERG und PRAGER [16] entwickelte Berechnungsverfahren mittels oberer und unterer Eingrenzungen der Traglast ist in Abschn. 3.3 erwähnt worden. Das vorgeschlagene Verfahren besteht in der Annahme einer Bruchkette und der Ableitung des zugehörigen Wertes von $P$ aus einer Arbeitsgleichung. Nach dem kinematischen Satz ergibt das eine obere Eingrenzung des Wertes von $P_c$. Wenn die angenommene Bruchkette vom *vollständigen* Typ ist, kann die entsprechende Biegemomentenverteilung für das gesamte Tragwerk aus rein statischen Betrachtungen bestimmt werden, und die höchste Last, bei der diese statisch zulässige Biegemomentenverteilung auch sicher ist, stellt nach dem statischen Satz eine untere Eingrenzung der Traglast dar. Wenn nicht obere und untere Eingrenzung zusammenfallen, werden die Berechnungen sukzessive mit anderen angenommenen Bruchketten wiederholt, bis die Übereinstimmung erzielt ist. Der Nachteil dieses Verfahrens ist, daß die Untersuchung von Bruchketten vom *teilweisen* Typ, bei denen beim Versagen nicht das gesamte Rahmentragwerk statisch bestimmt wird, Schwierigkeiten bereitet.

HEYMAN und NACHBAR [17] haben versucht, diesen Mangel durch Entwicklung eines anderen Eingrenzungsverfahrens zu überwinden, das sich für systematische Berechnungen großer Rahmentragwerke eignet. Bei diesem Verfahren wird eine untere Eingrenzung auf folgende Weise erhalten: Das Rahmentragwerk wird an mehreren Querschnitten geschnitten, so daß die resultierenden Tragwerksteile entweder statisch bestimmt oder statisch unbestimmt sind. Diejenigen Tragwerksteile, die statisch unbestimmt sind, werden hinreichend einfach gemacht, um eine leichte Bestimmung ihrer Traglasten unter der gegebenen Belastung zu ermöglichen. Darauf werden die hypothetischen „Traglasten" $P_c{}^*$ für jedes der Tragwerksteile ermittelt. Der tatsächliche Wert von $P_c$ für das Versagen des ganzen Rahmens kann nicht kleiner sein als die kleinste so erhaltene Traglast, die mit $P_L$ bezeichnet wird. Das folgt unmittelbar aus dem statischen Prinzip; denn wenn der $P_L$ entsprechende Satz von Lasten in den ganzen Rahmen eingetragen wird, ist bekannt, daß wenigstens eine Biegemomentenverteilung gefunden werden kann, die an keiner Stelle des Rahmens das volle plastische Moment überschreitet. Bei einer derartigen Biegemomentenverteilung ist die Verteilung für jedes der Komponenten-Tragwerksteile bei seiner Traglast $P_c{}^*$ im Verhältnis von $P_L$ zu $P_c{}^*$ abgemindert.

Auf diese Weise kann daher eine untere Eingrenzung $P_L$ für $P_c{}^*$ erhalten werden. Um die untere Eingrenzung zu verbessern, werden an den Schnittstellen die statisch unbestimmten Kräfte und Biegemomente eingeführt. Diese statisch unbestimmten Größen werden dann systematisch geändert, um eine Erhöhung von $P_L$, dem niedrigsten Wert der Traglasten $P_c^*$ für jeden der Komponententeile des Rahmens, zu erzielen.

Gleichzeitig wird eine obere Eingrenzung für $P_c$ bestimmt, und der Wert dieser oberen Eingrenzung wird in der ersten Instanz durch Einsetzen von Fließgelenken an jeder möglichen Stelle des Rahmens erhalten, wodurch eine kinematische Kette mit mehreren Freiheitsgraden erzeugt wird. Die Verdrehung jedes plastischen Gelenkes wird in Termen der Verdrehungen einer Anzahl von plastischen Gelenken bestimmt, die gleich der Zahl der Freiheitsgrade der kinematischen Kette ist. Wenn für diese kinematische Kette die Arbeitsgleichung niedergeschrieben wird, wird ein Ausdruck für $P$ erhalten, der mehrere unabhängige Parameter enthält, welche die Fließgelenkverdrehungen sind, die zur Spezifizierung der Bewegung der kinematischen Kette gewählt worden sind. Jede beliebige Wahl dieser Fließgelenkverdrehungen, die in der ersten Instanz getroffen wird, führt zu einem Wert von $P$, der eine obere Eingrenzung von $P_c$ ist. HEYMAN und NACHBAR haben ein systematisches Verfahren für die Reduzierung des Wertes dieser oberen Eingrenzung angegeben. Dabei wird die Anzahl der Freiheitsgrade der kinematischen Kette sukzessive reduziert, wenn die Beziehungen der ursprünglich als unabhängig eingeführten Fließgelenkverdrehungen zueinander bekannt werden.

Die Berechnungen für die Verbesserung der oberen und unteren Eingrenzungen werden gleichzeitig ausgeführt und beendet, wenn diese Eingrenzungen eng genug beieinanderliegen, daß sie dem gewünschten Genauigkeitsgrad genügen.

### Literatur

[1] BAKER, J. F.: The design of steel frames. Struct. Engr., 27, 397 (1949)

[2] NEAL, B. G., u. P. S. SYMONDS: The rapid calculation of the plastic collapse load for a framed structure. Proc. Instn. Civ. Engrs., 1, (Part 3), 58 (1952)

[3] NEAL, B. G., u. P. S. SYMONDS: The calculation of plastic collapse loads for plane frames. Prelim. Pubn. 4th Congr. Intern. Assn. Bridge and Struct. Engng. 75, Cambridge (1952). Nachgedruckt in: Engineer, 194, 315, 363 (1952)

[4] HORNE, M. R.: A moment distribution method for the analysis and design of structures by the plastic theory. Proc. Instn. Civ. Engrs., 3, (Part 3), 51 (1954)

[5] FOULKES, R. A.: A comparison between elastic and plastic designs of pitched roof portal frames. Brit. Weld. Res. Assn. Rep. FE. 1/27A (1951)

[6] The Collapse Method of Design. British Constructional Steelwork Association Publication No. 5, 1952

[7] HENDRY, A. W.: Plastic analysis and design of mild steel Vierendeel girders. Struct. Engr., 33, 213 (1955)

[8] HORNE, M. R.: Collapse load factor of a rigid frame structure. Engineering, 177, 210 (1954)

[9] SYMONDS, P. S., u. B. G. NEAL: Recent progress in the plastic methods of structural analysis. J. Franklin Inst., **252**, 383, 469 (1951)

[10] ENGLISH, J. M.: Design of frames by relaxation of yield hinges. Trans. Amer. Soc. Civ. Engrs., **119**, 1143 (1954)

[11] BAKER, J. F., u. M. R. HORNE: New methods in the analysis and design of structures in the plastic range. Brit. Weld. J., **1**, 307 (1954)

[12] GIRKMANN, K.: Bemessung von Rahmentragwerken unter Zugrundelegung eines ideal-plastischen Stahles. S. B. Akad. Wiss. Wien (Abt. II a), **140**, 679 (1931)

[13] GIRKMANN, K.: Über die Auswirkung der „Selbsthilfe" des Baustahls in rahmenartigen Stabwerken. Stahlbau, **5**, 121 (1932)

[14] NEAL, B. G., u. P. S. SYMONDS: The calculation of collapse loads for framed structures. J. Instn. Civ. Engrs., **35**, 21 (1950—51)

[15] DINES, L. L.: Systems of linear inequalities. Ann. Math. Princeton (Series 2), **20**, 191 (1918—19)

[16] GREENBERG, H. J., u. W. PRAGER: On limit design of beams and frames. Trans. Amer. Soc. Civ. Engrs., **117**, 447 (1952)

[17] HEYMAN, J., u. W. NACHBAR: Approximate methods in the limit design of structures. Proc. 1st U. S. Natl. Congr. Appl. Mech., 551 (1952)

## Übungsaufgaben

Anmerkung: *In den folgenden Beispielen kann angenommen werden, daß sämtliche Rahmenknoten in der Lage sind, das volle plastische Moment zu entwickeln, wenn nicht eine andersartige Feststellung getroffen ist.*

1. Für den Giebelrahmen von Abb. 4.1 a wurde in Abschn. 4.2 gezeigt, daß in der tatsächlichen Bruchkette plastische Gelenke an den Querschnitten 2, 4 und 5 vorkommen, sowie ein plastisches Gelenk im linken Giebelstab in einer Entfernung von 2,5 m vom First. Stelle mittels einer statischen Berechnung einen Ausdruck für den erforderlichen Wert von $M_p$ in Termen der Entfernung $x$ m dieses Gelenkes vom First auf und leite die richtigen Werte für $x$ und $M_p$ ab.

2. Bestimme den erforderlichen Wert von $M_p$ für den eingespannten Giebelrahmen von Abb. 4.1 a für den Fall, daß nur die vertikalen ständigen Lasten und Schneelasten von 2,6 t in gleichförmiger Verteilung auf jeden Giebelstab wirken. Bestimme ebenfalls den erforderlichen Wert von $M_p$ für diesen Rahmen und die gleiche Belastung, wenn beide Füße gelenkig gelagert sind.

3. Der in Abb. 4.1 a dargestellte eingespannte Giebelrahmen ist der gleichen vertikalen ständigen Last und Schneelast auf den Giebelstäben unterworfen, aber jede der Windlasten ist um 30% erhöht. Bestimme den Wert von $M_p$ so, daß das Versagen gerade eintritt.

4. Ein eingespannter Giebelrahmen $ABCDE$ setzt sich aus zwei Stielen $AB$ und $ED$ von der Länge 15 m zusammen, deren Füße $A$ und $E$ 40 m auseinanderliegen, und zwei Giebelstäben $BC$ und $DC$ von gleicher Länge, die um 15° gegen die Horizontale geneigt sind. Sämtliche Rahmenstäbe erhalten das gleiche volle plastische Moment $M_p$. Bestimme den erforderlichen Wert von $M_p$ für eine gleichförmig verteilte vertikale Dachbelastung von 7 t, so daß das Versagen gerade eintritt. Ermittle ebenfalls den erforderlichen Wert von $M_p$, wenn zusätzlich eine auf den Rahmenstiel $AB$ in der Richtung $AE$ wirkende gleichförmig verteilte horizontale Windlast von 1,5 t vorhanden ist.

5. Ein Sägedach-Zweigelenkrahmen $ABCDE$ hat zwei Stiele $AB$ und $ED$ von der Länge 12 m mit 26 m weit auseinanderstehenden Füßen $A$ und $E$. Die Giebelstäbe $BC$ und $CD$ haben die Länge 24 m bzw. 10 m. Sämtliche Rahmenstäbe erhalten das gleiche volle plastische Moment $M_p$. Bestimme den erforderlichen Wert

von $M_p$ für eine auf den Stab $BC$ wirkende gleichförmig verteilte Last von 4 t, so daß das Versagen gerade eintritt.

6. Ein eingespannter Rahmen $ABCD$ besteht aus zwei Stielen $AB$ und $DC$, deren Längen 10 m und 13 m betragen und deren Füße $A$ und $D$ 16 m weit auseinander liegen, und einem Riegel $BC$. Sämtliche Stäbe des Rahmens erhalten das gleiche volle plastische Moment $M_p$. Bestimme den erforderlichen Wert von $M_p$ für eine gleichförmig verteilte vertikale Belastung des Riegels $BC$ von 5 t, so daß das Versagen gerade eintritt. Bestimme ferner den erforderlichen Wert von $M_p$, wenn zusätzlich der Stiel $AB$ durch eine gleichförmig verteilte horizontale Windlast von 1,5 t in der Richtung $AD$ belastet wird und der Riegel $BC$ durch einen gleichförmig verteilten Windsog von 0,25 t senkrecht zu $BC$.

7. Ein eingespannter Giebelrahmen $ABCDE$ hat zwei Stiele $AB$ und $ED$ von der Länge $l$, deren Füße $A$ und $E$ um die Entfernung $2\,l$ auseinanderliegen. Die Riegelstäbe $BC$ und $CD$ sind beide von gleicher Länge und sind um 30° gegen die Horizontale geneigt. Sämtliche Stäbe des Rahmens erhalten das gleiche volle plastische Moment $M_p$. Die Stiele $AB$ und $ED$ sind jeder einer Horizontallast $P$ in der Richtung $AE$ unterworfen und die Giebelstäbe $BC$ und $CD$ Vertikallasten $3\,P$ und $4\,P$; jede der vier Lasten greift als Einzellast in der Mitte des jeweiligen Stabes an. Bestimme den Wert von $P$, der das Versagen verursachen würde.

8. In einem symmetrischen Zweigelenk-Portalrahmen $ABCDEFGH$ haben die Stiele $AB$ und $GH$ jeder eine Länge von 18 m, ihre Füße $A$ und $H$ liegen 40 m auseinander. Die Dachstäbe $BC$ und $FG$ sind beide um einen Winkel von 15° gegen die Horizontale geneigt. $CDEF$ ist ein rechteckiger Oberlichtrahmen. Die Vertikalstäbe $CD$ und $FE$ haben eine Länge von 6 m, die Länge des Horizontalstabes $DE$ beträgt 12 m. Die Dachstäbe $BC$ und $FG$ sind jeder einer gleichförmig verteilten Vertikallast von 4 t, der Stab $DE$ von 5 t unterworfen. Bestimme unter der Voraussetzung, daß sämtliche Stäbe des Rahmentragwerkes das gleiche volle plastische Moment $M_p$ erhalten, den Wert von $M_p$ so, daß das Versagen gerade eintritt. Zeige, daß der erforderliche Wert von $M_p$ innerhalb gewisser Grenzen unverändert bleibt, wenn die Länge der Vertikalstäbe $CD$ und $FE$ geändert wird, und bestimme diese Grenzen.

9. In einem zweifeldrigen eingespannten Rechteckrahmen $ABCDEF$ haben die drei Stiele $AB$, $FC$ und $ED$ jeder eine Länge von 15 m und ein volles plastisches Moment $M_p$, während die beiden Riegel $BC$ und $CD$ jeder eine Länge von 15 m und ein volles plastisches Moment $2\,M_p$ haben. Eine Horizontallast $H$ wirkt bei $B$ in der Richtung $BC$, und in den Mitten der Riegel $BC$ und $CD$ greifen die Vertikallasten $P$ bzw. $Q$ an. Bestimme die Werte von $M_p$, so daß das Versagen unter den folgenden Lastkombinationen gerade eintritt:

a)   $H = 1$ t      $P = 2$ t      $Q = 2$ t
b)   $H = 1$ t      $P = 3$ t      $Q = 4$ t.

Zeige für den Fall a, daß wenn die Lasten $P$ und $Q$ je 4 t gleichförmig über die Riegel verteilt, anstatt 2 t als Einzellast in Riegelmitte angreifend, wären, der erforderliche Wert von $M_p$ ungeändert bleibt, wenn das plastische Gelenk im Riegel $BC$ in Riegelmitte angenommen wird. Schätze die durch eine richtige Plazierung dieses Gelenkes verursachte Änderung im Werte von $M_p$.

10. In einem zweistöckigen, einfeldrigen, eingespannten, rechteckigen Rahmen $ABCDEF$ haben die durchlaufenden Stiele $ABC$ und $FED$ eine Gesamtlänge von je 20 m, und $AB = BC = DE = EF = 10$ m. Die Füße $A$ und $F$ liegen 18 m auseinander und die oberen und unteren Riegel $CD$ und $BE$ sind somit beide 18 m lang. In den Mitten der Riegel $CD$ und $BE$ greifen vertikale Einzellasten $V_1$ und $V_2$ an, und bei $D$ und $E$ wirken horizontale Einzellasten $H_1$ und $H_2$ in den Richtungen $CD$ und $BE$. Sämtliche Stäbe des Rahmentragwerkes erhalten das gleiche volle pla-

stische Moment $M_p$. Bestimme den Wert von $M_p$, so daß unter den folgenden Lastkombinationen das Versagen gerade eintritt:

|  |  |  |  |  |
|---|---|---|---|---|
| a) | $V_1 = 2\,\mathrm{t}$ | $V_2 = 2\,\mathrm{t}$ | $H_1 = 1\,\mathrm{t}$ | $H_2 = 1\,\mathrm{t}$ |
| b) | $V_1 = 2\,\mathrm{t}$ | $V_2 = 2\,\mathrm{t}$ | $H_1 = 0$ | $H_2 = 1\,\mathrm{t}$. |

11. Die Stiele $AB$ und $ED$ eines Zweigelenk-Giebelrahmens $ABCDE$ haben jeder eine Höhe von 10 m, die Füße $A$ und $E$ liegen 40 m auseinander. Die Giebelstäbe $BC$ und $DC$ sind gleichlang und um einen Winkel von 22,5° gegen die Horizontale geneigt. Die Rahmenecken $B$ und $D$ sind durch ein Zugband miteinander verbunden, das kein Biegemoment aufnehmen kann, aber hinreichend stark ist, um jede relative Horizontalbewegung zu verhindern. Die Giebelstäbe $BC$ und $CD$ tragen jeder eine gleichförmig verteilte Vertikallast von 5 t. Sämtliche Stäbe des Rahmens erhalten das gleiche volle plastische Moment $M_p$. Ermittle den Wert von $M_p$, so daß das Versagen gerade eintritt, und bestimme den Zug im Zugband beim Versagen des Tragwerkes.

12. In einem dreistöckigen, einfeldrigen, eingespannten rechteckigen Rahmen $ABCDEFGH$ hat jedes Stockwerk eine Höhe von 8 m und die Länge der Riegel beträgt ebenfalls 8 m. Die vollen plastischen Momente der untersten Rahmenstiele $AB$ und $HG$ betragen $3\,M_p$, die der Stiele $BC$ und $GF$ des mittleren Stockwerkes sind $2\,M_p$ und die der obersten Stiele $CD$ und $FE$ sind $M_p$. Die vollen plastischen Momente der Riegel $DE$, $CF$ und $BG$ sind $M_p$, $2\,M_p$ und $2\,M_p$. Bei $E$, $F$ und $G$ werden horizontale Einzellasten von 1 t, 2 t und 3 t eingetragen, die sämtlich in der gleichen Richtung wirken. Bestimme den Wert von $M_p$, so daß das Versagen gerade eintritt.

13. Bei dem zweifeldrigen eingespannten Giebelrahmen von Abb. 4.13 a besteht die ständige und Schneebelastung aus einer gleichförmig verteilten Vertikallast von 4,43 t auf jedem Giebelstab. Bestimme für diese Belastung den Wert von $M_p$, so daß das Versagen gerade eintritt; $M_p$ ist das volle plastische Moment jedes Stabes des Rahmentragwerkes.

Bestimme ebenfalls die erforderlichen Werte von $M_p$ für diese Belastung und für die in Abb. 4.13 a angegebene ständige Last, Schnee- und Windlast, wenn die Stützenfüße sämtlich gelenkig gelagert anstatt eingespannt sind.

14. Bei einem mehrfeldrigen eingespannten Giebelrahmen ist die Weite $l$ jedes Rahmenfeldes dieselbe, und die Stielhöhen $h$ und Giebelstab-Neigungen $\vartheta$ sind sämtlich gleich, so daß alle Felder identisch sind. Jeder Stab des Rahmentragwerkes hat das gleiche volle plastische Moment $M_p$. Der Rahmen ist ständiger Last und Schneelast unterworfen, so daß jeder Giebelstab die gleiche gleichförmig verteilte vertikale Streckenlast $P$ aufnimmt. Zeige, daß das Versagen ohne Rücksicht auf die Anzahl der Felder auf die Endfelder beschränkt ist. Zeige ferner, daß der erforderliche Wert von $M_p$, so daß das Versagen gerade eintritt, $\dfrac{P\,l\,h}{4\,(2\,h + l\,\mathrm{tg}\vartheta)}$ ist, bei Vernachlässigung der kleinen Korrektur infolge der Tatsache, daß die plastischen Gelenke sich nicht an den Firstpunkten der äußeren Rahmen bilden, sondern in einem geringen Abstand von den Firstpunkten.

Kapitel 5

# Ermittlung der Ausbiegungen

## 5.1 Einführung

Die in den Kap. 3 und 4 beschriebenen Verfahren der plastischen Berechnung biegesteifer Stabwerke befassen sich einzig mit der Tragfähigkeit von Tragwerken, die durch den Wert der Traglast ausgedrückt wird. Es gibt viele praktische Fälle von Tragwerken, bei denen das Hauptaugenmerk des Statikers auf der Tragfähigkeit liegt, und in solchen Fällen kann sich die Bemessung auf die plastische Traglasttheorie gründen. Bei einigen Tragwerksarten kann es jedoch erforderlich sein, darauf zu achten, daß gewisse Formänderungen nicht die zulässigen Grenzen überschreiten. Beispielsweise müßte bei einem eine Kranbahn tragenden Portalrahmen das höchstzulässige Ausweichen der Kranschienen gering bleiben. Bei derartigen Tragwerken kann es sich schlecht voraussehen lassen, ob der nach der plastischen Traglasttheorie bemessene Rahmen genügende Steifigkeit haben wird, um die Formänderungen unterhalb ihrer höchstzulässigen Grenzen zu halten. Die Formänderungsgrenzwerte sind in der Regel für die Gebrauchslasten festgelegt, und in vielen Fällen wird sich ein nach der plastischen Traglasttheorie bemessenes Tragwerk unter Gebrauchslasten vollständig elastisch verhalten, so daß unter diesen Umständen eine elastische Formänderungsberechnung genügen würde. Jedoch ist diese Art der Festsetzung unlogisch; denn es ist möglich, daß bei Anwachsen der Lasten über die Gebrauchslastwerte rapide Formänderungszunahmen eintreten, so daß das Tragwerk vor dem Erreichen der Traglast vom Standpunkt der Betriebsnutzung durch übergroße Formänderungen versagt hat, obgleich sich die Formänderungen unter Gebrauchslast in befriedigenden Grenzen zu halten schienen. Somit besteht ein Bedarf für Methoden, die es gestatten, die Formänderungen eines Tragwerkes bis zum Punkt des plastischen Bruches zu bestimmen. Der Hauptzweck dieses Kapitels ist die Erörterung der Entwicklung derartiger Verfahren.

Ein weiterer Grund für die Behandlung dieser Frage liegt in der in der plastischen Traglasttheorie getroffenen Annahme, daß die bis unmittelbar vor Eintreten des plastischen Bruches entstandenen Formänderungen von vernachlässigbarem Einfluß auf die Geometrie des Rahmentragwerkes sind, in dem Sinne, daß die Gleichgewichtsgleichungen hinreichend genau die gleichen wie für das unverformte Tragwerk geblieben sind. Diese Formänderungen werden größer sein als die normalerweise bei den Anwendungen der elastischen Verfahren vorliegenden; denn es werden Traglasten anstelle von Gebrauchslasten betrachtet, und weiterhin tritt im Verlauf der Bildung und Verdrehung der

Fließgelenke ein progressiver Steifigkeitsverlust ein. Somit kann es in einigen Fällen empfehlenswert sein, die Formänderungen eines Rahmentragwerkes am Punkte des Versagens zu schätzen, um feststellen zu können, ob sie von einer Größe sind, die die Annahme der ungeänderten Geometrie ungültig macht.

In diesem Kapitel wird angenommen, daß das Tragwerk anfänglich spannungsfrei ist und einer proportionalen Belastung bis zum Versagen unterworfen wird. Das entspricht natürlich nicht der Art der Belastung, der ein Tragwerk gewöhnlich in der Praxis unterworfen ist. In vielen praktischen Fällen erfährt ein Tragwerk eine mehr oder weniger zufällige Fluktuation der Belastung wie im Falle eines Stockwerkrahmens, der Schnee- und Windlasten in nicht vorausbestimmbarer Weise unterworfen wird. Wie in Kap. 8 erläutert wird, kann diese Art der Belastung bei variierender Last die progressive Zunahme von Ausbiegungen verursachen, so daß sich, selbst wenn die Spitzenwerte der Lasten geringer sind als diejenigen, die das plastische Versagen herbeiführen würden, viel größere Ausbiegungen herausbilden können als die, die unmittelbar vor dem Versagen unter proportionaler Belastung auftreten. Daran ist bei der Einschätzung der Bedeutung der Formänderungswerte zu denken, die unter der Annahme proportionaler Belastung erhalten werden.

Der erste Schritt zur Entwicklung von Verfahren für die Bestimmung von Ausbiegungen besteht in der Aufstellung geeigneter Biegemomenten-Krümmungsbeziehungen. Dieses Problem wird in Abschn. 5.2 behandelt, wo gezeigt wird, daß diese Beziehungen von den Spannungs-Dehnungsbeziehungen für Zug und Druck abgeleitet werden können, wenn bestimmte vereinfachende Annahmen getroffen werden. Wenn einmal die Biegemomenten-Krümmungsbeziehung bekannt ist, ist es verhältnismäßig einfach, Last-Ausbiegungskurven für statisch bestimmte Tragwerke abzuleiten; einige Ableitungen dieser Art werden in Abschn. 5.3 für Träger auf zwei Stützen angegeben. Obgleich es im Prinzip sehr einfach ist, dieses Verfahren für die Bestimmung von Last-Ausbiegungskurven für statisch unbestimmte Rahmentragwerke zu erweitern, sind die enthaltenen Berechnungen überaus langwierig. Dementsprechend wird die allgemeinere Art der Behandlung in Abschn. 5.4 lediglich zusammenfassend dargestellt, wo die Ergebnisse von einigen typischen Berechnungen angegeben sind. Die Komplexheit dieser Berechnungen zeigt die Notwendigkeit, die für ein Näherungsverfahren zur Bestimmung der Ausbiegungen eines Tragwerkes am Punkt des Versagens besteht, und ein derartiges Verfahren wird in Abschn. 5.5 beschrieben. Bei der Anwendung des Verfahrens ist es erforderlich, weitere vereinfachende Annahmen zu treffen, und der Wert des Verfahrens muß durch Vergleich der rechnerischen Ausbiegungswerte mit Versuchsergebnissen eingeschätzt werden. Vergleiche dieser Art sind angestellt worden und haben gezeigt, daß sich die rechnerisch geschätzten Werte in einigermaßen guter Übereinstimmung mit den gemessenen Ausbiegungen befanden. Es gibt jedoch gewisse Fälle, in denen die Schätzungen unzuverlässig sein können; diese Fälle werden ebenfalls kurz erörtert.

## 5.2. Biegemomenten — Krümmungsbeziehungen

Die wichtigsten Annahmen, die bei der Ableitung von Biegemomenten-Krümmungsbeziehungen aus den Spannungs-Dehnungsbeziehungen für Zug und Druck getroffen werden, sind folgende:

1. Ursprünglich ebene Querschnitte bleiben eben, so daß die Längsdehnung linear mit der Entfernung von der Nullinie über den Querschnitt variiert.

2. Die einzigen wirkenden Spannungen sind längsgerichtete Normalspannungen.

3. Die Beziehung zwischen Längsdehnung und -spannung ist bei der Biegung die gleiche wie bei einfachem Zug oder Druck.

4. Das Material ist homogen.

5. Die Einflüsse von Querkraft und Längsdruckkraft sind vernachlässigbar.

6. Eigenspannungen sind nicht vorhanden.

Die Gültigkeit dieser Annahmen für Träger im elastischen Bereich wird in den Standardwerken der Festigkeitslehre behandelt. Bei in den elastisch-plastischen Bereich hinein gebogenen Trägern ergeben sich weitere Punkte, die später erörtert werden. Diese Annahmen wurden zuerst von MEYER [1] auf den Fall der Biegung jenseits der Elastizitätsgrenze angewendet, der Biegemomenten-Krümmungsbeziehungen für Stahlträger mit Rechteckquerschnitt ableitete auf der Grundlage von durch Zugversuche mit demselben Material erhaltenen Spannungs-Dehnungsdiagrammen. Die Ergebnisse wurden zur Berechnung von Last-Durchbiegungskurven für Träger auf zwei Stützen mit in Trägermitte angreifender Einzellast verwendet, und es ergab sich eine gute Übereinstimmung mit Versuchsergebnissen, was die hinreichende Genauigkeit der Annahmen bestätigt.

Zuerst wird der idealisierte Typ der Spannungs-Dehnungsbeziehung von Abb. 1.4 a, in der die obere Fließspannung enthalten ist, zugrunde gelegt, und die entsprechende Biegemomenten-Krümmungsbeziehung für einen Stab mit Rechteckquerschnitt wird abgeleitet. Diese Beziehung ist wichtig, indem sie zur Ableitung entsprechender Last-Durchbiegungskurven für Träger auf zwei Stützen unter verschiedenen Belastungen verwendet werden kann. Wie im Abschn. 5.3 gezeigt wird, können aus den erhaltenen Ergebnissen einige wichtige qualitative Schlüsse gezogen werden. Weiterhin ergibt sich, daß diese Kurven sich in enger Übereinstimmung mit an spannungsfrei geglühten Trägern aus Baustahl erhaltenen Versuchsergebnissen befinden, vorausgesetzt, daß der Verfestigungsbereich nicht betreten wird. An zweiter Stelle wird eine Spannungs-Dehnungsbeziehung ohne obere Fließgrenze betrachtet, in der aber nach einer Periode der Dehnung bei konstanter unterer Fließspannung Verfestigung eintritt. Diese Beziehung entspricht dem Verhalten des Materials von Walzträgern mit guter Genauigkeit, und die entsprechende Biegemomenten-Krümmungsbeziehung für ein I-Profil, wie von HRENNIKOFF [2] abgeleitet, wird angegeben. Wie in Abschn. 5.3 gezeigt wird, ist es notwendig, den Einfluß der Verfestigung zu berücksichtigen, wenn die Ergebnisse von Versuchen mit Trägern auf zwei Stützen von I-Querschnitt richtig gedeutet werden sollen.

### *Rechteckiger Querschnitt*

Betrachtet wird ein gleichförmiger, anfänglich gerader Träger mit Rechteckquerschnitt, Breite $b$ und Höhe $h$, unter reiner Biegung durch Momente $M$ um eine Achse parallel zu den Seiten von der Breite $b$. Quer- und Längskraft sind beide Null, und aus der Betrachtung der Symmetrie kann gefolgert werden, daß die Trägerachse zu einem Kreis vom Radius $R$ gebogen wird. Weiterhin ist die Nullinie eine den Querschnitt halbierende Gerade, wie in Abb. 5.1a dargestellt. Aus rein geo-

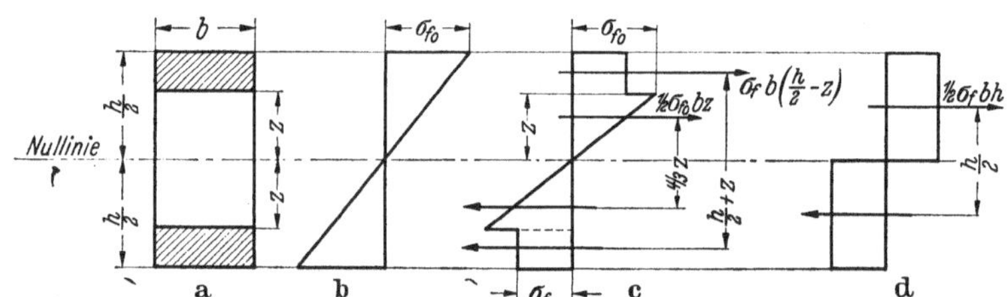

Abb. 5.1a—d. Elastisch-plastische Biegung eines Trägers mit Rechteckquerschnitt. a Querschnitt. Schraffur deutet angenommene plastische Zonen bei elastisch-plastischer Biegung an. b Elastische Spannungsverteilung bei Fließbeginn, c Elastisch-plastische Spannungsverteilung, d Vollplastische Spannungsverteilung

metrischen Betrachtungen kann hergeleitet werden, daß bei Annahme von Homogenität die Längsdehnung $\varepsilon$ in einer Entfernung $y$ von der Nullinie gegeben wird durch

$$\varepsilon = \frac{y}{R} = \varkappa y, \tag{5.1}$$

wobei $\varkappa$ die Krümmung der Trägerachse ist, vorausgesetzt, daß $y$ klein ist im Vergleich zu $R$. Wenn der Träger anfänglich gekrümmt ist, bleibt Gl. (5.1) gültig, wenn mit $\varkappa$ die durch das Biegemoment $M$ hervorgerufene *Änderung* der Krümmung bezeichnet wird.

Es wird angenommen, daß die Spannungs-Dehnungsbeziehung für jede Längsfaser die in Abb. 1.4a dargestellte idealisierte Beziehung ist, in der die obere Fließspannung berücksichtigt wird. Die lineare Variation der Dehnung über den Querschnitt, die durch Gl. (5.1) beschrieben wird, zeigt an, daß bei elastischem Verhalten des Trägers auch die Spannung linear über den Querschnitt variiert. Abb. 5.1b zeigt den Grenzfall dieser Verteilung, bei der die obere Fließspannung $\sigma_{f0}$ in den Randfasern gerade erreicht wird. Das dieser Verteilung entsprechende Biegemoment ist als Fließmoment $M_f$ definiert. Wenn das Biegemoment über diesen Wert erhöht wird, tritt in den äußersten Fasern Fließen ein und die Spannung fällt auf die untere Fließspannung $\sigma_f$. Die Spannungsverteilung nach Erhöhung von $M$ auf einen Wert größer als $M_f$ ist damit wie in Abb. 5.1c dargestellt, wo das Fließen bis zu einer Entfernung $z$ von der Nullinie einwärts gewandert ist. Es wird angenommen, daß die Grenzen zwischen den elastischen und plastischen Zonen im Träger parallel der Nullinie sind, wie in Abb. 5.1a gezeigt. Das dieser Spannungsverteilung entsprechende Biegemoment $M$ wird durch Addition des Momentes aus der linearen Spannungsverteilung im elastischen Kern zu dem Moment aus der konstanten unteren Fließspannung in den äußeren Fasern erhalten. In der oberen Hälfte des elastischen Kernes wirkt die durchschnittliche Spannung $\frac{1}{2}\,\sigma_{f0}$ über eine Fläche $bz$ entsprechend einer resultierenden Längskraft $\frac{1}{2}\,\sigma_{f0}\,bz$, deren Wirkungslinie in einer Entfernung $\frac{2}{3}\,z$ von der Nullinie liegt. Das Gesamtmoment des elastischen Kernes ist damit $\frac{2}{3}\,\sigma_{f0}\,bz^2$. In jeder der äußeren plastischen Zonen wirkt die konstante Spannung $\sigma_f$ auf einer Fläche $b\,(\frac{1}{2}\,h-z)$, entsprechend einer Resultierenden $\sigma_f b\,(\frac{1}{2}\,h-z)$, deren Wirkungslinie in einer Entfernung $\frac{1}{2}\,(\frac{1}{2}\,h+z)$ von der Nullinie liegt. Das Gesamtmoment dieser äußeren plastischen Zonen ist damit $\sigma_f b\,(\frac{1}{4}\,h^2 - z^2)$. Das dieser Spannungsverteilung entsprechende Biegemoment $M$ wird gegeben durch

$$M = \frac{2}{3}\,\sigma_{f0}\,b\,z^2 + \sigma_f\,b\left(\frac{1}{4}\,h^2 - z^2\right).\tag{5.2}$$

Die zugehörige Krümmung $\varkappa$ erhält man durch Feststellung, daß die Längsdehnung an der elastisch-plastischen Grenze die Fließdehnung $\varepsilon_f$ ist, wie in Abb. 1.4a definiert. Diese Dehnung tritt in einer Entfernung $z$ von der Nullinie auf, und aus Gl. (5.1) folgt, daß die Krümmung $\varkappa$ gegeben wird durch

$$\varkappa = \frac{\varepsilon_f}{z}.$$

Die bei Erreichen des Fließmomentes entwickelte Krümmung $\varkappa_f$ wird daher gegeben durch

$$\varkappa_f = \frac{2\varepsilon_f}{h},$$

da die Biegemomentenverteilung von Abb. 5.1b ein Grenzfall von der in Abb. 5.1c ist mit $z = \dfrac{h}{2}$. Elimination von $\varepsilon_f$ aus diesen beiden Ausdrücken ergibt

$$z = \left(\frac{\varkappa_f}{\varkappa}\right)\frac{h}{2}. \tag{5.3}$$

Wird dieser Wert von $z$ in Gl. (5.2) eingesetzt, dann lautet diese Gleichung nach Umordnung

$$M = \frac{1}{6}\,bh^2\,\sigma_{fo}\left[\frac{3\,\sigma_f}{2\,\sigma_{fo}} - \left(\frac{3\,\sigma_f}{2\,\sigma_{fo}} - 1\right)\left(\frac{\varkappa_f}{\varkappa}\right)^2\right] \tag{5.4}$$

Aus diesem Ausdruck kann der Wert des Fließmomentes als der Wert von $M$ ermittelt werden, für den $\varkappa$ gleich $\varkappa_f$ ist, oder durch Feststellung, daß das elastische Widerstandsmoment für einen Rechteckquerschnitt $\frac{1}{6}\,b\,h^2$ ist. Es folgt, daß

$$M_f = \tfrac{1}{6}\,b\,h^2\,\sigma_{fo}\,. \tag{5.5}$$

Teilung von Gl. (5.4) durch Gl. (5.5) ergibt

$$\frac{M}{M_f} = \frac{3\,\sigma_f}{2\,\sigma_{fo}} - \left(\frac{3\,\sigma_f}{2\,\sigma_{fo}} - 1\right)\left(\frac{\varkappa_f}{\varkappa}\right)^2. \tag{5.6}$$

Diese Gleichung ist die Biegemomenten-Krümmungsbeziehung für den elastisch-plastischen Zustand von Abb. 5.1c ausgedrückt in dimensionsloser Form; sie wurde zuerst von Robertson und Cook [3] abgeleitet. Ein äquivalentes Ergebnis für den Fall, in dem die oberen und unteren Fließspannungen gleich sind, wurde bereits von Saint-Venant [4] angegeben.

Wenn die Krümmung unendlich groß wird, ergibt sich $z$ aus Gl. (5.3) zu Null, und die Spannungsverteilung ist die vollplastische Verteilung von Abb. 5.1d. Aus Gl. (5.4) folgt, daß der zugehörige Wert des Biegemomentes $\frac{1}{4}\,bh^2\,\sigma_f$ ist in Übereinstimmung mit dem in Gl. (1.9) gegebenen Ausdruck für das volle plastische Moment. Das Verhältnis von $M_p$ zu $M_f$ ergibt sich mit Hilfe von Gl. (5.5) als

$$\frac{M_p}{M_f} = \frac{3\,\sigma_f}{2\,\sigma_{fo}}\,. \tag{5.7}$$

Für $\sigma_{fo} = \sigma_f$ ist der Wert von $\dfrac{M_p}{M_f}$ als Formbeiwert $\alpha$ definiert, dessen Wert aus Gl. (5.7) zu 1,5 folgt in Übereinstimmung mit dem in Abschnitt 1.4 erhaltenen Ergebnis.

Die Biegemomenten-Krümmungsbeziehungen für verschiedene Werte des Verhältnisses von $\sigma_{fo}$ zu $\sigma_f$ sind in Abb. 5.2 angegeben. Aus diesem Diagramm ist zu ersehen, daß das volle plastische Moment $M_p$ für $\sigma_{fo} = 1{,}5\,\sigma_f$ gleich dem Fließmoment $M_f$ ist, und die Krümmung nimmt indefinit zu, während das Biegemoment bei der elastisch-plastischen Biegung konstant auf dem Wert $M_f$ bleibt. Wenn $\sigma_{fo}$ den Wert $1{,}5\,\sigma_f$

übersteigt, ist $M_p$ kleiner als $M_f$ wie aus Gl. (5.7) hervorgeht. In diesem Falle wird nach Erreichen des Fließmomentes eine Vergrößerung der Krümmung von einer Reduktion des Biegemomentes begleitet, wie durch die Kurve für $\sigma_{f_0} = 1{,}75\,\sigma_f$ gezeigt wird.

Da das volle plastische Moment nur bei unendlich großer Krümmung erreicht wird, wird ersichtlich, daß lange bevor diese Bedingung eintritt, mehrere der bei der Ableitung der einfachen Theorie der Biegung getroffenen Voraussetzungen verletzt werden. An erster Stelle tritt die durch Gl. (5.1) beschriebene lineare Variation der Dehnung über den Querschnitt nur ein, wenn $y$ klein im Vergleich mit dem Krümmungsradius $R$ ist, so daß die Theorie bei großen Krümmungen einer Abänderung bedarf. Einige weitere Einwände gegen diese einfache Theorie wurden in Abschn. 1.4 angeführt. So werden bei großen Krümmungen zusätzlich radiale Spannungen zur Aufrechterhaltung des Gleichgewichtes wachgerufen, die auf die Fließbedingung Einfluß

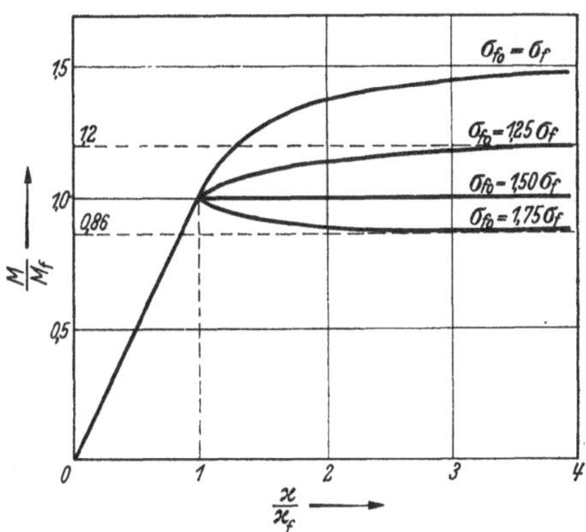


Abb. 5.2. Biegemomenten-Krümmungsbeziehungen für Träger mit Rechteckquerschnitt

nehmen. Es ist ebenfalls bekannt, daß die Grenzen zwischen den elastischen und plastischen Zonen nicht gerade Linien parallel zur Nullinie sein können.

ROBERTSON und COOK [3] fanden, daß trotz dieser Einwände die Biegemomenten-Krümmungsbeziehung von Gl. (5.6) ziemlich gut mit Versuchsergebnissen für spannungsfrei geglühte Baustahl-Träger mit einem Verhältnis von $\sigma_{f_0}$ zu $\sigma_f$ von etwa 1,35 übereinstimmt. Bei einigen späteren Versuchen von COOK [5], bei denen dieses Verhältnis etwas größer als 1,5 war, wurde eine Reduktion des Biegemomentes nach dem Fließen beobachtet und die Übereinstimmung mit der einfachen Theorie erwies sich wiederum als adäquat. Es kann daher akzeptiert werden, daß die einfache Theorie die Ergebnisse von Versuchen mit spannungsfrei geglühten Baustahl-Trägern adäquat wiedergibt, vorausgesetzt, daß keine Verfestigung eintritt. Bei der Ableitung von Last-Ausbiegungsbeziehungen für Träger und Rahmentragwerke werden die Einflüsse von Schub und Längskraft auf die Biegemomenten-Krümmungsbeziehung gewöhnlich als vernachlässigbar angenommen, und diese Annahme kann ohne weiteres ernstere Fehler verursachen als die eben aufgezählten Einflüsse.

### *I-Querschnitt*

Der Ableitung einer Biegemomenten-Krümmungsbeziehung für Träger von I-Querschnitt legte HRENNIKOFF [2] die für das Material in Abb. 5.3 a gezeigte Spannungs-Dehnungsbeziehung für sowohl Zug als auch Druck zugrunde. Diese Kurve befindet sich in allgemeiner Übereinstimmung mit den Eigenschaften von Baustahl für Eisenbahnbrücken wie sie in den 1940er Vorschriften der American Railway Engineering Association niedergelegt sind. In dieser Beziehung tritt eine obere Fließgrenze nicht auf. Die Vernachlässigung der oberen Fließgrenze erscheint

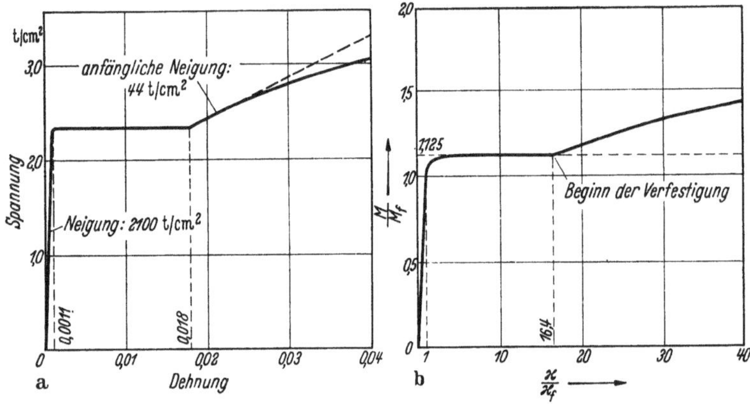


Abb. 5.3 a u. b. Biegemomenten-Krümmungsbeziehung für I-Querschnitt mit Verfestigung (nach HRENNIKOFF). a Spannungs-Dehnungsbeziehung, b Biegemomenten-Krümmungsbeziehung: $F_{Fl} = F_{St}$

durch die Tatsache gerechtfertigt, daß mehrere Versuche, die in Abschn. 6.2 besprochen werden, gezeigt haben, daß das Material von Walzträgern beim Fließen entweder einen geringen oder gar keinen Spannungsabfall aufweist. Das Merkmal der angenommenen Spannungs-Dehnungsbeziehung, dem besonderes Interesse zukommt, ist jedoch, daß sie den Verfestigungsbereich enthält. Die Dehnung $\varepsilon_v$, bei der die Verfestigung beginnt, ist 0,018, wogegen die Dehnung $\varepsilon_f$ an der Fließgrenze 0,0011 beträgt, so daß das Verhältnis $\dfrac{\varepsilon_v}{\varepsilon_f} = \dfrac{0,018}{0,0011} = 16,4$ ist. Eine weitere implizite Voraussetzung der Berechnung ist die der Homogenität. Das ist ziemlich schwer zu rechtfertigen angesichts der Tatsache, daß die Spannungs-Dehnungsbeziehungen für aus verschiedenen Stellen von Walzträgern geschnittene Prüfkörper in weiten Grenzen variieren, wie in Abschn. 6.2 dargelegt wird.

Zur Vereinfachung der Berechnung wurde angenommen, daß die Dicke der Flanschen im Vergleich mit der Trägerhöhe vernachlässigbar ist, so daß jede Flanschfläche als in konstanter Entfernung von der Nullinie konzentriert angenommen werden kann. Mit dieser Annahme hängt die Form der Biegemomenten-Krümmungsbeziehung nur von einem einzigen Parameter ab, nämlich dem Verhältnis der gesamten Flanschfläche $F_{Fl}$ zur Stegfläche $F_{St}$. Bis zu der Krümmung, bei der in den Randfasern Verfestigung eintritt, war die Berechnung eine einfache Erweiterung der Theorie, die eben für einen Träger mit Rechteckquerschnitt angegeben worden ist. Zur Bestimmung der Biegemomentenverteilung für gegebene Krümmung und somit einer gegebenen linearen Verteilung der Dehnung über den Querschnitt war es lediglich erforderlich, das Biegemoment für den rechteckigen Steg zu dem Biegemoment für die Flanschen zu addieren, welches gleich dem Produkt der Spannung in einem Flansch, seiner Fläche und der Trägerhöhe ist. Bei größeren Krümmungen wird die Anwendung eines schrittweisen Integrationsverfahrens notwendig.

Vier Werte des Verhältnisses der gesamten Flanschfläche zur Stegfläche wurden betrachtet, nämlich 0, 0,5, 1,0 und 1,5. Der Wert Null entspricht dem Fall eines Trägers mit Rechteckquerschnitt, und die anderen Werte bedecken den Bereich der Standard-I-Profile. Die Ergebnisse wurden in der Form von Kurven angegeben, für den Zweck einer genauen Rechnung wurden sie für den Fall mit dem Verhältnis 1,0, d. h. $F_{Fl} = F_{St}$ tabellarisch angegeben. Die aus diesen tabulierten Ergebnissen abgeleitete Biegemomenten-Krümmungsbeziehung für ein I-Profil dieser Art ist in Abb. 5.3 b dargestellt. Die Ergebnisse sind in dimensionsloser Form aufgetragen, die Ordinaten stellen das Verhältnis des Biegemomentes zum Fließmoment dar und die Abszissen das Verhältnis der Krümmung zu der Krümmung beim Fließen. Für einen derartigen Querschnitt ist der Formbeiwert $\alpha$ gleich 1,125, so daß $M_p = = 1,125\,M_f$. Aus der Abbildung ist zu ersehen, daß die Verfestigung bei $\dfrac{\varkappa}{\varkappa_f} = 16,4$ beginnt, welches das Verhältnis von $\varepsilon_v$ zu $\varepsilon_f$ ist.

Weitere Ergebnisse wurden ebenfalls tabuliert und gestatten die Ableitung der Last-Ausbiegungskurven statisch bestimmter Träger und einfacher statisch unbestimmter Träger und Rahmen. Einige Anwendungen dieser Arbeit werden in den Abschn. 5.3 und 5.4 vorgeführt.

Für eine allgemeinere Behandlung des Problems der Bestimmung von Biegemomenten-Krümmungsbeziehungen aus jeder beliebigen Form der Spannungs-Dehnungsbeziehung kann die Arbeit von NADAI [6] zu Rate gezogen werden. Mehrere Vergleiche mit Versuchsergebnissen für Leichtmetall-Träger sind angestellt worden, beispielsweise von RAPPLEYEA und EASTMAN [7] und von DWIGHT [8]. Der Fall eines Leichtmetallträgers mit Rechteckquerschnitt unter um andere Achsen als die Hauptachsen wirkenden Biegemomenten ist von BARRETT [9] behandelt worden.

## 5.3 Last-Durchbiegungsbeziehungen für Träger auf zwei Stützen

Die Biegemomentenverteilung eines Trägers auf zwei Stützen für eine gegebene Belastung ist aus den Gleichgewichtsbetrachtungen allein bekannt. Wenn einmal die Biegemomenten-Krümmungsbeziehung festgelegt ist, ist die Krümmung an jedem Querschnitt bekannt, und die durchgebogene Form des Trägers kann dann durch Integration gefunden werden. Zunächst werden Träger mit Rechteckquerschnitt mit der Biegemomenten-Krümmungsbeziehung von Gl. (5.6) betrachtet; darauf werden einige der von HRENNIKOFF [2] für Walzträger mit der Biegemomenten-Krümmungsbeziehung von Abb. 5.3 b erhaltene Ergebnisse angegeben.

### *Träger mit Rechteckquerschnitt und mittiger Einzellast*

Betrachtet wird der in Abb. 5.4 dargestellte Träger auf zwei Stützen, Stützweite $l$, mit gleichförmigem Rechteckquerschnitt, Breite $b$ und Höhe $h$. Es wird angenommen, daß die Beziehung zwischen Biegemoment und Krümmung in den plastizierten Bereichen die durch Gl. (5.6) gegebene Beziehung ist, und der Einfachheit halber wird zunächst $\sigma_{f0} = \sigma_f$ gesetzt, so daß

$$\frac{M}{M_f} = \frac{1}{2}\left[3 - \left(\frac{\varkappa_f}{\varkappa}\right)^2\right]. \quad (5.8)$$

Diese Beziehung entspricht der Zugrundelegung der ideal-plastischen Spannungs-Dehnungsbeziehung von Abb. 1.4 b.

Das Biegemomentendiagramm für den Träger ist wie in Abb. 5.4 dargestellt, das Mittenbiegemoment beträgt $\frac{1}{4}\,Pl$. Fließen tritt zuerst in der Mitte des Trägers ein, wenn dieses Biegemoment den Wert $M_f$ erreicht. Der entsprechende Wert der Last, $P_f$, wird daher durch folgende Gleichung gegeben:

$$M_f = \frac{1}{4}\,P_f\,l\,. \quad (5.9)$$

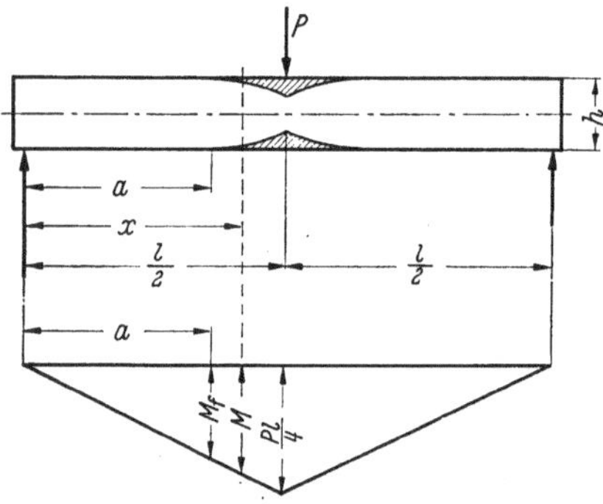

Abb. 5.4. Träger mit Rechteckquerschnitt auf zwei Stützen mit mittiger Einzellast

Bei Erhöhung der Last auf einen Wert $P$ größer als $P_f$ wird das Fließmoment $M_f$ in einer bestimmten Entfernung $a$ von den Auflagern erreicht, wie in der Abbildung angegeben. Im mittleren Trägerteil, wo das Biegemoment den Wert $M_f$ übersteigt, tritt Fließen ein, und die Plastizierung dringt zur Nullinie hin in den Querschnitt ein. Die allgemeine Form der so entstandenen plastischen Zonen ist in der Abbildung dargestellt, eine Ableitung der Form der elastisch-plastischen Grenze wird später gegeben. Das Versagen tritt ein, wenn das Biegemoment in Trägermitte den Wert $M_p$ erreicht, so daß dort die Plastizierung die Nullinie erreicht. Der zugehörige Traglastwert $P_c$ wird durch die Gleichung

$$M_p = \frac{1}{4} P_c\, l$$

gegeben. Bei Verwendung von Gl. (5.9) ergibt sich

$$\frac{P_c}{P_f} = \frac{M_p}{M_f} = 1{,}5 \;,$$

da der Formbeiwert für einen Träger mit Rechteckquerschnitt den Wert 1,5 hat.

Aus statischen Betrachtungen folgt, daß

$$M_f = \frac{1}{2} P a \,.$$

Kombination dieser Gleichung mit Gl. (5.9) ergibt

$$a = \frac{l}{2}\left(\frac{P_f}{P}\right) . \tag{5.10}$$

Da die Neigung in Trägermitte aus Symmetriegründen Null ist, wird die Mittendurchbiegung $\delta$ durch das Integral

$$\delta = \int\limits_0^{\frac{l}{2}} x\varkappa \, dx \tag{5.11}$$

gegeben, wobei $x$ von dem linken Auflager gemessen wird. Für $0 \le x \le a$ verhält sich der Träger elastisch, so daß die Krümmung $\varkappa$ gleich $\frac{x}{a}\varkappa_f$ ist.

Für $a \le x \le \frac{l}{2}$ ist der Träger teilweise plastiziert, und die Beziehung zwischen Biegemoment und Krümmung wird durch Gl. (5.8) gegeben. Auflösung dieser Gleichung nach $\varkappa$ ergibt:

$$\varkappa = \frac{\varkappa_f}{\sqrt{3 - 2\,\dfrac{x}{a}}}\, ,\text{ für } a \le x \le \frac{l}{2}\, ,$$

da $\frac{M}{M_f}$ gleich $\frac{x}{a}$ ist. Durch Einsetzen dieser Ausdrücke für die Krümmung in Gl. (5.11) wird gefunden

$$\delta = \int\limits_0^a \frac{\varkappa_f}{a}\, x^2\, dx + \int\limits_a^{\frac{l}{2}} \frac{\varkappa_f\, x}{\sqrt{3 - 2\,\dfrac{x}{a}}}\; dx \,.$$

Bei Auswertung dieser Integrale und Elimination von $a$ durch Einsetzen von Gl. (5.10) wird das folgende Ergebnis erhalten:

$$\delta = \frac{l^2 \varkappa_f}{12}\left(\frac{P_f}{P}\right)^2 \left[5 - \left(3 + \frac{P}{P_f}\right)\sqrt{3 - 2\frac{P}{P_f}}\,\right].$$

Die Durchbiegung $\delta_f$ beim ersten Eintreten des Fließens in Trägermitte wird erhalten, indem in dem obigen Ausdruck für $\delta$ $P = P_f$ gesetzt wird, was den Wert $\delta_f = \dfrac{l^2\,\varkappa_f}{12}$ ergibt. Teilung von $\delta$ durch $\delta_f$ liefert das folgende dimensionslose Ergebnis

$$\frac{\delta}{\delta_f} = \left(\frac{P_f}{P}\right)^2\left[5 - \left(3 + \frac{P}{P_f}\right)\sqrt{3 - 2\frac{P}{P_f}}\,\right].$$

Dieses Resultat wurde zuerst von FRITSCHE [10] erhalten.

Wenn die Traglast $P_c = 1{,}5\,P_f$ gerade erreicht ist, aber bevor an dem plastischen Gelenk in Trägermitte irgendeine Verdrehung eingetreten ist, hat die Mittendurchbiegung $\delta$ den Wert $2{,}22\,\delta_f$, so daß diese Durchbiegung begrenzt ist und am Punkt des Versagens von der Größenordnung elastischer Durchbiegungen.

Wenn der Einfluß der oberen Fließspannung durch Verwendung der Biegemomenten-Krümmungsbeziehung von Gl. (5.6) berücksichtigt wird, führt eine ähnliche Berechnung zu dem Ergebnis

$$\frac{\delta}{\delta_f} = \left(\frac{P_f}{P}\right)^2\left[4\gamma^2 - 2\gamma - 1 - 2\left(2\gamma + \frac{P}{P_f}\right)\sqrt{(\gamma - 1)\left(\gamma - \frac{P}{P_f}\right)}\,\right], \qquad (5.12)$$

wobei

$$\gamma = \frac{3\,\sigma_f}{2\,\sigma_{fo}}.$$

Gl. (5.12) ist die Beziehung zwischen der dimensionslos als $\dfrac{P}{P_f}$ ausgedrückten Mittenlast $P$ und der dimensionslos als $\dfrac{\delta}{\delta_f}$ ausgedrückten Mittendurchbiegung $\delta$. Diese Beziehung ist in Abb. 5.5 a für drei Werte des Verhältnisses von oberer zu unterer Fließspannung, nämlich 1,0, 1,2 und 1,5, aufgetragen.

Die Gestalt der plastischen Zonen, die sich in einem beliebigen Stadium der Belastung ausgebildet haben, kann auf sehr einfache Weise abgeleitet werden. Wenn $z$ die halbe Höhe des elastischen Kernes an einem beliebigen Querschnitt bedeutet, wie in Abb. 5.1 c definiert, ist die Beziehung zwischen $z$ und der Krümmung $\varkappa$ wie durch Gl. (5.3) gegeben, nämlich

$$z = \left(\frac{\varkappa_f}{\varkappa}\right)\frac{h}{2}.$$

Eliminierung des Verhältnisses $\dfrac{\varkappa_f}{\varkappa}$ zwischen dieser Gleichung und der Biegemomenten-Krümmungsbeziehung von Gl. (5.8), die auf den Fall mit $\sigma_{fo} = \sigma_f$ zutrifft, ergibt:

$$\left(\frac{2\,z}{h}\right)^2 = 3 - 2\frac{M}{M_f}. \qquad (5.13)$$

Diese Beziehung zwischen $z$ und dem Biegemoment $M$ ist unabhängig von der Belastung des Trägers. Zur Bestimmung der Beziehung zwischen $z$ und $x$, der vom gewählten Ursprung entlang des Trägers gemessenen Entfernung, ist es lediglich erforderlich, $M$ als Funktion von $x$

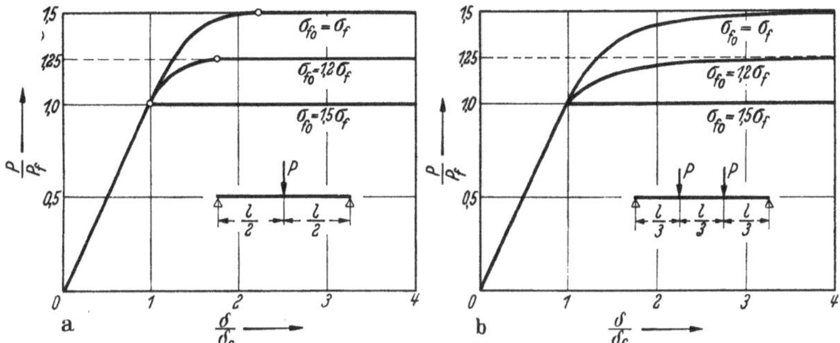

Abb. 5.5a u. b. Last-Durchbiegungsbeziehungen für Träger mit Rechteckquerschnitt auf zwei Stützen. a Mittige Einzellast, b Symmetrische Zweipunkt-Belastung

auszudrücken. Für den Fall einer mittigen Einzellast folgt diese Beziehung aus Abb. 5.4 und Gl. (5.10) zu

$$\frac{M}{M_f} = \frac{x}{a} = \frac{2\,x}{l}\left(\frac{P}{P_f}\right).$$

Einsetzen in Gl. (5.13) ergibt

$$\left(\frac{2\,z}{h}\right)^2 = 3 - \frac{4\,x}{l}\left(\frac{P}{P_f}\right). \tag{5.14}$$

Somit haben die plastischen Zonen für den Fall einer mittigen Einzellast parabolische Gestalt. Abb. 5.6 a zeigt die Gestalt dieser Zonen für den Fall $P = P_c$.

### Träger mit Rechteckquerschnitt und Zweipunktbelastung

Die Berechnung kann ohne weiteres auf Fälle erweitert werden, bei denen die Belastung des Trägers aus einem Paar gleichgroßer Lasten besteht, die in gleichen Abständen von der Feldmitte eingetragen werden. In diesem Falle ist der mittlere Trägerabschnitt zwischen den Lasten einem konstanten Biegemoment unterworfen, wie in Abb. 5.6 b gezeigt, und wird daher in einen Kreisbogen verformt. Last-Mittendurchbiegungs-Beziehungen für den besonderen Fall, bei dem der Abstand der Lasten voneinander gleich einem Drittel der Trägerlänge ist, sind in Abb. 5.5 b dargestellt. In diesem Fall ergibt sich, daß die Durchbiegung unbegrenzt zunimmt bevor die Traglast erreicht ist, im Gegensatz zu dem Fall eines Trägers mit mittiger Einzellast, für den die Durchbiegung am Punkt des Versagens begrenzt ist. Das rührt davon her, daß sich der mittlere Trägerabschnitt in reiner Biegung befindet. Wenn in dem Mittelabschnitt das volle plastische Moment erreicht ist, wird die Krümmung auf einer endlichen Länge unbegrenzt, und das resultiert unvermeidlich in unbegrenzter Durchbiegung. Es ist offensichtlich, daß am Punkte des Versagens die Durchbiegung eines statisch bestimmten Trägers unbegrenzt groß wird, wenn immer das maximale Biegemoment auf einer endlichen Länge des Trägers auftritt.

*Träger mit Rechteckquerschnitt und gleichförmig verteilter Belastung*

Der letzte Fall, der betrachtet wird, ist der eines Trägers auf zwei Stützen mit Rechteckquerschnitt unter gleichförmig verteilter Belastung. Die Berechnung ist im Prinzip derjenigen ähnlich, die für den Fall einer mittigen Einzellast angegeben wurde, und wird hier nicht wiedergegeben.

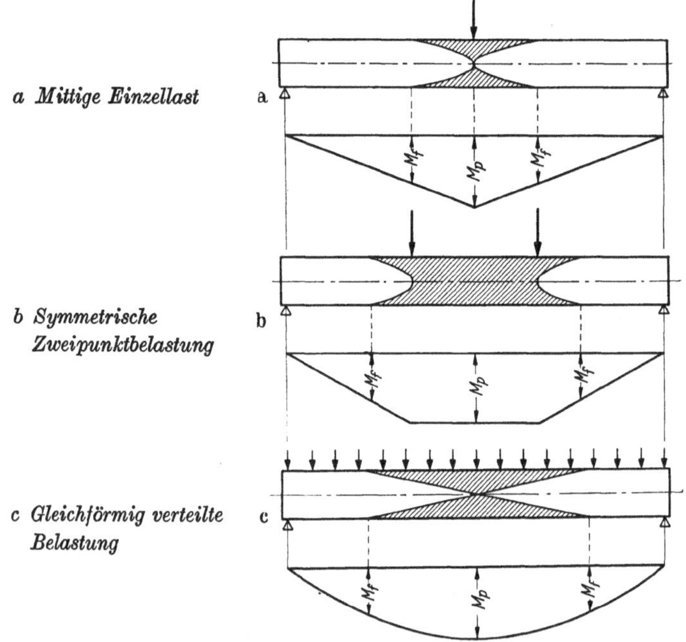


Abb. 5.6 a-c. Form der plastischen Zonen für Träger mit Rechteckquerschnitt auf zwei Stützen: $\sigma_{f_0} = \sigma_f$

Das wesentliche Merkmal der Ergebnisse ist, daß die Last-Durchbiegungsbeziehungen den in Abb. 5.5 b für den Zweipunkt-Belastungsfall gezeigten ähnlich sind, bei denen bei Erreichen der Traglast die Durchbiegung unbegrenzt zunimmt, im Gegensatz zu denen von Abb. 5.5 a für die mittige Einzellast mit einer begrenzten Durchbiegung am Punkt des Versagens. Das hat seine Ursache in der Form des Biegemomentendiagrammes, das parabolisch ist, wie in Abb. 5.6 c dargestellt. Das maximale Biegemoment tritt in Trägermitte auf, wo die Querkraft und damit die Tangentenneigung des Biegemomentendiagrammes Null ist. Diese Bedingung nähert sich mehr dem Fall der reinen Biegung über einen endlichen Mittelabschnitt des Trägers als dem in Abb. 5.6 a dargestellten Fall einer in Trägermitte angreifenden Einzellast. In diesem Falle sind die elastisch-plastischen Grenzen linear, wie in Abb. 5.6 c gezeigt.

Berechnungen dieser Art, die sich auf die Biegemomenten-Krümmungsbeziehung von Gl. (5.8) gründen, sind wegen des Vorhandenseins von Schubkräften im Träger nicht streng gültig. Es ist bekannt, daß im elastischen Bereich die Durchbiegungen infolge Querkraft klein sind im Vergleich mit denen infolge Biegung, wenn nicht der Träger sehr kurz ist. Im elastisch-plastischen Bereich könnten die Durchbiegungen infolge Querkraft größere Bedeutung annehmen; denn wie in Abschn. 6.4 von Kap. 6 gezeigt wird, muß die Schubspannung in den plastischen Zonen eines rechteckigen Trägers Null sein. Somit muß die Querkraft vollständig durch Schubspannungen im zentralen elastischen Kern des Trägers aufgenommen werden. Diese Schubspannungen sind offensichtlich größer als die bei elastischem Verhalten des Trägers auftretenden Schubspannungen, und werden daher größere Durchbiegungen hervorrufen. Bislang ist noch kein Versuch zur Bestimmung der Zunahme der Durchbiegung infolge dieser Ursache gemacht worden, aber es scheint nicht so, daß dieser Einfluß sehr ausgeprägt ist.

Trotz dessen und der Inkorrektheit einiger der grundlegenden Annahmen, auf die bereits eingegangen wurde, dienen diese Durchbiegungsberechnungen zur Illustrierung eines wichtigen allgemeinen Punktes. Wenn sich das volle plastische Moment in einem Bereich konstanten Biegemomentes ausgebildet hat, wie in Abb. 5.6 b, wird bei Erreichen der Traglast die Durchbiegung unbegrenzt. Das ist auch der Fall, wenn die Querkraft am plastischen Gelenk Null ist, so daß das Biegemoment in der Nachbarschaft des Gelenkes ungefähr konstant ist, wie in Abb. 5.6 c. Wenn im Gegensatz dazu am plastischen Gelenk eine Querkraft vorhanden ist, so daß das Biegemoment an jeder Seite des Gelenkes wie in Abb. 5.6 a abfällt, ist die Durchbiegung am Punkte des Versagens begrenzt. Diese für statisch bestimmte Träger erhaltenen Ergebnisse sind für statisch unbestimmte Rahmentragwerke qualitativ zutreffend; wenn in einem Rahmen in der Nachbarschaft eines plastischen Gelenkes ein Bereich konstanten oder nahezu konstanten Biegemomentes vorkommt, werden die Ausbiegungen am Punkt des Versagens im allgemeinen unbegrenzt sein.

RODERICK und PHILLIPS [11] berichten über eine umfassende Untersuchung, die gezeigt hat, daß die einfache Theorie der elastisch-plastischen Biegung zu enger Übereinstimmung mit den Ergebnissen von Versuchen an spannungsfrei geglühten Trägern aus Baustahl von Rechteckquerschnitt führt. Die Theorie ist von RODERICK und HEYMAN [12] zur Erfassung des Einflusses der Verfestigung erweitert worden; in dieser Abhandlung werden auch die Ergebnisse von Versuchen an Trägern aus Stahl mittleren Kohlenstoffgehaltes beschrieben.

### Träger mit I-Querschnitt und mittiger Einzellast

Die theoretische Arbeit von HRENNIKOFF [2] über Träger mit I-Querschnitt ist bereits in Abschn. 5.2 erwähnt worden. Diese Arbeit gründete sich auf die Annahme einer typischen Form der Verfestigung in der Spannungs-Dehnungsbeziehung für Baustahl wie in Abb. 5.3 a dargestellt. Die entsprechende Biegemomenten-Krümmungsbeziehung für einen Träger mit I-Querschnitt mit der gesamten Flanschfläche gleich der Stegfläche wurde in Abb. 5.3 b angegeben. Bei Zugrundelegung dieser Beziehung kann die Last-Durchbiegungskurve für einen Träger auf zwei Stützen unter einer mittigen Einzellast ohne weiteres abgeleitet werden. Die Mittendurchbiegung $\delta$ eines symmetrisch belasteten gleichförmigen Trägers von der Länge $l$ auf zwei Stützen wird durch Gl. (5.11) gegeben, nämlich

$$\delta = \int_{0}^{\frac{l}{2}} x \varkappa \, dx,$$

wobei $x$ die entlang des Trägers von einer der Stützen gemessene Entfernung ist. Um dieses Integral auszuwerten, muß die Krümmung $\varkappa$ als Funktion von $x$ bekannt sein. Da das Biegemoment linear mit $x$ variiert, wie in Abb. 5.4, und die Biegemomenten-Krümmungsbeziehung bereits ermittelt worden ist, ist die Krümmung $\varkappa$ als Funktion von $x$ für jeden Wert der Last bekannt, was die Bestimmung von $\delta$ ermöglicht. Ein Verfahren dieser Art wurde von MEYER [1] in seinen frühen Untersuchungen der Biegung von Stahlträgern mit Rechteckquerschnitt verwendet.

HRENNIKOFF's tabulierte Werte enthalten durch Auswertung dieses Integrals abgeleitete Durchbiegungswerte, und seine Ergebnisse sind in Abb. 5.7 in dimensionsloser Form als Kurve (1) aufgetragen. In dieser Abbildung stellen die Ordinaten das Verhältnis der Mittenlast $P$ zu der Last $P_f$ dar, bei der das Fließen zuerst eintritt, und die Abszissen stellen das Verhältnis der Mittendurchbiegung $\delta$ zu der Durchbiegung $\delta_f$ bei Fließbeginn dar. Wie bereits angegeben wurde, ist der Formbeiwert $\alpha$ für einen Träger dieses Querschnittes 1,125. Somit ist das volle plastische Moment $M_p = 1{,}125\, M_f$, und die Traglast $P_c$ ist gemäß der einfachen plastischen Theorie biegesteifer Stabwerke gleich 1,125 $P_f$.

Aus dieser Abbildung geht hervor, daß Verfestigung bei einer Mittendurchbiegung von nur 1,39 $\delta_f$ einsetzt, und daß danach die Last-Durchbiegungsbeziehung fast linear ist mit einer Neigung von etwa 2% der Neigung im elastischen Bereich. Dieses Verhalten kann dem Fall symmetrischer Zweipunkt-Belastung gegenübergestellt werden. Kurve (2) zeigt die Last-Mittendurchbiegungsbeziehung für diese Belastungsart, bei der die Entfernung zwischen den Lasten 0,1 $l$ ist, wobei $l$ die Trägerstützweite bedeutet. Es ist zu ersehen, daß in diesem Falle die Verfesti-

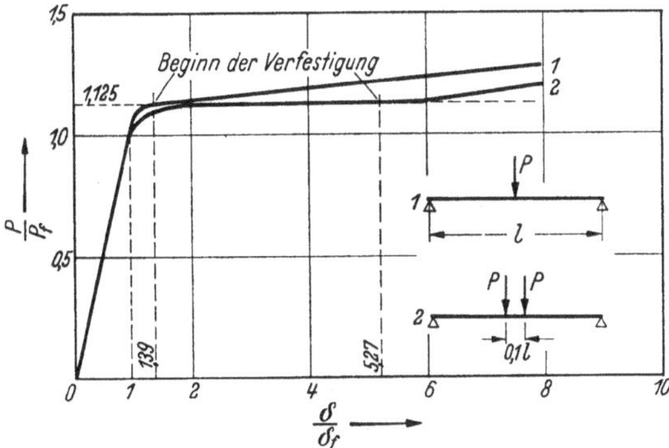


Abb. 5.7. Last-Durchbiegungsbeziehungen für Träger auf zwei Stützen unter Berücksichtigung der Verfestigung

gung nicht eintritt ehe $\delta = 5{,}27\ \delta_f$ ist. In diesem letzteren Falle ist demnach ein beträchtlicher Durchbiegungsbereich vorhanden, über den die Last annähernd konstant auf dem theoretischen Traglastwert bleibt. Das hat seinen Grund darin, daß der mittlere Trägerabschnitt einem konstanten Biegemoment unterworfen ist, so daß sich über eine endliche Trägerlänge große Krümmungen herausbilden, wenn dieses Moment sich dem vollplastischen Wert nähert.

Die Kurve (1) von Abb. 5.7 kann mit der experimentell ermittelten Last-Durchbiegungskurve von Abb. 1.1 a für einen Träger auf zwei Stützen unter einer in Trägermitte angreifenden Einzellast verglichen werden. Es scheint, daß der bei derartigen Versuchen nach Überschreiten der theoretischen Traglast beobachtete langsame Lastanstieg bei zunehmender Durchbiegung dem Einfluß der Verfestigung zugeschrieben werden kann.

Die Ableitung von Last-Durchbiegungskurven für Walzprofil-Träger auf zwei Stützen auf der Grundlage der gemessenen Spannungs-Dehnungseigenschaften des Materials ist ebenfalls von RODERICK [13], [14] behandelt worden, der eine ausgezeichnete Übereinstimmung seiner Ergebnisse mit Versuchen an 200 × 100 mm und 250 × 115 mm britischen Normen-I-Trägern fand. Trotz dieser Ergebnisse und der bereits erwähnten Versuche mit Trägern von Rechteckquerschnitt [11], [12] ist zu bemerken, daß die Annahme des homogenen Verhaltens von Trägern aus Baustahl, selbst bei Annahme anfänglich homogenen Materials, nicht streng gerechtfertigt ist. Das hat seinen Grund in der im Abschn. 1.3 besprochenen sprunghaften Natur des Fließprozesses. YANG, BEEDLE und JOHNSTON [15] haben örtliche nicht-lineare Dehnungsverteilungen in über die Fließgrenze hinaus gebogenen Breitflansch-I-Querschnitten beobachtet. In dieser Veröffentlichung wird ebenfalls der Einfluß von Restspannungen auf die Biegemomenten-Krümmungsbeziehung behandelt.

### 5.4 Ausbiegungen des Zweigelenk-Portalrahmens

HRENNIKOFF's Ergebnisse[2] sind von HORNE [16] zur Bestimmung der Last-Ausbiegungsbeziehung eines rechteckigen Zweigelenk-Portalrahmens von der Höhe $l$ und der Stützweite $2\,l$ angewendet worden, der wie in der Einfügung von Abb. 5.8 dargestellt belastet ist. Jeder Stab

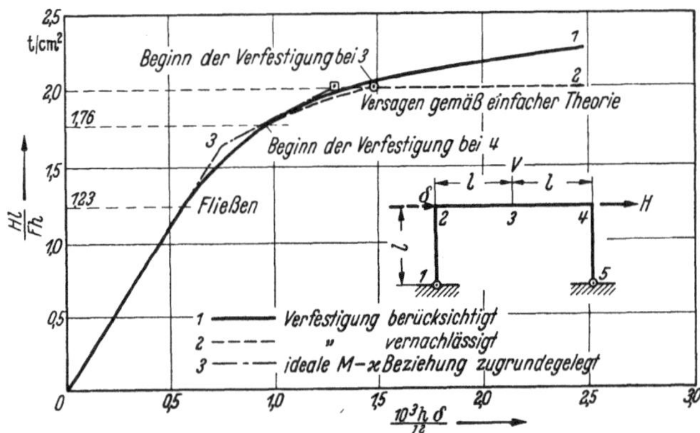


Abb. 5.8. Last-Durchbiegungsbeziehungen für rechteckigen Zweigelenk-Rahmen

des Rahmens hat den gleichen I-Querschnitt von der Höhe $h$ mit $F_{Fl} = F_{St} = F$, wobei $F_{Fl}$ die gesamte Flansch- und $F_{St}$ die Steg-Querschnittsfläche bedeuten. Der Rahmen ist einfach statisch unbestimmt, so daß für eine gegebene Belastung die statisch unbestimmte Größe ermittelt werden muß bevor die Ausbiegungen des Rahmens bestimmt werden können.

Das Belastungsprogramm bestand zunächst in der Eintragung einer Vertikallast $V$ von einer Größe, daß das Fließmoment an der höchstbeanspruchten Stelle unter $V$ gerade erreicht wurde, dieser Wert der Vertikallast war $4{,}95\,\dfrac{Fh}{l}$ t. Die Vertikallast wurde dann konstant auf diesem Wert gehalten, während die Horizontallast stetig erhöht wurde.

Die rechnerisch ermittelte Beziehung zwischen der Horizontallast $H$ und der horizontalen Ausbiegung $\delta$ des Riegels bei konstant gehaltenem $V$ ist als Kurve (1) in Abb. 5.8 wiedergegeben. Die Ordinaten in dieser Abbildung stellen die mit dem Faktor $\dfrac{l}{Fh}$ multiplizierte Last $H$ in [t/cm²] dar und die Abszissen die horizontale Ausbiegung $\delta$ in dimensionsloser Form als $\left(\dfrac{10^3\,h}{l^2}\right)\delta$. Das Verhalten ist elastisch bis $H = 1{,}23\,\dfrac{Fh}{l}$ t. Bei diesem Wert von $H$ wird das Fließmoment am Querschnitt 4 erreicht. Da sich das Biegemoment am Querschnitt 3 unter der Vertikallast nicht ändert, wenn der Rahmen sich gegenüber der Horizontallast elastisch verhält, ist es auch bei diesem Wert von $H$ gleich dem Fließmoment. Bei weiterem Anwachsen von $H$ dringt die Plastifizierung an den Querschnitten 3 und 4 in den Steg der Stäbe ein und dehnt sich entlang der Stäbe bis in eine gewisse Entfernung von diesen Querschnitten aus, wobei die Neigung der Last-Ausbiegungsbeziehung stetig abnimmt. Das Biegemoment am Querschnitt 4 nimmt schneller als am Querschnitt 3 zu, und an diesem Querschnitt setzt bei $H = 1{,}76\,\dfrac{Fh}{l}$ t Verfestigung ein. Am Querschnitt 3 tritt Verfestigung erst bei $H = 2{,}06\,\dfrac{Fh}{l}$ t ein.

Nach der einfachen plastischen Theorie biegesteifer Stabwerke ergibt sich, daß der plastische Bruch mit Fließgelenken an den Querschnitten 3 und 4 bei einer Horizontallast $H = 2{,}0\,\dfrac{Fh}{l}$ t eintritt, wenn die Vertikallast $V$ den Wert $4{,}95\,\dfrac{Fh}{l}$ t hat und das volle plastische Moment $4{,}4\,Fh$ tcm beträgt. Bei diesem Wert der Horizontallast können gemäß den Annahmen der einfachen Theorie die Ausbiegungen infolge Verdrehung der zwei plastischen Gelenke unter konstanter Last indefinit zunehmen. Aus dem Diagramm geht hervor, daß dieses Verhalten durch den Einfluß der Verfestigung verhütet wird, und daß es keine scharf ausgeprägte Traglast gibt. Nichtsdestoweniger sind unterhalb der rechnungsmäßigen plastischen Traglast die Ausbiegungen nicht sehr viel größer als sie bei elastischem Verhalten des Rahmens bis zu dieser Last sein würden, während sie oberhalb dieser Last bei kleinen Laststeigerungen sehr rapide zunehmen.

Bei Vernachlässigung der Verfestigung, also Zugrundelegung einer Spannungs-Dehnungsbeziehung der in Abb. 1.4 b dargestellten Art, nimmt die Last-Ausbiegungsbeziehung die von der Kurve (2) der Abb. 5.8 wiedergegebene Form an.

Es ist zu ersehen, daß die Diskrepanz zwischen dieser Beziehung und der Beziehung, die den Einfluß der Verfestigung berücksichtigt, klein ist bis die rechnungsmäßige plastische Traglast erreicht wird. Diese zwei Last-Ausbiegungsbeziehungen können mit einer dritten Beziehung verglichen werden, die auf der Grundlage der Annahme berechnet wird, daß die Biegemomenten-Krümmungsbeziehung für jeden Stab von dem in Abb. 2.1 dargestellten Idealtyp ist, bei dem ein Stab elastisch bleibt bis das volle plastische Moment erreicht ist. Das bedeutet, daß der Einfluß der Ausbreitung der plastischen Zonen von den Querschnitten 3 und 4 aus entlang der Stäbe vernachlässigt und nur die Reduktion der Steifigkeit infolge Fließgelenkbildung berücksichtigt wird. Die entsprechende Last-Ausbiegungsbeziehung hat die von der Kurve (3) in Abb. 5.8 dargestellte Form.

Aus den drei Last-Ausbiegungskurven lassen sich einige wichtige qualitative Schlüsse ziehen. An erster Stelle ist klar, daß bei Vernachlässigung des Einflusses der Verfestigung, wie bei Kurve (2), die Ausbiegungen größer erscheinen, wenn die Lasten hinreichend groß sind, um die größten Dehnungen in den Verfestigungsbereich zu bringen. So wird bei Berücksichtigung der Verfestigung für die horizontale Ausbiegung bei der plastischen Traglast der Wert $1{,}38 \cdot 10^{-3} \left( \dfrac{l^2}{h} \right)$ cm gefunden, aber $1{,}52 \cdot 10^{-3} \left( \dfrac{l^2}{h} \right)$ cm, wenn die Verfestigung vernachlässigt wird, — eine Erhöhung von etwa 10%. Wenn zweitens der Einfluß der Ausbreitung der plastischen Zonen entlang der Stäbe vernachlässigt wird, wie in Kurve (3), erscheinen die Ausbiegungen bei einer gegebenen Last geringer. In diesem besonderen Beispiel hat die horizontale Ausbiegung am Punkt des Versagens in Kurve (3) die Größe $1{,}32 \cdot 10^{-3} \left( \dfrac{l^2}{h} \right)$ cm, — eine Reduktion um 14% im Vergleich mit Kurve (2). Wenn also die Kurve (1) als eine dem tatsächlichen Verhalten des Tragwerkes mit guter Genauigkeit entsprechende Darstellung angesehen wird, folgt das durch die Kurve (3) dargestellte viel einfachere Verhalten aus der Vernachlässigung der Einflüsse der Verfestigung und der Ausbreitung der plastischen Zonen entlang der Stäbe. Durch Vernachlässigung des ersteren Einflusses ergibt sich eine Vergrößerung der Ausbiegungen, durch Vernachlässigung des letzteren eine Verringerung. Beide Abweichungen sind in dem betrachteten Beispiel gering, sie betragen 10% bzw. — 14% der Ausbiegung an der theoretischen Traglast und ergeben so eine Netto-Reduktion von nur 4%.

Es kann angenommen werden, daß die durch Vernachlässigung dieser zwei Einflüsse bewirkte Größe der Abweichungen in den rechnungsmäßigen Ausbiegungen beim Versagen im allgemeinen gering sein wird, und da die Einflüsse einander aufzuheben streben, kann eine rationale Schätzung der Ausbiegung am Punkt des Versagens durch Vernachlässigung dieser beiden Einflüsse vorgenommen werden. Diese Schlußfolgerung bildet die Grundlage des Näherungsverfahrens zur Bestimmung der Ausbiegungen am Punkt des Versagens, das im folgenden erläutert wird. Der einzige Fall, bei dem ziemlich schwerwiegende Fehler vorkommen könnten, liegt vor, wenn eines oder mehrere der Fließgelenke an Querschnitten entstehen, in deren Nachbarschaft sich das Biegemoment nur sehr langsam ändert, z. B. innerhalb des Feldes eines Trägers unter gleichförmig verteilter Belastung. Wie in Abschn. 5.3 gezeigt wurde, nehmen die Ausbiegungen in solchen Fällen beim Versagen unbegrenzt zu, wenn die Verfestigung vernachlässigt wird, so daß der Einfluß der Ausbreitung der plastischen Zonen entlang der Stäbe in solchen Fällen nicht gering ist. Das war der Grund für den Vorschlag von YANG, BEEDLE und JOHNSTON [17], die Ausbiegungen nicht am Punkt des Versagens zu schätzen, sondern bei einer Last, bei der anstatt des vollen plastischen Momentes das Fließmoment an der Stelle erreicht wird, an der das letzte plastische Gelenk entsteht. Bei dieser Last müssen die Ausbiegungen begrenzt sein.

Weitere Vergleiche zwischen Last-Ausbiegungskurven, die den Einfluß der Verfestigung berücksichtigen, und den entsprechenden unter Vernachlässigung der Verfestigung ermittelten Kurven sind von HORNE [18] angestellt worden, der teilweise und vollständig eingespannte Träger von Rechteck- und I-Querschnitt aus Stählen mit verschiedenen Spannungs-Dehnungsdiagrammen betrachtete. Ein Überblick über die verschiedenen Verfahren für die Schätzung von Träger-Durchbiegungen ist von KNUDSEN und anderen [19] gegeben worden.

## 5.5 Schätzung der Ausbiegungen am Punkt des Versagens

Für viele Zwecke wäre es unnötig, die vollständigen Last-Ausbiegungsbeziehungen für ein bis zum Versagen belastetes Rahmentragwerk zu kennen, jedoch wäre eine Kenntnis der Ausbiegungen am Punkt des Versagens von Wert, wie in Abschn. 5.1 besprochen. Ein Verfahren für die Schätzung dieser Ausbiegungen ist von SYMONDS und NEAL [20], [21] vorgeschlagen worden. In diesem Verfahren wird angenommen, daß die Einflüsse der Verfestigung und der Ausbreitung der plastischen Zonen entlang der Stäbe vernachlässigt werden können, so daß die Biegemomenten-Krümmungsbeziehung im Effekt als von dem in Abb. 2.1 dargestellten Idealtyp angenommen wird. Wie eben im Abschn. 5.4 dargelegt worden ist, sind diese Einflüsse gewöhnlich klein und streben einander aufzuheben, so daß es unwahrscheinlich ist, daß ihre Vernachlässigung zu schwerwiegenden Fehlern führt, wenn nicht eines der Fließgelenke sich in einem Bereich annähernd konstanten Biegemomentes bildet.

Eine weitere grundlegende Annahme, die getroffen wird, ist, daß während der Erhöhung der Lasten auf ihre Traglastwerte die Verdrehung an einem plastischen Gelenk nicht aufhört, wenn es sich einmal gebildet hat. Es wird später gezeigt, daß diese Annahme nicht notwendig gültig ist, selbst wenn sich die Aufmerksamkeit auf proportionale Belastung beschränkt, und für freiere Belastungsprogramme kann sie offensichtlich unrichtig sein. Nichtsdestoweniger kann das Verfahren in vielen Fällen nützliche Schätzwerte der Ausbiegungen am Punkt des Versagens liefern. Diese Annahme bedeutet, daß alle die verschiedenen Gelenke, die in der Bruchkette enthalten sind, sich nacheinander bilden und verdrehen, während keine weiteren Gelenke in irgendeinem Stadium entstehen. Somit werden sich unmittelbar vor dem Erreichen der Traglast alle plastischen Gelenke außer einem in der Bruchkette gebildet und verdreht haben, außer in den Sonderfällen, in denen sich beim Versagen zwei oder mehr Gelenke gleichzeitig bilden. Wenn derartige Fälle ausgeschlossen werden, ist zu ersehen, daß bei Erreichen der Traglast das Biegemoment an der Stelle des letzten sich bildenden Gelenkes seinen vollplastischen Wert erreicht haben muß, aber die Verdrehung an diesem Gelenk wird vor dem Eintreten einer Bewegung der Bruchkette Null sein. Die Verdrehungen an allen übrigen Gelenken sind natürlich unbekannt. In diesem Zustand befindet sich das Tragwerk am Punkt des Versagens, und es zeigt sich, daß die Ausbiegungen auf ziemlich einfache Weise berechnet werden können mittels irgendeines der üblichen Verfahren der elastischen Tragwerksberechnung, — die Neigung-Durchbiegungsgleichungen eignen sich am besten für diesen Zweck. Das folgt aus der Vernachlässigung des Einflusses der Ausbreitung der plastischen Zonen entlang der Stäbe, was bedeutet, daß die Rahmenstäbe überall, außer an den plastischen Gelenken, elastisch bleiben. Der hauptsächliche Unterschied zwischen dieser Berechnung und einer für ein vollständig elastisches Rahmentragwerk besteht darin, daß an jedem Querschnitt, wo Verdrehung eines plastischen Gelenkes erfolgt ist, das Biegemoment als der vollplastische Wert bekannt, aber die Fließgelenkverdrehung unbekannt ist, während in dem vollkommen elastischen Rahmentragwerk am gleichen Querschnitt das Biegemoment unbekannt, aber die Gelenkverdrehung als Null bekannt wäre. Vorausgesetzt, daß die Stelle, wo sich das letzte Gelenk bildet, gefunden werden kann, können die Ausbiegungen ebenso schnell berechnet werden wie die eines vollkommen elastischen Rahmens. Wie gezeigt wird, läßt sich die Lage dieses Gelenkes ziemlich leicht bestimmen. Einzelheiten des Verfahrens lassen sich am besten an Hand besonderer Beispiele erklären, aber bevor diese behandelt werden, ist es erforderlich, die Neigung-Durchbiegungsgleichungen, die verwendet werden, anzugeben.

*Neigung-Durchbiegungsgleichungen*

Abb. 5.9 zeigt einen gleichförmigen Stab $AB$ von der Länge $l$ und der elastischen Biegesteifigkeit $EI$, der einer beliebigen Belastung und ebenfalls Momenten $M_{AB}$ und $M_{BA}$ an seinen Enden unterworfen ist. Das Vorzeichenübereinkommen für die Momente ist, daß ein positives Moment im Uhrzeigersinn auf den Stab wirkt. Die Ausbiegung von $B$ relativ zu $A$ ist $\delta$, und die Verdrehungen an den Stabenden sind $\varphi_{AB}$ und $\varphi_{BA}$, wobei jede Verdrehung als positiv angesehen wird, wenn sie im Uhrzeigersinn erfolgt. Diese Verdrehungen

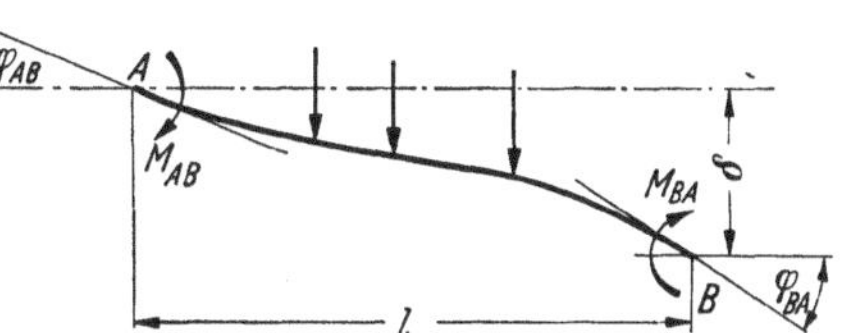

Abb. 5.9. Definition der Termen in Neigungs-Durchbiegungsgleichungen

werden von den Neigung-Durchbiegungsgleichungen

$$\varphi_{AB} = \frac{\delta}{l} + \frac{l}{6\,EI}\left[2\left(M_{AB} - M_{AB}^{E}\right) - \left(M_{BA} - M_{BA}^{E}\right)\right] \qquad (5.15)$$

$$\varphi_{BA} = \frac{\delta}{l} + \frac{l}{6\,EI}\left[2\left(M_{BA} - M_{BA}^{E}\right) - \left(M_{AB} - M_{AB}^{E}\right)\right] \qquad (5.16)$$

gegeben, wobei $M_{AB}^{E}$ und $M_{BA}^{E}$ die Einspann-Biegemomente sind, die unter derselben Belastung an den Stabenden hervorgerufen würden, wenn beide Enden in Lage und Richtung eingespannt gehalten wären.

### Eingespannter Träger mit ausmittiger Last

Das erste Beispiel, das betrachtet wird, ist der eingespannte Träger von der Stützweite $3\,l$, der durch eine Einzellast $P$ in einem Abstand $2\,l$ von einem Ende belastet wird, wie in Abb. 5.10a dargestellt. Der Träger ist von gleichförmigem Querschnitt mit einem vollen plastischen Moment $M_p$ und der elastischen Biegesteifigkeit $EI$. Die Traglast $P_c$ hat den Wert $\dfrac{3\,M_p}{l}$, die Bruchkette hat die in Abb. 5.10b dargestellte Form. In dieser Abbildung sind Größe und Vorzeichen der Fließgelenkverdrehungen angegeben, ein Gelenk ist als positiv definiert, wenn es in den auf der Seite der strichlierten Linie in Abb. 5.10a liegenden Stabfasern Zug erzeugt.

Während des Versagens bleibt die Form der zwei Abschnitte 12 und 23 des Trägers zwischen den plastischen Gelenken ungeändert, die Durchbiegungszunahmen rühren allein von den Verdrehungen an den drei plastischen Gelenken her. Abb. 5.10c zeigt die durchgebogene Form des Trägers in einem Stadium während des Versagens mit Verdrehungen an jedem der drei Fließgelenke. Die Neigung-Durchbiegungsgleichungen (5.15) und (5.16) können auf jeden der beiden Teile des Trägers angewendet werden. Da diese Abschnitte keiner Belastung unterworfen sind, sind die Einspannmomente $M^{E}$ gleich Null. Die tatsächlichen Momente $M$

sind wie in Abb. 5.10b angegeben. Die vier so erhaltenen Gleichungen lauten:

$$\varphi_{12} = \varphi_{21} = \frac{\delta}{2\,l} - \frac{M_p l}{3\,EI}$$

$$\varphi_{23} = \varphi_{32} = -\frac{\delta}{l} + \frac{M_p l}{6\,EI}.$$

Die Verdrehungen an den Gelenken werden mit $\psi_1$, $\psi_2$ und $\psi_3$ bezeichnet, wie in Abb. 5.10c gezeigt. Diese Gelenkverdrehungen sind nicht mit den in der Bruchkette von Abb. 5.10b gezeigten Verdrehungen zu verwechseln; die letzteren Verdrehungen sind die *Zunahmen*, die während einer kleinen Bewegung der Bruchkette eintreten, wogegen die ersteren die *Gesamt*-Verdrehungen sind, die sowohl vor als auch während des Versagens eingetreten sind. In Termen der Verdrehungen an den Knoten sind diese Gelenkverdrehungen

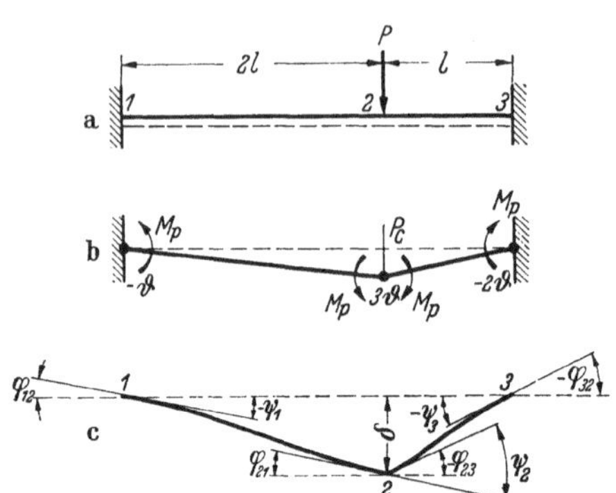

Abb. 5.10a—c. Eingespannter Träger mit unsymmetrisch eingetragener Einzellast. a Abmessungen und Belastung, b Bruchkette, c Formänderungen beim Versagen

$$\psi_1 = -\varphi_{12}$$

$$\psi_2 = \varphi_{21} - \varphi_{23}$$

$$\psi_3 = \varphi_{32}.$$

Einsetzen der aus den Neigung-Durchbiegungsgleichungen ermittelten Werte der Knotenverdrehungen ergibt

$$\psi_1 = -\frac{\delta}{2\,l} + \frac{M_p l}{3\,EI} \tag{5.17}$$

$$\psi_2 = \frac{3\,\delta}{2\,l} - \frac{M_p l}{2\,EI} \tag{5.18}$$

$$\psi_3 = -\frac{\delta}{l} + \frac{M_p l}{6\,EI}. \tag{5.19}$$

Diese drei Gleichungen gelten in jedem beliebigen Stadium während des Versagens und im besonderen am Punkt des Versagens, wenn das volle plastische Moment an der Stelle gerade erreicht ist, wo sich das letzte Gelenk bildet, aber an diesem Gelenk noch keine Verdrehung eingetreten ist. Aus diesen Gleichungen geht hervor, daß, wenn irgendeine der Gelenkverdrehungen als Null angenommen wird, wie es der Fall ist, wenn es sich um das zuletzt entstehende Fließgelenk handelt, der Wert von $\delta$ bestimmt ist, und damit können die anderen zwei Gelenkverdrehungen gefunden werden. Wenn beispielsweise $\psi_3$ als Null angenommen wird, ergibt sich

$$\delta = \frac{M_p l^2}{6 EI}$$

$$\psi_1 = \frac{M_p l}{4 EI}\,, \qquad \psi_2 = -\,\frac{M_p l}{4 EI}\,, \qquad \psi_3 = 0\ .$$

Um zu entscheiden, ob diese Annahme richtig ist, ist es notwendig, von der Tatsache Verwendung zu machen, daß die Verdrehung an einem Gelenk vor dem Versagen im gleichen Sinn sein muß, wie seine Verdrehung während des Versagens, da angenommen wird, daß, wenn sich einmal ein Gelenk gebildet hat, es stets fortfährt, sich zu verdrehen. Bezugnahme auf Abb. 5.10b zeigt, daß die Gelenkverdrehungen daher die folgenden Vorzeichen haben müssen:

$$\begin{array}{ccc} \psi_1 & \psi_2 & \psi_3 \\ - & + & - \end{array}$$

außer bei dem zuletzt entstehenden Gelenk, dessen Verdrehung am Punkt des Versagens Null ist. Die Annahme, daß $\psi_3$ Null ist, verletzt diese Bedingung, indem sie zu Werten von $\psi_1$ und $\psi_2$ führt, die beide ein falsches Vorzeichen haben, und so wird gefolgert, daß das Gelenk, das sich als letztes bildet, nicht am Querschnitt 3 liegen kann.

Andere Lösungen für die Gleichungen (5.17), (5.18) und (5.19) lassen sich in ähnlicher Weise finden. Alternativ kann von der Tatsache Verwendung gemacht werden, daß Änderungen in der Durchbiegung $\delta$ während des Versagens allein von Verdrehungen an den Gelenken herrühren. Es ist somit aus diesen drei Gleichungen zu ersehen, daß eine Änderung $\varDelta\,\delta$ im Wert von $\delta$ die folgenden Änderungen in den Gelenkverdrehungen verursacht:

$$\varDelta\psi_1 = -\,\frac{\varDelta\delta}{2\,l}\,, \qquad \varDelta\psi_2 = \frac{3\,\varDelta\delta}{2\,l}\,, \qquad \varDelta\psi_3 = -\,\frac{\varDelta\delta}{l}\,.$$

Wird $\frac{\varDelta\delta}{2\,l}$ mit $\vartheta$ bezeichnet, dann lauten diese Änderungen in den Gelenkverdrehungen

$$\varDelta\psi_1 = -\,\vartheta\,, \qquad \varDelta\psi_2 = \quad 3\,\vartheta\,, \qquad \varDelta\psi_3 = -\,2\,\vartheta\,.$$

Diese Änderungen in den Gelenkverdrehungen sind natürlich genau die aus einer kleinen Bewegung der Bruchkette herrührenden, bei denen die Ausbiegung unter der Last um $\varDelta\delta$ zunimmt, wie aus Abb. 5.10b zu ersehen ist. Es folgt, daß Lösungen für die Gleichungen (5.17), (5.18) und (5.19) erhalten werden können durch Addition der Gelenkverdrehungen und Verschiebungen infolge einer willkürlichen Bewegung der Bruchkette zu den durch Annahme von $\psi_3 = 0$ gefundenen. Alle möglichen

Lösungen für diese Gleichungen können daher wie folgt ausgedrückt werden:

$$\delta = \frac{M_p l^2}{6\,EI} + 2l\,\vartheta$$

$$\psi_1 = \frac{M_p l}{4\,EI} - \vartheta\,, \qquad \psi_2 = -\,\frac{M_p l}{4\,EI} + 3\vartheta\,, \qquad \psi_3 = -\,2\vartheta\,.$$

Wenn angenommen würde, daß sich das letzte Gelenk am Querschnitt 2 bildet, kann aus den obigen Gleichungen gesehen werden, daß $\vartheta$ den Wert $\frac{M_p l}{12\,EI}$ hätte, so daß $\psi_1$ gleich $\frac{M_p l}{6\,EI}$ wäre. Diese Annahme muß ebenfalls unrichtig sein, da das plastische Gelenk am Querschnitt 1 von negativem Vorzeichen ist. Es ist somit offenbar, daß sich das letzte Gelenk am Querschnitt 1 bilden muß. Der entsprechende Wert von $\vartheta$ ist $\frac{M_p l}{4\,EI}$; mit diesem Wert von $\vartheta$ ergibt sich, daß

$$\delta = \frac{2 M_p l^2}{3\,EI}$$

$$\psi_1 = 0\,, \qquad \psi_2 = \frac{M_p l}{2\,EI}\,, \qquad \psi_3 = -\,\frac{M_p l}{2\,EI}\;.$$

Hier haben $\psi_2$ und $\psi_3$ beide das richtige Vorzeichen, was bestätigt, daß sich das letzte Gelenk tatsächlich am Querschnitt 1 bildet.

Aus diesem Beispiel geht hervor, daß ein allgemeines Berechnungsverfahren darin besteht, das sich zuletzt bildende Fließgelenk anzunehmen und die Verdrehungen an allen anderen Gelenken auf der Grundlage dieser Annahme zu bestimmen. Die richtige Lösung kann dann erhalten werden durch Superposition der Verschiebungen und Gelenkverdrehungen infolge einer Bewegung der Bruchkette von solcher Größe, daß die Verdrehungen an sämtlichen Gelenken außer einem das richtige Vorzeichen bekommen und die Verdrehung an diesem Gelenk, welches das zuletzt entstehende Gelenk ist, Null wird. Ein anderes Berechnungsverfahren besteht darin, daß nacheinander jedes der Gelenke als das letzte sich bildende Gelenk angenommen und darauf die Durchbiegung an einem Punkt berechnet wird; die größte der so erhaltenen Durchbiegungen ist dann die tatsächliche Durchbiegung. Dieses Ergebnis, das von DUTHEIL [22] ohne Beweis festgestellt worden ist, folgt aus der Tatsache, daß jede unrichtige Lösung aus der richtigen Lösung erhalten werden kann durch Superposition der Verschiebungen und Gelenkverdrehungen infolge einer *Rückwärts*bewegung der Bruchkette. Bei der Anwendung dieses letzteren Verfahrens kann es unnötig sein, die Berechnungen für die Annahmen durchzuführen, daß gewisse Gelenke die zuletzt entstehenden sind; denn es kann oft gesehen werden, daß bei elastischem Verhalten des Tragwerkes einige Querschnitte höher beansprucht werden als andere und daher unter den ersten sein werden, an denen sich Fließgelenke bilden. Beispielsweise ist in dem eben betrachteten Beispiel leicht zu erkennen, daß sich das erste Gelenk am Querschnitt 3 bildet.

Jedes der beiden Verfahren wird im folgenden unter Bezugnahme auf einen einfachen Portalrahmen kurz erläutert.

### *Rechteckiger Portalrahmen*

Betrachtet wird der rechteckige Portalrahmen, dessen Abmessungen und Belastung in Abb. 5.11a angegeben sind. Sämtliche Stäbe dieses Rahmens sind von demselben gleichförmigen Querschnitt mit dem vollen plastischen Moment $M_p$ und der Biegesteifigkeit $EI$. Es sind die horizontalen und vertikalen Ausbiegungen $h$ und $v$ zu bestimmen, die am Punkt des Versagens in den Richtungen der Lasten eintreten.

Bei diesem Rahmen tritt das Versagen bei $P = P_c = 3\,\dfrac{M_p}{l}$ ein mit plastischen Gelenken an den Querschnitten 1, 3, 4 und 5, während das Biegemoment am Querschnitt 2 Null ist. Die Richtungen, in denen die vollen plastischen Momente auf die Stäbe wirken, sind in Abb. 5.11a angegeben.

Zuerst wird der Rahmen berechnet durch Annahme, daß sich das letzte Gelenk an einem bestimmten Querschnitt bildet, Bestimmung

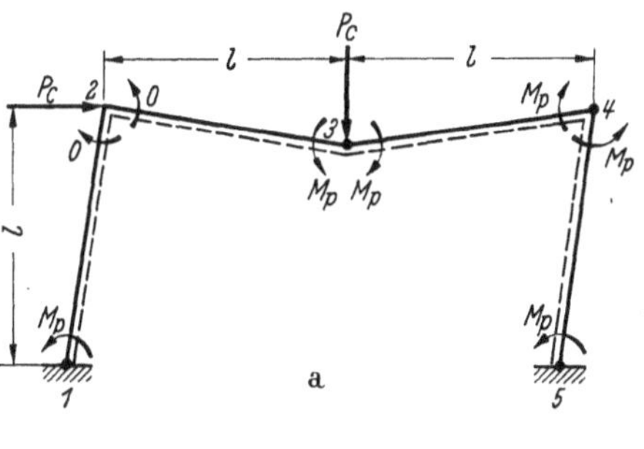


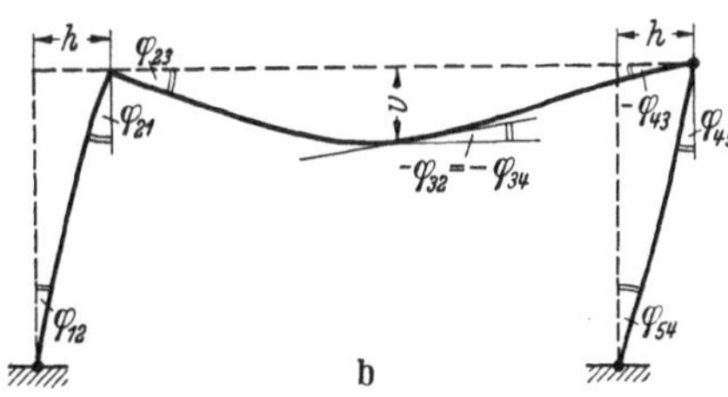


Abb. 5.11a u. b. Rechteckiger Portalrahmen. a Abmessungen, Belastung und Bruchkette, b Formänderungen beim Versagen .

aller anderen Gelenkverdrehungen und dann Superposition einer Vorwärtsbewegung der Bruchkette, um jedem Gelenk, außer dem zuletzt entstehenden, eine Verdrehung von richtigem Vorzeichen zu erteilen. Bei elastischem Verhalten des Rahmens treten die größten Biegemomente an den Querschnitten 4 und 5 auf, und das sich zuletzt bildende Fließgelenk wird entweder am Querschnitt 1 oder am Querschnitt 3 liegen. Die erste Annahme ist, daß sich das letzte Gelenk am Querschnitt 3 bildet. Die ausgebogene Form des Rahmens bei Annahme von Kontinuität am Querschnitt 3, und natürlich am Querschnitt 2, wo kein Gelenk vorkommt, ist in Abb. 5.11b dargestellt. Die Verdrehungen der

Gelenke an den Querschnitten 1, 4 und 5 werden in Termen der Verdrehungen an den Stabenden durch die folgenden Gleichungen gegeben:

$$\psi_1 = - \varphi_{12}, \quad \psi_4 = \varphi_{43} - \varphi_{45}, \quad \psi_5 = \varphi_{54},$$

wobei eine Gelenkverdrehung als positiv genommen wird, wenn sie Dehnung der auf der Seite der strichlierten Linie in Abb. 5.11 a liegenden Stabfasern verursacht. Bei Verwendung dieser Beziehungen und der Bedingungen der Kontinuität der Neigung an den Querschnitten 2 und 3 können die folgenden Gleichungen niedergeschrieben werden, indem die Neigung-Durchbiegungsgleichungen (5.15) und (5.16) nacheinander auf jeden der vier Abschnitte des Rahmens 12, 23, 34 und 45 angewendet werden:

$$\psi_1 = - \varphi_{12} = - \frac{h}{l} + \frac{M_p l}{3 EI} \tag{5.20}$$

$$\varphi_{21} = \frac{h}{l} + \frac{M_p l}{6 EI} = \varphi_{23} = \frac{v}{l} + \frac{M_p l}{6 EI} \tag{5.21}$$

$$\varphi_{32} = \frac{v}{l} - \frac{M_p l}{3 EI} = \varphi_{34} = - \frac{v}{l} + \frac{M_p l}{6 EI} \tag{5.22}$$

$$\psi_4 = \varphi_{43} - \varphi_{45} = - \frac{v}{l} + \frac{M_p l}{6 EI} - \frac{h}{l} + \frac{M_p l}{6 EI} \tag{5.23}$$

$$\psi_5 = \varphi_{54} = \frac{h}{l} - \frac{M_p l}{6 EI} . \tag{5.24}$$

Diese Gleichungen können für die Ausbiegungen und Gelenkverdrehungen gelöst werden, was ergibt

$$h = v = \frac{M_p l^2}{4 EI}$$

$$\psi_1 = \frac{M_p l}{12 EI}, \qquad \psi_4 = - \frac{M_p l}{6 EI}, \qquad \psi_5 = \frac{M_p l}{12 EI} .$$

Inspektion von Abb. 5.11 a zeigt, daß, während die Gelenkverdrehungen an den Querschnitten 4 und 5 in Übereinstimmung mit der obigen Lösung negativ bzw. positiv sind, die Gelenkverdrehung am Querschnitt 1 nicht positiv, sondern entweder negativ oder Null sein sollte. Also muß sich das letzte Gelenk am Querschnitt 1 bilden, und die richtige Lösung wird erhalten durch Superposition der Ausbiegungen und Gelenkverdrehungen infolge einer kleinen Bewegung der Bruchkette, derart, daß die Änderung in der Gelenkverdrehung am Querschnitt 1 zu $- \frac{M_p l}{12 EI}$ wird.

Aus Abb. 5.11 a geht hervor, daß die Änderungen in den Ausbiegungen und Gelenkverdrehungen während einer kleinen Bewegung der Bruchkette, die auftreten, wenn die Verdrehung des Gelenkes am Querschnitt 1 diesen Wert hat, wie folgt sind:

$$\Delta h = \Delta v = \frac{M_p l^2}{12 \, EI}$$

$$\Delta \psi_1 = - \frac{M_p l}{12 \, EI} \,, \quad \Delta \psi_3 = \frac{M_p l}{6 \, EI} \,, \quad \Delta \psi_4 = - \frac{M_p l}{6 \, EI} \,, \quad \Delta \psi_5 = \frac{M_p l}{12 \, EI} \,.$$

Wenn diese Zunahmen zu den Ausbiegungen und Gelenkverdrehungen addiert werden, die auf Grund der Annahme erhalten wurden, daß sich das letzte Gelenk am Querschnitt 3 bildet, ergeben sich die folgenden Werte:

$$h = v = \frac{M_p l^2}{3 \, EI}$$

$$\psi_1 = 0 \,, \qquad \psi_3 = \frac{M_p l}{6 \, EI} \,, \qquad \psi_4 = - \frac{M_p l}{3 \, EI} \,, \qquad \psi_5 = \frac{M_p l}{6 \, EI} \,.$$

Diese Ausbiegungen und Gelenkverdrehungen treten auf, wenn sich der Rahmen am Punkt des Versagens befindet.

Bei dem anderen Berechnungsverfahren wird die Annahme getroffen, daß das zuletzt entstehende Gelenk an einem bestimmten Querschnitt vorkommt, und der entsprechende Wert einer der Ausbiegungen wird berechnet. Das Verfahren wird dann für die Annahme von Kontinuität an anderen Querschnitten, an denen sich das letzte Gelenk bilden könnte, wiederholt, und die richtige Annahme wird als diejenige identifiziert, die zu dem größten Wert dieser Ausbiegung führt. In dem vorliegenden Beispiel ist es unwahrscheinlich, daß sich das letzte Gelenk am Querschnitt 4 oder 5 bildet, so daß es nur erforderlich ist, den Wert einer Ausbiegung, z. B. $h$, für die Annahmen zu berechnen, daß sich das letzte Gelenk entweder am Querschnitt 1 oder am Querschnitt 3 bildet.

Wenn sich das letzte Gelenk am Querschnitt 1 bildet, lautet die Kontinuitätsbedingung an diesem Querschnitt $\varphi_{12} = 0$. Dann ergibt sich aus Gl. (5.20), der Neigung-Durchbiegungsgleichung für den Stab 12:

$$- \varphi_{12} = - \frac{h}{l} + \frac{M_p l}{3 \, EI} = 0$$

$$h = \frac{M_p l^2}{3 \, EI} \,.$$

Wenn sich das letzte Gelenk am Querschnitt 3 bildet, lautet die Kontinuitätsbedingung an diesem Querschnitt $\varphi_{32} = \varphi_{34}$, so daß aus den Neigung-Durchbiegungsgleichungen (5.22) folgt:

$$\varphi_{32} = \frac{v}{l} - \frac{M_p l}{3 \, EI} = \varphi_{34} = - \frac{v}{l} + \frac{M_p l}{6 \, EI}$$

$$v = \frac{M_p l^2}{4 \, EI} \,.$$

Dann wird aus den Neigung-Durchbiegungsgleichungen (5.21), die die
Kontinuitätsbedingung am Querschnitt 2 ausdrücken, erhalten:

$$\varphi_{21} = \frac{h}{l} + \frac{M_p l}{6\,EI} = \varphi_{23} = \frac{v}{l} + \frac{M_p l}{6\,EI}$$

$$h = v = \frac{M_p l^2}{4\,EI}\,.$$

Dieser Wert von $h$ ist kleiner als der für die Annahme von Kontinuität
am Querschnitt 1 erhaltene, und so folgt, daß sich das letzte Gelenk
am Querschnitt 1 bilden muß. Diese Schlußfolgerung sollte durch Zu-
endeführen der Berechnung für die Annahme von Kontinuität am Querschnitt 1 nachgeprüft werden, um die Bestätigung zu erhalten, daß die
so erhaltenen Gelenkverdrehungen von richtigem Vorzeichen sind.

Teilweises und über-vollständiges Versagen

In dem eben betrachteten Beispiel war die Bruchkette vom vollständigen Typ, denn es waren in ihr $r + 1$ plastische Gelenke vorhanden,
wobei $r$ die Anzahl der statisch unbestimmten Größen bedeutet, und
diese kinematische Kette besaß nur einen Freiheitsgrad. Somit war der
ganze Rahmen beim Versagen statisch bestimmt. Wenn das Versagen
teilweise ist, ist mit einer Berechnung mit Hilfe der Gleichgewichtsgleichungen allein nur die Biegemomentenverteilung in einem Teil des
Rahmens beim Versagen bestimmbar, aber dies ergibt keine zusätzliche
Schwierigkeit bei der Bestimmung der Ausbiegung am Punkt des Versagens. Die Neigung-Durchbiegungsgleichungen werden in der üblichen
Weise angewendet, und es ergibt sich, daß diese Gleichungen hinreichende
Information liefern für die Berechnung der Biegemomente, die nicht
durch Gleichgewichtsbetrachtungen allein bestimmbar sind, und ebenfalls die unbekannten Ausbiegungen und Gelenkverdrehungen ergeben.
Wenn die Anzahl der plastischen Gelenke in der Bruchkette $r + 1 - q$
ist, gibt es $q$ Biegemomente, die nicht aus den Gleichgewichtsgleichungen
bestimmbar sind, aber an den entsprechenden $q$ Querschnitten liegt
Kontinuität vor. Wenn an diesen $q$ Querschnitten plastische Gelenke
vorhanden wären, gäbe es $q$ unbekannte Gelenkverdrehungen zu bestimmen, wogegen in Wirklichkeit $q$ unbekannte Biegemomente vorhanden sind, so daß die Gesamtzahl der Unbekannten ungeändert ist.

Wenn die Bruchkette für einen Rahmen über-vollständig ist, d. h.
mehr als einen Freiheitsgrad besitzt, bildet sich beim Versagen eine
Anzahl plastischer Gelenke gleichzeitig. Bei einem derartigen Fall wäre
es notwendig, am Punkt des Versagens an einer *Gruppe* von Fließgelenkstellen Kontinuität anzunehmen, anstatt an einer einzigen Stelle. Das
würde zu einer beträchtlichen Vermehrung der Rechenarbeit führen,
denn die mögliche Zahl solcher Gruppen kann in allen, außer den ein-

fachsten Fällen, ziemlich groß sein. Diese Schwierigkeit wird am besten dadurch überwunden, daß in einem oder mehreren der Lastverhältnisse eine kleine Änderung vorgenommen wird, so daß das Versagen dann entweder von der vollständigen oder der teilweisen Art ist. Die ermittelten entsprechenden Ausbiegungen liegen dann dicht bei den für die tatsächlichen Lastverhältnisse eintretenden.

### Gültigkeit der Annahmen

Die durch die Annahme, daß die Einflüsse der Verfestigung und der Ausbreitung der plastischen Zonen entlang der Stäbe beide vernachlässigt werden können, eingeführten Fehler sind bereits erörtert worden. Das Verfahren gründet sich jedoch auch auf die Annahme, daß die Verdrehung an einem plastischen Gelenk nicht aufhört, wenn es sich einmal gebildet hat, mit dem Korrolat, daß keine plastischen Gelenke entstehen, die nicht in der Bruchkette enthalten sind. Man könnte meinen, daß diese Annahme in Fällen der proportionalen Belastung zutreffend ist, aber unglücklicherweise ist das nicht der Fall. Das kann an dem einfachen Beispiel des über drei Stützen durchlaufenden Trägers von Abb. 5.12a demonstriert werden. Das erste plastische Gelenk, das sich in diesem Träger unter proportionaler Belastung bildet, liegt am Querschnitt 2. Aber in einem späteren Stadium der Belastung hört die Verdrehung an diesem Gelenk auf, und das Biegemoment an diesem Querschnitt wird unter seinen vollplastischen Wert reduziert.

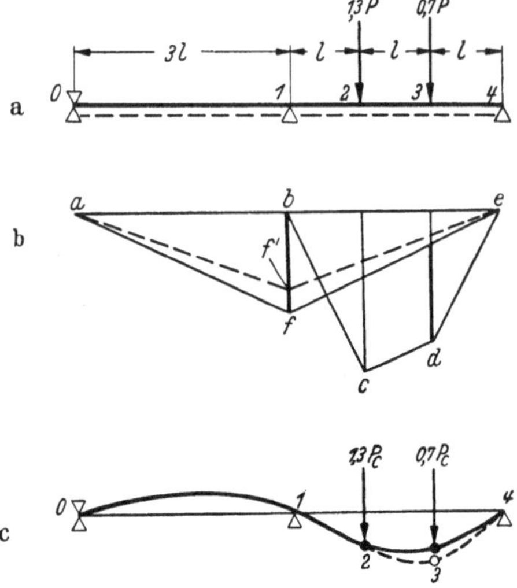

Abb. 5.12a–c. Träger auf drei Stützen. a Abmessungen und Belastung, b Biegemomentendiagramme, c Formänderungen beim Versagen

Der Träger hat gleichförmigen Querschnitt mit einer Biegesteifigkeit $EI$ und einem vollen plastischen Moment $M_p$. Abb. 5.12b zeigt die Biegemomentenverteilung beim Versagen mit plastischen Gelenken an den Querschnitten 1 und 3. In dieser Abbildung ist das freie Momentendiagramm als $abcde$ dargestellt und das Einspann-Momentendiagramm als $afe$. Das freie Biegemoment am Querschnitt 3 ist 0,9 $Pl$, und aus der Abbildung geht unmittelbar hervor, daß die Traglast $P_c$

durch Betrachtung der Bedingungen an diesem Querschnitt wie folgt
berechnet werden kann:

$$0{,}9\,P_c l = \frac{4}{3}\,M_p$$

$$P_c = 1{,}48\,\frac{M_p}{l}$$

Am Querschnitt 2 ist das freie Biegemoment 1,1 $Pl$, so daß beim Versagen das Biegemoment an diesem Querschnitt gegeben wird durch

$$M_2 = 1{,}1\,P_c l - \frac{2}{3}\,M_p = 0{,}96\,M_p\,.$$

Die Durchbiegungsberechnung wird durchgeführt durch Annahme von
Kontinuität am Querschnitt 2 und ebenfalls am Querschnitt 1, wo sich
sehr wahrscheinlich das letzte Gelenk bildet. Einzelheiten der Berechnung, die sehr einfach ist, brauchen nicht angegeben werden. Für
die vertikalen Durchbiegungen $v_2$ und $v_3$ an den Querschnitten 2 und 3
und die Gelenkverdrehung $\psi_3$ am Querschnitt 3 ergeben sich folgende
Werte:

$$v_2 = 1{,}17\,\frac{M_p l^2}{EI}\,, \qquad v_3 = 1{,}70\,\frac{M_p l^2}{EI}\,, \qquad \psi_3 = 1{,}41\,\frac{M_p l}{EI}\,.$$

Die Gelenkverdrehung am Querschnitt 3 hat das richtige Vorzeichen,
was augenscheinlich die Annahme von Kontinuität am Querschnitt 2
bestätigt.

Beim Versagen ist der Träger statisch bestimmt und der Wert von
$M_2$ ist kleiner als $M_p$, wenn Gelenke an den Querschnitten 1 und 3
entstehen, so daß die Berechnung kein Anzeichen dafür liefert, daß sich
unter proportionaler Belastung das *erste* Gelenk am Querschnitt 2
bildet. Dies kann durch eine elastische Berechnung gezeigt werden; die
entsprechende Einspann-Momentenlinie ist in Abb. 5.12b als strichlierte
Linie *af'e* eingetragen. Die Neigung der Geraden *f'e* ist geringer als die
des Teiles *cd* des freien Momentendiagramms, so daß das Moment am
Querschnitt 2 größer ist als das Moment am Querschnitt 3. Wenn $P$
über den Wert anwächst, der die Bildung eines plastischen Gelenkes am
Querschnitt 2 verursacht, setzt sich die Verdrehung dieses Gelenkes fort
bis das Biegemoment am Querschnitt 3 auf seinen vollplastischen Wert
gebracht ist. Weitere Zunahmen von $P$ bewirken Verdrehung des Gelenkes an diesem Querschnitt, während die Verdrehung des Gelenkes am
Querschnitt 2 aufhört und das Biegemoment dort unter seinen vollplastischen Wert *reduziert* wird. Am Querschnitt 1 wird sich schließlich auch
ein plastisches Gelenk bilden, und das Versagen tritt ein. Dieses Verhalten
kann mittels einer auf die Neigung-Durchbiegungsgleichungen gegründeten schrittweisen Berechnung verfolgt werden; die Ergebnisse sind in
Tab. 5.1 zusammengefaßt.

Abb. 5.12 c zeigt die Biegelinie des Trägers beim Versagen. In dieser Abbildung zeigt die strichlierte Linie für den Trägerabschnitt 234 die Biegelinie entsprechend der Annahme von Kontinuität am Querschnitt 2. Die Biegelinie des Trägerabschnittes 012 ist nicht von der Größe der

Tabelle 5.1 *Proportionale Belastung bis zum Versagen*

| $\dfrac{Pl}{M_p}$ | $\dfrac{M_1}{M_p}$ | $\dfrac{M_2}{M_p}$ | $\dfrac{M_3}{M_p}$ | $\dfrac{\psi_2 EI}{M_p l}$ | $\dfrac{\psi_3 EI}{M_p l}$ | $\dfrac{v_2 EI}{M_p l^2}$ | $\dfrac{v_3 EI}{M_p l^2}$ |
|---|---|---|---|---|---|---|---|
| 1,32 | −0,68 | 1 | 0,96 | 0 | 0 | 0,75 | 0,78 |
| 1,43 | −0,86 | 1 | 1 | 0,36 | 0 | 0,98 | 0,91 |
| 1,48 | −1 | 0,96 | 1 | 0,36 | 0,69 | 1,17 | 1,34 |

Gelenkverdrehung am Querschnitt 2 abhängig; die *Verformung* dieses Trägerteiles wird durch die bekannte Biegemomentenverteilung bestimmt, Gelenkverdrehungen treten innerhalb dieser Länge nicht auf, und die Durchbiegungen werden durch die Lage der Stützen 0 und 1 festgelegt. Die vertikale Durchbiegung $v_2$ ergab sich aus der einfachen Berechnung am Punkt des Versagens zu $1{,}17\,\dfrac{M_p l^2}{EI}$ , und derselbe Wert ist in Tab. 5.1 als Ergebnis der schrittweisen Berechnung angegeben. Die *Verformungen* der Trägerabschnitte 23 und 34 werden ebenfalls durch die bekannte Biegemomentenverteilung bestimmt. Wenn die Durchbiegung $v_3$ und die Gelenkverdrehungen $\psi_2$ und $\psi_3$ von den aus der Berechnung am Punkt des Versagens erhaltenen Werten abgezogen werden, sollten resultierende Durchbiegung und Gelenkverdrehungsdifferenzen einer kleinen Bewegung einer Trägerkette mit Gelenken an den Querschnitten 2, 3 und 4 entsprechen. Diese Differenzen sind:

$$\Delta\psi_2 = -\,0{,}36\,\frac{M_p l}{EI}$$

$$\Delta\psi_3 = (1{,}41 - 0{,}69)\,\frac{M_p l}{EI} = 0{,}72\,\frac{M_p l}{EI}$$

$$\Delta v_3 = (1{,}70 - 1{,}34)\,\frac{M_p l^2}{EI} = 0{,}36\,\frac{M_p l^2}{EI} \,,$$

und es ist zu ersehen, daß sie in der Tat einer kleinen Bewegung dieser kinematischen Kette entsprechen. Dieses Ergebnis vereinfacht natürlich nicht den Prozeß der Korrektur der aus der einfachen Berechnung am Punkt des Versagens erhaltenen Schätzung von $v_3$ zur Berücksichtigung der Gelenkverdrehung am Querschnitt 2; denn die Größe dieser Gelenkverdrehung ist nicht bekannt bis die schrittweise Berechnung durchgeführt worden ist.

Aus diesem Beispiel geht hervor, daß es selbst im Falle proportionaler Belastung möglich ist, daß an einem oder mehreren Querschnitten, wo

das Biegemoment beim Versagen kleiner als der vollplastische Wert ist,
eine Gelenkverdrehung erfolgt ist. Keine Berechnung, die sich einzig mit
den Bedingungen beim Versagen befaßt, kann entdecken, daß eine derartige Gelenkverdrehung eingetreten ist, und so muß geschlossen werden,
daß das einzige vollständig sichere Vorgehen darin besteht, die sukzessive Bildung und Verdrehung der plastischen Gelenke mittels einer
schrittweisen Berechnung zu verfolgen.

Es zeigt sich also, daß die dieser Methode der Schätzung von Ausbiegungen am Punkt des Versagens zugrunde liegenden Annahmen in gewissen Fällen inkorrekt sein können. Jedoch wird es oft möglich sein,

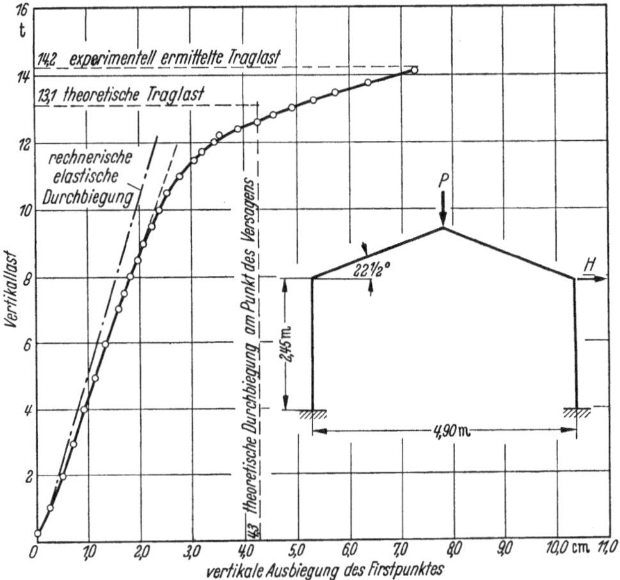


Abb. 5.13. Großversuch mit einem Giebelrahmen

derartige Fälle zu erkennen, wenn sie auftreten; das eben gegebene
Beispiel ist im Prinzip ähnlich dem oft eintretenden Wandern eines
Fließgelenkes entlang eines Stabes unter gleichförmig verteilter Belastung (s. Aufgabe 2, Kap. 3). Der Wert von auf diese Weise ermittelten
Durchbiegungswerten kann nur durch Vergleich mit Versuchsergebnissen
eingeschätzt werden. SYMONDS [23] hat Durchbiegungsschätzungen
dieser Art mit den Versuchen von BAKER und HEYMAN [24] an rechteckigen Modell-Portalrahmen verglichen; in den meisten Fällen ergab
sich eine befriedigende Übereinstimmung. BAKER und EICKHOFF [25]
haben einen Großversuch durchgeführt an einem Binderpaar geschweißter Giebelrahmen aus 180 × 100 mm britischen Normen-I-Trägern,

deren Mittellinien-Abmessungen in der Einfügung von Abb. 5.13 angegeben sind. Diese Rahmen wurden zusammen belastet, zunächst durch Eintragung einer Horizontallast $H = 1{,}70$ t in jeden Rahmen, worauf die Vertikallast $P$ bei konstant gehaltenem $H$ erhöht wurde. Die gemessene Beziehung zwischen $P$ und der vertikalen Senkung des Firstpunktes eines dieser Rahmen ist in Abb. 5.13 wiedergegeben. Der theoretische Wert von $P$ beim Versagen war 13,1 t, aber der Rahmen fuhr fort, über diesem Wert liegende Lasten zu tragen, bis bei einem Wert von $P = 14{,}2$ t vollständiges Versagen durch Kippung eintrat. Es liegt auf der Hand, daß die Verfestigung für die Erhöhung der Tragfähigkeit über den theoretischen Wert hinaus verantwortlich ist. In der Abbildung ist die errechnete Durchbiegung von 43 mm am Punkt des Versagens angegeben. Diese Durchbiegung ist geringer als die gemessene Durchbiegung von 51 mm bei der theoretischen Traglast, aber auch im elastischen Bereich unterschätzen die rechnerisch ermittelten Durchbiegungen die tatsächlichen Durchbiegungen in ziemlich erheblichem Maße.

## Literatur

[1] MEYER, E.: Die Berechnung der Durchbiegung von Stäben, deren Material dem Hookeschen Gesetz nicht folgt. Z. Ver. dtsch. Ing., 52, 167 (1908)

[2] HRENNIKOFF, A.: Theory of inelastic bending with reference to limit design. Trans. Amer. Soc. Civ. Engrs., 113, 213, (1948)

[3] ROBERTSON, A., u. G. COOK: Transition from the elastic to the plastic state in mild steel. Proc. Roy. Soc. A, 88, 462 (1913)

[4] DE SAINT-VENANT, B.: J. Math. pures appl. (Deuxième Série). 16, 373 (1871)

[5] COOK, G.: Some factors affecting the yield point in mild steel. Trans. Instn. Engrs. Shipb. Scot., 81, 371 (1937)

[6] NADAI, A.: Der bildsame Zustand der Werkstoffe. Berlin: Springer 1927

[7] RAPPLEYEA, F. A., u. E. J. EASTMAN: Flexural strength in the plastic range of rectangular magnesium extrusions. J. Aero. Sci. 11, 373 (1944)

[8] DWIGHT, J. B.: An investigation into the plastic bending of aluminium alloy beams. Research Report No. 16. Aluminium Development Association (1953)

[9] BARRETT, A. J.: Unsymmetrical bending and bending combined with axial loading of a beam of rectangular cross-section into the plastic range. J. Roy. Aero. Soc., 57, 503 (1953)

[10] FRITSCHE, J.: Die Tragfähigkeit von Balken aus Stahl mit Berücksichtigung des plastischen Verformungsvermögens. Bauingenieur, 11, 851 (1930)

[11] RODERICK, J. W., u. I. H. PHILLIPS: The carrying capacity of simple supported mild steel beams. Research (Engng. Struct. Suppl.), Colston Papers, 2, 9 (1949)

[12] RODERICK, J. W., u. J. HEYMAN: Extension of the simple plastic theory to take account of the strain-hardening range. Proc. Instn. Mech. Engrs., 165, 189 (1951)

[13] RODERICK, J. W.: The load-deflection relationship for a partially plastic rolled steel joist. Brit. Weld. J., 1, 78 (1954)

[14] RODERICK, J. W., u. H. H. L. PRATLEY: The behaviour of rolled steel joists in the plastic range. Brit. Weld. J., 1, 261 (1954)

[15] YANG, C. H., L. S. BEEDLE u. B. G. JOHNSTON: Residual stress and the yield strength of steel beams. Weld. J., Easton, Pa., **31**, 205-s (1952)

[16] HORNE, M. R.: Discussion of "Theory of inelastic bending with reference to limit design". Trans. Amer. Soc. Civ. Engrs., **113**, 250 (1948)

[17] YANG, C. H., L. S. BEEDLE und B. G. JOHNSTON: Plastic design and the deformation of structures. Weld. J., Easton Pa,, **30**, 348-s (1951)

[18] HORNE, M. R.: The effect of strain-hardening on the equalisation of moments in the simple plastic theory. Weld. Res., **5**, 147 (1951)

[19] KNUDSEN, K. E., C. H. YANG, B. G. JOHNSTON, L. S. BEEDLE u. W. H. WEISKOPF: Plastic strength and deflections of continuous beams. Weld. J., Easton, Pa., **32**, 240-s (1953)

[20] SYMONDS, P. S., u. B. G. NEAL: Recent progress in the plastic methods of structural analysis. J. Franklin Inst., **252**, 383, 469 (1951)

[21] SYMONDS, P. S., u. B. G. NEAL: The interpretation of failure loads in the plastic theory of continuous beams and frames. J. Aero. Sci., **19**, 15 (1952)

[22] DUTHEIL, J.: L'exploitation des phénomène d'adaptation dans les ossatures en acier doux. Ann. Inst. Tech. Bât. Trav. Publ., No. 2, Jan. 1948

[23] SYMONDS, P. S.: Discussion of plastic design and the deformation of structures. Weld. J., Easton, Pa., **31**, 33-s (1952)

[24] BAKER, J. F., u. J. HEYMAN: Tests on miniature portal frames. Struct. Engr., **28**, 139 (1950)

[25] BAKER, J. F., u. K. G. EICKHOFF: A test on a pitched roof portal. Brit. Weld. Res. Assn. Report FE 1/35 (1953)

## Übungsaufgaben

1. Ein Träger auf zwei Stützen, Stützweite $l$, ist von gleichförmigem Rechteckquerschnitt und trägt eine gleichförmig verteilte Last $P$. Die Biegemomenten-Krümmungsbeziehung jenseits der Elastizitätsgrenze ist wie in Gl. (5.8) angegeben, entsprechend der ideal-plastischen Spannungs-Dehnungsbeziehung ohne obere Fließgrenze. Zeige, daß die Mittendurchbiegung bei stetiger Steigerung von $P$ von Null auf $\dfrac{9}{8}\,P_f$ den Wert

$$\left[1{,}6\left(\frac{1}{\sqrt{3}}+\log\sqrt{3}\,\right)-\frac{2}{3}\right]\delta_f$$

hat, wobei $P_f$ und $\delta_f$ die Werte der Last und der Mittendurchbiegung bei Eintreten des Fließens sind, und skizziere die Form der plastischen Zonen.

2. Ein gleichförmiger, eingespannter Träger von der Länge $l$ hat ein volles plastisches Moment $M_p$ und eine Biegesteifigkeit $EI$. Er trägt eine über die linke Trägerhälfte gleichförmig verteilte Last $P$ sowie eine in Trägermitte angreifende Einzellast $P$. Bestimme die Mitten-Durchbiegung am Punkt des Versagens.

3. Ein eingespannter rechteckiger Portalrahmen hat die Höhe $l$ und die Stützweite $3\,l$. Alle Rahmenstäbe haben denselben gleichförmigen Querschnitt mit dem vollen plastischen Moment $M_p$ und der Biegesteifigkeit $EI$. Der Rahmen ist einer in Riegelmitte angreifenden Vertikallast $3\,P$ sowie einer am oberen Ende eines der Stiele angreifenden Horizontallast $P$ unterworfen. Bestimme die Ausbiegungen in den Richtungen der zwei Lasten am Punkt des Versagens.

4. Bestimme für einen in jeder Hinsicht mit dem Rahmen von Aufgabe 3 identischen Rahmen, außer daß dessen Stützweite $2\,l$ anstatt $3\,l$ beträgt, die Ausbiegungen in den Richtungen der zwei Lasten am Punkt des Versagens.

# Kapitel 6

## Faktoren von Einfluß auf das volle plastische Moment

### 6.1 Einführung

Die einfache plastische Traglasttheorie für biegesteife Stabwerke gründet sich auf gewisse Hypothesen betreffend die Biegemomenten-Krümmungsbeziehungen der Stäbe, die in Abschn. 1.2 angegeben worden sind. Der Begriff der Bildung und indefiniten Verdrehung eines Fließgelenkes in einem Stabe, wo immer das volle plastische Moment an einem Querschnitt beibehalten wird, ist von fundamentaler Bedeutung in der Theorie, und es wird angenommen, daß das volle plastische Moment für einen gegebenen Stabquerschnitt eine Konstante ist. Tatsächlich verdanken die Verfahren der plastischen Berechnung biegesteifer Stabwerke ihre Einfachheit vollständig diesem Begriff. Es muß jedoch berücksichtigt werden, daß das volle plastische Moment eines gegebenen Stabes keine definitive konstante Größe ist. Teilweise beruht das darauf, daß die untere Fließgrenze, auf die es sich gründet, in gewissem Maße von der Belastungsweise und der vorherigen Belastungsgeschichte abhängig ist. In Abschn. 1.4 wurde gezeigt, daß der theoretische Wert des vollen plastischen Momentes in reiner Biegung $Z_p\,\sigma_f$ ist, wobei $Z_p$ das plastische Widerstandsmoment bedeutet, dessen Wert allein von Form und Größe des Querschnittes abhängt, und $\sigma_f$ die untere Fließgrenze. Somit treten Variationen im Werte des vollen plastischen Momentes auf, wenn immer Einflüsse auftreten, die den Wert der unteren Fließspannung ändern. Wie wohlbekannt ist, wird die untere Fließgrenze eines Baustahl-Prüfkörpers von der Belastungsgeschwindigkeit beeinflußt und auch durch die Temperatur bei der Versuchsdurchführung in einem Ausmaß, das klein ist für den Bereich der Temperaturvariation, dem viele Tragwerke unterliegen. Ein weiterer die untere Fließgrenze beeinflussender Faktor ist die Alterung. In Abschn. 6.2 wird eine Erörterung der Größenordnung der Variationen in der unteren Fließgrenze gegeben, die durch diese Faktoren verursacht werden können; es scheint, daß diese Effekte glücklicherweise gewöhnlich ziemlich gering sind. Obgleich vom bautechnischen Gesichtspunkt die Faktoren, die die untere Fließgrenze eines gegebenen Baustahl-Prüfkörpers beeinflussen, von hauptsächlicher Bedeutung sind, ist ebenfalls eine kurze Betrachtung der wichtigen metallurgischen Faktoren der chemischen Zusammensetzung und der Wärmebehandlung von Interesse, die die Variationen in der unteren Fließgrenze von Baustahl von Prüfkörper zu Prüfkörper bestimmen.

Bei der Berechnung des vollen plastischen Momentes als $Z_p\,\sigma_f$ mittels der in Abschn. 1.4 angegebenen Verfahren wurde angenommen, daß der Stab reiner Biegung unterworfen ist, so daß Längskraft und Querkraft beide Null sind. In den Abschn. 6.3 und 6.4 wird dargelegt, daß der Wert des vollen plastischen Momentes durch das Vorhandensein von Längsdruck- und Querkraft in einem berechenbaren Maße beeinflußt wird. Da bei Anwendung der plastischen Verfahren der Berechnung biegesteifer Stabwerke volle plastische Momente und Fließgelenke in der Regel an Stellen vorkommen, wo einer oder beide dieser Einflüsse vorhanden sind, ist es von beträchtlicher Bedeutung, die Änderungen in den Werten des vollen plastischen Momentes infolge dieser Ursachen bestimmen zu können. In vielen praktischen Fällen werden die Einflüsse von Längsdruck- und Querkraft sehr klein sein, aber es gibt bestimmte Tragwerkstypen, bei denen es wichtig ist, diese Einflüsse gebührend zu berücksichtigen.

Plastische Gelenke treten oft unter Einzellasten auf. Unter diesen Umständen müssen zusätzliche Spannungen außer den zur Entwicklung des vollen plastischen Momentes erforderlichen vorhanden sein, die den Wert des vollen plastischen Momentes abändern. Diese Einflüsse werden in Abschn. 6.5 besprochen, sie sind gewöhnlich gering und können in jedem Falle auf semi-empirischer Basis berücksichtigt werden.

## 6.2 Variationen der unteren Fließgrenze

Der vom bautechnischen Standpunkt wichtigste Faktor, der die untere Fließgrenze beeinflußt, ist die Dehnungsgeschwindigkeit. Zahlreiche Untersuchungen über diese Erscheinung sind ausgeführt worden, z. B. von QUINNEY [1], WINLOCK und LEITER [2], ELAM [3] und MANJOINE [4]; eine Zusammenfassung der verfügbaren Werte über diesen Gegenstand wurde von COOK [5] gegeben. Im allgemeinen besteht der Einfluß einer Steigerung der Dehnungsgeschwindigkeit in der Erhöhung des Wertes der Fließgrenze und der Vergrößerung der Länge des Fließens. MANJOINE [4] fand bei Versuchen mit niedrig gekohltem Stahl, daß eine Steigerung der Dehnungsgeschwindigkeit um nahezu das Tausendfache, von $9{,}5 \cdot 10^{-7}$ je s auf $8{,}5 \cdot 10^{-4}$ je s, die untere Fließgrenze von $1{,}94$ t/cm$^2$ auf $2{,}17$ t/cm$^2$ heraufsetzte. Bei der höheren dieser Dehnungsgeschwindigkeiten benötigte der Prüfkörper zum Erreichen der Fließgrenze wenig mehr als eine Sekunde, so daß dies eine ziemlich rapide Belastungsgeschwindigkeit darstellt.

Versuche von MANJOINE [4] mit dem gleichen Stahl ergaben ein Absinken der unteren Fließgrenze von $2{,}17$ t/cm$^2$ auf $1{,}86$ t/cm$^2$ infolge einer Erhöhung der Prüfkörpertemperatur von Raumtemperatur auf $200°$ C bei der gleichen Dehnungsgeschwindigkeit von $8{,}5 \cdot 10^{-4}$ je s bei beiden Versuchen. Wenn man bedenkt, daß die gewöhnlichen Variationsbereiche von Belastungsgeschwindigkeit und Temperatur beträchtlich kleiner sind als die angeführten Bereiche, ist zu ersehen, daß diese Einflüsse in der Regel keine Variationen von mehr als ein oder zwei Prozent im Werte der unteren Fließgrenze hervorgerufen werden.

Die untere Fließgrenze von Baustahl kann durch Alterung beeinflußt werden. Wenn ein Zugprüfkörper Lasten unterworfen wird, die einen gewissen Grad von plastischer Dehnung verursachen, zeigt sich, daß bei neuerlicher Belastung im gleichen Sinne nach Verstreichen eines größeren Zeitintervalles bei atmosphärischer Temperatur die Elastizitätsgrenze heraufgesetzt ist. ELAM [3] hat festgestellt, daß der Betrag dieser Erhöhung der gleiche ist, ob die Ruhezeit unter Belastung verstreicht oder im entlasteten Zustand. Die Erscheinung wird durch eine geringe Temperaturerhöhung außerordentlich beschleunigt, und demzufolge haben sich viele Untersuchungen mit der Alterung innerhalb einer kurzen Zeit von der Größenordnung von einer Stunde bei Temperaturen von 100 bis 250° C befaßt. In der frühen Arbeit von MUIR [6] wurden überdehnte Prüfkörper 10 Minuten lang in kochendes Wasser getaucht; das bewirkte eine Heraufsetzung der Elastizitätsgrenze um etwa 0,6 t/cm², wenn die zweite Belastung im gleichen Sinne wie die ursprüngliche Belastung erfolgte. Wenn jedoch die zweite Belastung im entgegengesetzten Sinne erfolgte, ergab sich eine *Reduktion* der Elastizitätsgrenze von ähnlicher Größe infolge des BAUSCHINGER-Effektes [7]. EDWARDS, JONES und WALTERS [8] fanden beim Arbeiten mit einem 0,08⁰/₀-kohlenstoffberuhigten Stahl, daß, wenn der Prüfkörper bis zum Eintreten der Verfestigung gedehnt und dann bei Raumtemperatur altern gelassen wurde, die Fließgrenze bei drei Tagen Alterung von 1,88 t/cm² auf 2,06 t/cm² anstieg und bei einem Jahr Alterung auf 2,32 t/cm². Ähnliche Ergebnisse wurden von GRIFFIS, KENYON und BURNS [9] erhalten. Die Einflüsse größerer Beträge der Kaltverformung wurden von ELAM [3] behandelt. Zusammenfassungen der verfügbaren Information über die Alterung von Stahl wurden von KENYON und BURNS [10] und von DAVENPORT und BAIN [11] gegeben.

Aus diesen Versuchsergebnissen betreffend die Variation der unteren Fließgrenze in Abhängigkeit von Dehnungsgeschwindigkeit, Prüfkörper-Temperatur und Grad der Alterung können zwei hauptsächliche Schlüsse gezogen werden. An erster Stelle ist klar, daß die Variationen der Fließgrenze, und deshalb des vollen plastischen Momentes, infolge von Variationen in der Belastungsgeschwindigkeit und der Temperatur, wie sie bei Tragwerken auftreten können, in der Regel gering sind. Ebenfalls werden Alterungseffekte in einem Tragwerk nur auftreten, wenn es Lasten unterworfen wird, die von hinreichender Größe sind, um die Bildung von einem oder mehreren plastischen Gelenken zu verursachen. Bei für Lastfaktoren von der Größenordnung 2 bemessenen Tragwerken ist das Eintreten derartiger Belastungen sehr unwahrscheinlich, und in jedem Falle bestünde der Einfluß nur in der Erhöhung der vollen plastischen Momente an den betreffenden Gelenkstellen um 10 bis 20% in Abhängigkeit von der seit der Überlastung verstrichenen Zeit. Daher würde die Traglast, die ja von den Werten der vollen plastischen Momente an sämtlichen in der Bruchkette enthaltenen Fließgelenken abhängig ist, nicht wesentlich beeinflußt werden. Die Folgerung, daß in allen außer in außergewöhnlichen Fällen die Annahme konstanter voller plastischer Momente für die Stäbe stählerner Rahmentragwerke nicht zu ernsten Fehlern führt, erscheint deshalb einleuchtend.

Der zweite Schluß, der gezogen wird, ist, daß jeder Versuch der Bestimmung des Wertes des vollen plastischen Momentes durch Ermittlung der unteren Fließgrenze aus einem Zugversuch und folgende Berechnung des vollen plastischen Momentes $Z_p \, \sigma_f$ hinsichtlich seiner Gültigkeit auf empirischen Ergebnissen ruhen muß. Bei der Biegung muß die Dehnung in jedem Augenblick, und daher die Dehnungsgeschwindigkeit, in ungefähr linearer Weise über den Querschnitt variieren. Da die untere Fließgrenze von der Dehnungsgeschwindigkeit abhängt, folgt, daß eine gewisse Variation der unteren Fließgrenze über den Querschnitt zu erwarten ist. Weiterhin kommen konstante Dehnungsgeschwindigkeiten in tatsächlichen Tragwerken oder Modell-Tragwerken unter ständigen Lasten kaum vor. Lastzunahmen verursachen anfangs rapide Ausbiegungsgeschwindigkeiten gefolgt von einer progressiv langsameren Annäherung an das endgültige Gleichgewicht. Es folgt, daß die Festlegung der Dehnungsgeschwindigkeit, mit der ein Zugversuch durchzuführen ist, um die Bestimmung des vollen plastischen Momentes zu gestatten, fast rein empirisch ist. In diesem Zusammenhang ist es auch interessant festzustellen, daß bei einem Walzträger im „Anlieferungszustand" die Materialeigenschaften für aus verschiedenen Querschnittsstellen geschnittene Prüfstäbe in weiten Grenzen variieren. ROBERTSON [12] führte Zugversuche durch mit kleinen Prüfkörpern, die aus einem 610 × 190 mm britischen Normen-I-Träger geschnitten waren, und fand von 2,0 bis 2,8 t/cm² variierende Fließgrenzen. In der allgemeinen Form der Spannungs-Dehnungskurven trat ebenfalls eine erhebliche Variation auf. Über ähnliche Versuche haben LUXION und JOHNSTON [13] und RODERICK [14] berichtet, bei diesen Versuchen ergaben sich geringere Variationen in der Fließgrenze. Diese Variationen haben augenscheinlich ihre Ursache im unterschiedlichen Grad der plastischen Verformung und verschiedener Abkühlungsgeschwindigkeit beim Walzvorgang, aber scheinen, was ihre Stelle in den Flanschen und im Steg anbetrifft, in ziemlich unberechenbarer Weise aufzutreten. Das schafft eine weitere Schwierigkeit bei der Wahl der Querschnittsstelle, von der ein Zugprüfkörper zur Bestimmung der unteren Fließgrenze zu entnehmen ist. Es kann gefolgert werden, daß der einzige sichere Weg der Bestimmung des vollen plastischen Momentes eines Stabes in der Durchführung eines Biegeversuches an einem Träger auf zwei Stützen besteht.

Obgleich sich vom Standpunkt der plastischen Theorie biegesteifer Stabwerke das Hauptaugenmerk auf die untere Fließgrenze richtet, die in einem Träger aus gegebenem Stahl vorkommen kann, ist es im Hinblick auf Laborversuche ebenfalls von Interesse, kurz die Faktoren zu betrachten, die die Variationen der unteren Fließgrenze verschiedener Baustahl-Prüfkörper bestimmen. Die wichtigsten dieser Faktoren sind die chemische Zusammensetzung, insbesondere der Kohlenstoffgehalt, und die Warmbehandlung, wobei diese Faktoren miteinander verknüpft sind. Die Standard-Warmbehandlung für Baustahl besteht in der Erhitzung des Teiles in einem Ofen bis auf eine gleichförmige Temperatur von etwa 900° C, in Abhängigkeit vom Kohlenstoffgehalt, und folgende Abkühlung auf Raumtemperatur. Wenn die Abkühlung im Ofen stattfindet, wird die Behandlung als *Spannungsfreiglühen* bezeichnet und bei Verwendung von Luftkühlung als *Normalglühen*. Bei diesen beiden Behandlungen erfolgt vollständige Rekristallisation, so daß die Eigenschaften weitgehend unabhängig von jeglicher vorhergehenden Warmbehandlung oder Kaltverformung werden. Bei einem anderen zuweilen verwendeten Verfahren erfolgt Erwärmung auf etwa 600° C, wobei keine Rekristallisation einzutreten braucht, aber in Abhängigkeit von der Dauer der Erwärmung eine teilweise Befreiung von Spannungen erfolgt, die durch vorherige Kaltverformung oder Bearbeitung verursacht sind.

Durch Warmbehandlung können große Änderungen in der unteren Fließgrenze hervorgerufen werden. BULLENS [15] hat Werte betreffend die Variation der unteren Fließgrenze mit dem Kohlenstoffgehalt für spannungsfrei geglühte und normalisierte Stähle aus verschiedenen Quellen zusammengefaßt. Aus seinen Kurven geht hervor, daß typische Werte der unteren Fließgrenze für einen Stahl mit 0,15% Kohlenstoffgehalt sind: 2,10 t/cm² nach Spannungsfreiglühen und 2,35 t/cm² nach Normalglühen. Obgleich infolge der Einflüsse von anderen Faktoren ein hoher Grad der Streuung der Versuchsergebnisse vorliegt, zeigen diese Zahlen an, daß Spannungsfreiglühen eine etwas niedrigere Fließgrenze zur Folge hat als Normalglühen.

Aus denselben Werten geht hervor, daß bei spannungsfrei geglühten Prüfkörpern der Einfluß einer Heraufsetzung des Kohlenstoffgehaltes von 0,15% auf 0,3% in der Hebung der unteren Fließgrenze von 2,10 auf 2,65 t/cm² besteht. Während jedoch eine Heraufsetzung des Kohlenstoffgehaltes die Fließgrenze erhöht, macht sie ebenfalls die Fließerscheinung weniger ausgeprägt; sowohl das Verhältnis der oberen zur unteren Fließgrenze als auch die Länge des Fließbereiches werden reduziert. RODERICK und HEYMAN [16] haben an spannungsfrei geglühten Stählen von verschiedenem Kohlenstoffgehalt Biegeversuche durchgeführt und aus den Ergebnissen dieser Versuche Werte abgeleitet für die untere Fließgrenze $\sigma_f$, das Verhältnis von oberer zu unterer Fließgrenze, das Verhältnis der Dehnung $\varepsilon_v$ bei Einsetzen der Verfestigung zu der Dehnung $\varepsilon_f$ zu Fließbeginn und das Verhältnis des Elastizitätsmoduls zur Anfangsneigung $E_v$ des Verfestigungsbereiches des Spannungs-Dehnungs-diagramms. Die Werte dieser Größen sind in Tab. 6.1 angegeben.

Tabelle 6.1

| %C. | $\sigma_f$ [t/cm²] | $\dfrac{\sigma_{fo}}{\sigma_f}$ | $\dfrac{\varepsilon_v}{\varepsilon_f}$ | $\dfrac{E}{E_v}$ |
|---|---|---|---|---|
| 0,28% | 3,4 | 1,33 | 9,2 | 26,9 |
| 0,49% | 3,9 | 1,28 | 3,7 | 17,3 |
| 0,74% | 4,5 | 1,19 | 1,9 | 14,2 |
| 0,89% | 5,3 | 1,04 | 1,5 | 10,2 |

### 6.3 Einfluß der Längskraft

Bei der Behandlung des Einflusses einer Längskraft — Zug oder Druck — auf den Wert des vollen plastischen Momentes eines biege-steifen Stabes werden die in Abschn. 1.4 erwähnten Annahmen beibe-halten, insbesondere, daß die Nullfläche eben und parallel der Achse der

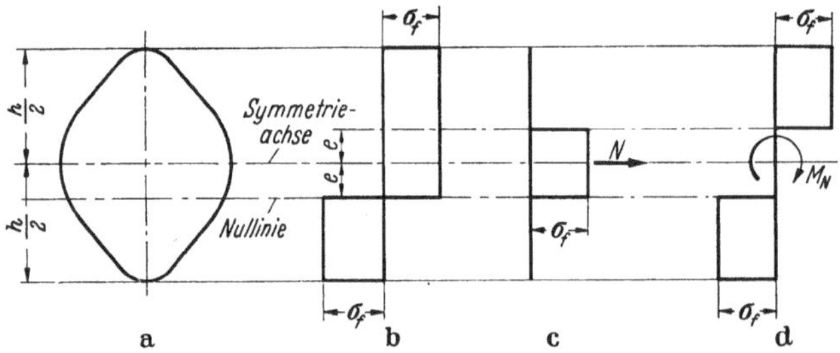


Abb. 6.1 a–d. Einfluß der Längskraft auf das volle plastische Moment. a Querschnitt, b Vollplastische Spannungsverteilung, c Spannungsverteilung infolge Längskraft $N$, d Spannungsverteilung infolge Biegemoment $M_N$

Biegung ist. Ferner wird angenommen, daß der Stab zwei Symmetrie-achsen hat, und daß die Biegung um eine der Symmetrieachsen erfolgt, wie in Abb. 6.1 a. An einem besonderen Querschnitt eines Stabes dieser Art, an dem bei Vorhandensein einer Längszug- oder Längsdruckkraft $N$ ein Zustand voller Plastizität erreicht worden ist, ist das volle plastische Moment, das bei Fehlen einer Längskraft $M_p$ war, zu $M_N$ geworden. Die Spannungsverteilung ist dann, wie in Abb. 6.1 b dargestellt, mit einer um eine Entfernung $e$ von der betreffenden Symmetrieachse verschobe-nen Nullinie.

Zum Zwecke der Berechnung von Längskraft und Moment ist es bequem, den Einfluß der Spannungen im mittleren Querschnittsteil innerhalb einer Entfernung $e$ von der Symmetrieachse getrennt zu berücksichtigen. Diese Spannungen sind in Abb. 6.1 c angegeben und die Spannungen des übrigen Querschnittsteiles in Abb. 6.1 d. Die ersteren Spannungen haben eine Resultierende, die eine im Schwerpunkt des Querschnittes angreifende reine Längskraft ist, und die Resultierende der letzteren Spannungen ist ein reines Moment um die Symmetrieachse. Der mittlere Querschnittsteil von der Höhe $2\,e$ kann somit als die Längskraft $N$ aufnehmend angesehen werden, dem Rest des Querschnittes wird die Aufnahme des Momentes $M_N$ überlassen. Es folgt, daß das volle plastische Moment um einen Betrag gleich dem vollen plastischen Moment des mittleren Querschnittsteiles von der Höhe $2\,e$ reduziert ist. Bei Bezeichnung dieses mittleren Querschnitteiles mit $F_e$ ergibt sich

$$N = F_e\,\sigma_f\,. \tag{6.1}$$

Wird das volle plastische Moment des Querschnittes bei fehlender Längskraft mit $M_p$ bezeichnet und das volle plastische Moment des mittleren Querschnittsteiles von der Höhe $2\,e$ mit $(M_p)_e$, so ist

$$M_N = M_p - (M_p)_e\,. \tag{6.2}$$

Für einen gegebenen Wert der Längskraft $N$ definiert Gl. (6.1) den Wert von $e$ und damit die Lage der Nullinie; das volle plastische Moment wird dann aus Gl. (6.2) gefunden.

Der Wert der Längskraft, der für sich allein eine vollständige Plastizierung des Querschnittes bewirkt, wird als *volle plastische Längskraft*, $N_p$, bezeichnet. Wenn $F$ die gesamte Querschnittsfläche bedeutet, ist

$$N_p = F\,\sigma_f\,.$$

Bei Verwendung von Gl. (6.1) folgt

$$\frac{N}{N_p} = \frac{F_e}{F}\,. \tag{6.3}$$

Aus Gl. (6.2) und den Beziehungen $M_p = Z_p\,\sigma_f$ und $(M_p)_e = (Z_p)_e\,\sigma_f$ ergibt sich

$$\frac{M_N}{M_p} = 1 - \frac{(Z_p)_e}{Z_p}\,. \tag{6.4}$$

*Rechteck-Querschnitt*

Für einen Träger mit Rechteckquerschnitt von der Breite $b$ und der Höhe $h$, der um eine Achse parallel den Seiten $b$ gebogen wird, liefern die Gln. (6.3) und (6.4) die folgenden Ergebnisse:

$$\frac{N}{N_p} = \frac{2eb}{hb} = \frac{2e}{h}$$

$$\frac{M_N}{M_p} = 1 - \frac{be^2}{\frac{1}{4}\,bh^2} = 1 - \frac{4e^2}{h^2}\,.$$

Elimination von $e$ aus diesen Gleichungen ergibt

$$\frac{M_N}{M_p} = 1 - \left(\frac{N}{N_p}\right)^2 \qquad (6.5)$$

Dieses Ergebnis wurde zuerst von GIRKMANN [17] erhalten.

I-Querschnitt

I-Querschnitte können ohne wesentliche Genauigkeitseinbuße als aus drei Rechtecken bestehend angesehen werden wie in Abb. 6.2 dargestellt. Wenn die Nullinie bei einer Längskraft $N$ im Steg liegt, wie in der Abbildung gezeigt, ist $F_e = 2\,et_1$, so daß aus Gl. (6.3) folgt

$$\frac{N}{N_p} = \frac{2\,et_1}{F} , \qquad (6.6)$$

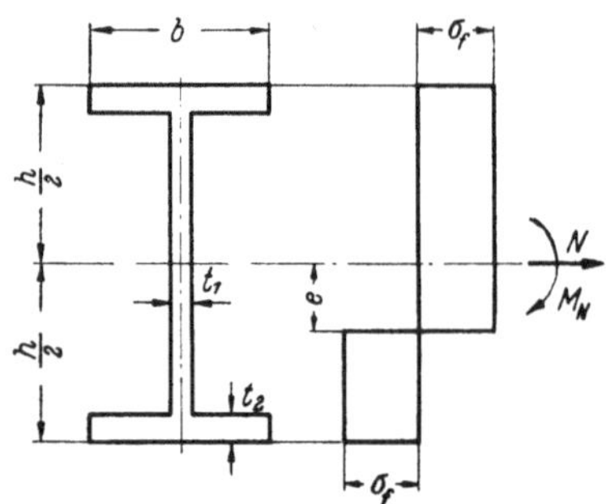

Abb. 6.2.  Einfluß der Längskraft auf das volle plastische Moment eines I-Querschnittes

wobei $F$ die gesamte Querschnittsfläche bedeutet und die übrigen Bezeichnungen gemäß Abb. 6.2 definiert sind. Diese Beziehung ist gültig solange $F_e$ nicht die Stegfläche $F_{St}$ übersteigt, so daß $\frac{N}{N_p} \leq \frac{F_{St}}{F}$. Der Wert von $(Z_p)_e$ ist einem Rechteck-Querschnitt von der Breite $t_1$ und der Höhe $2\,e$ zugehörig und hat die Größe $t_1 e^2$, und der Wert von $Z_p$ ist nach Abschn. 1.4, Gl. (1.13)

$$Z_p = \frac{1}{2}\,F_{Fl}\,(h - t_2) + \frac{1}{4}\,F_{St}\,(h - 2\,t_2) ,$$

wobei $F_{Fl}$ die gesamte Flanschfläche und $F_{St}$ die Stegfläche bedeutet. Damit folgt aus Gl. (6.4)

$$\frac{M_N}{M_p} = 1 - \frac{t_1 e^2}{\frac{1}{2}\,F_{Fl}\,(h - t_2) + \frac{1}{4}\,F_{St}\,(h - 2\,t_2)} . \qquad (6.7)$$

Durch Elimination von $e$ aus den Gln. (6.6) und (6.7) wird nach Umordnung das folgende Ergebnis erhalten:

$$\frac{M_N}{M_p} = 1 - \left(\frac{N}{N_p}\right)^2 \left[\frac{1}{1 - \left(\frac{F_{Fl}}{F}\right)^2 \left(1 - \frac{t_1}{b}\right)}\right] \qquad (6.8)$$

solange $\dfrac{N}{N_p} \leq \dfrac{F_{St}}{F}$ ist.

Wenn $\dfrac{N}{N_p} > \dfrac{F_{St}}{F}$ ist, so daß die Nullinie in einem Flansch liegt, kann gezeigt werden, daß

$$\frac{M_N}{M_p} = 1 - \left[\frac{\left(\frac{N}{N_p}\right)^2 - \left(1 - \frac{t_1}{b}\right)\left(\frac{N}{N_p} - \frac{F_{St}}{F}\right)^2}{1 - \left(\frac{F_{Fl}}{F}\right)^2\left(1 - \frac{t_1}{b}\right)}\right] \tag{6.9}$$

solange $\frac{F_{St}}{F} \le \frac{N}{N_p} \le 1$. Äquivalente Ergebnisse wurden zuerst von

GIRKMANN [17] erhalten. BEEDLE, READY und JOHNSTON [18] haben Versuche zur Bestimmung der Reduktion des vollen plastischen Momentes infolge Längsdruckkraft durchgeführt, deren Ergebnisse gut mit dieser Theorie übereinstimmen.

HORNE [19] hat Formeln für die reduzierten Werte der plastischen Widerstandsmomente von britischen Normen-I-Trägern unter Längskraftbelastung abgeleitet. Für Biegung um die Achse des größten Trägheitsmomentes sind diese Formeln äquivalent den Gln. (6.8) und (6.9) mit einer Berichtigung zur Berücksichtigung der tatsächlichen Querschnittsform. Für Biegung um die Achse des kleinsten Trägheitsmomentes werden entsprechende Formeln aufgestellt.

Für britische Normen-I-Träger variiert das Verhältnis $\frac{F_{Fl}}{F}$ von 0,55 bis 0,8. Das $180 \cdot 100$-mm-Profil liegt mit einem Wert von $\frac{F_{Fl}}{F}$ von etwa $\frac{2}{3}$ ungefähr in der Mitte dieses Bereiches, und das Verhältnis $\frac{t_1}{b}$ ist für diesen Querschnitt 0,063. Die Variation von $\frac{M_N}{M_p}$ als Funktion von $\frac{N}{N_p}$ für diesen Querschnitt ist in Abb. 6.3 als Kurve (2) aufgetragen, Kurve (1) gibt die parabolische Beziehung von Gl. (6.5) für einen Rechteckquerschnitt wieder.

*Einfluß der Längskraft in praktischen Fällen*

Aus Abb. 6.3 geht hervor, daß die Reduktion im vollen plastischen Moment infolge Längskraft für einen Träger mit I-Querschnitt ausgeprägter ist als für einen Träger mit Rechteck-Querschnitt. Jedoch ist auch bei dem ersteren Fall die Reduktion unwesentlich, wenn nicht $\frac{N}{N_p}$ größer als etwa 0,1 ist; denn bei diesem Wert von $\frac{N}{N_p}$ ist $\frac{M_N}{M_p} = 0{,}983$, so daß die Reduktion im vollen plastischen Moment nur 1,7% ausmacht. Bei in der Praxis vorkommenden Fällen von einstöckigen Rahmen ist der Wert von $\frac{N}{N_p}$ gewöhnlich kleiner als 0,1, so daß der Einfluß der Längskräfte auf die Werte der vollen plastischen Momente vernachlässigbar ist. Wenn die Rahmenstiele jedoch z. B. Kranlasten aufnehmen, trifft das nicht zu.

Wie von FOULKES [20] aufgezeigt wurde, wird eine Berücksichtigung des Einflusses der Längskraft in den Stielen der unteren Stockwerke von Stockwerkrahmen bei der Bemessung dieser Stäbe oft erforderlich sein.

Der Fall von Trägern, deren Querschnitt eine Symmetrieachse hat, die mit der Ebene der Biegung übereinstimmt, ist von EICK-HOFF [21] im Detail behandelt worden. Bei der Aufstellung dieser Theorie ist es von Bedeutung, die Achse festzulegen, auf die das resultierende Kräfte-paar bezogen wird, und EICKHOFF wählt für diesen Zweck die Flächenhalbie-rende. Wenn wie in den eben betrachteten Fällen eine zweite Symmetrieachse vor-handen ist, fällt die Flächen-halbierende mit der Schwer-achse zusammen, und die aus der Spannungsvertei-lung in Abb. 6.1 c erhal-tene resultierende Längs-kraft verläuft durch den Schwerpunkt des Quer-schnittes.

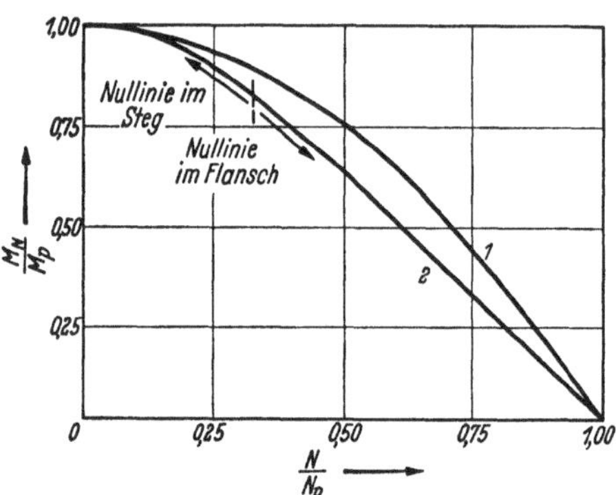


Abb. 6.3. Reduktion des vollen plastischen Momentes durch Längskrafteinfluß. _1_ Rechteckquerschnitt, _2_ Typi-scher I-Querschnitt, $F_{Fl} = \frac{2}{3} F$

Ein wichtiger Tragwerkstyp, bei dem der Einfluß der Längskraft auf den Wert des vollen plastischen Momentes oft berücksichtigt werden muß, ist der Bogen. SWIDA [22] hat ein statisches Berechnungsverfahren für diesen Tragwerkstyp angegeben unter Annahme, daß der Bogenstab zwei Symmetrieachsen besitzt, deren eine in der Bogenebene liegt. Dieser Autor hat ebenfalls gezeigt, daß der Einfluß der Durchbiegungen, die sich vor dem Versagen entwickeln, auf den Wert der Traglast von Be-deutung sein kann, und JOHANSEN [23] hat die Ergebnisse von Versuchen an schlanken Modell-Stahlbogen angegeben, bei denen dieser Einfluß beträchtlich war. Die Versuche von HENDRY [24] an Modell-Zweigelenk-bogen, die weniger schlank waren, ergaben Resultate in Übereinstim-mung in der Theorie, in der die Durchbiegungen als vernachlässigbar angesehen werden. Die Berechnung von Bogen ist von ONAT und PRA-GER [25] eingehend untersucht worden, die sowohl ein statisches als auch ein kinematisches Berechnungsverfahren entwickelten. Das Versagen dünner Ringe, bei denen der Einfluß der Achsialdruckkraft als vernach-lässigbar angenommen wurde, ist von HWANG [26] behandelt worden. EICKHOFF [21] hat auch die Berechnung von Bogen für den Fall be-handelt, in dem der Bogenstab nur eine in Bogenebene liegende Symme-trieachse besitzt.

Abschließend ist hervorzuheben, daß in der einfachen plastischen Theorie biegesteifer Stabwerke die Zusatzmomente infolge Längskraft als vernachlässigbar angenommen werden, was gleichbedeutend mit der Annahme ist, daß Instabilitätseffekte fehlen.

## 6.4 Einfluß der Querkraft

Selbst innerhalb des Rahmens der einfachen Theorie der Biegung ist bis jetzt keine genaue Bestimmung des Einflusses einer Querkraft auf das volle plastische Moment in einem Stabe angestellt worden, aber es stehen Ergebnisse zur Verfügung, die die Reduktion des vollen plastischen Momentes infolge Querkraft mit guter Genauigkeit zu schätzen gestatten. Das Problem ist zuerst von STÜSSI [27] untersucht worden, dessen Behandlung jedoch insofern mangelhaft war, als der Einfluß der Schubspannungen auf die Zug- und Druckfließgrenze keine Berücksichtigung fand. Später hat HORNE [28] den Fall eines Trägers mit Rechteckquerschnitt behandelt, der um eine der Symmetrieachsen gebogen wird, und eine Näherungslösung abgeleitet, die nur für Querkräfte unterhalb eines bestimmten Wertes Gültigkeit hat. Diese Lösung wurde auch auf den Fall eines um die Achse des größten Trägheitsmomentes gebogenen I-Trägers angewendet. LETH [29] hat aufgezeigt, daß diese letztere Lösung in gewisser Hinsicht nicht ganz richtig ist, und die notwendigen Abänderungen angegeben, aber die enthaltenen Fehler scheinen ziemlich klein zu sein. Unglücklicherweise ist diese Lösung nicht ausgedehnt worden, um den ganzen Bereich von Querkräften zu erfassen von Null bis zum vollen plastischen Wert, der vollständiges Schubversagen im Steg verursacht. Der gleiche Verfasser hat jedoch eine für den vollen Bereich der Querkräfte gültige Lösung entwickelt, die eine untere Eingrenzung für den Wert des vollen plastischen Momentes bei Vorhandensein einer Querkraft ergibt. Diese Lösung wurde durch eine obere Eingrenzung für das volle plastische Moment ergänzt, wenn die Querkraft ihren vollplastischen Wert hat; diese obere Eingrenzung lag eng bei der für diesen Wert der Querkraft erhaltenen unteren Eingrenzung. HEYMAN und DUTTON [30] haben eine semi-empirische Theorie vorgeschlagen, die ebenfalls für den ganzen Bereich der Querkraft gültig ist. Diese Theorie liefert mit der Berechnung von LETH gut übereinstimmende Ergebnisse, und es wird vorgeschlagen, sie wegen ihrer Einfachheit in der Praxis zu verwenden. GREEN [31] hat bei Zugrundelegung eines starr-plastischen Materials eine obere Eingrenzung für den Wert des vollen plastischen Momentes bei vorhandener Querkraft für Träger von Rechteck- und I-Querschnitt abgeleitet; diese obere Eingrenzung liegt bei großen Querkraftwerten eng bei LETH's unterer Eingrenzung. Obere Eingrenzungen für den Fall eines breiten Rechteckträgers, behandelt als Problem des ebenen Formänderungs-

zustandes unter Annahme starr-plastischen Materials, sind unabhängig
von GREEN und von ONAT und SHIELD [32] abgeleitet worden.

### Rechteck-Querschnitt

Der allgemeine Charakter des Problems läßt sich am besten am Beispiel eines Kragträgers mit Rechteck-Querschnitt erläutern. Ein Kragträger von der Breite $b$, der Höhe $h$ und der Länge $l$ wird einer an seinem
Ende angreifenden Querkraft $Q$ unterworfen, wie in Abb. 6.4 dargestellt.
Der Wert von $Q$ ist derart, daß am eingespannten Ende unter der kombinierten Wirkung der Querkraft $Q$ und des Biegemomentes $Ql$ ein Zu-

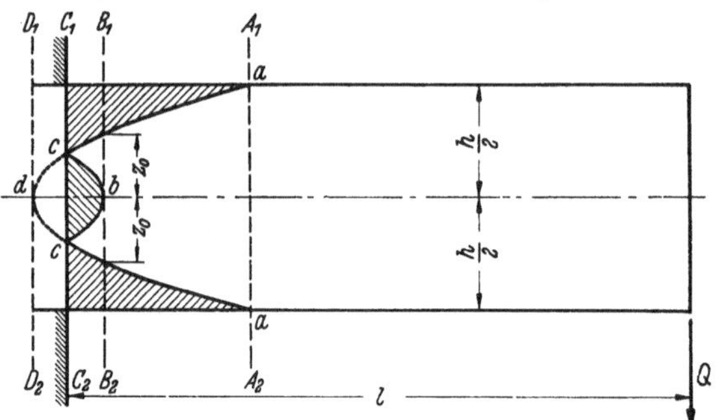

Abb. 6.4. Plastische Zonen in Kragträger mit Rechteckquerschnitt

stand voller Plastizität erreicht wird. Dieses volle plastische Moment $Ql$,
das mit $M_Q$ bezeichnet wird, ist zu bestimmen, und sein Wert ist mit
dem vollen plastischen Moment $M_p = \frac{1}{4} bh^2 \sigma_f$ bei fehlender Querkraft
zu vergleichen. Die Spannungs-Dehnungsbeziehung wird als der in
Abb. 1.4 b dargestellte ideal-plastische Typ mit Vernachlässigung der
oberen Fließgrenze angenommen.

In den elastischen Teilen des Kragträgers wird die Verteilung der
Längsspannung $\sigma$ über den Querschnitt als linear angenommen, so daß
diese Verteilung am Querschnitt $A_1 A_2$, wo das Fließen gerade einsetzt,
wie in Abb. 6.5 a dargestellt ist. Auf der Grundlage dieser Annahme
kann die Verteilung der Schubspannung $\tau$ aus der Betrachtung des
Längs-Gleichgewichtes und der Bedingung, daß die Schubspannung
an den Rändern Null sein muß, abgeleitet werden; diese Verteilung ist
parabolisch, wie in der Abbildung angegeben. Bei einer solchen Verteilung ist die durchschnittliche Schubspannung gleich $\frac{2}{3} \tau_0$, wobei $\tau_0$
die maximale Schubspannung an der Mittellinie des Trägers ist. Da die
Querkraft $Q$ ist und die Querschnittfläche $bh$, folgt

$$\frac{2}{3} \tau_0 bh = Q$$

$$\tau_0 = \frac{3\,Q}{2\,bh} \, . \tag{6.10}$$

Es wird angenommen, daß $\sigma$ und $\tau$ die einzigen zwei Spannungskomponenten sind, die nicht Null sind.

In diesem Stadium wird stillschweigend vorausgesetzt, daß das Fließen zuerst in den Randfasern eintritt, so daß $\tau_0$ kleiner sein muß als die Fließgrenze für reinen Schub. Zur Bestimmung dieser Fließgrenze in Termen von $\sigma_f$ ist es erforderlich, ein Kriterium für Fließen unter kombinierter Beanspruchung anzunehmen, und für diesen Zweck wird das Kriterium von TRESCA verwendet, das aussagt, daß das Fließen eintritt, wenn die maximale Schubspannung einen kritischen Wert erreicht. Für den ebenen Spannungszustand, bei dem die Normalspannungen auf

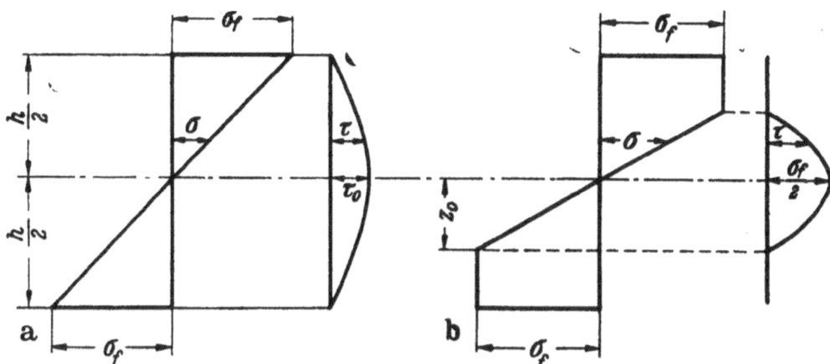

Abb. 6.5a u. b. Spannungsverteilungen in Kragträger mit Rechteckquerschnitt. a Spannungsverteilungen bei $A_1 A_2$, b Spannungsverteilungen bei $B_1 B_2$

zwei senkrechten Ebenen $\sigma$ und Null sind, während die Schubspannung in diesen Ebenen $\tau$ ist, ist die maximale Schubspannung $\tau_{\max} = \frac{1}{2} \sqrt{\sigma^2 + 4\tau^2}$. Daher lautet die Fließbedingung

$$\tau_{\max} = \frac{1}{2} \sqrt{\sigma^2 + 4\tau^2} = \frac{1}{2}\sigma_f\,; \qquad (6.11)$$

denn bei reiner Zugbeanspruchung tritt das Fließen ein bei $\sigma = \sigma_f$, $\tau = 0$. Aus Gl. (6.11) folgt, daß die Fließgrenze für reine Schubbeanspruchung $\frac{1}{2}\sigma_f$ ist.

Die Annahme, daß $\tau_0$ — wie durch Gl. (6.10) gegeben — kleiner ist als die Fließgrenze für reinen Schub, bedeutet also:

$$\frac{3Q}{2bh} \leq \frac{\sigma_f}{2}$$

$$Q \leq \frac{1}{3} bh\, \sigma_f\,. \qquad (6.12)$$

Es ist natürlich ebenfalls notwendig zu zeigen, daß $\tau_{\max}$ über den ganzen Querschnitt $A_1 A_2$ nicht den Wert $\frac{1}{2}\sigma_f$ übersteigt. Es läßt sich leicht zeigen, daß dies der Fall ist.

Nun werden die für die links vom Querschnitt $A_1 A_2$ liegenden Teile des Kragträgers geltenden Bedingungen betrachtet. Wie in Abschn. 5.3 gezeigt wurde, bilden sich bei fehlender Querkraft Zug- und Druckfließzonen, deren Form parabolisch ist. Wenn sich diese Zonen an der Mittellinie des Trägers treffen, wird an diesem Querschnitt das volle plastische Moment erreicht. Die Grenzen dieser plastischen Zonen sind in Abb. 6.4 als $acdca$ dargestellt, sie treffen sich am Punkt $d$ auf der Mittellinie des Trägers am Querschnitt $D_1D_2$, welches der Querschnitt ist, wo bei Fehlen von Querkrafteinflüssen das volle plastische Moment entwickelt würde. Die Querkraft ruft eine weitere plastische Zone $cbc$ hervor, die am Querschnitt $B_1B_2$ beginnt und sich ausweitet, bis sie am Querschnitt $C_1C_2$ die äußeren plastischen Zonen trifft, so daß in diesem letzteren Querschnitt ein vollplastischer Zustand gegeben ist. Diese zusätzliche plastische Zone wird in erster Linie durch die höheren Schubspannungen verursacht, die im zentralen elastischen Kern des Trägers auftreten, wenn in den äußeren Fasern das Fließen infolge der Biegespannungen eingetreten ist. Zum Verständnis des Grundes der Entstehung der inneren plastischen Zone ist es somit erforderlich, die Schubspannungsverteilung über den Querschnitt in diesem Bereich zu bestimmen.

Wie von PRAGER und HODGE [33] und ebenfalls von HORNE [28] unter den getroffenen vereinfachenden Annahmen gezeigt wurde, muß die Schubspannung $\tau$ in den äußeren plastischen Bereichen Null sein, so daß die Längsspannung $\sigma$ in diesen Bereichen $\sigma_f$ ist. Die Verteilung von $\sigma$ über den Querschnitt ist für den Querschnitt $B_1B_2$ wie in Abb. 6.5 b dargestellt, wo die Höhe des elastischen Kernes auf $2\,z_0$ reduziert ist. Die Schubspannung $\tau$ ist parabolisch über den elastischen Kern verteilt, ihr an der Mittellinie auftretender Maximalwert ist umgekehrt proportional der Höhe des elastischen Kernes. Am Querschnitt $B_1B_2$ wird angenommen, daß die Schubspannung an der Mittellinie gerade den Fließwert $\frac{1}{2}\,\sigma_f$ erreicht; die Schubspannungsverteilung ist damit wie in Abb. 6.5 b gezeigt. Es folgt, daß

$$\tau_0\left(\frac{h}{2\,z_0}\right) = \frac{\sigma_f}{2}\,.$$

Kombination dieses Ergebnisses mit Gl. (6.10) ergibt

$$z_0 = \frac{3\,Q}{2\,b\sigma_f}\,. \tag{6.13}$$

Nun wird die Variation von $\tau_{\mathrm{max}}$ über den Querschnitt $B_1B_2$ betrachtet. Der Wert von $\tau_{\mathrm{max}}$ hat bei $b$ und über die gesamten äußeren plastischen Zonen seinen Fließwert. Sein Wert in einer beliebigen Entfernung $y$ von der Mittellinie im elastischen Kern muß aus der angenommenen Verteilung von $\sigma$ und $\tau$ und aus Gl. (6.11) folgen. Aus Abb. 6.5 b folgt, daß

$$\left.\begin{aligned}
\sigma &= \left(\frac{y}{z_0}\right)\sigma_f \\[2mm]
\tau &= \left(1 - \frac{y^2}{z_0{}^2}\right)\frac{\sigma_f}{2}
\end{aligned}\right\} \quad -z_0 \le y \le z_0\,,$$

und Einsetzen dieser Ergebnisse in Gl. (6.11) ergibt

$$\tau_{\max} = \frac{1}{2}\,\sigma_f\,\sqrt{1 - \frac{y^2}{z_0{}^2} + \frac{y^4}{z_0{}^4}}\;;\; -z_0 \leq y \leq z_0\,.\tag{6.14}$$

Es läßt sich leicht zeigen, daß innerhalb des Wertebereiches von $y$, für den Gl. (6.14) gültig ist, $\tau_{\max}$ stets kleiner als $\frac{1}{2}\,\sigma_f$ ist, und daß der kleinste Wert von $\tau_{\max}$, der bei $y = \frac{z_0}{\sqrt{2}}$ auftritt, die Größe $\frac{\sqrt{3}}{4}\,\sigma_f$ hat. Die Variation von $\tau_{\max}$ über den Querschnitt $B_1 B_2$ ist somit wie in Abb. 6.6 dargestellt, und es zeigt sich, daß der Spannungszustand an diesem Querschnitt dicht bei voller Plastizität liegt. Eine auf der sicheren Seite liegende, genügend genaue Schätzung des durch den Einfluß der Querkraft reduzierten vollen plastischen Momentes kann somit durch Bestimmung des Biegemomentes an diesem Querschnitt erhalten werden.

Nach Gl. (5.13), Abschn. 5.3, wird das Biegemoment $M_Q'$ bei $B_1 B_2$ gegeben durch

$$M_Q' = M_p\left[1 - \frac{1}{3}\left(\frac{2\,z_0}{h}\right)^2\right],$$

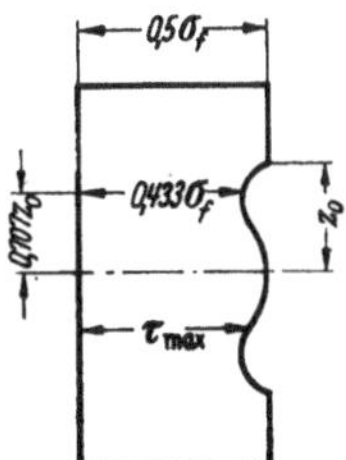



Abb. 6.6. Variation von $\tau_{max}$ über den Querschnitt $B_1 B_2$

da die in Abb. 6.5 b angegebene Spannungsverteilung identisch mit der bei der Aufstellung von Gl. (5.13) verwendeten ist. Einsetzen des von Gl. (6.13) gegebenen Wertes von $z_0$ liefert das folgende Resultat:

$$\frac{M_Q'}{M_p} = 1 - 3\left(\frac{Q}{bh\,\sigma_f}\right)^2.$$

Wird die durch Multiplikation der Querschnittsfläche $bh$ mit der Fließspannung für reinen Schub $\frac{1}{2}\,\sigma_f$ erhaltene Schubkraft mit $Q_p$ bezeichnet, so ist

$$\frac{M_Q'}{M_p} = 1 - 0{,}75\left(\frac{Q}{Q_p}\right)^2,\tag{6.15}$$

wobei $$Q_p = \frac{1}{2}\,bh\,\sigma_f\,.$$

Aus Gl. (6.12) geht hervor, daß Gl. (6.15) nur gültig ist, solange

$$\frac{Q}{Q_p} \leq \frac{2}{3}\,.\tag{6.16}$$

Gl. (6.15) liefert innerhalb der durch die Bedingung (6.16) gesetzten Grenzen eine Überschätzung der Reduktion im vollen plastischen Moment infolge Querkraft. HORNE [28] hat versucht, diese Schätzung zu verbessern, indem er eine Näherungsberechnung der Bedingungen zwischen den in Abb. 6.4 bezeichneten Querschnitten $B_1 B_2$ und $C_1 C_2$ durchführte. In diesem Bereich war es notwendig, eine dritte Spannungskomponente einzuführen, bestehend aus der in einer Richtung senkrecht zu $\sigma$ wirkenden Quer-Normalspannung. Die Lösung enthielt auch gewissen Schwierigkeiten in der Nachbarschaft der Punkte $c$, wo sich die zwei plastischen Zonen treffen, indem die Bedingung des Längs-Gleichgewichtes an diesen Punkten nicht erfüllt werden konnte. Trotz dieser Mängel ist es wahrscheinlich, daß die Berechnung eine hinreichend genaue Schätzung der Reduktion im vollen plastischen Momente gibt. Die Ergebnisse sind von ähnlicher Form wie die eben erhaltenen, sie unterscheiden sich nur in den Werten der numerischen Konstanten. Bei Bezeichnung des durch den Einfluß der Querkraft $Q$ reduzierten vollen plastischen Momentes mit $M_Q$ liefert HORNE's Berechnung folgendes Ergebnis:

$$\frac{M_Q}{M_p} = 1 - 0{,}44 \left(\frac{Q}{Q_p}\right)^2 \; ; \; \frac{Q}{Q_p} \leq 0{,}79 \; . \tag{6.17}$$

### I-*Querschnitt*

Diese Ergebnisse wurden von HORNE [28] zur Erfassung des Falles eines um die Achse seines größten Trägheitsmomentes gebogenen Trägers von I-Querschnitt erweitert. Zur Vereinfachung der sich ergebenden Ausdrücke wird angenommen, daß die Flanschdicke $t_2$ im Vergleich mit der Höhe $h$ des Querschnittes vernachlässigbar ist (s. Abb. 6.2). Bei Fehlen von Querkrafteinflüssen ist das volle plastische Moment gemäß Gl. (1.13), Abschn. 1.4,

$$M_p = \left(bh\, t_2 + \frac{1}{4}\, t_1\, h^2\right) \sigma_f$$
$$= \left(\frac{1}{2}\, h\, F_{Fl} + \frac{1}{4}\, h\, F_{St}\right) \sigma_f \; , \tag{6.18}$$

wobei $F_{Fl}$ die gesamte Flanschfläche $2\, bt_2$ bedeutet und $F_{St}$ die Stegfläche $ht_1$. Der erste Term in dieser Gleichung stellt den Beitrag der Flanschen und der zweite Term den Beitrag des Steges dar. Da der Steg rechteckigen Querschnitt hat, wird sein Beitrag zum vollen plastischen Moment durch Schub gemäß Gl. (6.17) geändert, während der Beitrag der Flanschen ungeändert bleibt. Es folgt, daß

$$M_Q = \frac{1}{2}\, h\, F_{Fl}\, \sigma_f + \frac{1}{4}\, h\, F_{St}\, \sigma_f \left[1 - 0{,}44 \left(\frac{Q}{Q_p}\right)^2\right] \; .$$

Kombination dieses Ergebnisses mit Gl. (6.18) und Umordnung ergibt

$$\frac{M_Q}{M_p} = 1 - 0{,}44 \left(\frac{F - F_{Fl}}{F + F_{Fl}}\right)\left(\frac{Q}{Q_p}\right)^2 \; ; \; \frac{Q}{Q_p} \leq 0{,}79 \; , \tag{6.19}$$

wobei $\qquad\qquad Q_p = \frac{1}{2}\, F_{St}\, \sigma_f \; . \tag{6.20}$

In Gl. (6.19) bezeichnet $F$ die gesamte Querschnittsfläche $F_{Fl} + F_{St}$. Die durch Gl. (6.19) gegebene Beziehung zwischen $\frac{M_Q}{M_p}$ und $\frac{Q}{Q_p}$ ist in

Abb. 6.7 als Kurve (1) dargestellt für den Fall $F_{Fl} = \frac{2}{3} F$, was ungefähr einem $180 \cdot 100$ mm britischen Normen-I-Profil entspricht.

LETH [29] hat aufgezeigt, daß sich für Werte von $\frac{Q}{Q_p}$ kleiner als 0,79 bei vielen I-Profilen zusätzliche plastische Zonen am Übergang zwischen Flansch und Steg in einer geringen Entfernung vom eingespannten Trägerende bilden. Bei Berücksichtigung der Einflüsse dieser plastischen Zonen wird die Rechnung komplizierter, aber der Wert von $\frac{M_Q}{M_p}$ für einen gegebenen Wert von $\frac{Q}{Q_p}$ wird nicht in wesentlichem Maße beeinflußt.

Im Falle eines Trägers von I-Querschnitt kann vermutet werden, daß der in Gl. (6.20) gegebene Wert von $Q_p$, der einen Zustand der Schub-Plastizierung des ganzen Steges ausdrückt, tatsächlich nahe an der maximalen aufnehmbaren Querkraft liegt, da die Schubspannung an den Verbindungen zwischen dem Steg und den Flanschen nicht Null sein braucht. Es ist daher wünschenswert, den Einfluß der Querkraft jenseits der oberen Grenze von 0,79 $Q_p$, bis zu der Gl. (6.19) anwendbar ist, ermitteln zu können. LETH [29] hat eine untere Eingrenzungslösung angegeben, die dies zu tun gestattet. Diese Lösung gründet sich auf den Satz für die untere Eingrenzung von DRUCKER, PRAGER und GREENBERG [34], der eine Verallgemeinerung des statischen Satzes für Rahmentragwerke ist, wie in Abschn. 3.2 erwähnt wurde. Das Verfahren besteht in der Ableitung von Verteilungen von Längsspannungen $\sigma$ und Schubspannungen $\tau$ für den ganzen Kragträger, die die Gleichgewichtsgleichungen befriedigen. Das der Spannungsverteilung am eingespannten Ende zugehörige Biegemoment ist dann eine auf der sicheren Seite liegende Schätzung des Biegemomentes, das in Gegenwart der Querkraft von dem Kragträger aufgenommen werden kann. Die erhaltenen Ergebnisse lassen sich nicht in einer bequemen expliziten Form ausdrücken, aber Kurve (2) in Abb. 6.7 zeigt die in dieser Weise erhaltene Beziehung zwischen $\frac{M_Q}{M_p}$ und $\frac{Q}{Q_p}$ für einen $180 \cdot 100$ mm britischen Normen-I-Träger.

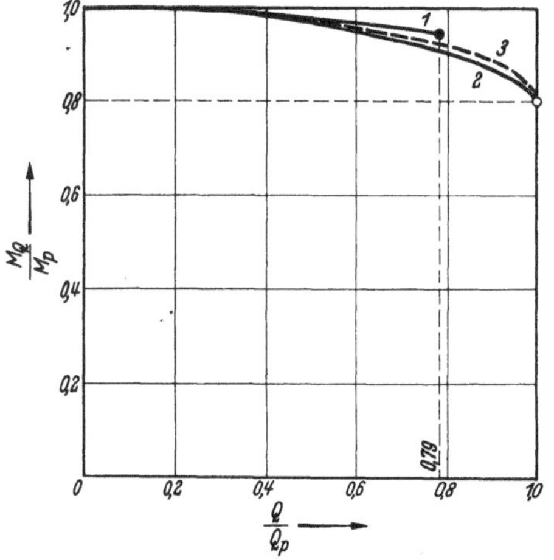

Abb. 6.7. Einfluß der Querkraft auf das volle plastische Moment eines I-Querschnitts: $F_{Fl} = \frac{2}{3} F$
1 Nach HORNE, 2 Nach LETH, 3 Nach HEYMAN und DUTTON

In dieser Berechnung wurde die Fließbedingung von VON MISES verwendet; das bedeutet einen Ersatz des Faktors 4 durch 3 in Gl. (6.11).

Eine auf die Verallgemeinerung des kinematischen Satzes gegründete obere Eingrenzung wurde ebenfalls von LETH [29] für den Sonderfall $\frac{Q}{Q_p} = 1$ erhalten; diese obere Eingrenzung für $M_Q$ hat für einen 180 · 100 mm britischen Normen-I-Träger den Wert 0,814 $M_p$, während die untere Eingrenzung 0,808 $M_p$ war. Die Enge dieser Grenzen zeigt an, daß das Ergebnis der unteren Eingrenzung für $\frac{Q}{Q_p} = 1$ sehr genau ist.

Es ist ebenfalls von Interesse festzustellen, daß GREEN's obere Eingrenzungslösung [31] für ein starr-plastisches Material für diesen Fall den Wert 0,799 $M_p$ liefert.

HEYMAN und DUTTON [30] haben empirische Verteilungen von $\sigma$ und $\tau$ an dem voll plastizierten Querschnitt vorgeschlagen, die aus einer konstanten Schubspannung $q$ und einer konstanten Längsspannung $f$ über den Steg bestehen, zusammen mit der Schubspannung Null und einer gleichförmigen Längsspannung $\sigma_f$ in den Flanschen. Zusätzlich wurde angenommen, daß $f$ und $q$ die VON MISES-Fließbedingung befriedigen, so daß

$$f^2 + 3\,q^2 = \sigma_f{}^2 \, .$$

Auf dieser Grundlage läßt sich leicht zeigen, daß das durch den Einfluß der Querkraft $Q$ reduzierte volle plastische Moment gegeben wird durch

$$\frac{M_Q}{M_p} = 1 - \left( \frac{F - F_{Fl}}{F + F_{Fl}} \right) \left[ 1 - \sqrt{1 - \left( \frac{Q}{Q_p} \right)^2} \right] \; ; \; \frac{Q}{Q_p} \le 1 \, , \qquad (6.21)$$

wobei $Q_p$ den Wert $\frac{1}{\sqrt{3}} F_{St}\,\sigma_f$ hat. Zugrundelegung der TRESCA'schen Fließbedingung läßt Gl. (6.21) ungeändert, aber ändert den Wert von $Q_p$ in $\frac{1}{2} F_{St}\,\sigma_f$ wie in Gl. (6.20). Die Variation von $\frac{M_Q}{M_p}$ als Funktion von $\frac{Q}{Q_p}$ gemäß Gl. (6.21) ist in Abb. 6.7 als Kurve (3) dargestellt für den Fall $F_{Fl} = \frac{2}{3} F$ .

Aus dieser Abbildung ist zu ersehen, daß die durch die semi-empirische Berechnung von HEYMAN und DUTTON gegebene Kurve sich nicht wesentlich von der unteren Eingrenzungslösung von LETH unterscheidet, und ferner in dem Bereich, in dem HORNE's Berechnung anwendbar ist, stärker auf der sicheren Seite liegende Werte liefert als diese. Es wird daher vorgeschlagen, den Einfluß der Querkraft mittels des Ergebnisses von HEYMAN und DUTTON, Gl. (6.21), zu berücksichtigen, im Hinblick auf die analytische Einfachheit dieses Ausdruckes. Dieser Vorschlag erhält aus der Tatsache Unterstützung, daß GREEN's obere Eingrenzungs-Lösung [31] für einen Träger von I-Querschnitt aus starr-plastischem

Material, der einer großen Querkraft unterworfen ist, in eine Form gegossen werden kann, die fast identisch mit Gl. (6.21) ist, — der einzige Unterschied ist, daß in diesem Falle der Faktor $\dfrac{2}{\sqrt{3}}$ vor der Wurzel erscheint.

### *Vergleich mit Versuchen*

Es ist nicht leicht, diese theoretischen Ergebnisse mit Versuchen zu vergleichen, da bei I-Querschnitten der Querkrafteinfluß ziemlich gering ist, bis sich $Q$ dem Wert $Q_p$ nähert und die Last-Durchbiegungskurven für Träger oft keinen wesentlichen horizontalen Abschnitt aufweisen, wenn sich $Q$ in der Nähe von $Q_p$ befindet. An Stelle dessen wird gefunden, daß die Last-Durchbiegungskurven bei Lasten, unter denen das theoretische volle plastische Moment überschritten wird, fortfahren, ziemlich stetig anzusteigen, so daß ein scharf definierter Zustand des Versagens nicht auftritt. Das wurde bei den Versuchen von BAKER und RODERICK [*35*] an kleinen Breitflansch-I-Trägern auf zwei Stützen (32·32 mm, Stegstärke 3,2 mm) beobachtet. Diese Träger wurden einer symmetrischen Zweipunkt-Belastung unterworfen, bei der der Abstand zwischen den Lasten konstant gehalten wurde, während die Stützweite von Versuch zu Versuch variierte. HENDRY [*36*], [*37*] hat bei Versuchen mit Trägern verschiedener Querschnitte unter mittiger Einzellast den gleichen Effekt gefunden. HEYMAN und DUTTON [*30*] haben jedoch bei Versuchen mit Modell-Blechträgern auf zwei Stützen unter mittiger Einzellast scharf definierte Traglasten entdeckt, selbst wenn $Q$ nahe oder gleich $Q_p$ war, wobei die festgestellten Werte der vollen plastischen Momente eng mit den aus Gl. (6.21) bestimmten Werten übereinstimmten. Weitere Versuche mit Blechträgern, die von LONGBOTTOM und HEYMAN [*38*] durchgeführt wurden, haben ebenfalls die Theorie bestätigt. — Bei der Anwendung der Theorie zur Bemessung von Blechträgern ist natürlich die Möglichkeit der Steg-Beulung bei großen Verhältniswerten von Steghöhe zu Stegstärke gebührend zu berücksichtigen.

### *Einfluß der Querkraft in Fällen der Praxis*

Der Einfluß der Querkraft auf das volle plastische Moment wird bei Rahmen im allgemeinen gering sein. Bei einem typischen Portalrahmen der Praxis liegt die Reduktion des vollen plastischen Momentes an dem Querschnitt, wo die größte Querkraft vorkommt, in der Größenordnung von 1%. Bei Durchlaufträgern kann der Einfluß der Querkraft auf das volle plastische Moment eine recht erhebliche Bedeutung gewinnen und etwa bei 10% liegen. BULL [*39*] hat über einen Traglastversuch an einem sechsfeldrigen Vierendeel-Träger von 27,5 m Stützweite berichtet, bei dem der Einfluß der Querkraft auf bestimmte der vollen plastischen Momente noch größer war.

### 6.5 Kontaktspannungen unter Lasten

Das volle plastische Moment eines Bauteiles wird, wie in Abschn. 6.2 aufgezeigt wurde, logischer durch Biegeversuche an Trägern als durch Bestimmung von $\sigma_f$ aus Zugversuchen und Multiplikation mit dem berechneten Wert von $Z_p$ bestimmt. Die übliche Anordnung bei Träger-Biegeversuchen im Laboratorium ist die Verwendung eines Trägers von Rechteckquerschnitt auf zwei Stützen unter mittiger Einzellast oder symmetrischer Zweipunkt-Belastung. Es ist oft beobachtet worden, daß das aus dem erstgenannten Versuchstyp erhaltene volle plastische Moment etwas höher liegt als das aus dem letzteren Versuchstyp an Trägern von entsprechendem Querschnitt und Material ermittelte. Der Grund dafür ist, daß bei der symmetrischen Zweipunkt-Belastung der mittlere Trägerabschnitt zwischen den Lasten einem konstanten Biegemoment unterworfen ist, so daß die Spannungen in diesem Teile des Trägers nur ein reines Moment aufzunehmen haben, wie in der einfachen Theorie von Abschn. 1.4 angenommen wurde, die zu einem Wert des vollen plastischen Momentes von $Z_p\,\sigma_f$ führte. Im Gegensatz dazu muß im Falle eines Trägers mit einer mittigen Einzellast die tatsächliche Spannungsverteilung beim Versagen viel komplizierter sein als in der einfachen Theorie angenommen wird, nicht nur, weil die Spannungen Querkräften zu beiden Seiten des Mittelquerschnittes entgegenzuwirken haben, sondern auch in unmittelbarer Nähe der Last den Kontaktspannungen infolge der Last.

Eine elastische Näherungslösung für die Spannungen in einem Träger von Rechteck-Querschnitt auf zwei Stützen unter Einwirkung einer Einzellast in Trägermitte wurde von STOKES zur Erklärung der Ergebnisse spannungsoptischer Versuche von CARUS WILSON [40] entwickelt, — die Berechnung ist in WILSON's Abhandlung veröffentlicht. Diese Lösung zeigt an, daß die örtlichen Spannungen in der Nachbarschaft einer Einzellast hauptsächlich aus zwei Spannungskomponenten bestehen. Die erste dieser Komponenten ist die auf Ebenen parallel zur Trägerachse wirkende Druckspannung, die offensichtlich zur Aufnahme der Last erforderlich ist, und die zweite ist eine längsgerichtete Normalspannung, die die lineare Spannungsverteilung über den Querschnitt, die nach der gewöhnlichen Theorie der elastischen Biegung von BERNOULLI-EULER erhalten wird, abändert. Der Einfluß dieser letzteren Spannung besteht in der Multiplikation der gewöhnlichen Biegespannung mit einem Faktor $\left(1 - k\,\dfrac{h}{l}\right)$, wobei $h$ und $l$ die Höhe bzw. Länge des Trägers bedeuten und $k$ ein positiver Faktor ist, dessen Wert über den Querschnitt variiert und klein ist außer innerhalb einer Entfernung von der Größenordnung $h$ auf beiden Seiten der Last, wo er in der Größenordnung von 1 liegt. Das stützt die von RODERICK und PHILLIPS [41] geäußerte Ansicht, daß die Kontaktspannungen in der Nähe der Last zur Annullierung der gewöhnlichen Biegespannungen streben, selbst nach Eintreten des Fließens. Da die Elastizitätstheorie angibt, daß die Störung infolge der Last auf einer Gesamtlänge von etwa $h$ am Mittelquerschnitt auftritt, machten RODERICK und PHILLIPS den Vorschlag, bei der Analyse der Versuchsergebnisse für Träger unter mittigen Einzellasten anzunehmen, daß das Versagen nicht eintritt, ehe das Biegemoment in einer Entfernung $\frac{1}{l} h$ auf jeder Seite der Einzellast den Wert $M_p = Z_p\,\sigma_f$ erreicht.

Auf der Grundlage dieser Annahme ist das Biegemoment in Trägermitte beim Versagen $\dfrac{M_p}{\left(1 - \dfrac{h}{l}\right)}$, oder näherungsweise $M_p\left(1 + \dfrac{h}{l}\right)$, so daß das volle plastische Moment $M_p{}'$ unter einer Einzellast den Wert

$$M_p{}' = M_p\left(1 + \frac{h}{l}\right) \tag{6.22}$$

hat. RODERICK und PHILLIPS [41] führten Versuche an aus dem gleichen Stück geschnittenen Trägern von Rechteckquerschnitt durch und fanden, daß die aus den Traglastversuchen mit in Trägermitte eingetragener Einzellast abgeleiteten vollen plastischen Momente um 5% bis 8% größer waren als die aus Zweipunkt-Belastungsversuchen abgeleiteten; diese Ergebnisse werden auf der Grundlage von Gl. (6.22) befriedigend erklärt. Bei diesen Versuchen waren die Querkrafteinflüsse vernachlässigbar. Eine weitere Bestätigung dieses semi-empirischen Ergebnisses ist von HEYMAN [42] erbracht worden, der eine näherungsweise Bestimmung der Spannungsverteilung in der Nachbarschaft einer in Trägermitte angreifenden Einzellast am Punkt des Versagens mit Hilfe von Relaxationsmethoden durchführte. Die spannungs-optischen Versuche von BAES [43] an Trägern mit Rechteck-Querschnitt und von HENDRY [36] an Trägern mit I-Querschnitt zeigen ebenfalls an, daß Gl. (6.22) in vielen Fällen hinreichend genaue Ergebnisse liefern dürfte.

Im Falle von Trägern mit I-Querschnitt werden an den Eintragungsstellen von Einzellasten oft Aussteifungen vorgesehen, und eine Berichtigung der in Gl. (6.22) gegebenen Art ist dann nicht anwendbar.

## Literatur

[1] QUINNEY, H.: Further tests on the effect of time of testing. Engineer, **161**, 669 (1936)

[2] WINLOCK, J., u. R. W. E. LEITER: Some factors affecting the plastic deformation of sheet and strip steel and their relation to the deep drawing properties. Trans. Amer. Soc. Metals, **25**, 163 (1937)

[3] ELAM, C. F.: The influence of rate of deformation on the tensile test with special reference to the yield point in iron and steel. Proc. Roy. Soc. A., **165**, 568 (1938)

[4] MANJOINE, M. J.: Influence of rate of strain and temperature on yield stresses of mild steel. J. Appl. Mech., 11, 211 (1944)

[5] COOK, G.: Some factors affecting the yield point in mild steel. Trans. Instn. Engrs. Shipb. Scot., 81, 371 (1937)

[6] MUIR, J.: On the overstraining of iron by tension and compression. Proc. Roy. Soc. A., 77, 277 (1906)

[7] BAUSCHINGER, J.: Die Veränderungen der Elastizitätsgrenze. Mitt. mech.-techn. Lab. Techn. Hochschule, München (1886)

[8] EDWARDS, C. A., H. N. JONES u. B. WALTERS: A study of strain-age-hardening of mild steel. J. Iron St. Inst., 139, 341 (1939)

[9] GRIFFIS, R. O., R. L. KENYON u. R. S. BURNS: The ageing of mild steel sheets. Year Book, Amer. Iron and Steel Inst. (1933), 142.

[10] KENYON, R. L., u. R. S. BURNS: Ageing in Iron and Steel. Symposium: Age Hardening of Metals. Amer. Soc. Metals (1939), 262.

[11] DAVENPORT, E. S., u. E. C. BAIN: The ageing of steel. Trans. Amer. Soc. Metals, 23, 1047 (1935)

[12] ROBERTSON, A.: The use of small specimens in the testing of steel. First Report Steel Struct. Res. Cttee., H.M.S.O., 194 (1931)

[13] LUXION, W. W., u. B. G. JOHNSTON: Plastic behaviour of wide flange beams. Weld. J., Easton, Pa., 27, 538-s (1948)

[14] RODERICK, J. W., u. H. H. L. PRATLEY: The behaviour of rolled steel joists in the plastic range. Brit. Weld. J., 1, 261 (1954)

[15] BULLENS, D. K. et alia: Steel and its Heat Treatment. John Wiley (N. Y.), Chapman & Hall (London), 5th Ed. (1949), 5

[16] RODERICK, J. W., and J. HEYMAN: Extension of the simple plastic theory to take account of the strain-hardening range. Proc. Instn. Mech. Engrs., 165, 189 (1951)

[17] GIRKMANN, K.: Bemessung von Rahmentragwerken unter Zugrundelegung eines ideal-plastischen Stahles. S. B. Akad. Wiss. Wien (Abt. IIa), 140, 679 (1931)

[18] BEEDLE, L. S., J. A. READY u. B. G. JOHNSTON: Tests of columns under combined thrust and moment. Proc. Soc. exp. Stress Anal., 8, 109 (1950)

[19] HORNE, M. R.: The plastic moduli of British Standard rolled steel joists. Brit. Weld. Res. Assn. Report FE. 1/33 (1953)

[20] FOULKES, R. A.: Discussion of "The rapid calculation of the collapse load for a framed structure". Proc. Instn. Civ. Engrs., (Part III). 1, 79 (1952)

[21] EICKHOFF, K. G.: in der Drucklegung

[22] SWIDA, W.: Die Berechnung von stählernen Bögen unter Berücksichtigung der Tragfähigkeitsreserve im elastisch-plastischen Zustand. Stahlbau, 19, 17, 29 (1950); 20, 25 (1951)

[23] JOHANSEN, K. W.: Untersuchungen über die Tragfähigkeit von Stahl-Tragwerken (dänisch). Laboratoriet for Bygningsteknik, Danmarks Tekniske Højskole. Meddelelse Nr. 3 (1954)

[24] HENDRY, A. W.: The plastic design of two-pinned mild steel arch ribs. Civil Engng., 47, 38 (1952)

[25] ONAT, E. T., u. W. PRAGER: Limit analysis of arches. J. Mech. Phys. Solids, 1, 77 (1953)

[26] HWANG, C.: Plastic collapse of thin rings. J. Aero. Sci., 20, 819 (1953)

[27] Stüssi, F.: Über den Verlauf der Schubspannungen in auf Biegung beanspruchten Balken aus Stahl. Schweiz. Bauztg., **98**, 2 (1931)

[28] Horne, M. R.: The plastic theory of bending of mild steel beams with particular reference to the effect of shear forces. Proc. Roy. Soc. A., **207**, 216 (1951)

[29] Leth, C.-F. A.: The effect of shear stresses on the carrying capacity of I-beams. Tech. Rep. A 11—107, Brown Univ. (1954)

[30] Heyman, J., u. V. L. Dutton: Plastic design of plate girders with unstiffened webs. Welding and Metal Fabrication, **22**, 265 (1954)

[31] Green, A. P.: A theory of the plastic yielding due to bending of cantilevers and fixed-ended beams. J. Mech. Phys. Solids, **3**, 1, 143 (1954)

[32] Onat, E. T., u. R. T. Shield: The influence of shearing forces on the plastic bending of wide beams. Tech. Rep. A 11—103/10, Brown Univ. (1953)

[33] Prager, W., u. P. G. Hodge: Theory of Perfectly Plastic Solids. John Wiley (N. Y.), Chapman & Hall (London), 51 (1951)

[34] Drucker, D. C., W. Prager u. H. J. Greenberg: Extended limit design theorems for continuous media. Quart. Appl. Math., **9**, 381 (1952)

[35] Baker, J. F., u. J. W. Roderick: Further tests on beams and portals. Trans. Inst. Weld., **3**, 83 (1940)

[36] Hendry, A. W.: The stress distribution in a simply supported beam of I-section carrying a central concentrated load. Proc. Soc. exp. Stress Anal., **7**, 91 (1949)

[37] Hendry, A. W.: An investigation of the strength of certain welded portal frames in relation to the plastic method of design. Struct. Engr., **28**, 311 (1950)

[38] Longbottom, E., u. J. Heyman: Tests on full-size and on model plate girders. Struct. Paper No. 49, Instn. Civ. Engrs. (1956)

[39] Bull, F. B.: Tests to destruction on a Vierendeel girder. Prelim. Vol., Conference on the correlation between calculated and observed stresses and displacements in structures, Instn. Civ. Engrs., 135 (1955)

[40] Carus Wilson: The influence of surface loading on the flexure of beams. Phil. Mag., (Ser. 5) **32**, 481 (1891)

[41] Roderick, J. W., u. I. H. Phillips: The carrying capacity of simply supported mild steel beams. Research (Engng. Struct. Suppl.), Colston Papers, **2**, 9 (1949)

[42] Heyman, J.: Elasto-plastic stresses in transversely loaded beams. Engineering, **173**, 359, 389 (1952)

[43] Baes, L.: Les palplanches plates beval P pour constructions cellulaires. Ossat. métall., **13**, 75 (1948)

## Übungsaufgaben

1. Ein I-30-Träger hat eine mittlere Flansch- und Stegdicke von 16 mm bzw. 11 mm. Bestimme unter der Annahme, daß sich der Träger aus drei Rechtecken zusammensetzt, das volle plastische Moment für Biegung um die Achse der kleinsten Trägheitsmomentes bei Fehlen von Längskraft und ebenfalls bei Vorhandensein einer Längsdruckkraft von 100 t, wobei die Fließgrenze mit 2,4 t/cm² anzusetzen ist.

2. Ein [ 18 hat eine mittlere Flansch- und Stegdicke von 11 mm bzw. 8 mm. Bestimme unter der Annahme, daß sich der Träger aus drei Rechtecken zusammen-

setzt, das volle plastische Moment für Biegung um die Achse des kleinsten Trägheitsmomentes, wobei die Fließgrenze mit 2,4 t/cm² anzusetzen ist. Zeige, daß der Wert des vollen plastischen Momentes bei einer Längsdruckkraft von 18 t davon abhängig ist, ob die Flanschspitzen durch Zug oder Druck beansprucht werden und bestimme die beiden möglichen Werte des vollen plastischen Momentes in diesem Falle.

In jedem Falle sind die Momente um die Flächenhalbierungsachse anzusetzen.

3. Ein eingespannter I-26-Träger hat eine Länge von 3,6 m und ist an einer 1,2 m von einem Trägerende entfernten Stelle durch eine Einzellast von 13 t belastet. Bestimme den Lastfaktor gegen Versagen durch plastischen Bruch bei Vernachlässigung des Querkrafteinflusses auf das volle plastische Moment und Annahme einer unteren Fließgrenze von 2,4 t/cm². Bestimme ebenfalls den Lastfaktor, wenn der Einfluß der Querkraft gemäß Gl. (6.21) berücksichtigt und die Fließspannung für reinen Schub als die Hälfte des Wertes für reinen Zug oder Druck angesetzt wird.

Der Einfluß von Kontaktspannungen unter der Last ist zu vernachlässigen.

4. Bei einem zweistöckigen, einfeldrigen, eingespannten rechteckigen Rahmen hat jedes Stockwerk eine Höhe von 3 m, die Feldweite beträgt 6 m. Die unteren Rahmenstiele $AB$ und $FE$ und der untere Riegel $BE$ sind I-30-Profile, die oberen Stiele $BC$ und $ED$ und der obere Riegel $CD$ sind I-22-Profile. Die Riegel $CD$ und $BE$ tragen in Riegelmitte Einzellasten von 5 t bzw. 10 t, und horizontale Einzellasten von je 2 t wirken bei $D$ und $E$ in den Richtungen $CD$ bzw. $BE$. Bestimme den Lastfaktor gegen plastischen Bruch bei Vernachlässigung der Einflüsse von Querkraft und Druckkraft und Annahme einer unteren Fließgrenze von 2,4 t/cm². Bestimme Querkraft und Längsdruckkraft am Fuße $F$ beim Versagen und ermittle die prozentualen Reduktionen im vollen plastischen Moment an diesem Querschnitt für beide Kraftwirkungen getrennt.

Kapitel 7

# Minimalgewichtsbemessung

## 7.1 Einführung

Die im Kap. 4 dargelegten plastischen Bemessungsverfahren sind im
strikten Sinne des Wortes keine eigentlichen Bemessungsverfahren. Bei
der Anwendung dieser Verfahren auf ein biegesteifes Stabwerk werden
die Gebrauchslasten als gegeben vorausgesetzt. Diese Lasten werden
dann mit einem festgesetzten Lastfaktor multipliziert, um eine Belastung zu erhalten, der die Tragfähigkeit des Stabwerkes genügen
muß. Es ist dann erforderlich, die vollen plastischen Momente sämtlicher Stäbe bezogen auf das volle plastische Moment $M_p$ eines beliebigen Stabes anzunehmen, so daß am Ausgangspunkt der Berechnung die *relativen* Werte der vollen plastischen Momente gewählt sind.
Die folgende Berechnung bestimmt dann den Wert von $M_p$ und somit
die *absoluten* Werte aller vollen plastischen Momente. Auf diese Weise
wird das biegesteife Stabwerk in dem Sinne bemessen, daß es den mit
dem Lastfaktor multiplizierten Gebrauchslasten sicher standhält, wenn
jeder Stab so gewählt wird, daß sein volles plastisches Moment nicht
kleiner als der rechnerisch ermittelte Wert ist. Es gibt jedoch keine
Gewähr, daß mit Hilfe dieses Verfahrens eine optimale Bemessung erzielt worden ist; denn die ursprüngliche Zuordnung der Verhältnisse
der vollen plastischen Momente der Stäbe kann auf mannigfaltige Weise
erfolgen, deren jede zu einer anderen endgültigen Bemessung führt. Somit besteht für gegebene Geometrie und Belastung eines biegesteifen
Stabwerkes eine Vielzahl von Bemessungsmöglichkeiten, und es ergibt
sich die Aufgabe, herauszufinden, welche dieser Bemessungen das er-
reichbare Optimum darstellt.

Es ist einleuchtend, daß die Bemessung mit dem geringsten Materialverbrauch einen berechtigten Anspruch darauf hat, als die bestmögliche
Bemessung angesehen zu werden. Aber ein Versteifen darauf, daß minimales Gewicht das einzig wichtige Bemessungskriterium ist, heißt die
zahlreichen anderen Wirtschaftlichkeitsfaktoren, die stets berücksichtigt
werden müssen, vernachlässigen. Auf eine Erörterung dieser Faktoren
kann jedoch hier nicht eingegangen werden, und dieses Kapitel befaßt
sich allein mit dem Problem der Bemessung für minimales Konstruk-
tionsgewicht.

Geometrie und Belastung jedes im folgenden betrachteten Rahmentragwerkes werden als gegeben vorausgesetzt, der Querschnitt jedes
einzelnen Stabes wird als konstant angenommen. Die Natur des Problems der Minimalgewichtsbemessung derartiger Rahmen ist durch die
Arbeit von FOULKES [1], [2] weitgehend geklärt worden, der bei der Erörterung gewisser einfacher Fälle ein geometrisches Analogon verwen-

dete. Mit Hilfe dieses Analogons erklärte FOULKES die Bedeutung verschiedener wichtiger Sätze, für die er allgemeine Beweise angab. Nach einer vorläufigen Erörterung der grundlegenden Annahmen in Abschn. 7.2 werden dieses Analogon und die Sätze in Abschn. 7.3 detailliert dargelegt. Einige Anwendungen der Sätze werden in Abschn. 7.4 gegeben. Schließlich werden die hauptsächlichen Verfahren der Minimalgewichtsbemessung in Abschn. 7.5 erläutert, wo auch ein Beispiel im einzelnen ausgearbeitet ist. Es scheint, daß die Methoden zur Lösung komplizierter Minimalgewichtsprobleme noch nicht voll entwickelt worden sind, aber nichtsdestoweniger sind die bis jetzt erzielten Ergebnisse von beträchtlichem Interesse und Bedeutung.

Es ist klar, daß eine größere Wirtschaftlichkeit im Materialverbrauch bei Verwendung von Stäben mit variablem Querschnitt erzielt werden kann, beispielsweise durch Aufschweißen von Gurtplatten an kritischen Stellen; dieser Punkt wurde in Abschn. 3.6 kurz berührt. Das Problem ist von HORNE [3] für den Fall eines eingespannten Trägers unter Gleichlast und wandernder Einzellast behandelt worden.

## 7.2 Annahmen

Die in Abschn. 3.1 für die Berechnung plastischer Traglasten definierten Annahmen werden bei der Behandlung der Minimalgewichtsbemessung natürlich beibehalten; zusätzlich werden gewisse weitere Annahmen eingeführt. An erster Stelle wird die Annahme getroffen, daß die vollen plastischen Momente der Stäbe nicht durch Quer- und Längskraft beeinflußt werden. Weiterhin wird trotz der Tatsache, daß es in der Praxis nur eine begrenzte Anzahl von Walzprofilen gibt, angenommen, daß ein kontinuierlicher Querschnittsbereich verfügbar ist. Zusätzlich wird angenommen, daß es eine glatte Kurve für das volle plastische Moment als Funktion des Trägergewichts je Längeneinheit gibt. Daß diese letztere Annahme genügend genau zutrifft, ist aus Abb. 7.1 ersichtlich. In dieser Abbildung ist das plastische Widerstandsmoment $Z_p$ jedes der britischen Normen-I-Träger als Funktion des Gewichtes je Längeneinheit $w$ aufgetragen. Die hauptsächlich für die Verwendung als Träger bestimmten I-Querschnitte sind durch offene Kreise dargestellt, die hauptsächlich für die Verwendung als Stützen bestimmten I-Querschnitte sind durch ausgefüllte Kreise dargestellt. Letztere liegen ziemlich weit verstreut, wohingegen die ersteren Punkte eng an einer glatten Kurve liegen. Wenn die Dimension von $Z_p$ in.$^3$ ist und $w$ in lb. je ft. gemessen wird, lautet die Gleichung dieser Kurve

$$w = 3{,}4\, Z_p^{0,6} \,,$$

eine von HEYMAN [4] vorgeschlagene Gleichungsform. Wenn das volle plastische Moment $M_p$ in tons ft. ausgedrückt wird und die untere

Fließgrenze zu 15,25 tons per sq. in. angesetzt wird, folgt für $M_p$ der Wert 15,25 $Z_p$ tons in. oder 1,27 $Z_p$ tons ft., so daß

$$w = 2{,}95\, M_p^{0,6} \ . \tag{7.1}$$

Wenn somit die Bezugnahme auf die für eine Verwendung als Träger gedachten I-Profile beschränkt wird, ist die Annahme, daß $w$ und $M_p$ durch die durch Gl. (7.1) gegebene Funktion miteinander verknüpft sind, genügend genau. Die Annahme, daß ein kontinuierlicher Querschnittsbereich verfügbar ist, ist fraglicher.

Wird eine Reihe geometrisch ähnlicher Querschnitte betrachtet, so ist die Querschnittsfläche und damit das Trägergewicht je Längeneinheit $w$ proportional $d^2$, wobei $d$ eine beliebige typische Abmessung, beispielsweise die Gesamthöhe des Querschnitts bedeutet, das plastische Widerstandsmoment $Z_p$ ist dagegen proportional $d^3$; damit ist $w$ proportional $Z_p^{\frac{2}{3}}$. Der Exponent 0,6 in Gl. (7.1) liegt dicht bei dem Wert des Proportionalexponenten für eine Reihe geometrisch ähnlicher Profile.

Eine letzte Annahme folgt aus der Tatsache, daß es unwahrscheinlich ist, für eine bestimmte Bemessungsaufgabe einen sehr weiten Querschnittsbereich berücksichtigen zu müssen. Es wird daher angenommen, daß die durch Gl. (7.1) ausgedrückte Kurve in einem beliebigen gegebenen Fall durch eine Gerade

$$w = a + b\, M_p \tag{7.2}$$

ersetzt werden kann. Es kann

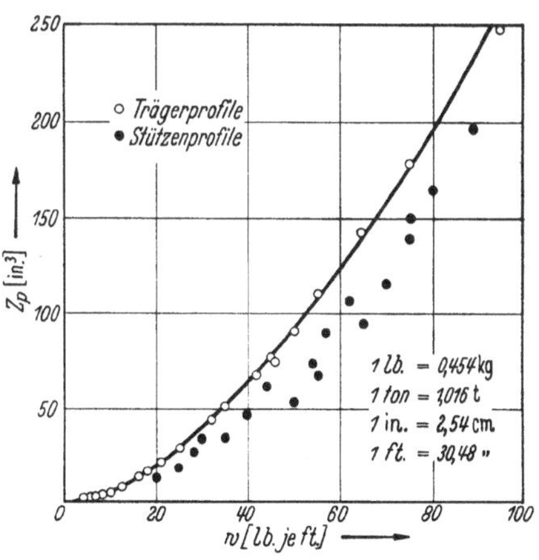


Abb. 7.1. Gewichte von britischen Normen-I-Profilen

leicht gezeigt werden, daß verglichen mit Gl. (7.1) der Fehler bei der Berechnung von $w$ aus einem gegebenen Wert $M_p$ mittels einer Gleichung dieses Typs nur von der Größenordnung von 1% ist, wenn der in Betracht kommende Bereich so ist, daß der größte Wert von $M_p$ doppelt so groß wie der kleinste ist. In Anbetracht der durch die vorgenannten Annahmen eingeführten Ungenauigkeiten kann ein derartiger Fehler als vernachlässigbar angesehen werden.

Die Linearisierung nach Gl. (7.2) gestattet die Aufstellung eines einfachen Ausdruckes für das Gesamtgewicht eines Tragwerkes. Wenn die Längen der einzelnen Stäbe mit $l$ bezeichnet werden, wird das Gesamtgewicht des Stabwerkes durch

$$X = \Sigma\, w\, l$$

gegeben, wobei sich die Summation über alle Stäbe des Tragwerkes erstreckt. Bei Verwendung von Gl. (7.2) ist

$$X = \Sigma\,(a + b\,M_p)\,l$$
$$= a\,\Sigma l + b\,\Sigma M_p l. \tag{7.3}$$

Der Ausdruck $a\Sigma l$ in Gl. (7.3) ist bei gegebenen Abmessungen des Tragwerkes eine Konstante, so daß $X$ bei dem Minimalwert des Ausdruckes $\Sigma M_p l$ zum Minimum wird. Dieser Ausdruck ist als *Gewichtsfunktion* bezeichnet worden und wird durch das Symbol $x$ dargestellt, so daß

$$x = \Sigma M_p l. \tag{7.4}$$

Die Lösung des Minimalgewichtsproblems besteht damit in der Bemessung eines Rahmentragwerkes so, daß die durch Gl. (7.4) gegebene Gewichtsfunktion $x$ zum Minimum wird. Es ist interessant festzustellen, daß in der Theorie der linearen Programmierung ähnliche Probleme auftreten [5].

### 7.3 Geometrisches Analogon und Minimalgewichtssätze

Das geometrische Analogon wird am besten anhand eines einfachen Beispieles erläutert, und für diesen Zweck wird der in Abb. 7.2 dargestellte Rechteck-Portalrahmen verwendet. Das Beispiel ist von Foulkes [2] verwendet worden, dessen Darlegung mit nur geringfügigen Abweichungen gefolgt wird. Das volle plastische Moment des Rahmenriegels ist $\beta_1$, beide Stiele haben das gleiche volle plastische Moment $\beta_2$. Die Gewichtsfunktion lautet nach Gl. (7.4) und Abb. 7.2

$$x = 3l\beta_1 + 2l\beta_2, \tag{7.5}$$

und es sind die Werte von $\beta_1$ und $\beta_2$ zu finden, die den Wert von $x$ zu einem Minimum machen, während die Lasten ohne Eintreten des Versagens gerade noch aufgenommen werden.

Wie in Abschn. 4.3 gezeigt, gibt es für diesen Rahmentyp zwei unabhängige zwangsläufige kinematische Ketten, die Träger- und die Seitenverschiebungs-Rahmenkette, die zu einer dritten zwangsläufigen kinematischen Kette kombiniert werden können. Somit existieren drei mögliche Bruchketten, aber da von vornherein nicht bekannt ist, ob das volle plastische Moment des Riegels größer oder kleiner als das der Stiele ist, kann jede der drei Bruchketten zwei Formen annehmen, indem die Fließgelenke an den Rahmenecken entweder im Riegel oder im Stiel auftreten. Die Kette (a) der Abb. 7.2 ist eine Trägerkette für den Fall $\beta_1 < \beta_2$, so daß sich die Fließgelenke an den Trägerenden bilden, wogegen die Kette (b) eine Trägerkette für $\beta_1 \geq \beta_2$ ist. Entsprechend sind die zwangsläufigen kinematischen Ketten (c) und (d) die beiden möglichen kombinierten Ketten, (e) und (f) die beiden möglichen Seitenverschiebungsketten. Die Größen der Gelenkverdrehungen sind in Abb. 7.2 für jede der Ketten angegeben. Die Arbeitsgleichungen können ohne weiteres niedergeschrieben werden und sind in der Abbildung angegeben, wobei $\vartheta$ auf beiden Seiten herausgehoben ist.

Die Bedeutung der Arbeitsgleichungen in Beziehung zum Problem der Minimalgewichtsbemessung geht ohne weiteres aus dem Diagramm der Abb. 7.3 hervor, in dem die vollen plastischen Momente $\beta_1$ und $\beta_2$

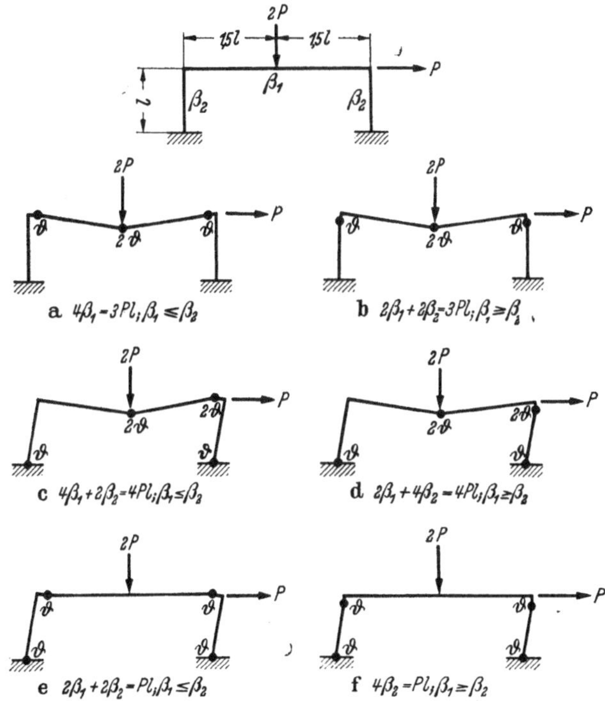

Abb. 7.2. Rechteckiger Portalrahmen: Kinematische Ketten und Arbeitsgleichungen

die Koordinatenvariablen darstellen und die Arbeitsgleichungen als gerade Linien aufgetragen sind. In der Abbildung bedeuten die Ordinaten und Abszissen Werte von $\beta_1/Pl$ bzw. $\beta_2/Pl$. Für jede der drei Bruchketten-Typen gibt es zwei Geraden, die die Arbeitsgleichungen für die Fälle $\beta_1 < \beta_2$ und $\beta_1 > \beta_2$ darstellen. Die beiden Fälle für die Seitenverschiebungskette sind durch die Geraden ($e$) und ($f$) dargestellt, die sich im Punkte $N$, wo $\beta_1 = \beta_2$ ist, schneiden. Die anderen Arbeitsgleichungen sind entsprechend als Gerade ($a$), ($b$), ($c$) und ($d$) wiedergegeben, wobei die Bezeichnung sich auf die Bruchketten und ihre Arbeitsgleichungen in Abb. 7.2 bezieht.

Mit Hilfe des kinematischen Satzes kann aus Abb. 7.3 eine einfache
Folgerung abgeleitet werden. Dieser Satz stellt fest, daß für ein gegebenes beliebiges Verhältnis von $\beta_1$ zu $\beta_2$ die tatsächliche Bruchkette
diejenige ist, deren zugehörige Arbeitsgleichung die höchsten Werte der
vollen plastischen Momente ergibt. Als Beispiel wird der Fall $\beta_1 = \frac{3}{4}\,\beta_2$
betrachtet. Diese Bedingung wird durch eine Gerade $OA'$ durch den
Koordinatenursprung mit der Neigung 3/4 wiedergegeben, die die drei
Arbeitsgleichungslinien $(e)$, $(c)$ und $(a)$ schneidet. Der Schnitt mit $(a)$
im Punkte $A'$ ist am weitesten vom Ursprung entfernt und stellt somit
die höchsten Werte für die vollen plastischen Momente, d. h. die erforderlichen Werte von $\beta_1$ und $\beta_2$ für das gegebene Verhältnis von $\beta_1$
zu $\beta_2$, dar. Aus der Betrachtung aller möglichen Verhältnisse von $\beta_1$ zu $\beta_2$

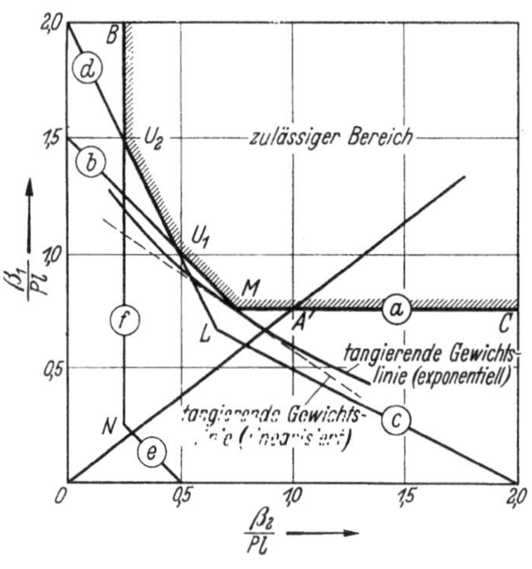



Abb. 7.3.
Geometrisches Analogon für rechteckigen Portalrahmen

ergibt sich, daß alle möglichen Bruchbedingungen
durch den in Abb. 7.3 schraf-
fiert angelegten Streckenzug
$BU_2U_1MC$ wiedergegeben
werden. Alle Punkte, die vom
Ursprung gesehen jenseits
dieses Streckenzuges liegen,
bedeuten Bemessungen, bei
denen unter den gegebenen
Lasten ein Versagen nicht
eintritt; der so begrenzte
Bereich wird der *zulässige
Bereich* genannt. Diesseits
von der Begrenzung des zulässigen Bereiches gelegene
Punkte stellen Tragwerke
dar, die den Lasten nicht
standhalten.

Das Minimalgewichtsproblem reduziert sich somit auf die Ermittlung
des Punktes auf der Begrenzung des zulässigen Bereiches, für den das
Gesamtkonstruktionsgewicht ein Minimum ist. Die Lösung dieser Aufgabe beruht auf der Feststellung, daß gemäß Gl. (7.5) jede Gerade der
Form

$$3\beta_1 + 2\beta_2 = \text{konst.}$$

eine Bemessung von konstantem Gewicht bedeutet, wobei der senk-
rechte Abstand der Geraden vom Ursprung proportional der Gewichtsfunktion $x$ ist. Die Minimalgewichtsbemessung wird damit durch die
Bestimmung gefunden, wo eine derartige Gerade von der Neigung $-\frac{2}{3}$
gerade die Begrenzung des zulässigen Bereiches berührt. Diese *tangierende Gewichtslinie* ist in Abb. 7.3 strichliert eingezeichnet; sie berührt

die Begrenzung des zulässigen Bereiches im Punkte $M$. Die Koordinaten von $M$ sind

$$\beta_1 = \frac{3}{4}\,Pl\,,\ \beta_2 = \frac{3}{4}\,Pl\,,$$

und diese Werte der vollen plastischen Momente stellen die Minimalgewichtsbemessung dar.

Von Interesse ist die Bemerkung, daß, wenn keine Linearisierung der Gewichtsfunktion, sondern eine Exponentialfunktion für die Beziehung des Gewichtes je Längeneinheit auf das volle plastische Moment eines Stabes von der Form der Gl. (7.1) verwendet wird, die Linien des konstanten Gewichts Kurven werden, die konvex zum Ursprung sind. Wird der Exponent 0,6 in der Gl. (7.1) verwendet, dann haben die Linien des konstanten Gewichts die Form

$$3\,\beta_1{}^{0,6} + 2\,\beta_2{}^{0,6} = \text{konst.}\,;$$

die in Abb. 7.3 durch den Punkt $M$ laufende ausgezogene Kurve ist von dieser Form. Im vorliegenden Falle wird die Minimalgewichtsbemessung durch die Verwendung einer genaueren Gewichtsbeziehung nicht beeinflußt.

Die Begrenzung des zulässigen Bereiches ist zum Ursprung konvex, so daß es nicht möglich ist, daß eine die Begrenzung in einem Punkte tangierende Gewichtslinie irgendwo entlang ihrer Länge in den zulässigen Bereich eindringt. Die Eigenschaft der Konvexität ist ein allgemeines Merkmal der Begrenzung des zulässigen Bereiches. Für den Beweis, daß eine Bemessung von minimalem Gewicht ist, genügt es, durch *örtliche* Versuche zu zeigen, daß das Gewicht durch beliebige kleine Änderungen in den Verhältnissen der vollen plastischen Momente vergrößert wird. PRAGER [6] hat jedoch darauf hingewiesen, daß dies bei Verwendung einer exponentiellen Gewichtsbeziehung wie Gl. (7.1) nicht zutreffend ist.

Aus Abb. 7.3 kann noch ein weiteres allgemeines Ergebnis von erheblicher Bedeutung abgelesen werden. Die den kinematischen Ketten (a) und (b) entsprechenden Linien schneiden sich im Minimalgewichtspunkt $M$, so daß eine Ecke in der Begrenzung des zulässigen Bereiches vorliegt. Das bedeutet, daß das Minimalgewichts-Tragwerk in jeder dieser beiden kinematischen Ketten versagen kann. Nach Abb. 7.2 sind diese beiden alternativen Ketten die beiden möglichen Trägerketten; die Fließgelenke an den Trägerenden entstehen entweder im Riegel [kinematische Kette (a)] oder in den Stielen [kinematische Kette (b)] in Abhängigkeit davon, ob das volle plastische Moment des Riegels $\beta_1$ kleiner oder größer als das volle plastische Moment der Stiele $\beta_2$ ist. Beim Minimalgewichts-Tragwerk sind die vollen plastischen Momente des Riegels und der Stiele gleich, so daß die Fließgelenke sich ohne

Einfluß auf die Traglast entweder im Riegel oder in den Stielen bilden können. Das bedeutet, daß eine Bruchkette mit zwei Freiheitsgraden existiert, wie in Abb. 7.4 dargestellt. In dieser Abbildung sind Fließgelenke in den Stielen mit dem Verdrehungswinkel $\varphi$ und an den Riegelenden mit dem Verdrehungswinkel $\psi$ eingezeichnet. Jede Riegelhälfte verdreht sich dann um einen Winkel $(\psi + \varphi)$, und die Gelenkverdrehung in Riegelmitte ist $2(\psi + \varphi)$. Die einzige Einschränkung für $\psi$ und $\varphi$ ist, daß diese beiden Winkel positiv sein müssen, damit die Biegemomente an den Riegelenden negativ sind. Die Arbeitsgleichung für diese Kette lautet gemäß Abb. 7.4

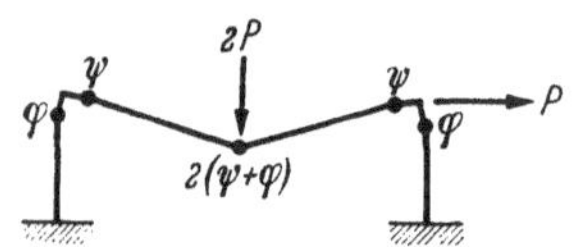

Abb. 7.4. Kinematische Kette mit zwei Freiheitsgraden

$$3\,Pl\,(\psi + \varphi) = (4\,\psi + 2\,\varphi)\,\beta_1 + 2\,\varphi\beta_2 \qquad (7.6)$$

Für $\beta_1 = \beta_2$ ergibt sich $\beta_1 = \beta_2 = \frac{3}{4}\,Pl$, was bereits vorher erhalten worden ist.

Für ein gegebenes beliebiges Verhältnis von $\psi$ zu $\varphi$ wird Gl. (7.6) durch eine Gerade in Abb. 7.3 dargestellt. Für $\varphi = 0$ fällt die Gerade mit der der kinematischen Kette $(a)$ in Abb. 7.2 entsprechenden Geraden $(a)$ zusammen, für $\psi = 0$ mit der der kinematischen Kette $(b)$ entsprechenden Geraden $(b)$. Die Neigung der tangierenden Gewichtslinie liegt zwischen den Neigungen dieser beiden Bruchketten-Geraden $(a)$ und $(b)$, und es folgt, daß Gl. (7.6) für eine zwischenliegende Bedingung eine Gerade mit der gleichen Neigung wie die tangierende Gewichtslinie darstellen muß. Die Gleichung dieser Geraden ergibt sich aus Gl. (7.5) zu

$$x = 3l\beta_1 + 2l\beta_2 = \text{konst.},$$

und aus einem Vergleich der Koeffizienten, so daß Gl. (7.6) eine Gerade gleicher Neigung ergibt, folgt

$$\frac{4\,\psi + 2\,\varphi}{3} = \frac{2\,\varphi}{2}$$

und damit $\psi = \frac{1}{4}\,\varphi$. Durch Einsetzen dieses Wertes von $\psi$ in Gl. (7.6) wird gefunden, daß

$$3{,}75\,Pl\varphi = \varphi(3\beta_1 + 2\beta_2)\,, \qquad (7.7)$$

und die durch diese Gleichung ausgedrückte Gerade ist parallel den Linien konstanten Gewichts.

Die durch Wahl von $\psi = \frac{1}{4}\,\varphi$ erhaltene besondere Trägerkette erfüllt die Bedingung, daß der Koeffizient jedes vollen plastischen Momentes in ihrer Arbeitsgleichung im gleichen Verhältnis zu dem Koeffizienten des entsprechenden vollen plastischen Momentes in der Gewichtsgleichung steht. Allgemein wird eine kinematische Kette, die diese Bedingung erfüllt, als eine *gewichtsverträgliche kinematische Kette* bezeichnet; wie später gezeigt wird, spielt die Ableitung derartiger kinematischer Ketten eine wichtige Rolle in der Minimalgewichtstheorie.

In dem besonderen betrachteten Fall besaß die Bruchkette des Minimalgewichtstragwerkes zwei Freiheitsgrade; diese Anzahl entspricht der Anzahl der verschiedenen vollen plastischen Momente $\beta_1$ und $\beta_2$, die die Bemessung charakterisierten. Das Ergebnis kann für den Fall verallgemeinert werden, in dem die Bemessung durch $n$ verschiedene volle plastische Momente bestimmt wird, was zu dem folgenden von FOULKES [2] bewiesenen Satz führt.

### Satz 1

Wenn die Bemessung eines biegesteifen Stabwerkes durch die Werte von $n$ verschiedenen vollen plastischen Momenten bestimmt wird, ist es stets möglich, wenigstens eine Minimalgewichtsbemessung zu finden, deren Bruchkette wenigstens $n$ Freiheitsgrade hat.

Die Formulierung dieses Satzes schließt die Fälle ein, in denen es einen *Bereich* von Werten der vollen plastischen Momente gibt, für die das Gewicht des Tragwerkes konstant und gleich dem Minimalgewicht ist. Ein Fall dieser Art ist in Abb. 7.5 dargestellt. Diese Abbildung bezieht sich auf die Bemessung des angegebenen Rechteckrahmens mit der Stützweite $2l$ und der Höhe $l$ unter der Vertikallast $3P$ und der Horizontallast $P$. Das volle plastische Moment des Riegels ist $\beta_1$ und das der Stiele $\beta_2$. Die Abbildung zeigt Geraden entsprechend den Arbeitsgleichungen der sechs möglichen kinematischen Ketten der gleichen Art wie in Abb. 7.2 gezeigt. Die resultierende Begrenzung des zulässigen Bereiches ist wie in Abb. 7.3 durch die mit Schraffur angelegten Geradenabschnitte gekennzeichnet. Für diesen Rahmen sind die Geraden des konstanten Gewichts wie sie aus der linearisierten Beziehung von Gleichung (7.4) erhalten werden

$$x = 2l\,(\beta_1 + \beta_2) = \text{konst.,}\qquad(7.8)$$

und es ist zu ersehen, daß die tangierende Gewichtslinie, die in Abb. 7.5 strichliert gezeichnet ist, die Begrenzung des zulässigen Bereiches entlang der Strecke $MM'$ berührt. In diesem Fall gibt es einen Bereich von Bemessungen, dargestellt durch $MM'$, von denen alle minimales Gewicht haben, da die Strecke $MM'$ und ihre Verlängerung die Arbeitsgleichung für die kinematische Kette vom Typ $(b)$ in Abb. 7.2 darstellt. Es ist leicht ersichtlich, daß die Arbeitsgleichung für diese kinematische Kette für gegebene Belastung und Rahmenabmessungen lautet

$$3Pl\,\vartheta = (2\beta_1 + 2\beta_2)\,\vartheta .$$

Der Vergleich mit der Gewichtsgleichung (7.8) zeigt, daß diese Gleichung die Bedingungen der Gewichtsverträglichkeit erfüllt, was bestätigt, daß es einen Bereich von Bemessungen gibt, deren Gewichte sämtlich gleich dem Minimalgewicht sind. Von diesen Bemessungen sind die beiden besonderen durch die Punkte $M$ und $M'$ dargestellten

Bemessungen derart, daß Satz 1 erfüllt ist. Beispielsweise kann die durch $M$ dargestellte Bemessung entweder durch die kinematische Kette (b) oder (d) versagen, so daß sich eine kinematische Kette mit zwei Freiheitsgraden bilden kann; entsprechend könnte die durch $M'$ dargestellte Bemessung entweder durch die kinematische Kette (b) oder (a) versagen. Es ist von Interesse festzustellen, daß bei Verwendung der Exponentialgleichung Gl. (7.1), die das Gewicht je Längeneinheit jedes Stabes auf sein volles plastisches Moment bezieht, Linien konstanten Gewichts von der Form

$$\beta_1^{0,6} + \beta_2^{0,6} = \text{konst.}$$

sind. Die Linie dieser Form, die die Begrenzung des zulässigen Bereiches tangiert, ist in Abb. 7.5 dargestellt; sie berührt diese Begrenzung nur im Punkte $M$. Somit ist auf dieser Basis die Minimalgewichtsbemessung eindeutig; jedoch läßt sich leicht zeigen, daß das Gewicht der durch den Punkt $M'$ dargestellten Bemessung das

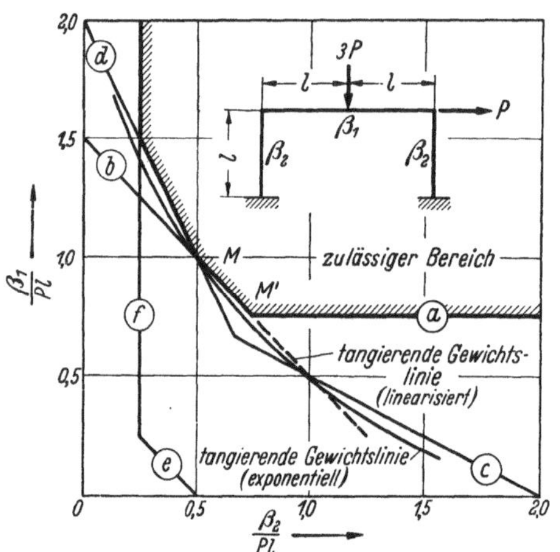



Abb. 7.5. Bereich von Minimalgewichtsbemessungen

Minimalgewicht nur um 1,5% überschreitet. Der durch die Linearisierung der Gewichtsgleichung eingeführte Fehler ist also sehr klein, und die Anzeige eines Bereiches von Bemessungen, deren sämtliche von minimalem Gewicht sind, kommt der Wirklichkeit nahe.

In den zwei vorstehend betrachteten besonderen Problemen wurde ein weiterer allgemeiner Satz belegt. Bei beiden dieser Fälle wurde gezeigt, daß der Minimalgewichtsrahmen sich durch zwei Merkmale auszeichnet. An erster Stelle ging hervor, daß für jedes Minimalgewichtstragwerk eine gewichtsverträgliche kinematische Kette existiert. Für das Beispiel von Abb. 7.3 wurde diese kinematische Kette durch Niederschreiben der Arbeitsgleichung (7.6) mit zwei Freiheitsgraden $\varphi$ und $\psi$ gefunden und durch Berichtigung des Verhältnisses von $\varphi$ zu $\psi$, so daß die Koeffizienten von $\beta_1$ und $\beta_2$ sich im gleichen Verhältnis zueinander befinden wie in der Gewichtsgleichung (7.5), wogegen die gewichtsverträgliche kinematische Kette für das Beispiel von Abb. 7.5 nur einen Freiheitsgrad hatte. Das andere kennzeichnende Merkmal jeder der Minimalgewichtsbemessungen war, daß die sie darstellenden Punkte auf der Begrenzung des zulässigen Bereiches liegen; das bedeutet, daß in jedem Falle eine sichere und statisch zulässige Biegemomentenverteilung für das gesamte Tragwerk gefunden werden konnte. Es kann gezeigt werden, daß im allgemeinen eine Bemessung von minimalem Gewicht ist, wenn sie die zwei Bedingungen befriedigt, daß eine gewichtsverträgliche Bruchkette gefunden werden kann und sich zeigen läßt, daß eine zugehörige sichere und statisch zulässige Biegemomentenverteilung für das gesamte biegesteife Stabwerk existiert. Vor der Formulierung dieses Ergebnisses als Satz muß eine allgemeine Definition dessen, was mit einer gewichtsverträglichen Kette gemeint ist, gegeben werden.

Betrachtet werde ein Rahmentragwerk, für das $n$ verschiedene volle plastische Momente $(\beta_1, \beta_2 \ldots \beta_n)$ zu wählen sind, und die Arbeitsgleichung jeder kinematischen Kette wird angesetzt

$$\text{geleistete Arbeit} = [a_1\beta_1 + a_2\beta_2 + \ldots a_n\beta_n]\,\vartheta,$$

wobei $a_r\vartheta$ die gesamte Gelenkverdrehung in sämtlichen Stäben ist, deren volles plastisches Moment $\beta_r$ ist.

Die linearisierte Gewichtsgleichung für den Rahmen wird angenommen als

$$x = [l_1\beta_1 + l_2\beta_2 + \ldots l_n\beta_n],$$

wobei $l_r$ die gesamte Länge aller Stäbe mit dem vollen plastischen Moment $\beta_r$ ist. Die kinematische Kette wird als gewichtsverträglich bezeichnet, wenn die Koeffizienten in der Arbeitsgleichung und der linearisierten Gewichtsgleichung in folgender Beziehung stehen:

$$\frac{a_1}{l_1} = \frac{a_2}{l_2} = \ldots = \frac{a_n}{l_n} \, ,$$

was bedeutet, daß die gesamte Gelenkverdrehung in jeder Gruppe von Stäben mit dem gleichen vollen plastischen Moment proportional ihrer gesamten Länge ist.

Der zweite Satz kann nun wie folgt ausgedrückt werden:

### Satz 2

Wenn für irgendeine Bemessung eines Rahmentragwerkes eine gewichtsverträgliche kinematische Kette formuliert werden kann und eine zugehörige sichere und statisch zulässige Biegemomentenverteilung für das ganze Rahmentragwerk gefunden werden kann, ist die Bemessung von minimalem Gewicht.

Dieser Satz, der auch von FOULKES [2] aufgestellt worden ist, bedeutet nicht, daß es nur eine einzige Minimalgewichtsbemessung gibt. Wie in dem Beispiel von Abb. 7.5 kann es einen Bereich von Bemessungen geben, die sämtlich das gleiche minimale Gewicht haben.

## *Obere und untere Eingrenzungen*

Es ist klar, daß das Problem der Bemessung für minimales Gewicht kompliziert ist, und aus diesem Grunde wäre es nützlich, in der Lage zu sein, obere und untere Eingrenzungen für das Minimalgewicht aufzustellen. Wenn diese Eingrenzungen einander hinreichend eng genähert werden könnten, wäre es kaum notwendig, eine völlig exakte Minimalgewichtsbemessung zu bestimmen, — insbesondere wenn berücksichtigt wird, daß in der Praxis nur eine begrenzte Anzahl von Querschnitten verfügbar ist; denn es ist unwahrscheinlich, daß irgendwelche dieser Querschnitte die genauen Werte der theoretisch erforderlichen vollen plastischen Momente haben werden. Tatsächlich wird später bei der Betrachtung eines Beispieles ersichtlich, daß es oft zu schwierig ist, die untere Eingrenzung zu erhöhen, um diese Art des Vorgehens praktisch verwendbar zu machen. Nichtsdestoweniger sind die Sätze zur Aufstellung oberer und unterer Eingrenzungen von grundlegendem Interesse und werden hier angegeben.

Die Aufstellung einer oberen Eingrenzung für das Minimalgewicht ist eine verhältnismäßig triviale Sache. Es ist lediglich notwendig, den Verhältnissen der vollen plastischen Momente zueinander beliebige Werte zuzuteilen, so daß sämtliche vollen plastischen Momente in Termen eines einzigen bekannt sind. Der Rahmen wird dann berechnet, um den Wert dieses vollen plastischen Momentes so zu finden, daß der Rahmen unter den vorgeschriebenen Lasten gerade versagt. Der Vollständigkeit halber wird dieses Ergebnis als Satz formuliert.

## *Satz 3*

Wenn für eine beliebige Bemessung eines Rahmentragwerkes gezeigt werden kann, daß das Versagen in einer bestimmten kinematischen Kette gerade eintreten würde, während eine entsprechende sichere und statisch zulässige Biegemomentenverteilung für das gesamte Rahmentragwerk gefunden werden kann, ist das Gewicht dieser Bemessung größer oder gleich dem Minimalgewicht.

Es ist ersichtlich, daß die Bedingung der kinematischen Kette aus diesem Satz ausgelassen werden könnte, ohne seine Gültigkeit zu beeinträchtigen; denn die Bemessung wäre dann übermäßig sicher. In geometrischer Ausdrucksweise läge der die Bemessung darstellende Punkt dann innerhalb des zulässigen Bereiches, wogegen er bei Einschluß der Bedingung der kinematischen Kette auf der Begrenzung des zulässigen Bereiches läge. Somit gibt der Satz in seiner angegebenen Form den niedrigsten möglichen Wert der oberen Eingrenzung.

Eine untere Eingrenzung für das minimale Gewicht kann nach FOULKES [2] mit Hilfe des folgenden Satzes erhalten werden.

*Satz 4*

Wenn für eine beliebige Bemessung eines Rahmentragwerkes eine gewichtsverträgliche kinematische Kette formuliert werden kann, aber keine zugehörige sichere und statisch zulässige Biegemomentenverteilung für das ganze Rahmentragwerk gefunden werden kann, ist das Gewicht dieser Bemessung geringer als das Minimalgewicht.

Die Bedeutung dieses Satzes wird am besten unter Bezugnahme auf Abb. 7.3 verstanden. An dem Punkt $L$ in dieser Abbildung gibt es zwei mögliche Bruchketten, nämlich die kinematischen Ketten $(c)$ und $(d)$ von Abb. 7.2. Die Neigungen der Geraden $(c)$ und $(d)$ in Abb. 7.3, die die Arbeitsgleichungen für diese kinematischen Ketten darstellen, sind kleiner bzw. größer als die Neigung der Linien des konstanten Gewichts. Daher muß es durch Kombination dieser beiden kinematischen Ketten möglich sein, eine gewichtsverträgliche kinematische Kette zu bilden. Der Punkt $L$ liegt jedoch außerhalb des zulässigen Bereiches. Die durch $L$ dargestellte Bemessung erfüllt somit die Bedingungen von Satz 4, und ihr Gewicht ist geringer als das Minimalgewicht. Im Gegensatz dazu bestehen am Punkte $N$ zwei mögliche kinematische Ketten, deren Arbeitsgleichungen durch die Geraden $(e)$ und $(f)$ dargestellt werden, und beide dieser Linien sind von größerer Neigung als die Linien des konstanten Gewichts. Damit kann für diese Bemessung keine gewichtsverträgliche kinematische Kette gebildet werden, und so ist es unmöglich, allein auf dieser Grundlage festzustellen, ob das Gewicht dieser Bemessung kleiner oder größer als das Minimalgewicht ist.

## 7.4 Anwendungen der Sätze

### *Zweifeldriger Rechteckrahmen*

Die Bedeutung der vorstehenden Sätze wird nun mittels dreier Beispiele erläutert; das erste ist der zweifeldrige Rechteckrahmen, dessen Abmessungen und Belastung in Abb. 7.6a gezeigt sind. Bei diesem Rahmen haben die beiden Riegel jeder das gleiche volle plastische Moment $\beta_1$ und die drei Stiele haben jeder das gleiche volle plastische Moment $\beta_2$.

Dieser Rahmen ist im Abschn. 4.3 mittels der Methode der Kombination kinematischer Ketten für den besonderen Fall $\beta_1 = 2\beta_2$ (siehe Abb. 4.4) berechnet worden. Es ist gezeigt worden, daß die erforderlichen Werte von $\beta_1$ und $\beta_2$ 17,14 tm bzw. 8,57 tm sind und die Bruchkette einfach das Versagen des rechten Riegels ist. Nach Satz 3 ergibt diese Bemessung eine obere Eingrenzung für das minimale Gewicht. Die linearisierte Gewichtsfunktion $x$ wird aus Gl. (7.4) zu

$$x = 40\beta_1 + 60\beta_2 \tag{7.9}$$

gefunden. Es folgt, daß der Minimalgewichtswert von $x$, der mit $x_{\min}$ bezeichnet wird, von oben wie folgt begrenzt ist:

$$x_{\min}^{-} \leq 40 \cdot 17{,}14 + 60 \cdot 8{,}57 = 1200.$$

Die Berechnung durch Kombination kinematischer Ketten zeigte auch, daß abgesehen von der rechten Trägerkette die kinematische Kette, die die höchsten erforderlichen Werte für die vollen plastischen Momente ergab, die in Abb. 4.5 b gezeigt war, bei der die rechte Trägerkette mit der Seitenverschiebungskette zusammen mit einer Verdrehung

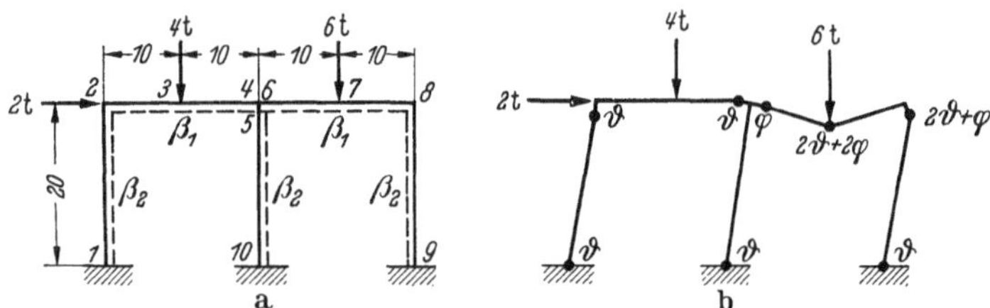



Abb. 7.6 a u. b. Zweifeldriger Rechteckrahmen. a Rahmen und Belastung, b Kinematische Kette mit zwei Freiheitsgraden

des mittleren Knotens kombiniert ist. Die Bemessung, die resultiert, wenn diese kinematische Kette zu einer Alternative der rechten Trägerkette gemacht wird, wird nun betrachtet.

Die entsprechende kinematische Kette mit zwei Freiheitsgraden $\vartheta$ und $\varphi$ ist in Abb. 7.6 b dargestellt. Für $\varphi = 0$ reduziert sich diese kinematische Kette auf die von Abb. 4.5 b; wogegen sie sich bei $\vartheta = 0$ auf die rechte Trägerkette reduziert. Die einzigen Einschränkungen für $\vartheta$ und $\varphi$ sind, daß keiner dieser Winkel kleiner als Null sein darf. Die Arbeitsgleichung für diese kinematische Kette lautet:

$$100\,\vartheta + 60\,\varphi = \beta_1 \, (3\,\vartheta + 3\,\varphi) + \beta_2 \, (6\,\vartheta + \varphi). \tag{7.10}$$

Da diese Gleichung für jedes beliebige Wertepaar von $\vartheta$ und $\varphi$ gelten muß, folgt, daß sowohl $\beta_1$ als auch $\beta_2$ gefunden werden können durch Anschreiben der zwei Sonderfälle von Gl. (7.10) für $\vartheta = 0$ und $\varphi = 0$. Auf diese Weise wird gefunden, daß

$$60 = 3\beta_1 + \beta_2$$
$$100 = 3\beta_1 + 6\beta_2,$$

so daß $\beta_1 = 17{,}33$ tm, $\beta_2 = 8$ tm.

Nach Satz 4 ergibt diese Bemessung eine untere Eingrenzung für $x_{\min}$, wenn es möglich ist, das Verhältnis von $\varphi$ zu $\vartheta$ in der Arbeitsgleichung (7.10) so zu berichtigen, daß eine gewichtsverträgliche kinematische Kette erhalten wird. Aus dem Vergleich dieser Gleichung mit der Gewichtsgleichung (7.9) ergibt sich die Bedingung für die Gewichtsverträglichkeit der Arbeitsgleichung

$$\frac{3\vartheta + 3\varphi}{40} = \frac{6\vartheta + \varphi}{60}$$

$$\varphi = \frac{3}{7}\,\vartheta\,.$$

Als Kontrolle, wenn dieser Wert von $\varphi$ in Gl. (7.10) eingesetzt wird, wird gefunden, daß

$$\frac{880}{7}\,\vartheta = \vartheta\left(\frac{30}{7}\,\beta_1 + \frac{45}{7}\,\beta_2\right)\,,$$

und ein Vergleich mit Gl. (7.9) zeigt unmittelbar, daß diese Gleichung gewichtsverträglich ist. Da ferner $\vartheta$ positiv ist, ist $\varphi$ als positiv gefunden worden, was die Einschränkung, daß dieser Winkel nicht negativ sein darf, nicht verletzt. Somit ist für diese Bemessung eine gewichtsverträgliche kinematische Kette gefunden worden; aus Satz 4 wird gefolgert, daß der entsprechende Wert von $x$ eine untere Eingrenzung für $x_{\min}$ ist. Daher ist

$$x_{\min} \geq 40 \cdot 17{,}33 + 60 \cdot 8 = 1173.$$

Kombination dieser Eingrenzung mit der oberen Eingrenzung ergibt

$$1173 \leq x_{\min} \leq 1200.$$

Die enge Nachbarschaft dieser Eingrenzungen zeigt, daß das Verhältnis von $\beta_1$ zu $\beta_2$ in jeder dieser beiden Bemessungen nahe dem für minimales Gewicht erforderlichen Wert liegt. Nach Satz 1 kann vermerkt werden, daß die zweite Bemessung die tatsächliche Minimalgewichtsbemessung ist, denn diese Bemessung befriedigt die Bedingung, daß eine mögliche kinematische Kette mit zwei Freiheitsgraden vorhanden ist. Um dies nachzuprüfen, wird Satz 2 verwendet. Aus diesem Satz folgt, daß die zweite Bemessung dann die Minimalgewichtsbemessung ist, wenn eine zugehörige sichere und statisch zulässige Biegemomentenverteilung für das gesamte Rahmentragwerk gefunden werden kann, denn die Bedingung der Gewichtsverträglichkeit ist bereits erfüllt.

In Abschn. 4.3 ist gezeigt worden, daß die Gleichgewichtsgleichungen für dieses Rahmentragwerk und die gegebene Belastung lauten

$$40 = 2M_3 - M_2 - M_4 \tag{4.13}$$

$$60 = 2M_7 - M_6 - M_8 \tag{4.14}$$

$$40 = M_2 - M_1 + M_5 - M_{10} + M_9 - M_8 \tag{4.15}$$

$$0 = M_4 + M_5 - M_6 \tag{4.16}$$

mit dem üblichen Vorzeichenübereinkommen, daß ein positives Biegemoment Zug in den auf der Seite der strichlierten Linie in Abb. 7.6a liegenden Fasern hervorruft. Für die kinematische Kette von Abb. 7.6b sind die vollen plastischen Momente in [tm]:

$$M_1 = -8\ , \qquad M_2 = 8\ , \qquad M_4 = -17{,}33, \quad M_6 = -17{,}33$$
$$M_7 = 17{,}33, \qquad M_8 = -8, \qquad M_9 = \ \ 8, \qquad M_{10} = -8.$$

Einsetzen dieser Werte in die Gleichungen (4.13) bis (4.16) ergibt, daß die Biegemomente an den zwei Querschnitten 3 und 5, wo plastische Gelenke nicht vorkommen, die Werte haben

$$M_3 = 15{,}33, \qquad M_5 = 0,$$

und daß mit diesen Werten die vier Gleichgewichtsgleichungen identisch befriedigt werden. Da diese zwei Biegemomente kleiner als die vollen plastischen Werte sind, folgt, daß ein sicherer und statisch zulässiger Satz von Biegemomenten entsprechend der kinematischen Kette von Abb. 7.6b gefunden worden ist. Laut Satz 2 ist damit die Bemessung $\beta_1 = 17{,}33$ tm, $\beta_2 = 8$ tm die Minimalgewichtsbemessung.

Die Bruchkette für diesen Minimalgewichtsrahmen ist in Abb. 7.6b dargestellt; sie hat zwei Freiheitsgrade, so daß der plastische Bruch des Rahmentragwerkes von dem in Abschn. 3.6 erwähnten über-vollständigen Typ ist. Aus Satz 1 geht hervor, daß der Bruch eines Minimalgewichtsrahmens in vielen Fällen über-vollständig sein wird, obgleich es häufig vorkommt, daß die in der Bruchkette enthaltene Anzahl von Freiheitsgraden durch Knotenverdrehungen erreicht wird, wie in dem nächsten Beispiel.

### Giebelrahmen

Das zweite zu betrachtende Beispiel ist die Bemessung des Giebelrahmens mit Fußgelenken, dessen Abmessungen und Belastung in Abb. 4.11a angegeben sind. Dieser Rahmen wurde in Abschn. 4.3 nach dem Verfahren der Kombination kinematischer Ketten berechnet auf der Grundlage der Annahme, daß jeder Stab des Rahmens das gleiche volle plastische Moment besitzt, und es wurde ermittelt, daß der erforderliche Wert des vollen plastischen Momentes 8,42 tm ist. Es wird nun gezeigt, daß diese Bemessung von minimalem Gewicht ist, ausgehend davon, daß die beiden Giebelstäbe von gleichem Querschnitt mit dem vollen plastischen Moment $\beta_1$ sein sollen, und daß die beiden Stiele ebenfalls gleichen Querschnitt haben sollen mit dem vollen plastischen Moment $\beta_2$.

Die Bruchkette dieses Rahmens wurde auf der Grundlage der Voraussetzung, daß $\beta_1 = \beta_2 = M_p$ ist, wie in Abb. 4.12a dargestellt, gefunden, abgesehen von der kleinen Berichtigung, die dadurch notwendig wurde, daß das Gelenk am Giebel um 3,2 m den linken Riegel hinab zu verschieben war. Im folgenden wird diese Berichtigung vernachlässigt, so daß angenommen wird, daß die kinematische Kette von

Abb. 4.12a die tatsächliche Bruchkette ist. Für diese kinematische Kette hatte sich die Arbeitsgleichung ergeben zu:

$$42,43\,\vartheta = 5,2\,M_p\,\vartheta;\quad M_p = 8,16\ \text{tm}.$$

Da für die betrachtete Bemessung $\beta_1$ und $\beta_2$ gleich sind, kann sich das plastische Gelenk an der rechten Rahmenecke, dessen Verdrehung in Abb. 4.12a als $3,2\,\vartheta$ gezeigt ist, entweder im Stiel oder im Riegel bilden, was eine kinematische Kette mit zwei Freiheitsgraden ergibt. Wenn im Riegel an diesem Querschnitt eine Gelenkverdrehung $\varphi$ angenommen wird, würde die Gelenkverdrehung in der Stütze $(3,2\,\vartheta - \varphi)$ sein, wobei $\varphi$ innerhalb der Grenzen von Null und $3,2\,\vartheta$ liegen muß, so daß vom Rahmeninnern aus gesehen sich jedes Gelenk an diesem Querschnitt schließt. Das hat keinen Einfluß auf die von den Lasten geleistete Arbeit; die Arbeitsgleichung lautet damit:

$$42,43\,\vartheta = \beta_1(2\,\vartheta + \varphi) + \beta_2(3,2\,\vartheta - \varphi).$$

Jeweiliges Gleichsetzen der Koeffizienten von $\vartheta$ und $\varphi$ in dieser Gleichung reproduziert lediglich die ursprüngliche Arbeitsgleichung zusammen mit dem Ergebnis, daß $\beta_1 = \beta_2$.

Da die Gesamtlänge der Giebelstäbe $32,3$ m ist und die Länge jedes Stieles $10$ m, lautet die linearisierte Gewichtsgleichung

$$x = 32,3\,\beta_1 + 20\,\beta_2.$$

Die Bedingung für Gewichtsverträglichkeit ist daher

$$\frac{2\vartheta + \varphi}{32,3} = \frac{3,2\,\vartheta - \varphi}{20},$$

woraus sich ergibt, daß $\varphi = 1,21\,\vartheta$ ist, was wie erforderlich zwischen den Grenzen von Null und $3,2\,\vartheta$ liegt. Mit diesem Wert von $\varphi$ wird die kinematische Kette gewichtsverträglich, und obgleich das Giebel-Gelenk nicht ganz korrekt lag, ist klar, daß keine Schwierigkeit bestünde, die Bedingung der Gewichtsverträglichkeit zu erfüllen, wenn dieses Fließgelenk den linken Riegel hinab zu seiner korrekten Stelle verschoben würde. Da es möglich ist, für diese Bemessung eine gewichtsverträgliche kinematische Kette abzuleiten, und eine zugehörige sichere und statisch zulässige Biegemomentenverteilung für den ganzen Rahmen gefunden werden kann, wie in Abschn. 4.3 gezeigt wurde, kann nach Satz 2 gefolgert werden, daß die Bemessung $\beta_1 = \beta_2 = 8,42$ tm von minimalem Gewicht ist.

In diesem Falle wurde ein zusätzlicher Freiheitsgrad für die Bruchkette durch eine willkürliche Verdrehung des Eckgelenkes gegeben, die durch die Tatsache ermöglicht wurde, daß die beiden sich an diesem Knoten treffenden Stäbe das gleiche volle plastische Moment besaßen. Es ist daher kaum wert, diese Bruchkette als über-vollständig zu klassifizieren, trotz der Tatsache, daß sie mehr als einen Freiheitsgrad besitzt.

### *Einfacher Rechteckrahmen*

Im vorstehenden Beispiel ergab sich, daß die Minimalgewichtsbemessung ein Rahmen von durchweg gleichförmigem Querschnitt war; die Bedingung der Gewichtsverträglichkeit wurde mittels des durch die Knotenverdrehung gegebenen Freiheitsgrades erzielt als direkte Folge der Gleichförmigkeit des Querschnittes. Die Wahl eines durchweg gleichförmigen Querschnittes für einen einfeldrigen Portalrahmen, ob rechteckig oder mit Giebel, ergibt oft minimales Gewicht infolge der so gegebenen Möglichkeit der Verwendung von Knotenverdrehungen zur

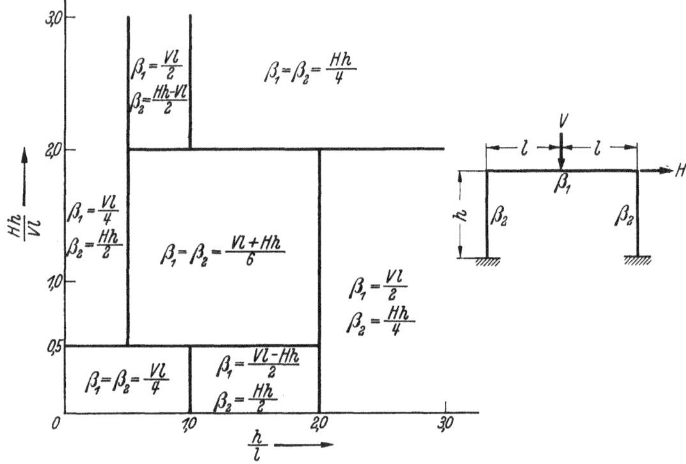


Abb. 7.7. Bemessungstafel für rechteckigen Portalrahmen

Befriedigung der Bedingungen der Gewichtsverträglichkeit. Diese Beobachtung ergab sich aus den von FOULKES [2] angestellten Berechnungen über die Minimalgewichtsbemessung eines einfachen eingespannten Rechteckrahmens, die in dem Diagramm von Abb. 7.7 zusammengefaßt sind. Der Rahmen hat die Höhe $h$ und die Stützweite $2\,l$, er ist einer mittigen Vertikallast $V$ und einer Horizontallast $H$ in Riegelhöhe unterworfen. Der Riegel hat das volle plastische Moment $\beta_1$ und jeder Stiel hat ein volles plastisches Moment $\beta_2$.

Die Interpretation des Diagramms von Abb. 7.7 ist einfach, daß für gegebene Werte der Lasten $V$ und $H$ und die Rahmenabmessungen $l$ und $h$ die Verhältnisse $\dfrac{Hh}{Vl}$ und $\dfrac{h}{l}$ berechnet sind, und der Punkt mit diesen Koordinaten in dem Diagramm bezeichnet wird. Dieser Punkt wird innerhalb eines der sieben Bereiche liegen, die durch Gerade parallel zu den Achsen begrenzt werden, und die zu dem besonderen Bereich gehörenden Werte von $\beta_1$ und $\beta_2$ bestimmen dann die Minimalgewichtsbemessung. Aus Abb. 7.7 ist ersichtlich, daß ein großer Prozentsatz der Bemessungen Rahmen gleichförmigen Querschnittes darstellt; verschiedene Werte für $\beta_1$ und $\beta_2$ kommen nur dann vor, wenn der Rahmen ungewöhnliche Proportionen hat oder einer unwahrscheinlichen Lastkombination unterworfen ist.

Ein Bemessungsdiagramm dieser Art kann in einfacher Weise konstruiert werden, indem eine bestimmte kinematische Kette mit zwei Freiheitsgraden angenommen wird und bestimmt wird, unter welchen Bedingungen dies zu einer Minimalgewichtsbemessung führen kann. Beispielsweise wird eine kinematische Kette der in Abb. 7.4 dargestellten Art angenommen. Mit den Lasten und Abmessungen wie in Abb. 7.7 angegeben, lautet die Arbeitsgleichung:

$$Vl\,(\varphi + \psi) = \beta_1\,(4\psi + 2\varphi) + \beta_2\,(2\varphi).$$

Aus der jeweiligen Gleichsetzung der Koeffizienten von $\psi$ und $\varphi$ ergibt sich

$$\beta_1 = \beta_2 = \frac{Vl}{4}\;.$$

Die linearisierte Gewichtsgleichung für diesen Rahmen ist

$$x = 2l\beta_1 + 2h\beta_2,$$

so daß die kinematische Kette gewichtsverträglich wird, wenn

$$\frac{4\psi + 2\varphi}{2\,l} = \frac{2\,\varphi}{2\,h}$$

$$\psi = \left(\frac{l - h}{2\,h}\right)\varphi\;.$$

Aus Abb. 7.4 geht hervor, daß für die Gelenke an den Riegelenden sowohl $\varphi$ als auch $\psi$ positiv sein müssen, um den Biegemomenten zu entsprechen. Es folgt, daß

$$\frac{l - h}{2\,h} > 0\;,$$

so daß
$$\frac{h}{l} < 1\;.$$

Außer der Bedingung der Gewichtsverträglichkeit muß es möglich sein, eine sichere und statisch zulässige Biegemomentenverteilung für den ganzen Rahmen zu finden, damit die Bemessung gemäß Satz 2 von minimalem Gewicht ist. Das kann durch Niederschreiben der Gleichgewichtsgleichungen getan werden, Einsetzen der vollen plastischen Momente, die in der Trägerkette vorkommen, und Aufstellen der Bedingung, daß die Momente an den Stützenfüßen nicht das volle plastische Moment $\beta_2 = \frac{Vl}{4}$ überschreiten dürfen. Ein äquivalentes Verfahren besteht in der Aufstellung der Bedingung, daß die angenommene

15  Neal/Jaeger, Stahlstabwerke

kinematische Kette die höchsten erforderlichen Werte der vollen plastischen Momente ergibt. Mittels jeder dieser Methoden wird gefunden, daß die folgende Einschränkung auf die Lasten und Abmessungen des Rahmens zutrifft: $$\frac{Hh}{Vl} \leq \frac{1}{2}.$$

Es folgt, daß die Bemessung von minimalem Gewicht ist, wenn diese Bedingung zusammen mit der Bedingung $\frac{h}{l} \leq 1$, die für Gewichtsverträglichkeit erforderlich ist, erfüllt wird. Der entsprechende Bereich ist in Abb. 7.7 dargestellt.

### 7.5 Lösungsverfahren

Das erste für die Lösung von Minimalgewichtsproblemen vorgeschlagene Verfahren stammt von HEYMAN [7]; dieses Verfahren gründet sich auf das Ungleichungen-Verfahren für die Traglastberechnung eines gegebenen Rahmentragwerkes, das in Abschn. 4.5 kurz erläutert wurde. Die Bedingungen, daß das Biegemoment an jedem Querschnitt eines biegesteifen Stabwerkes, an dem sich ein plastisches Gelenk ausbilden kann, das volle plastische Moment nicht überschreiten darf, können bei Kopplung mit den Gleichgewichtsgleichungen als Satz linearer Ungleichungen ausgedrückt werden, die die Biegemomente als Variable enthalten. Bei der Berechnung eines gegebenen Rahmentragwerkes werden die Biegemomente nacheinander aus den Ungleichungen eliminiert, und nach Elimination aller Biegemomente setzt jede der resultierenden Ungleichungen eine untere Eingrenzung für den Wert von $M_p$. Die größte dieser unteren Eingrenzungen ist dann der erforderliche Wert von $M_p$.

HEYMAN hat dieses Verfahren auf die Lösung von Minimalgewichtsproblemen ausgedehnt durch Verwendung der linearisierten Gewichtsgleichung zur Eliminierung eines der Biegemomente aus dem Satz linearer Ungleichungen, bevor mit der Elimination der übrigen Biegemomente fortgefahren wird. Wenn sämtliche Biegemomente eliminiert worden sind, setzt jede der resultierenden Ungleichungen eine untere Eingrenzung für die linearisierte Gewichtsfunktion $x$, und die größte dieser unteren Eingrenzungen ist der minimal mögliche Wert von $x$. Durch Zurückarbeiten durch die Ungleichungen werden dann die entsprechenden vollen plastischen Momente bestimmt. Dieses Verfahren ist von HEYMAN auch auf die Lösung von Problemen der Minimalgewichtsbemessung angewendet worden, bei denen das Tragwerk in der Lage sein muß, zwei oder mehr verschiedenen Lastfällen zu widerstehen.

Das Verfahren ist bei allen, außer den einfachsten, Problemarten in seiner Anwendung langwierig. Dies ist vor allem deshalb der Fall, weil es im wesentlichen in der Untersuchung jeder möglichen Bruchkette und ihrer zugehörigen Bemessungen besteht. Die Möglichkeit, eine intelligente Schätzung betreffend die Minimalgewichtsbemessung zu machen und die Bemessung dann nachzuprüfen, um festzustellen, ob sie tatsächlich von minimalem Gewicht ist, und wenn das nicht der Fall ist, die Bemessung durch eine Reihe rationaler Schritte zu verbessern, wird dadurch ausgeschlossen. Probierverfahren dieser Art sind sowohl von FOULKES [1] als auch von HEYMAN [8] vorgeschlagen worden. Die von diesen Verfassern befürworteten Verfahren sind im Prinzip im wesentlichen gleich, sie unterscheiden sich nur in den Einzelheiten ihrer Anwendung. An erster Stelle wird das volle plastische Moment jedes Stabes als einfaches Vielfaches des vollen plastischen Momentes $M_p$ eines der Stäbe ausgedrückt, und der Rahmen wird dann berechnet, um den Wert von $M_p$ so zu finden, daß das Versagen unter den vorgeschriebenen Lasten gerade eintreten würde. Dies bestimmt eine anfängliche Bemessung, die von minimalem Gewicht ist, wenn eine zugehörige gewichtsverträgliche kinematische Kette existiert, gemäß Satz 2, und andernfalls gemäß Satz 3 ein größeres als das minimale Gewicht hat. Im letzteren Falle wird eine neue Schätzung der Verhältnisse der vollen plastischen Momente zueinander angestellt, und eine neue Traglastberechnung wird zur Bestimmung der entsprechenden Bemessung durchgeführt. Wie gezeigt werden wird, wird diese zweite Schätzung nicht aufs Geratewohl gemacht, denn die Ergebnisse der ersten Berechnung zeigen an, wie die Bemessung abzuändern ist, um das Gewicht herabzusetzen. Durch Fortschreiten auf diese Weise wird eine Folge von Bemessungen untersucht bis eine Bemessung erhalten ist, der eine kinematische Kette entspricht, die nahezu gewichtsverträglich ist. Es ist dann eine ziemlich einfache Sache, eine gewichtsverträgliche kinematische Kette zu formulieren, die bei der Analyse fast mit Sicherheit die Minimalgewichtsbemessung ergibt.

### *Zweistöckiger einfeldriger Rechteckrahmen*

Das Verfahren wird durch eine Anwendung auf den zweistöckigen einfeldrigen Rechteckrahmen erläutert, dessen Abmessungen und Belastung in Abb. 7.8a dargestellt sind. Bei diesem Rahmen hat der obere Riegel ein volles plastisches Moment $\beta_1$, die zwei oberen Stiele haben jeder das gleiche volle plastische Moment $\beta_2$, der untere Riegel hat ein volles plastisches Moment $\beta_3$ und die zwei unteren Stiele haben jeder das gleiche volle plastische Moment $\beta_4$. Unter diesen Bedingungen ist der Rahmen so zu bemessen, daß die gegebenen Lasten gerade das Versagen durch plastischen Bruch herbeiführen und die linearisierte Gewichtsfunktion $x$, deren Wert

$$x = 20\beta_1 + 30\beta_2 + 20\beta_3 + 30\beta_4 \tag{7.11}$$

ist, ihren niedrigsten möglichen Wert hat.

Die Tragberechnungen für die verschiedenen Bemessungen, die untersucht werden, werden mittels des Verfahrens der Kombination kinematischer Ketten durchgeführt, so daß es zunächst erforderlich ist, die
Anzahl der unabhängigen kinematischen Ketten festzustellen. Für diesen
Rahmen und die gegebene Belastung ist die Anzahl der Biegemomente $n$,
die zur Festlegung der Biegemomentenverteilung für den ganzen Rahmen erforderlich ist, gleich zwölf, da das Biegemoment zwischen den
mit 1 bis 12 bezeichneten Querschnitten in Abb. 7.8a linear variieren
muß. Die Anzahl der statisch unbestimmten Größen $r$ ist sechs, da der
Rahmen statisch bestimmt wird, wenn er an zwei Querschnitten in den
beiden Rahmenriegeln, wie 2 und 5, geschnitten wird, und die Werte
von Längskraft, Querkraft und Biegemoment an jeder Schnittstelle

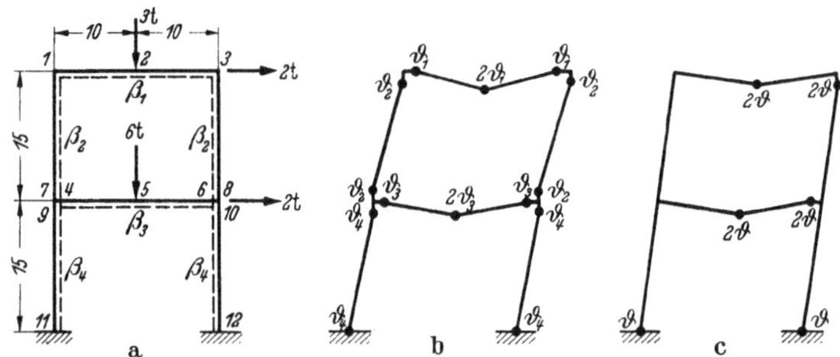

Abb. 7.8a—c. Zweistöckiger einfeldriger Rechteckrahmen. a Rahmen mit Belastung, b Unabhängige
kinematische Ketten, c Bruchkette für $\beta_3 = \beta_4 = 2\beta_1 = 2\beta_2$

festgelegt werden. Es folgt, daß die Anzahl der unabhängigen Gleichgewichtsgleichungen $(n - r) = 6$ ist. Daher muß es für dieses Rahmentragwerk sechs unabhängige kinematische Ketten geben. Vier davon
sind in Abb. 7.8b angegeben; es sind zwei Trägerketten zusammen mit
Seitenverschiebungsketten für das obere und das untere Stockwerk. In
dieser Abbildung sind die in jeder der vier kinematischen Ketten enthaltenen Gelenkverdrehungen in Termen eines einzigen Parameters angegeben, der für jede kinematische Kette verschieden ist, so daß die
Darstellung als eine kinematische Kette mit vier Freiheitsgraden angesehen werden kann. Zur Ableitung einer beliebigen der unabhängigen
kinematischen Ketten ist es lediglich erforderlich, diese kinematische
Kette durch Nullsetzen der mit den anderen drei kinematischen Ketten
verbundenen Gelenkverdrehungen zu isolieren. Beispielsweise wird für
$\vartheta_1 = \vartheta_2 = \vartheta_3 = 0$ und $\vartheta_4 \neq 0$ die Seitenverschiebungskette für das
untere Stockwerk erhalten. Die restlichen zwei unabhängigen kine-
matischen Ketten bestehen aus Verdrehungen der Knoten 4,7,9 und
6,8,10 (Abb. 7.8a).

Die Arbeitsgleichung für die kinematische Kette von Abb. 7.8 b
lautet wie folgt:

$$30\,\vartheta_1 + 30(\vartheta_2 + \vartheta_4) + 60\,\vartheta_3 + 30\,\vartheta_4 = 4\beta_1\vartheta_1 + 4\beta_2\vartheta_2 + 4\beta_3\vartheta_3 + \\ + 4\beta_4\vartheta_4\,. \tag{7.12}$$

Durch jeweiliges Gleichsetzen der Koeffizienten von $\vartheta_1$, $\vartheta_2$, $\vartheta_3$ und $\vartheta_4$
werden die entsprechenden Werte der vollen plastischen Momente ge-
funden zu

$$\beta_1 = \beta_2 = 7{,}5 \text{ tm}, \quad \beta_3 = \beta_4 = 15 \text{ tm}.$$

Es ist leicht zu zeigen, daß die Arbeitsgleichung (7.12) gewichtsverträglich gemacht werden kann; wenn in dieser Gleichung $\vartheta_2 = \vartheta_4 =$
$= 1{,}5\,\vartheta_1 = 1{,}5\,\vartheta_3$ gesetzt wird, ergibt sich, daß die Koeffizienten der
vollen plastischen Momente in den gleichen Verhältnissen stehen wie
in der Gewichtsgleichung (7.11). Es ist jedoch klar, daß die durch diese
vollen plastischen Momente dargestellte Bemessung nicht adäquat zur
Aufnahme der eingetragenen Lasten wäre, denn die zugehörige Biegemomentenverteilung ist nicht statisch zulässig. Beispielsweise geht aus
Abb. 7.8 b hervor, daß an der oberen linken Ecke sowohl der Riegel
als auch der Stiel Momente im Uhrzeigersinn auf den Knoten ausüben,
so daß dieser Knoten sich nicht im Verdrehungsgleichgewicht befindet.
Es ist auch ersichtlich, daß sich die Knoten 4,7,9 und 6,8,10 nicht
im Gleichgewicht befinden; der obere rechte Knoten 3 steht im Gleichgewicht. Aus Satz 4 folgt, daß das Gewicht dieser Bemessung eine
untere Eingrenzung des Minimalgewichts ist. Wenn also $x_{\min}$ der minimale Wert der linearisierten Gewichtsfunktion ist, ergibt sich aus
Gl. (7.11), daß

$$x_{\min} \geq 20 \cdot 7{,}5 + 30 \cdot 7{,}5 + 20 \cdot 15 + 30 \cdot 15 = 1125.$$

Diese Ableitung einer unteren Eingrenzung für das Minimalgewicht ist
gleichbedeutend der Isolierung verschiedener Teile des Rahmens und
der Bemessung jedes Teiles für minimales Gewicht unter der Annahme,
daß der Rest des Rahmentragwerkes vollständig starr ist. Die Summe
dieser Minimalgewichte ist dann eine untere Eingrenzung für das Minimalgewicht des ganzen Rahmentragwerkes, wie von HEYMAN [8] aufgezeigt worden ist.

### Erster Versuch

Es kann angenommen werden, daß die so erhaltenen vollen plastischen Momente in grober Näherung die richtigen Verhältnisse für eine
Bemessung haben, deren Gewicht nicht wesentlich über dem Minimalgewicht liegt. Der Rahmen wird daher auf Grund der Annahme bemessen,
daß $\quad \beta_1 = M_p, \ \beta_2 = M_p, \ \beta_3 = 2M_p, \ \beta_4 = 2M_p;$
diese vollen plastischen Momente stehen im gleichen Verhältnis zueinander, wie die aus Gl. (7.12) erhaltenen.

Einzelheiten dieser Berechnung werden nicht angegeben. Es ergibt sich, daß die Bruchkette wie in Abb. 7.8 c dargestellt ist, und der zugehörige Wert von $M_p$ ist 11,25 tm, so daß die vollen plastischen Momente sind:

$$\beta_1 = \beta_2 = 11{,}25 \text{ tm}, \quad \beta_3 = \beta_4 = 22{,}5 \text{ tm}.$$

Für diese Bemessung folgt der Wert der linearisierten Gewichtsfunktion $x$ aus Gl. (7.11) zu

$$x = 20 \cdot 11{,}25 + 30 \cdot 11{,}25 + 20 \cdot 22{,}5 + 30 \cdot 22{,}5 = 1687{,}5.$$

Dieser Wert von $x$ ist natürlich eine obere Eingrenzung für $x_{\min}$, wie in Satz 3 festgestellt wird, da er von den vollen plastischen Momenten einer Bemessung abgeleitet ist, die den vorgeschriebenen Lasten standhalten kann. Kombination dieser oberen Eingrenzung mit der vorher erhaltenen unteren Eingrenzung ergibt

$$1125 \leq x_{\min} \leq 1687{,}5.$$

Die Bruchkette für diese Bemessung muß nun nachgeprüft werden, um festzustellen, ob sie gewichtsverträglich ist. Dazu wird die Arbeitsgleichung niedergeschrieben unter Beibehaltung der Identität jedes vollen plastischen Momentes $\beta_1$, $\beta_2$, $\beta_3$ und $\beta_4$. Diese Arbeitsgleichung ist nach Abb. 7.8 c

$$180\,\vartheta = (2\beta_1 + 2\beta_2 + 4\beta_3 + 2\beta_4)\,\vartheta. \qquad (7.13)$$

Aus dem Vergleich dieser Gleichung mit der linearisierten Gewichtsgleichung (7.11) geht hervor, daß die Koeffizienten der vollen plastischen Momente in den beiden Gleichungen nicht in den gleichen Verhältnissen stehen, so daß die kinematische Kette nicht gewichtsverträglich ist. Um Gewichtsverträglichkeit zu erreichen, müssen die Koeffizienten von $\beta_2$ und $\beta_4$ in der Arbeitsgleichung erhöht, und der Koeffizient von $\beta_3$ im Vergleich mit dem von $\beta_1$ herabgesetzt werden. Bei einer neuen Schätzung der Verhältnisse der vollen plastischen Momente sind deshalb $\beta_2$ und $\beta_4$ *herabzusetzen* und $\beta_3$ *heraufzusetzen* im Vergleich mit $\beta_1$. Der Grund hierfür geht aus der Betrachtung des Einflusses einer Änderung eines beliebigen vollen plastischen Momentes hervor. Beispielsweise macht es eine Erhöhung von $\beta_3$ weniger wahrscheinlich, daß die entsprechende Trägerkette für den unteren Riegel in Verbindung mit der Bruchkette erscheint und strebt so zur Reduzierung des Koeffizienten von $\beta_3$ in der Arbeitsgleichung.

### *Zweiter Versuch*

Bei der Wahl neuer Verhältnisse der vollen plastischen Momente für den Zweck der Aufstellung einer zweiten Bemessung von geringerem Gewicht ist zu beachten, daß wenigstens eine Bemessung von minimalem Gewicht gemäß Satz 1 eine kinematische Kette mit vier Freiheitsgraden enthalten wird, da die Anzahl der zur Festlegung einer Bemessung erforderlichen vollen plastischen Momente vier beträgt. Dementsprechend werden die vollen plastischen Momente wie folgt gewählt:

$$\beta_1 = M_p, \quad \beta_2 = M_p, \quad \beta_3 = 2,5\,M_p, \quad \beta_4 = 1,5\,M_p.$$

$\beta_1$ und $\beta_2$ sind gleichgehalten worden, obgleich die Arbeitsgleichung (7.13) anzeigte, daß $\beta_2$ erhöht werden sollte. Das wurde getan, um einen Freiheitsgrad entsprechend einer Verdrehung des oberen rechten Knotens 3 verfügbar zu machen; bei $\beta_1 = \beta_2$ kann ein Gelenk an diesem Knoten entweder im Riegel oder im Stiel auftreten, wodurch ein Freiheitsgrad gegeben ist. In Abb. 7.8c ist das Gelenk in den Stiel gelegt, um den Koeffizienten von $\beta_2$ in Gl. (7.13) so groß wie möglich zu machen. Der in dieser neuen Wahl der vollen plastischen Momente enthaltene einzige andere Punkt ist, daß $\beta_3$ als gleich der Summe von $\beta_2$ und $\beta_4$ gewählt wurde; wie zu ersehen, ermöglicht dies das Auftreten einer Verdrehung des Knotens 6,8,10 als eine alternative kinematische Kette.

Wenn eine neue Berechnung des Rahmens nach dem Verfahren der Kombination kinematischer Ketten mit diesen neuen Werten der Verhältnisse der vollen plastischen Momente durchgeführt wird, ergibt sich, daß die Bruchkette immer noch die kinematische Kette von Abb. 7.8c ist, und daß der entsprechende Wert von $M_p$ 10,59 tm ist, so daß die vollen plastischen Momente in dieser zweiten Bemessung sind:

$$\beta_1 = \beta_2 = 10,59 \text{ tm}, \quad \beta_3 = 26,47 \text{ tm}, \quad \beta_4 = 15,88 \text{ tm}.$$

Für diese Bemessung ergibt sich der Wert der linearisierten Gewichtsfunktion $x$ aus Gl. (7.11) zu

$$x = 20 \cdot 10,59 + 30 \cdot 10,59 + 20 \cdot 26,47 + 30 \cdot 15,88 = 1535,3.$$

Dieser Wert von $x$ ist eine obere Eingrenzung von $x_{\min}$, sie liegt niedriger als die vorher erhaltene obere Eingrenzung von 1687,5.

Die Bruchkette muß nun auf Gewichtsverträglichkeit geprüft werden. Diese kinematische Kette ist in Abb. 7.9a dargestellt, sie ist identisch mit der von Abb. 7.8c, außer, daß der obere rechte Knoten 3 um einen Winkel $\varphi$ im Uhrzeigersinn gedreht ist und der untere rechte Knoten 6,8,10 um einen Winkel $\psi$ im Gegenzeiger. Diese Knotenverdrehungen können gemacht werden, ohne die Knoten-Gleichgewichtsgleichungen zu stören, wegen der Tatsache, daß in dieser Bemessung $\beta_1 = \beta_2$ und $\beta_3 = \beta_2 + \beta_4$. Es ist zu bemerken, daß sowohl $\varphi$ als auch $\psi$ zwischen gewissen Grenzen liegen müssen. So müssen sich die Gelenke an dem oberen rechten Knoten 3, vom Rahmeninneren gesehen beide schließen, so daß $\varphi$ zwischen Null und $2\vartheta$ liegen muß; $\psi$ muß innerhalb der gleichen Grenzen liegen, so daß die Gelenke an dem Knoten 6,8,10 sich in Übereinstimmung mit den Erfordernissen des Verdrehungs-

gleichgewichts für diesen Knoten befinden. Die Arbeitsgleichung für
diese kinematische Kette lautet:

$$180\vartheta = \beta_1(2\vartheta + \varphi) + \beta_2(2\vartheta - \varphi + \psi) + \beta_3(4\vartheta - \psi) + \beta_4(2\vartheta + \psi). \tag{7.14}$$

Diese Gleichung kann nachgeprüft werden durch die Gegebenheit, daß
$\vartheta$, $\varphi$ und $\psi$ unabhängig innerhalb der für $\varphi$ und $\psi$ bestehenden Grenzen
gewählt werden können. Es folgt, daß drei Gleichungen von Gl. (7.14)

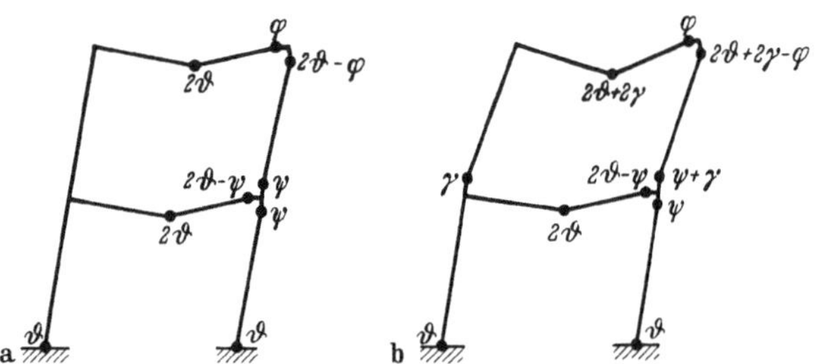

Abb. 7.9a u. b. Bruchketten für zweistöckigen einfeldrigen Rechteckrahmen. a Kinematische Kette
mit drei Freiheitsgraden, b Kinematische Kette mit vier Freiheitsgraden,

abgeleitet werden können durch jeweiliges Gleichsetzen der Koeffizienten von $\vartheta$, $\varphi$ und $\psi$. Diese drei Gleichungen sind

$$180 = 2\beta_1 + 2\beta_2 + 4\beta_3 + 2\beta_4$$
$$0 = \beta_1 - \beta_2$$
$$0 = \beta_2 - \beta_3 + \beta_4.$$

Diese drei Gleichungen sind sämtlich konsistent mit den abgeleiteten
vollen plastischen Momenten.

Der Vergleich der Arbeitsgleichung (7.14) mit der linearisierten Gewichtsgleichung (7.11) zeigt, daß es für die Gewichtsverträglichkeit
möglich sein muß, Werte für die Verhältnisse von $\varphi$ und $\psi$ zu $\vartheta$ so zu
finden, daß

$$\frac{2\vartheta + \varphi}{20} = \frac{2\vartheta - \varphi + \psi}{30} = \frac{4\vartheta - \psi}{20} = \frac{2\vartheta + \psi}{30} .$$

Die Untersuchung ergibt, daß diese Bedingungen nicht alle erfüllt werden können, wie aus der Betrachtung erwartet werden könnte, daß drei
Gleichungen zu befriedigen sind und es nur zwei Verhältnisse gibt, die
variiert werden können. Die engste Übereinstimmung wird mit $\varphi = 0{,}4\,\vartheta$
und $\psi = 1{,}6\,\varphi$ erhalten; mit diesen Werten lautet die Arbeitsgleichung

$$180\,\vartheta = (2{,}4\beta_1 + 3{,}2\beta_2 + 2{,}4\beta_3 + 3{,}6\beta_4)\,\vartheta , \tag{7.15}$$

worin der einzige fehlerhafte Koeffizient der von $\beta_4$ ist, der zu hoch ist.

Die Tatsache, daß für diese Bemessung eine Arbeitsgleichung gebildet
werden kann, die nahezu gewichtsverträglich ist, läßt folgern, daß ihr

Gewicht sehr nahe bei dem Minimalwert liegen muß, und in der Praxis wird es kaum notwendig sein, die Bemessung noch weiter zu verbessern. Es ist jedoch von Interesse, zu sehen, wie weitere Verbesserungen gemacht werden können, wenn sie erforderlich sind.

### *Minimalgewichtsbemessung*

In diesem Stadium ist es am besten, das Verfahren der willkürlichen Berichtigung der Verhältnisse der vollen plastischen Momente fallenzulassen und anstelle dessen zu versuchen, eine Bruchkette mit vier Freiheitsgraden zu schätzen, die dann auf Gewichtsverträglichkeit geprüft wird. Eine derartige Schätzung wird am besten gemacht unter Verwendung der Ergebnisse, die bei der Berechnung der letzten Bemessung durch Kombination kinematischer Ketten erhalten wurden. Hier wurde gefunden, daß die kinematische Kette, die den höchsten Wert von $M_p$ für diese Bemessung ergab, die von Abb. 7.9a war mit $M_p = 10,59$ tm. Jedoch gibt es für die besonderen Verhältnisse der in dieser Bemessung enthaltenen vollen plastischen Momente drei andere kinematische Ketten, für die die entsprechenden Werte von $M_p$ sämtlich 10 tm sind, was dem für die tatsächliche Bruchkette erhaltenen Wert sehr nahekommt. Diese kinematischen Ketten enthalten plastische Gelenke an den folgenden Querschnitten gemäß der Bezeichnung in Abb. 7.8a:

(1) 2, 3, 7, 8; kombinierte Träger- und Seitenverschiebungskette nur für das obere Stockwerk.

(2) 9, 10, 11, 12; Seitenverschiebung des unteren Stockwerkes.

(3) 2, 3, 4, 6, 11, 12; Seitenverschiebung des gesamten Rahmens kombiniert mit oberer Trägerkette.

Es scheint kein *a priori*-Verfahren zu geben zur Bestimmung, welche dieser drei kinematischen Ketten zu einer passenden gewichtsverträglichen kinematischen Kette führen kann, wenn ihre Gelenkverdrehungen und Ausbiegungen mit denen der kinematischen Kette von Abb. 7.9a zum Erhalt eines vierten Freiheitsgrades kombiniert werden. Tatsächlich führt die kinematische Kette (1) auf diese Weise zu der Minimalgewichtsbemessung; dies wird zuerst nachgewiesen, und darauf werden die Einflüsse der Verwendung der anderen kinematischen Ketten festgestellt.

Abb. 7.9b zeigt die Gelenkverdrehungen der kinematischen Kette (1), die aus Verdrehungen von der Größe $\gamma$ an den Querschnitten 7 und 8 zusammen mit Verdrehungen von der Größe $2\gamma$ an den Querschnitten 2 und 3 besteht, überlagert den Gelenkverdrehungen der kinematischen Kette von Abb. 7.9a, was eine kinematische Kette mit vier Freiheitsgraden $\vartheta$, $\varphi$, $\psi$ und $\gamma$ ergibt. Für diese kinematische Kette lautet die Arbeitsgleichung

$$180\,\vartheta + 60\gamma = \beta_1(2\,\vartheta + \varphi + 2\gamma) + \beta_2(2\vartheta - \varphi + 4\gamma + \psi) + \beta_3(4\,\vartheta - \psi) + {} \\ + \beta_4(2\vartheta + \psi)\,. \tag{7.16}$$

Da diese Arbeitsgleichung vier Freiheitsgrade enthält, ist es möglich, durch jeweilige Gleichsetzung der Koeffizienten von $\vartheta$, $\varphi$, $\psi$ und $\gamma$ die vier unbekannten vollen plastischen Momente zu bestimmen. Die so erhaltenen Gleichungen sind

$$\begin{aligned} 180 &= 2\beta_1 + 2\beta_2 + 4\beta_3 + 2\beta_4 \\ 0 &= \beta_1 - \beta_2 \\ 0 &= \beta_2 - \beta_3 + \beta_4 \\ 60 &= 2\beta_1 + 4\beta_2 \end{aligned}$$

mit der Lösung

$$\beta_1 = \beta_2 = 10\ \text{tm}, \quad \beta_3 = 26{,}67\ \text{tm}, \quad \beta_4 = 16{,}67\ \text{tm}.$$

Mit diesen Werten der vollen plastischen Momente wird der Wert der linearisierten Gewichtsfunktion gegeben durch

$$x = 20 \cdot 10 + 30 \cdot 10 + 20 \cdot 26{,}67 + 30 \cdot 16{,}67 = 1533{,}3,$$

ein Wert, der nur wenig niedriger liegt als die für die vorhergehende Bemessung erhaltene obere Eingrenzung 1535,3.

Der Vergleich der Arbeitsgleichung (7.16) mit der linearisierten Gewichtsgleichung (7.11) zeigt, daß für Gewichtsverträglichkeit die folgenden Bedingungen erfüllt werden müssen:

$$\frac{2\,\vartheta + \varphi + 2\gamma}{20} = \frac{2\vartheta - \varphi + 4\gamma + \psi}{30} = \frac{4\,\vartheta - \psi}{20} = \frac{2\,\vartheta + \psi}{30}\,.$$

Die Lösung dieser Gleichung ergibt

$$\varphi = \frac{4}{15}\,\vartheta \qquad \gamma = \frac{1}{15}\,\vartheta \qquad \psi = 1{,}6\,\vartheta.$$

Werden diese Werte von $\varphi$, $\gamma$ und $\psi$ zur Kontrolle in Gl. (7.16) eingesetzt, so wird gefunden, daß

$$184\,\vartheta = (2{,}4\beta_1 + 3{,}6\beta_2 + 2{,}4\beta_3 + 3{,}6\beta_4)\,\vartheta.$$

Diese Arbeitsgleichung ist offensichtlich gewichtsverträglich und wird ebenfalls durch die oben abgeleiteten Werte der vollen plastischen Momente befriedigt. Weiterhin ist zu ersehen, daß jede Gelenkverdrehung in der kinematischen Kette in Abb. 7.9b von richtigem Vorzeichen ist; in dieser Verbindung ist der kritischste Querschnitt der Querschnitt 6 am rechten Ende des unteren Riegels, wo die negative Verdrehung $2\,\vartheta - \psi = 0{,}4\,\vartheta$ beträgt. Es folgt somit aus Satz 4, daß das Gewicht dieser Bemessung entweder geringer als oder gleich dem Minimalgewicht ist; wenn eine zugehörige sichere und statisch zulässige Biegemomentenverteilung gefunden werden kann, wird die Bemessung tatsächlich von minimalem Gewicht sein.

Die vollen plastischen Momente in [tm] entsprechend den in Abb. 7.9b gezeigten plastischen Gelenken sind wie folgt:

$$M_2 = 10, \quad M_3 = -10, \quad M_5 = 26{,}67, \quad M_6 = -26{,}67, \quad M_7 = -10,$$
$$M_8 = 10, \quad M_{10} = -16{,}67, \quad M_{11} = -16{,}67, \quad M_{12} = 16{,}67.$$

Die sechs Gleichgewichtsgleichungen lauten:

$$30 = 2M_2 - M_1 - M_3$$
$$60 = 2M_5 - M_4 - M_6$$
$$30 = M_1 - M_7 + M_8 - M_3$$
$$60 = M_9 - M_{11} + M_{12} - M_{10}$$
$$0 = M_7 + M_4 - M_9$$
$$0 = M_8 + M_6 - M_{10}$$

Einsetzen der obigen vollen plastischen Momente in diese Gleichungen ergibt, daß die drei übrigen unbekannten Biegemomente die Werte haben

$$M_1 = 0, \ M_4 = 20, \ M_9 = 10,$$

und daß mit diesen Werten die sechs Gleichgewichtsgleichungen identisch erfüllt werden. Da keins dieser drei Biegemomente das entsprechende volle plastische Moment übersteigt, ist eine sichere und statisch zulässige Biegemomentenverteilung gefunden worden, und daher wird gefolgert, daß die obige Bemessung die Minimalgewichtsbemessung ist.

Der Effekt der Verwendung der kinematischen Kette (2) zur Schaffung des vierten Freiheitsgrades ist, daß die für Gewichtsverträglichkeit erforderlichen Gelenkverdrehungen am Querschnitt 9 eine Gelenkverdrehung von negativem Vorzeichen hervorrufen, wogegen das Biegemoment an diesem Querschnitt gleich dem positiven vollen plastischen Moment sein muß. Eine statische Nachprüfung zeigt jedoch, daß eine sichere und statisch zulässige Biegemomentenverteilung gefunden werden kann; somit ist gemäß Satz 3 das Gewicht dieser Bemessung größer als der Minimalwert. Die vollen plastischen Momente in dieser Bemessung sind:

$$\beta_1 = \beta_2 = 11{,}25 \ \text{tm}, \ \beta_3 = 26{,}25 \ \text{tm}, \ \beta_4 = 15 \ \text{tm},$$

und der entsprechende Wert der linearisierten Gewichtsfunktion ist

$$x = 20 \cdot 11{,}25 + 30 \cdot 11{,}25 + 20 \cdot 26{,}25 + 30 \cdot 15 = 1537{,}5,$$

ein Wert, der sehr nahe an dem Minimalwert von 1533,3 liegt.

Wenn die kinematische Kette (3) verwendet wird, wird gefunden, daß eine gewichtsverträgliche kinematische Kette abgeleitet werden kann. Die Werte der vollen plastischen Momente sind jedoch

$$\beta_1 = \beta_2 = 0, \ \beta_3 = \beta_4 = 30 \ \text{tm},$$

und es ist offensichtlich unmöglich, eine sichere und statisch zulässige Biegemomentenverteilung aufzufinden. Die zugehörige linearisierte Gewichtsfunktion $x$ wird zu 1500 berechnet; nach Satz 4 ist das eine untere Eingrenzung für den Minimalwert von $x$.

Es ist von Interesse anzuführen, daß BOULTON [9] ein Verfahren der Bestimmung der Minimalgewichtsbemessung von vielgeschossigen Rahmen vorgeschlagen hat, bei dem zuerst das oberste Stockwerk für minimales Gewicht bemessen wird unter der Voraussetzung, daß der übrige Teil des Rahmens sich vollkommen starr verhält. Die für dieses Stockwerk erhaltenen Werte der vollen plastischen Momente werden angenommen, und das unmittelbar darunter liegende Stockwerk wird dann für minimales Gewicht bemessen auf der Grundlage der Annahme, daß der übrige Teil des Rahmens unter diesem Stockwerk vollkommen starr ist. In dieser Weise fortschreitend, wird jedes Stockwerk für sich behandelt, und die endgültige Bemessung wird dann in der üblichen Weise für minimales Gewicht geprüft. Dieses Vorgehen war in den von BOULTON betrachteten Fällen zufriedenstellend und ergibt auch in dem gerade erörterten Beispiel die richtige Lösung.

## Literatur

[1] FOULKES, J.: Minimum weight design and the theory of plastic collapse. Quart. Appl. Math., **10**, 347 (1953)

[2] FOULKES, J.: The minimum weight design of structural frames. Proc. Roy. Soc. A., **223**, 482 (1954)

[3] HORNE, M. R.: Determination of the shape of fixed-ended beams for maximum economy according to the plastic theory. Prelim. Pubn. 4th Congr. Intern. Assn. Bridge and Struct. Engng., Cambridge, 111 (1952); siehe auch Final Rep., 119 (1952)

[4] HEYMAN, J.: Plastic analysis and design of steel-framed structures. Prelim. Pubn. 4th Congr. Intern. Assn. Bridge and Struct. Engng., Cambridge, 95 (1952)

[5] CHARNES, A., W. W. COOPER u. A. HENDERSON: An Introduction to Linear Programming. John Wiley (N. Y.), Chapman & Hall (London), (1953)

[6] PRAGER, W.: Minimum weight design of a portal frame. Tech. Rep. C 11-2, Brown Univ. (1955)

[7] HEYMAN, J.: Plastic design of beams and plane frames for minimum material consumption. Quart. Appl. Math., 8, 373 (1951)

[8] HEYMAN, J.: Plastic design of plane frames for minimum weight. Struct. Engr., **31**, 125 (1953)

[9] BOULTON, N. S.: Discussion of "Plastic analysis and design of steel-framed structures". Final Rep. 4th Congr. Intern. Assn. Bridge and Struct. Engng., Cambridge, 113 (1952)

## Übungsaufgaben

1. Ein Träger $ABC$ lagert auf drei einfachen Stützungen $A$, $B$ und $C$. $AB = BC = 12$ m. Einzellasten von 6 t und 5 t werden im Abstand 4 m von $A$ bzw. 6 m von $C$ eingetragen. Die vollen plastischen Momente der Felder $AB$ und $BC$ sind $\beta_1$ bzw. $\beta_2$; ermittle die Werte von $\beta_1$ und $\beta_2$ in der Minimalgewichtsbemessung.

2. Ein Träger $ABC$ liegt auf drei einfachen Stützungen $A$, $B$ und $C$. $AB = l_1$, $BC = l_2$. In den Feldmitten von $AB$ und $BC$ werden Einzellasten $P_1$ bzw. $P_2$ eingetragen. Der Träger ist für minimales Gewicht zu bemessen, die vollen plastischen Momente der Felder $AB$ und $BC$ sind $\beta_1$ bzw. $\beta_2$. Konstruiere ein Bemessungsdiagramm, aus dem die Werte von $\beta_1$ und $\beta_2$ in der Minimalgewichtsbemessung für beliebige Werte der Verhältnisse $\dfrac{P_1\,l_1}{P_2\,l_2}$ und $\dfrac{l_1}{l_2}$ abgelesen werden können.

3. Ein Träger $ABCD$ liegt auf vier einfachen Stützungen $A$, $B$, $C$ und $D$. $AB = 6$ m, $BC = 8$ m, $CD = 10$ m. Einzellasten $P_1$, $P_2$ und $P_3$ werden in den Mitten der Felder $AB$, $BC$ bzw. $CD$ eingetragen, die vollen plastischen Momente dieser Trägerabschnitte sind $\beta_1$, $\beta_2$ und $\beta_3$. Bestimme die Werte dieser vollen plastischen Momente in den Minimalgewichtsbemessungen für die folgenden Lastkombinationen

$$(1)\quad P_1 = 4\,\text{t}; \quad P_2 = 3\,\text{t}; \quad P_3 = 3\,\text{t}$$
$$(2)\quad P_1 = 3\,\text{t}; \quad P_2 = 2\,\text{t}; \quad P_3 = 2\,\text{t}.$$

4. Ein eingespannter rechteckiger Portalrahmen $ABCD$ hat Stiele $AB$ und $DC$ von gleicher Höhe 10 m und einen Riegel $BC$ von der Länge 20 m. Er wird belastet durch eine vertikale Einzellast von 4 t in Riegelmitte und eine horizontale Einzellast von 3 t bei $C$ in der Richtung $BC$. Die vollen plastischen Momente der Stiele sind beide gleich $\beta_1$ und das volle plastische Moment des Riegels ist $\beta_2$. Finde die Werte von $\beta_1$ und $\beta_2$ in der Minimalgewichtsbemessung und prüfe die Berechnung unter Bezugnahme auf das Diagramm der Abb. 7.7.

5. Der eingespannte Giebelrahmen, dessen Abmessungen und Belastung in Abb. 4.1 a angegeben sind, wurde in Abschn. 4.2 auf der Grundlage der Annahme bemessen, daß sämtliche Stäbe des Rahmens das gleiche volle plastische Moment besitzen. Weise nach, daß, wenn die beiden Stiele das gleiche volle plastische Moment $\beta_1$ haben, während die beiden Giebelstäbe das gleiche volle plastische Moment $\beta_2$ besitzen, die Minimalgewichtsbemessung bei $\beta_1 = \beta_2$ erzielt wird wie in der Berechnung angenommen.

6. In dem zweistöckigen Rahmen, dessen Abmessungen und Belastung wie in Abb. 4.7 a sind, haben die Stäbe $CA$, $AB$ und $BD$ jeder das gleiche volle plastische Moment $\beta_1$, die Stäbe $CE$ und $DF$ haben das gleiche volle plastische Moment $\beta_2$, und das volle plastische Moment von $CD$ ist $\beta_3$. Dieser Rahmen wurde in Abschn. 4.3 berechnet unter der Annahme, daß $\beta_1 = M_p$, $\beta_2 = 2\,M_p$ und $\beta_3 = 3\,M_p$. Zeige, daß diese Berechnung zu der Minimalgewichtsbemessung führt.

7. Der zweifeldrige Rechteckrahmen, dessen Abmessungen in Abb. 4.4 a gegeben sind, wird einer Horizontallast von 2 t unterworfen wie dargestellt, aber die Vertikallasten werden halbiert und werden zu 2 t und 3 t anstatt 4 t bzw. 6 t. Die beiden Riegel sollen das gleiche volle plastische Moment $\beta_1$ erhalten und die drei Stiele das gleiche volle plastische Moment $\beta_2$. Bestimme die Werte von $\beta_1$ und $\beta_2$ in der Minimalgewichtsbemessung.

8. Bei dem Rahmen, dessen Abmessungen und Belastung in Aufgabe 4 festgelegt wurden, können die drei Stäbe $AB$, $BC$ und $CD$ alle verschiedene volle plastische Momente $\beta_1$, $\beta_2$ bzw. $\beta_3$ haben. Bestimme die Werte dieser vollen plastischen Momente in der Minimalgewichtsbemessung.

Kapitel 8

# Variable wiederholte Belastung

## 8.1 Einführung

Bei vielen Tragwerksarten variiert die Belastung während der Lebenszeit des Tragwerkes beträchtlich. Beispielsweise können die Belastungen eines Shedrahmens oft unter drei Überschriften klassifiziert werden, nämlich ständige Last, Schneelast und Windlast. Die ständige Last, die sich aus Eigengewicht des Tragwerkes und seiner Verkleidung zusammensetzt, bleibt konstant, die Schnee- und Windlasten aber unterliegen ständigen Änderungen. Die Größe dieser beiden Lastarten zu einem bestimmten Augenblick kann natürlich nicht vorhergesehen werden; jedoch sind in den einschlägigen Vorschriften Werte für diese Lasten festgelegt. Diese als *Gebrauchslasten* bezeichneten Werte sollen die höchsten Lasten darstellen, mit deren Eintreten unter normalen Betriebsbedingungen zu rechnen ist. Somit besteht die Belastungsgeschichte eines Tragwerkes dieser Art in der Regel aus nicht vorherbestimmbaren Variationen sowohl der Schnee- als auch der Windlasten, von denen lediglich vorausgesetzt wird, daß keine dieser Lasten ihren als Gebrauchslast festgesetzten Höchstwert überschreitet. Diese Belastungsart, bei der die Grenzen der verschiedenen Lasten festgelegt sind, aber über die Belastungsfolge von vornherein nichts bekannt ist, wird *variable wiederholte Belastung* genannt.

Wie zuerst von GRÜNING [1] und KAZINCZY [2] erkannt wurde, kann ein Tragwerk unter variabler wiederholter Belastung infolge von in Teilen des Tragwerkes auftretenden übermäßigen plastischen Fließens versagen, auch wenn keine der Belastungen jemals hinreichend groß ist, um Versagen durch plastischen Bruch zu verursachen. Es gibt zwei mögliche Arten des Versagens, die eintreten können. Wenn die Lasten im wesentlichen von alternierendem Charakter sind, können ein Stab oder mehrere Stäbe wiederholt in entgegengesetzter Richtung gebogen werden, so daß die Stabfasern wechselnd in Zug und Druck fließen. Ein derartiges Verhalten wird als *alternierende Plastizität* bezeichnet. Es kann erwartet werden, daß ein Auftreten alternierender Plastizität in einem Tragwerk unter Umständen zum Bruch eines Tragteiles führt. Während ein Versagen infolge alternierender Plastizität durch wiederholtes plastisches Fließen in einem Teil des Tragwerkes verursacht wird, besteht der Unterschied zwischen diesem Typ des Versagens und einem Ermüdungsversagen im Grade und nicht in der Art. Ermüdungsbrüche sind gewöhnlich mit Lastumkehrungszahlen von der Größenordnung $10^6$ verbunden, das Versagen infolge alternierender Plastizität tritt bereits bei einer Anzahl Lastumkehrungen in der Größenordnung von $10^2$ oder vielleicht $10^3$ ein, aber der eventuelle Bruch ist wahrscheinlich in beiden Fällen von ähnlicher Natur. Der einzige Unterschied ist, daß im Falle der Ermüdung die rechnerischen Maximalspannungen innerhalb des elastischen Bereiches des Materials liegen und plastisches Fließen lediglich in der Nachbarschaft hoher Spannungskonzentrationen eintritt, wogegen bei alternierender Plastizität wesentliche Teile des Materials oberhalb der Elastizitätsgrenze beansprucht werden.

Der andere Typ des Versagens, der nicht so einfach zu bestimmen ist, kann eintreten, wenn während der variablen wiederholten Belastung sich eine Anzahl kritischer Lastkombinationen in deutlich ausgeprägten Zyklen folgt. Wenn die Spitzenlasten sämtlich Vielfache einer der Lasten $P$ sind, kann gezeigt werden, daß, wenn $P$ eine bestimmte Intensität $P'_s$ übersteigt, bei jedem Belastungszyklus Verdrehungszunahmen an Fließgelenken an verschiedenen Querschnitten des Tragwerkes eintreten, die bei jedem Belastungszyklus *in gleichem Sinne* erfolgen. Wenn $P$ den Wert $P'_s$ übersteigt, jedoch kleiner als ein höherer kritischer Wert $P_s$ ist, werden die bei den einzelnen Belastungszyklen eintretenden Verdrehungszunahmen der Fließgelenke mit zunehmender Anzahl der Belastungszyklen progressiv kleiner. Das Stabwerk strebt einem Zustand zu, bei dem weitere Verdrehungsänderungen der Fließgelenke nicht mehr eintreten und folgende Lastvariationen dann nur noch elastische Änderungen der Biegemomentenverteilung im Rahmentragwerk verursachen. Tritt dieser Zustand ein, so sagt man, daß das Tragwerk sich *eingespielt* hat. Überschreitet andrerseits $P$ den kritischen Wert $P_s$, so erfolgt kein Einspielen des Tragwerkes, und es treten bei jedem Belastungszyklus definite Fließgelenkverdrehungen ein. Wenn die Spitzenintensitäten der Belastung nicht von Zyklus zu Zyklus variieren, nehmen die Verdrehungen der Fließgelenke bei jedem Zyklus um stets den gleichen Betrag zu, so daß bei einer genügenden Anzahl Belastungszyklen oberhalb des kritischen Lastwertes $P_s$ unzulässig große Formänderungen entstehen, die hinsichtlich der Betriebsnutzung einem Versagen des Tragwerkes gleichgesetzt werden können. Dieser Fall wird als *zunehmendes Versagen* bezeichnet.

Die Erscheinung des zunehmenden Versagens wurde von GRÜNING [1] in seiner theoretischen Arbeit über das Tragverhalten statisch unbestimmter Fachwerke erkannt. Dieser Untersuchung liegt die Annahme zugrunde, daß jeder Stab des Fachwerkes dem ideal-plastischen Last-Dehnungsdiagramm gemäß Abb. 1.4b sowohl für Zug- als auch für Druckbeanspruchung gehorcht, so daß der Abfall der Last in den Druckstäben nach der Knickung nicht berücksichtigt wurde.

Abschn. 8.2 dieses Kapitels widmet sich einer Erörterung des Tragverhaltens eines einfeldrigen Rechteckrahmens unter einer Anzahl von Wiederholungen bestimmter Belastungszyklen. Es wird gezeigt, wie es bei Einführung gewisser vereinfachender Annahmen möglich ist, das Verhalten des Rahmens während der Belastungszyklen durch schrittweise Berechnungen ähnlich den in Kap. 2 beschriebenen zu verfolgen. Zwei Belastungszyklen werden im Detail betrachtet. Diese Belastungszyklen sind derart, daß, wenn die Spitzenlasten gewisse Werte überschreiten, ihre Wiederholung in einem Falle zu zunehmendem Versagen und im anderen Falle zu alternierender Plastizität führt. Die Berechnungen helfen eine Einsicht in die Natur dieser beiden Arten des Versagens gewinnen, besonders im Falle des zunehmenden Versagens.

Die verschiedenen Sätze betreffend die kritischen Lastwerte für zunehmendes Versagen und alternierende Plastizität werden in den Abschnitten 8.3 und 8.4 dargelegt, wobei zwei Punkte hervortreten. An erster Stelle wird gezeigt, daß die Berechnung der kritischen Lastwerte für alternierende Plastizität keine theoretischen Schwierigkeiten bereitet, so daß sich die folgende Behandlung fast vollständig den Verfahren der Berechnung der kritischen Lastwerte für zunehmendes Versagen widmet. An zweiter Stelle zeigt sich, daß eine enge Parallele besteht zwischen den Sätzen betreffend die kritischen Lastwerte für zunehmendes Versagen und den Sätzen über die Werte der plastischen Traglasten, die in Abschn. 3.2 formuliert und besprochen wurden. Es folgt, daß Verfahren für die Berechnung der kritischen Lastwerte für zunehmendes Versagen entwickelt werden können, die analog den in Kap. 4 für die Berechnung der plastischen Traglasten angegebenen sind. Somit wird auf das einfache Beispiel in Abschn. 8.5 ein Probierverfahren angewendet, und in Abschn. 8.6 wird ein Verfahren der Kombination kinematischer Ketten erläutert.

Abschließend wird in Abschn. 8.7 die Bedeutung der Erscheinung des zunehmenden Versagens und der alternierenden Plastizität in Beziehung zu der Methode der plastischen Bemessung behandelt. Es ist offensichtlich imperativ, ein Tragwerk so zu bemessen, daß die Wahrscheinlichkeit eines Versagens irgendeiner Art während seiner Lebenszeit angemessen gering ist. Angesichts der Tatsache, daß ein Tragwerk unter der Einwirkung variabler wiederholter Belastung neben der Möglichkeit des Versagens durch plastischen Bruch infolge einer einzigen Überlastung durch zunehmendes Versagen oder alternierende Plastizität versagen kann, erscheint es auf den ersten Blick als notwendig, in einem plastischen Bemessungsverfahren jede dieser drei Arten des Versagens zu betrachten. Es kann jedoch gezeigt werden, daß das Versagen eines gegebenen Tragwerkes in Formen zunehmenden Versagens oder alternierender Plastizität gewöhnlich mit viel geringerer Wahrscheinlichkeit eintreten wird als das Versagen durch plastischen Bruch. Es ist daher lediglich erforderlich, einen adäquaten Sicherheitsspielraum gegen das Versagen durch plastischen Bruch vorzusehen, um die Sicherheit des Tragwerkes hinsichtlich der Formen des Versagens durch zunehmendes Versagen oder alternierende Plastizität zu gewährleisten.

## 8.2 Schrittweise Berechnungen

Im folgenden wird das Verhalten eines eingespannten rechteckigen Portalrahmens unter der Einwirkung bestimmter Belastungszyklen behandelt, um zu zeigen, wie der Bruch eintreten kann infolge sowohl zunehmenden Versagens als auch alternierender Plastizität. Die erläuternden Berechnungen werden nach der schrittweisen Methode ausgeführt, die in Kap. 2 verwendet wurde, um zu zeigen, in welcher Folge sich bei Belastung von Trägern und einfachen Rahmen bis zum Bruch plastische Gelenke bilden. Es wird die Annahme getroffen, daß jeder Stab des Rahmens von gleichem Querschnitt und Material ist und den Idealtyp der Biegemomenten-Krümmungsbeziehung von Abb. 2.1 aufweist. Das bedeutet, daß sich jeder Stab elastisch verhält, wenn nicht an einem Querschnitt das volle plastische Moment erreicht wird, in welchem Falle sich ein plastisches Gelenk bildet, das einer Verdrehung von jeder Größe unterlaufen kann, wobei der Sinn der Verdrehung mit dem Sinn des vollen plastischen Momentes übereinstimmt. Wenn das Biegemoment unter seinen vollplastischen Wert reduziert wird, bleibt die Fließgelenkverdrehung konstant und elastische Entlastung tritt ein.

Auf dieser Grundlage kann das Verhalten des Rahmens während eines beliebigen Belastungszyklus mit Leichtigkeit verfolgt werden. Wenn Zunahmen der Last in den Rahmen eingetragen werden, die an einem einzelnen plastischen Gelenk an einem bestimmten Querschnitt Verdrehung erzeugen, sind die *Änderungen* des Biegemomentes an diesem Querschnitt solange Null, wie die Verdrehung an diesem Fließgelenk zunimmt, denn das Biegemoment muß dann konstant auf seinem vollplastischen Wert bleiben. Da das Verhalten des Tragwerkes überall, außer an diesem Gelenk, elastisch ist, sind die *Zunahmen* des Biegemomentes für das gesamte Tragwerk infolge der gegebenen Änderungen der Belastung identisch mit den Biegemomenten, die in diesem Tragwerk durch die gleichen Last-*Änderungen* hervorgerufen würden, wenn an der Fließgelenkstelle ein Bolzengelenk eingesetzt wäre und sich das gesamte Tragwerk elastisch verhielte. Diese Biegemomente können ohne weiteres mit Hilfe eines der orthodoxen Verfahren der elastischen Tragwerksberechnung bestimmt werden. Das Vorgehen kann offensichtlich auf alle Fälle angewendet werden, bei denen mehr als ein plastisches Gelenk vorkommt.

Die während irgendeines vorgeschriebenen Belastungszyklus eintretenden Biegemomentenänderungen können somit berechnet werden, wenn einmal die entsprechenden elastischen Biegemomentenverteilungen

für die Einflüsse der verschiedenen Lasten auf den Rahmen mit an den
Stellen eingesetzten Bolzengelenken, an denen sich plastische Gelenke
bilden, erhalten sind. Jeder Belastungszyklus kann als eine Reihe von
Schritten angesehen werden. Während jedes Schrittes verhält sich der
Rahmen entweder elastisch oder es treten an einem oder mehreren plastischen Gelenken Verdrehungen ein. Der Übergang von einem Schritt
zum nächsten erfolgt, wenn sich ein neues plastisches Gelenk bildet
oder wenn an einem oder mehreren Fließgelenken die Verdrehung aufhört. Die Änderungen von Last und Biegemoment in jedem Schritt des
Zyklus ergeben sich aus den entsprechenden elastischen Biegemomentenverteilungen.

*Zunehmendes Versagen*

Der Rahmen, der als Beispiel betrachtet wird, ist in Abb. 8.1a dargestellt. Alle Stäbe dieses Rahmens haben gleichförmigen Querschnitt
und das gleiche volle plastische Moment $M_p$. Der Rahmen kann an den
angegebenen Stellen horizontalen und vertikalen Einzellasten $H$ und $V$

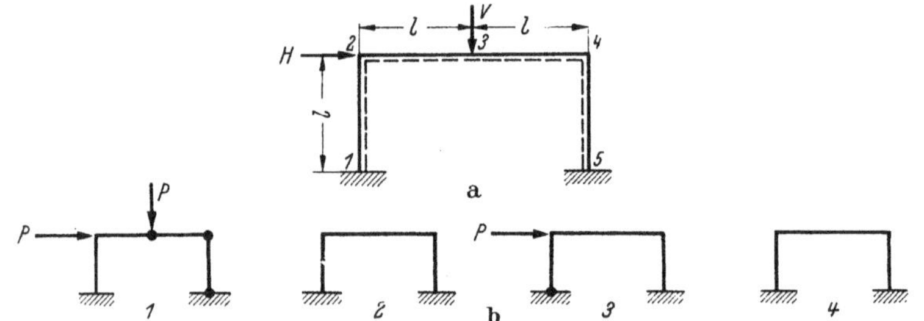

Abb. 8.1a u. b. Rechteckiger Portalrahmen mit zyklischer Belastung. a Rahmen und Belastung,
b Belastungszyklus und Fließgelenkstellen beim zunehmenden Versagen

unterworfen werden. Der erste Belastungszyklus, der betrachtet wird,
ist von einer Art, die zunehmendes Versagen hervorrufen kann. Dieser
Zyklus besteht aus der Eintragung und Entfernung der horizontalen
und der vertikalen Last von der Größe $P$, gefolgt von der Eintragung
und Entfernung der Horizontallast, ebenfalls von der Größe $P$, und ist
in Abb. 8.1b dargestellt. Die Ergebnisse der schrittweisen Berechnungen
zeigen, daß der Rahmen, wenn dieser Belastungszyklus oftmals wiederholt wird, sich in Abhängigkeit von dem Wert von $P$ in dreierlei Weise
verhalten kann.

Wenn an erster Stelle $P$ kleiner als $2{,}737\,\dfrac{M_p}{l}$ ist, ist das Verhalten
unter zyklischer Belastung sehr einfach; denn nach der ersten gemeinsamen Eintragung von Horizontal- und Vertikallast findet an keinem
Querschnitt weitere Fließgelenkverdrehung statt. Wenn zweitens $P$ zwi-
schen den Werten $2{,}737\,\dfrac{M_p}{l}$ und $2{,}857\,\dfrac{M_p}{l}$ liegt, treten während jedes

Belastungszyklus an verschiedenen Querschnitten Zunahmen der Fließgelenkverdrehung ein, wobei jede Zunahme während jedes Zyklus den
gleichen Sinn hat. Die Größen der Verdrehungszunahmen nehmen jedoch mit zunehmender Zyklenzahl in der Weise ab, daß die Gesamtverdrehung an jedem plastischen Gelenk, und somit die Gesamtverfor-
mung des Tragwerkes, von begrenzter Größe ist. Wenn endlich $P$ den
Wert $2{,}857\ \dfrac{M_p}{l}$ übersteigt, finden während jedes Belastungszyklus an
verschiedenen Querschnitten Zunahmen der Fließgelenkverdrehung statt,
und nach einigen Zyklen wird ein Zustand erreicht, in dem die bei jedem
Zyklus eintretenden Verdrehungszunahmen von gleicher Größe sind.
Damit sind die Ausbiegungszunahmen während jedes Zyklus dieselben,
und so können sich nach einer hinreichend großen Anzahl von Zyklen
Ausbiegungen von jeder Größe ausbilden, die zunehmendes Versagen
verursachen. Es folgt, daß $2{,}857\ \dfrac{M_p}{l}$ der kritische Wert von $P$ für zunehmendes Versagen ist, der — wie in Abschnitt 8.1 festgestellt wurde
— mit $P_s$ bezeichnet wird; diese Last ist als der Wert von $P$ definiert,
oberhalb dessen zunehmendes Versagen eintreten kann. Weiterhin ist
$2{,}737\ \dfrac{M_p}{l}$ der Wert $P'_s$ von $P$, oberhalb dessen die Einflüsse der zy-
klischen Belastung zuerst erscheinen. Die detaillierten Berechnungen
für drei Werte von $P$, nämlich $P'_s$, $P_s$ und ein Wert größer als $P_s$,
werden nun zusammenfassend angegeben.

### *Verhalten bei $P = P'_s$*

Der betrachtete Rahmen wurde in Abschn. 2.5 (s. Abb. 2.8) nach
dem schrittweisen Verfahren für den Fall berechnet, bei dem gleichgroße horizontale und vertikale Lasten stetig bis zu den Werten erhöht
werden, die das Versagen verursachen; die Ergebnisse sind in Tab. 2.1
zusammengefaßt. Aus dieser Tabelle ist zu ersehen, daß, wenn $P$ gleich
$2{,}737\ \dfrac{M_p}{l}$ ist, die erste gemeinsame Eintragung der horizontalen und
vertikalen Last die Bildung und Verdrehung von plastischen Gelenken
nacheinander an den Querschnitten 5 und 4 verursacht. Die Biegemomentenverteilung infolge der Eintragung dieser Lasten ist in der
ersten Zeile von Tab. 8.1 angegeben. Wenn diese Lasten entfernt werden, ist das Verhalten des ganzen Rahmens während der Entlastung
elastisch, gemäß der angenommenen Biegemomenten-Krümmungsbeziehung von Abb. 2.1. Die bei der Entlastung eintretenden elastischen *Änderungen* des Biegemomentes sind in der zweiten Zeile der Tabelle angegeben, und in der dritten Zeile stehen die durch Addition der Eintragungen in den beiden ersten Zeilen berechneten Restbiegemomente.
Diese Restmomente, die in dem entlasteten Tragwerk vorhanden sind,

werden von den bei der ersten Belastung eingetretenen Fließgelenk-verdrehungen hervorgerufen, und würden eine weitere gemeinsame Ein-tragung der Horizontal- und Vertikallast durch vollständig elastische Biegemomentenänderungen aufzunehmen gestatten, da der Entlastungs-prozeß vollkommen elastisch war und daher umkehrbar ist.

Die durch Eintragung einer Horizontallast $H = 2{,}737\,\dfrac{M_p}{l}$ für sich bewirkte Biegemomentenverteilung ist für die Annahme, daß sich der ganze Rahmen elastisch verhält, in der vierten Zeile der Tabelle an-gegeben. Es ist zu ersehen, daß das an Querschnitt 1 von dieser Last

Tabelle 8.1 *Einzelner Belastungszyklus mit* $P = 2{,}737\,\dfrac{M_p}{l}$

| $\dfrac{\Delta Hl}{M_p}$ | $\dfrac{\Delta Vl}{M_p}$ | $\dfrac{Hl}{M_p}$ | $\dfrac{Vl}{M_p}$ | $\dfrac{M_1}{M_p}$ | $\dfrac{M_2}{M_p}$ | $\dfrac{M_3}{M_p}$ | $\dfrac{M_4}{M_p}$ | $\dfrac{M_5}{M_p}$ |
|---|---|---|---|---|---|---|---|---|
| | | 2,737 | 2,737 | −0,726 | 0,010 | 0,874 | −1 | 1 |
| −2,737 | −2,737 | | | 0,582 | 0,034 | −0,821 | 1,061 | −1,129 |
| | | 0 | 0 | −0,144 | 0,044 | 0,053 | 0,061 | −0,129 |
| 2,737 | 0 | | | −0,856 | 0,513 | 0 | −0,513 | 0,856 |
| | | 2,737 | 0 | −1 | 0,557 | 0,053 | −0,452 | 0,727 |

hervorgerufene elastische Biegemoment $-0{,}856\,M_p$ ist. Da das Rest-moment an diesem Querschnitt $-0{,}144\,M_p$ ist, bringt die Eintragung dieser Last das Biegemoment an diesem Querschnitt auf seinen voll-plastischen Wert, ohne eine Fließgelenkverdrehung zu verursachen. Die in der fünften Zeile der Tabelle angegebenen Biegemomente an den anderen Querschnitten sind alle kleiner als ihre vollplastischen Werte. Die Eintragung der Horizontallast $H = 2{,}737\,\dfrac{M_p}{l}$ verursacht also keine Änderung in den Fließgelenkverdrehungen und daher in der Verteilung der Restbiegemomente. Es folgt, daß bei Wiederholung des Belastungs-zyklus keine weiteren Zunahmen in den Fließgelenkverdrehungen er-folgen, denn eine weitere gemeinsame Eintragung der Horizontal- und Vertikallast wird durch vollkommen elastische Änderungen des Biege-momentes aufgenommen.

*Verhalten bei* $P = P_s$

Wenn $P$ zwischen den Werten $2{,}737\,\dfrac{M_p}{l}$ und $2{,}857\,\dfrac{M_p}{l}$ liegt, ergibt sich, daß nach Entfernung der Horizontallast die Restbiegemomente in einer solchen Weise geändert sind, daß bei neuerlicher Eintragung von Horizontal- und Vertikallast an den Querschnitten 4 und 5 weitere Zunahmen der Fließgelenkverdrehungen eintreten. Dieser Effekt ist in Tab. 8.2 gezeigt, die die Biegemomentenverteilung in jedem Stadium der ersten beiden Belastungszyklen für $P = 2{,}857\,\dfrac{M_p}{l}$ angibt. Dieser besondere Wert von $P$ wurde gewählt, weil er die kritische Last für zunehmendes Versagen $P_s$ ist, wie bereits festgestellt.

Die elastische Änderung des Biegemomentes am Querschnitt 5 infolge der gemeinsamen Eintragung der Horizontal- und Vertikallast ist $1{,}179\,M_p$. Da die erste Eintragung dieser Lasten an diesem Querschnitt die Bildung eines plastischen Gelenkes von positivem Vorzeichen verursacht, ist das Restmoment nach ihrer Entfernung $(M_p - 1{,}179\,M_p) = -0{,}179\,M_p$, wie in der zweiten Zeile der Tabelle angegeben. Dieses

Tabelle 8.2  *Zwei Belastungszyklen mit* $P = 2{,}857\,\dfrac{M_p}{l}$

| $\dfrac{Hl}{M_p}$ | $\dfrac{Vl}{M_p}$ | $\dfrac{M_1}{M_p}$ | $\dfrac{M_2}{M_p}$ | $\dfrac{M_3}{M_p}$ | $\dfrac{M_4}{M_p}$ | $\dfrac{M_5}{M_p}$ |
|---|---|---|---|---|---|---|
| 2,857 | 2,857 | −0,828 | 0,029 | 0,943 | −1 | 1 |
| 0 | 0 | −0,221 | 0,065 | 0,086 | 0,107 | −0,179 |
| 2,857 | 0 | −1 | 0,610 | 0,074 | −0,462 | 0,785 |
| 0 | 0 | −0,107 | 0,074 | 0,074 | 0,074 | −0,108 |
| 2,857 | 2,857 | −0,794 | 0,063 | 0,960 | −1 | 1 |
| 0 | 0 | −0,187 | 0,099 | 0,103 | 0,107 | −0,179 |
| 2,857 | 0 | −1 | 0,642 | 0,095 | −0,452 | 0,764 |
| 0 | 0 | −0,107 | 0,106 | 0,095 | 0,084 | −0,129 |

Restbiegemoment würde natürlich an diesem Querschnitt die elastische Aufnahme einer weiteren gemeinsamen Eintragung der Horizontal- und Vertikallast gerade gestatten. Nach Eintragung der Horizontallast allein ändert sich jedoch dieses Restbiegemoment auf $-0{,}108\,M_p$, wie in der vierten Zeile der Tabelle gezeigt. Bei diesem Restbiegemoment kann eine weitere Eintragung der Horizontal- und Vertikallast nicht durch rein elastische Biegemomentenänderungen aufgenommen werden, denn das Biegemoment an diesem Querschnitt würde dann $(-0{,}108\,M_p + 1{,}179\,M_p) = 1{,}071\,M_p$ werden.

Dieser Effekt beruht auf der Tatsache, daß die Eintragung der Horizontallast das Restmoment am Querschnitt 5 um einen positiven Betrag ändert und damit die für die gemeinsame Eintragung von Horizontal- und Vertikallast zur Verfügung stehende Biegemomenten-Spanne bis zum positiven vollen plastischen Moment reduziert. Aus der zweiten und vierten Zeile der Tabelle geht hervor, daß am Querschnitt 4 ein ähnlicher Effekt eintritt. In diesem Falle ändert die Eintragung der Horizontallast das Restmoment von $0{,}107\,M_p$ auf $0{,}074\,M_p$. Diese Reduktion begünstigt bei gemeinsamer Eintragung der Horizontal- und Vertikallast die Neubildung und Verdrehung eines plastischen Gelenkes von negativem Vorzeichen; denn die elastische Biegemomentenänderung an diesem Querschnitt infolge der gemeinsamen Eintragung der Horizontal- und Vertikallast zusammen ist $-1{,}107\,M_p$. Vollkommen elastische Biegemomentenänderungen bei der zweiten Eintragung der Horizontal- und Vertikallast würden also das Biegemoment an diesem Querschnitt auf $(0{,}074\,M_p - 1{,}107\,M_p) = -1{,}033\,M_p$ bringen.

Da am Querschnitt 5 die größere Änderung des Restmomentes eintritt, ist zu erwarten, daß bei der zweiten Eintragung der Horizontal- und Vertikallast das volle plastische Moment an diesem Querschnitt vor Querschnitt 4 erreicht wird. Eine elastische Momentenänderung von $1{,}108\,M_p$ ist erforderlich, um das Moment am Querschnitt 5 auf seinen vollplastischen Wert zu bringen, und eine elastische Änderung von $1{,}179\,M_p$ wird durch die Eintragung von $H = V = 2{,}857\,\dfrac{M_p}{l}$ verursacht. Somit beträgt der Wert von $P$, bei dem das Biegemoment an Querschnitt 5 bei der zweiten Eintragung der Horizontal- und Vertikallast den Wert $M_p$ erreicht, $\dfrac{1{,}108}{1{,}179} \cdot 2{,}857\,\dfrac{M_p}{l} = 2{,}685\,\dfrac{M_p}{l}$. Für diesen Wert von $P$ ist am Querschnitt 4 die Biegemomentenänderung $-\dfrac{2{,}685}{2{,}857} \cdot 1{,}107\,M_p = -1{,}040\,M_p$, so daß dieses Biegemoment $(0{,}074\,M_p - 1{,}040\,M_p) = -0{,}966\,M_p$ wird. Bei weiterer Untersuchung wird gefunden, daß, wenn $H$ und $V$ über den Wert $2{,}685\,\dfrac{M_p}{l}$ erhöht werden, wobei Verdrehung des Gelenkes am Querschnitt 5 erfolgt, das Biegemoment am Querschnitt 4 bei $P = 2{,}764\,\dfrac{M_p}{l}$ den Wert $-M_p$ erreicht. Bei der weiteren Erhöhung von $P$ auf $2{,}857\,\dfrac{M_p}{l}$ erfolgt Verdrehung der Fließgelenke an beiden Querschnitten 5 und 4. Die endgültige Biegemomentenverteilung ist in der fünften Zeile der Tabelle angegeben.

Das am Querschnitt 1 durch die alleinige Eintragung der Horizontallast vom Wert $2{,}857\,\dfrac{M_p}{l}$ hervorgerufene Biegemoment hat bei Annahme elastischen Verhaltens des gesamten Rahmens den Wert $-0{,}893\,M_p$, so daß nach der ersten Entfernung der für sich eingetragenen Horizontallast das Restmoment an diesem Querschnitt $(-M_p + 0{,}893\,M_p) = -0{,}107\,M_p$ ist, wie in der vierten Zeile der Tabelle angegeben. Wenn jedoch darauf Horizontal- und Vertikallast ein zweites Mal eingetragen und entfernt werden, bewirken die weiteren Verdrehungen der plastischen Gelenke an den Querschnitten 4 und 5 eine Änderung des Restbiegemomentes an diesem Querschnitt auf $-0{,}187\,M_p$. Es folgt, daß eine zweite Eintragung der Horizontallast allein nicht durch vollkommen elastische Biegemomentenänderungen aufgenommen werden kann, denn das am Querschnitt 1 hervorgerufene Biegemoment würde $(-0{,}187\,M_p - 0{,}893\,M_p) = -1{,}080\,M_p$ sein. Das volle plastische Moment würde

an diesem Querschnitt erreicht, wenn die Horizontallast den Wert
$\frac{0{,}813}{0{,}893} \cdot 2{,}857 \frac{M_p}{l} = 2{,}603 \frac{M_p}{l}$ erreicht hat.

Somit verursacht bei jedem Belastungszyklus die gemeinsame Eintragung der Horizontal- und Vertikallast Fließgelenkverdrehungen an den Querschnitten 4 und 5, und diese Verdrehungen ändern das Restbiegemoment am Querschnitt 1 derart, daß neuerliche Bildung und Verdrehung eines plastischen Gelenkes an diesem Querschnitt erfolgt, wenn die Horizontallast für sich eingetragen wird. Weiterhin ändert diese Verdrehung des plastischen Gelenkes am Querschnitt 1 die Restbiegemomente an den Querschnitten 4 und 5 in solcher Weise, daß die gemeinsame Eintragung der Horizontal- und Vertikallast die neuerliche Bildung und Verdrehung von plastischen Gelenken an diesen Querschnitten verursacht.

Tabelle 8.3

*Biegemomentenverteilung bei gemeinsamer Eintragung von Horizontal- und Vertikallast*

$$P = 2{,}857 \frac{M_p}{l}$$

| $n$ | $\dfrac{M_1}{M_p}$ | $\dfrac{M_2}{M_p}$ | $\dfrac{M_3}{M_p}$ | $\dfrac{M_4}{M_p}$ | $\dfrac{M_5}{M_p}$ |
|---|---|---|---|---|---|
| 1 | $-0{,}829$ | $0{,}029$ | $0{,}943$ | $-1$ | $1$ |
| 2 | $-0{,}794$ | $0{,}063$ | $0{,}960$ | $-1$ | $1$ |
| 3 | $-0{,}770$ | $0{,}087$ | $0{,}972$ | $-1$ | $1$ |
| 4 | $-0{,}753$ | $0{,}104$ | $0{,}981$ | $-1$ | $1$ |
| 5 | $-0{,}741$ | $0{,}116$ | $0{,}987$ | $-1$ | $1$ |
| 6 | $-0{,}733$ | $0{,}124$ | $0{,}991$ | $-1$ | $1$ |
| 7 | $-0{,}727$ | $0{,}130$ | $0{,}994$ | $-1$ | $1$ |
| 8 | $-0{,}723$ | $0{,}134$ | $0{,}996$ | $-1$ | $1$ |
| 9 | $-0{,}721$ | $0{,}137$ | $0{,}997$ | $-1$ | $1$ |
| 10 | $-0{,}719$ | $0{,}139$ | $0{,}998$ | $-1$ | $1$ |
| $\infty$ | $-0{,}714$ | $0{,}143$ | $1$ | $-1$ | $1$ |

Wenn die schrittweise Berechnung für weitere Belastungszyklen fortgesetzt wird, zeigt sich, daß die Größen der Zunahmen der Fließgelenkverdrehungen bei jeder Lasteintragung in Form einer geometrischen Reihe abnehmen, so daß die Verdrehungszunahmen nach einer unendlichen Anzahl von Belastungszyklen unendlich klein werden. Wenn dieser Zustand erreicht ist, treten keine weiteren Änderungen der Restbiegemomente ein, und jede weitere Eintragung der Lasten, einzeln oder gemeinsam, wird durch rein elastische Biegemomentenänderungen aufgenommen. Wenn dies eintritt, hat sich das Tragwerk eingespielt.

Die Biegemomentenverteilung nach jeder gemeinsamen Eintragung der Horizontal- und Vertikallast ist in Tab. 8.3 angegeben, in der $n$ die Anzahl der gemeinsamen Eintragungen der Horizontal- und Vertikallast bezeichnet. Aus dieser Tabelle ist zu ersehen, daß der Wert von $M_3$ mit zunehmender Anzahl der Belastungszyklen den Wert $M_p$ asymptotisch annähert. Nach einer unendlichen Zahl von Zyklen erreicht $M_3$ gerade den Wert $M_p$, wenn die Horizontal- und die Vertikallast gemeinsam eingetragen werden, aber es tritt an diesem Querschnitt keine Fließgelenkverdrehung ein.

Verhalten bei $P > P_s$

Für jeden Wert von $P$ zwischen $2{,}737\,\dfrac{M_p}{l}$ und $2{,}857\,\dfrac{M_p}{l}$ würde ein entsprechender zyklischer Belastungseffekt gefunden werden, und nach einer unendlichen Anzahl von Zyklen wäre bei gemeinsamer Eintragung der Horizontal- und der Vertikallast der Wert von $M_3$ kleiner als $M_p$. Für jeden Wert von $P$, der $2{,}857\,\dfrac{M_p}{l}$ übersteigt, wird jedoch der Prozeß

Tabelle 8.4<br>
Biegemomentenverteilung bei gemeinsamer Eintragung von Horizontal- und Vertikallast

$$P = 2{,}90\,\frac{M_p}{l}$$

| $n$ | $\dfrac{M_1}{M_p}$ | $\dfrac{M_2}{M_p}$ | $\dfrac{M_3}{M_p}$ | $\dfrac{M_4}{M_p}$ | $\dfrac{M_5}{M_p}$ |
|---|---|---|---|---|---|
| 1 | $-0{,}865$ | $0{,}035$ | $0{,}968$ | $-1$ | $1$ |
| 2 | $-0{,}818$ | $0{,}082$ | $0{,}991$ | $-1$ | $1$ |
| 3 | $-0{,}800$ | $0{,}100$ | $1$ | $-1$ | $1$ |
| 4 | $-0{,}800$ | $0{,}100$ | $1$ | $-1$ | $1$ |

des Einspielens durch die Bildung eines plastischen Gelenkes am Querschnitt 3 nach einer begrenzten Anzahl von Belastungszyklen verhindert. Beispielsweise bildet sich bei $P = 2{,}90\,\dfrac{M_p}{l}$ am Querschnitt 3 nach der dritten gemeinsamen Eintragung von Horizontal- und Vertikallast ein plastisches Gelenk, wie in Tab. 8.4 angegeben.

Aus dieser Tabelle geht hervor, daß die Biegemomentenverteilung am Anfang des vierten Belastungszyklus identisch mit der am Anfang des dritten Zyklus ist, so daß das Verhalten in jedem folgenden Belastungszyklus exakt das gleiche wäre wie das Verhalten während des dritten Zyklus. Insbesondere wären die Verdrehungszunahmen an den plastischen Gelenken in jedem folgenden Zyklus die gleichen, so daß in jedem Belastungszyklus die gleichen Ausbiegungszunahmen eintreten würden. Wenn also der Zustand des Tragwerkes am Ende eines beliebigen der weiteren Belastungszyklen mit seinem Zustand zu Beginn des gleichen Zyklus verglichen wird, wird gefunden, daß sich die Biegemomentenverteilung nicht geändert hat, aber daß an den Querschnitten 1, 3, 4 und 5 Zunahmen in den Verdrehungen der plastischen Gelenke eingetreten sind. Wenn sich an diesen vier Querschnitten Fließgelenke gleichzeitig bildeten, würde das Tragwerk in eine kinematische Kette überführt werden. Jedoch entstehen während des zunehmenden Versagens diese Gelenke nicht alle gleichzeitig, sondern zu verschiedenen Stadien in dem Belastungszyklus, wie in Abb. 8.1b gezeigt. Ihre Verdrehungszunahmen werden daher durch die elastische Wirkung der anderen Teile des Rahmens eingespannt. Nichtsdestoweniger können sich Ausbiegungen jeder Größe ausbilden, wenn der Belastungszyklus eine hinreichende Anzahl von Malen wiederholt wird, so daß das Versagen des Tragwerkes in Form von zunehmendem Versagen eintritt.

Zunehmendes Versagen kann im allgemeinen nur eintreten, wenn während jedes Belastungszyklus Zunahmen der Fließgelenkverdrehung an einer hinreichenden Anzahl von Querschnitten eintreten, die, wenn an allen diesen Querschnitten des Tragwerkes gleichzeitig Gelenke vorkämen, das Tragwerk in eine kinematische Kette überführen würden. Das hat seinen Grund darin, daß während des zunehmenden Versagens der Einfluß eines vollständigen Zyklus allein in der Verursachung von Zunahmen in den Fließgelenkverdrehungen bestehen muß, wobei die Biegemomentenverteilung, und deshalb die Krümmungsverteilung entlang der Stäbe zwischen den Fließgelenkstellen, ungeändert bleibt. Da die möglichen Ausbiegungen des Rahmens unbegrenzt groß sind, können die Verträglichkeitsbedingungen nur erfüllt werden, wenn diese Zunahmen der Fließgelenkverdrehung konsistent mit der Bewegung einer kinematischen Kette sind, die für sich selbst keine Krümmungsänderungen entlang der Stäbe erfordert. Die kinematische Kette, die in dieser Weise mit einem zunehmenden Versagen verbunden ist, kann als Bruchkette des zunehmenden Versagens bezeichnet werden. Für den besonders betrachteten Fall ist diese Bruchkette mit Gelenken an den Querschnitten 1, 3, 4 und 5 die gleiche wie die plastische Bruchkette für den Fall $H = V = P$. Wie in Abschn. 2.5 gezeigt wurde, ist das die in Abb. 2.9 dargestellte kombinierte kinematische Kette. Ebenfalls wurde gezeigt, daß die Traglast in diesem Falle $P_c = 3 \dfrac{M_p}{l}$ ist, so daß $\dfrac{P_s}{P_c} = \dfrac{2{,}857}{3} = 0{,}95$. Somit kann für diesen Rahmen und die gegebene Belastung zunehmendes Versagen nicht eintreten, wenn nicht $P$ innerhalb von 5% der Traglast liegt.

Die obenstehenden Berechnungen können am besten unter Bezugnahme auf Abb. 8.2 zusammengefaßt werden. In dieser Abbildung ist die horizontale Ausbiegung $h$ am oberen Ende jedes Stieles in dimensionsloser Form als $\dfrac{h\,EI}{M_p\,l^2}$ aufgetragen als Funktion von $n$, der Anzahl der gemeinsamen Eintragungen der Horizontal- und Vertikallast. Bevor nicht $P$ den Wert $P'_s = 2{,}737 \dfrac{M_p}{l}$ übersteigt, bewirkt die Wiederholung des Belastungszyklus keine Zunahme der Ausbiegung. Für Werte $P$ zwischen $P'_s$ und $P_s = 2{,}857\,\dfrac{M_p}{l}$ nimmt die Ausbiegung bei jedem Belastungszyklus zu, aber strebt bei unbegrenzter Zunahme der Anzahl der Belastungszyklen asymptotisch gegen eine definite Grenze. Wenn $P$ den Wert $P_s$ überschreitet, wird nach einer bestimmten Anzahl von Belastungszyklen in Abhängigkeit von dem Wert von $P$ ein Bereich betreten, in dem in jedem Belastungszyklus die gleiche Zunahme in $h$ eintritt, so daß die Ausbiegung unbegrenzt groß wird, wenn der Belastungszyklus eine genügend große Anzahl von Malen wiederholt wird.

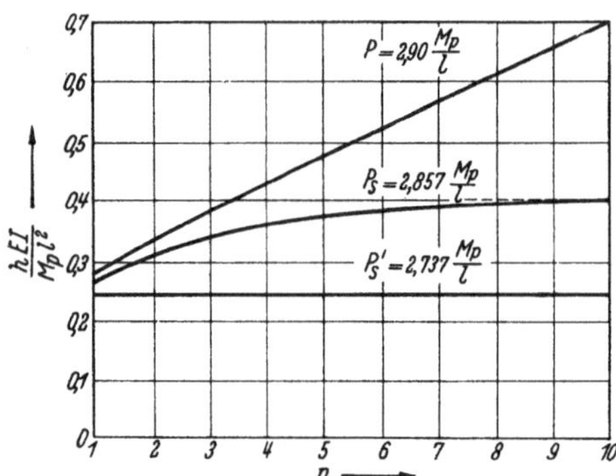


Abb. 8.2. Einfluß zyklischer Belastung auf die horizontale Ausbiegung

Berechnungen der in Abb. 8.2 zusammengefaßten Art sind von HORNE [3] angestellt worden für den Fall eines eingespannten Trägers der Länge $l$ unter der Einwirkung einer alternierend in Punkten in $\frac{1}{3}\,l$ Abstand von jedem Trägerende eingetragenen Last.

Das vorstehend für die Untersuchung des Verhaltens eines Rahmens unter zyklischer Belastung erläuterte Vorgehen würde als Verfahren zur Bestimmung kritischer Lasten für zunehmendes Versagen von geringem Wert sein. Sein Hauptzweck war die Illustrierung des Verhaltens eines typischen Rahmens unter zyklischer Belastung und insbesondere die Vorführung, wie das zunehmende Versagen eintreten kann. Weiterhin zeigt es, daß die zur Erzeugung beträchtlicher Ausbiegungszunahmen erforderliche Anzahl von Belastungszyklen ziemlich gering ist. Zum Beispiel verdoppelt sich bei $P = 2{,}90\,\dfrac{M_p}{l}$ die bei der ersten Lasteintragung erfolgende Ausbiegung nach nur sieben Belastungszyklen.

Allgemeine Verfahren für die Bestimmung kritischer Lasten für zunehmendes Versagen, die für eine allgemeinere Art der Biegemomenten-Krümmungsbeziehung als die idealisierte Beziehung von Abb. 2.1 gültig sind, werden in den Abschnitten 8.5 und 8.6 angegeben. Bei der Anwendung dieser allgemeinen Verfahren ist eine Kenntnis des tatsächlichen Belastungsprogramms, dem das Tragwerk unterworfen wird, nicht erforderlich, und es ist lediglich notwendig, die extremen Grenzen zu kennen, zwischen denen jede Last variieren kann.

*Versuchsergebnisse*

SYMONDS [4] hat rechteckige Modell-Portalrahmen unter Belastungszyklen der in Abb. 8.1b dargestellten Art experimentell untersucht. Diese Portalrahmen waren aus 6,4 mm Quadratstäben aus Baustahl zusammengeschweißt. Die erhaltenen Kurven, die das Anwachsen der Ausbiegung auf die Anzahl der Belastungszyklen bei variierenden Lastintensitäten beziehen, stimmen gut mit theoretisch ermittelten Kurven der in Abb. 8.2 gezeigten Art überein, und insbesondere wurde beobachtet, daß das Anwachsen der Ausbiegung begrenzt blieb, bis eine Lastintensität dicht bei der rechnerisch bestimmten kritischen Last für zunehmendes Versagen erreicht war. Im Gegensatz dazu ist zu berichten, daß KLÖPPEL [5] bei Belastungsversuchen an einem Durchlaufträger auf drei Stützen Ergebnisse erhielt, die zu zeigen schienen, daß bei Lasten über der theoretischen kritischen Last für zunehmendes Versagen keine bedeutenden Durchbiegungszunahmen eintraten. Dieser Träger hatte eine Länge von 3 m und lagerte auf einfachen Stützungen an den Enden und in der Mitte. Ein Feld wurde durch eine in Trägermitte angreifende konstante Einzellast $P$ belastet, während das andere Feld einer mittigen Einzellast unterworfen wurde, die zwischen den Grenzen $P$ und 200 kg variierte. Bei Annahme des Formbeiwertes des Trägers zu 1,16 war die rechnerisch bestimmte kritische Last für zunehmendes Versagen $P_s = 5030$ kg, während die plastische Traglast $P_c = 5950$ kg war. Zunächst wurden 700000 Lastwechsel bei der rechnerischen Elastizitätsgrenzenlast $P_e = 4210$ kg eingetragen, darauf 500000 Lastwechsel bei $P = 5040$ kg nahe $P_s$ und schließlich 500000 Lastwechsel bei $P = 5830$ kg nahe $P_c$. Die gemessenen Durchbiegungen waren wenig größer als sie bei elastischem Verhalten des Trägers eingetreten wären. Der Wert des bei der Berechnung von $P_s$ und $P_c$ verwendeten vollen plastischen Momentes wurde jedoch von Zugversuchswerten abgeleitet, was zu sehr fehlerhaften Ergebnissen führen kann, wie in Abschn. 6.2 aufgezeigt wurde, sowohl wegen des Einflusses der Dehnungsgeschwindigkeit als auch wegen der weiten Variationen in den Fließgrenzen, die an aus verschiedenen Querschnittsstellen von Walzprofilen geschnittenen Zugprüfkörpern gemessen werden. Das Fehlen von Vergleichs-Versuchsergebnissen von Trägern auf zwei Stützen unter statischer Belastung macht die Interpretation der Ergebnisse dieses einzelnen Versuches sehr schwierig. Jedoch hat MASSONET [6] weit umfassendere Versuchsreihen an ähnlich gestützten und belasteten Trägern durchgeführt, einschließlich Traglastversuchen zu Vergleichszwecken, deren Ergebnisse sich in enger Übereinstimmung mit den theoretisch ermittelten Werten befanden.

### Andere Effekte wiederholter Belastung

Ein Effekt wiederholter Belastung von etwas anderer Art als zunehmendes Versagen oder alternierende Plastizität ist von FRITSCHE [7] theoretisch untersucht worden, der einen Durchlaufträger auf drei Stützen an den Enden und in der Mitte betrachtete, der durch gleichgroße Einzellasten in der Mitte jedes Feldes belastet wird. Wenn diese Lasten erhöht werden, so daß über der Mittelstütze Fließen eintritt, und darauf wieder entfernt werden, hebt sich der Träger von der Mittelstütze ab. Wenn diese Stütze angehoben wird, so daß sie mit dem Träger Kontakt erhält, und die Lasten wieder aufgebracht werden, tritt über der Stütze weitere Plastizierung ein. Wiederholung dieses Vorganges kann zum Erreichen des vollen plastischen Momentes über der Stütze führen.

Ein anderer Effekt wiederholter Belastung wurde experimentell von PATTON und GORBUNOW [8] untersucht. Diese Verfasser untersuchten Träger auf zwei Stützen unter mittiger Einzellast sowie Durchlaufträger über drei Stützen mit einer Einzellast in der Mitte eines Trägerfeldes; die Träger hatten Kasten- und andere durch Schweißen zusammengesetzte Querschnitte. Bei jedem Versuch wurde eine gegebene Last eine große Anzahl von Malen — von der Größenordnung von eintausend oder darüber — eingetragen und wieder entfernt, und das Anwachsen der Durchbiegung als Funktion der Anzahl der Lasteintragungen wurde aufgezeichnet. Die Prozedur wurde für sukzessiv größere Lastwerte wiederholt. Ziel der Versuche war, festzustellen, ob der Wert der nach der plastischen Theorie bestimmten Traglast durch die Anwendung dieser Art der Belastung wesentlich beeinflußt wird. Im allgemeinen wurde beobachtet, daß, während mit zunehmender Zahl der Lasteintragungen unterhalb der theoretisch bestimmten Traglasten eine gewisse Zunahme der Durchbiegung erfolgte, diese Zunahme begrenzt war, wogegen bei Lasten oberhalb der rechnungsmäßigen Traglasten viel größere Zunahmen stattfanden, augenscheinlich ohne Begrenzung.

### Alternierende Plastizität

Im folgenden wird das Verhalten des Rahmens von Abb. 8.1 unter Wiederholung eines anderen Belastungszyklus, der alternierende Plastizität verursachen kann, betrachtet. Dieser Belastungszyklus besteht aus der Eintragung und Entfernung der Horizontal- und Vertikallast, beide von der Größe $P$, gefolgt von der Eintragung der Horizontallast von der Größe $P$ allein, aber in umgekehrter Richtung. Es wird gezeigt, daß alternierende Plastizität eintritt, wenn $P$ einen kritischen Wert $P_a$ übersteigt.

Bei dem zum Zwecke der Erläuterung gewählten besonderen Wert $P = 2{,}85 \frac{M_p}{l}$ verursacht die erste gemeinsame Eintragung der Horizontal- und Vertikallast die Bildung und Verdrehung von plastischen Gelenken nacheinander an den Querschnitten 5 und 4. Die Biegemomentenverteilung nach Eintragung dieser Lasten ist in der ersten Zeile von Tab. 8.5 angegeben. Die Fließgelenkverdrehung am Querschnitt 5 während dieser Belastung beträgt $0{,}103 \frac{M_p l}{E I}$. Wenn diese Lasten entfernt werden und die Horizontallast dann allein in entgegengesetzter Richtung eingetragen wird, zeigt sich, daß sich am Querschnitt 5 ein pla-

Tabelle 8.5 *Alternierende Plastizität verursachender Belastungszyklus*

$$P = 2{,}85 \frac{M_p}{l}$$

| $\dfrac{Hl}{M_p}$ | $\dfrac{Vl}{M_p}$ | $\dfrac{M_1}{M_p}$ | $\dfrac{M_2}{M_p}$ | $\dfrac{M_3}{M_p}$ | $\dfrac{M_4}{M_p}$ | $\dfrac{M_5}{M_p}$ |
|---|---|---|---|---|---|---|
| 2,85 | 2,85 | −0,823 | 0,028 | 0,939 | −1 | 1 |
| 0 | 0 | −0,217 | 0,063 | 0,084 | 0,104 | −0,176 |
| −2,85 | 0 | 0,715 | −0,491 | 0,077 | 0,645 | −1 |
| 0 | 0 | −0,176 | 0,044 | 0,077 | 0,110 | −0,109 |
| 2,85 | 2,85 | −0,823 | 0,028 | 0,939 | −1 | 1 |

stisches Gelenk von negativem Vorzeichen bildet, wobei die *Änderung* in der Verdrehung an diesem Gelenk $-0{,}034 \frac{M_p l}{E I}$ beträgt. Die entsprechende Biegemomentenverteilung ist in der dritten Zeile von Tab. 8.5 angegeben. Entfernung dieser Last, gefolgt von einer weiteren Eintragung der Horizontal- und Vertikallast zusammen, verursacht die Bildung eines plastischen Gelenkes von positivem Vorzeichen am Querschnitt 5, und die Änderung in der Verdrehung an diesem Gelenk ist $0{,}034 \frac{M_p l}{E I}$. Zu gleicher Zeit erreicht das Biegemoment am Querschnitt 4 gerade den vollplastischen Wert $-M_p$, aber an diesem Querschnitt tritt keine Zunahme der Fließgelenkverdrehung ein. Die Biegemomentenverteilung ist in der fünften Zeile der Tabelle angegeben.

Es ist offensichtlich, daß nun ein Zyklus plastischer Formänderung entstanden ist; denn wie aus der Tabelle hervorgeht, ist die Biegemomentenverteilung nach der zweiten gemeinsamen Eintragung der Horizontal- und Vertikallast identisch mit der nach ihrer ersten Eintragung eingetretenen. In jedem folgenden Zyklus erfolgen am Querschnitt 5 Änderungen in der Fließgelenkverdrehung vom Betrage $0{,}034 \frac{M_p l}{E I}$. Die Änderung ist positiv, wenn Horizontal- und Vertikallast gleichzeitig eingetragen werden, und negativ, wenn die Horizontallast für sich in entgegengesetzter Richtung eingetragen wird. An keiner anderen Stelle des Tragwerkes erfolgen Änderungen der Fließgelenkverdrehung.

Bei diesem besonderen Beispiel ist es leicht zu sehen, wie der kritische Lastwert $P_a$ von $P$, oberhalb dessen alternierende Plastizität eintritt, zu berechnen ist. Wenn $P$ gleich $P_a$ ist, dann wäre nach der ersten gemeinsamen Eintragung von Horizontal- und Vertikallast die Entfernung der Vertikallast zusammen mit einer Umkehrung der Horizontallast gerade hinreichend, um das Biegemoment am Querschnitt 5 von $M_p$ auf $-M_p$ zu ändern, — unter der Annahme, daß sich während dieser Laständerung das gesamte Tragwerk elastisch verhält. Diese elastische Änderung des Biegemomentes ergibt sich zu $-0{,}725\,Pl$, so daß $P_a$ gegeben wird durch

$$-0{,}725\,P_a l = -2\,M_p$$
$$P_a = 2{,}759\,\frac{M_p}{l}\,.$$

Dieser Wert von $P$ wird als kritische Last für alternierende Plastizität bezeichnet.

Das allgemeine Problem der Bestimmung kritischer Lasten für alternierende Plastizität wird in den Abschn. 8.5 und 8.6 behandelt. Die Berechnung, die angegeben wird, gilt für eine allgemeinere Art der Biegemomenten-Krümmungsbeziehung als den idealisierten Typ der Beziehung von Abb. 2.1 und kann auch ohne eine Kenntnis des besonderen Belastungsprogramms, dem das Tragwerk unterworfen wird, durchgeführt werden. Eine Besprechung der das Versagen durch alternierende Plastizität betreffenden Versuchsergebnisse ist in Abschn. 8.7 enthalten.

### 8.3 Einspiel-Sätze

In Abschn. 8.2 wurde eine detaillierte Behandlung des Verhaltens eines besonderen Rahmens unter der Einwirkung mehrerer Wiederholungen vorgeschriebener Belastungszyklen geboten, unter der Annahme, daß die Beziehung zwischen Biegemoment und Krümmung für jeden Stab des Rahmens von der idealisierten Art der Abb. 2.1 ist. Es wurde gezeigt, daß bei einem bestimmten Belastungszyklus zunehmendes Versagen eintritt, wenn $P$ einen kritischen Wert $P_s$ überschreitet, und daß bei einem anderen Belastungszyklus das Versagen durch alternierende Plastizität eintritt, wenn $P$ einen anderen kritischen Wert $P_a$ übersteigt. Diese kritischen Lastwerte $P_s$ und $P_a$ wurden nur für Fälle ermittelt, bei denen das Tragwerk Wiederholungen definiter Belastungszyklen unterworfen war, wogegen in Abschn. 8.1 dargelegt wurde, daß die variable wiederholte Belastung, deren Einwirkung viele Tragwerke unterworfen werden können, hinsichtlich der Belastungsfolge weitgehend zufällig ist. Glücklicherweise kann gezeigt werden, daß die Werte von $P_s$ und $P_a$ nicht von der detaillierten Natur der Belastungszyklen abhängen, deren Einwirkung ein Tragwerk unterworfen werden kann. Vorausgesetzt, daß die Extremwerte jeder der auf ein Tragwerk wirkenden Lasten in Termen eines einzigen Parameters $P$ festgesetzt sind, ist es möglich, eindeutige Werte von $P_s$ und $P_a$ zu bestimmen, die unabhängig von der eintretenden besonderen Folge der Belastung sind. In diesem Abschnitt und in Abschn. 8.4 werden Sätze angegeben, die diese Feststellung rechtfertigen und die Berechnung der Werte von $P_s$ und $P_a$ erlauben.

*Allgemeiner Einspiel-Satz*

Es kann gesagt werden, daß Versagen von Tragwerken sowohl in Form zunehmenden Versagens als auch alternierender Plastizität infolge unbegrenzter Fortsetzung des plastischen Fließens eintritt; denn in beiden Fällen hört das plastische Fließen in verschiedenen Teilen des Tragwerkes nie auf, unabhängig davon, wie oft und in welcher Folge die Lasten eingetragen werden. Wenn das Tragwerk nicht in einer dieser Arten versagt, muß es sich zu einer Restmomentenverteilung einspielen, die das Tragwerk in die Lage setzt, sämtliche weiteren Variationen der Lasten zwischen ihren vorgeschriebenen Grenzen durch rein elastische Biegemomentenänderungen aufzunehmen. Der allgemeine Einspiel-Satz, der die Bedingungen feststellt, unter denen das Einspielen eines Tragwerkes möglich ist, kann folgendermaßen formuliert werden:

*Allgemeiner Einspiel-Satz.* Wenn irgendeine besondere Verteilung der Restbiegemomente gefunden werden kann, die es gestattet, sämtliche möglichen Variationen der eingetragenen Lasten zwischen ihren vorgeschriebenen Grenzen durch rein elastische Biegemomentenänderungen aufzunehmen, dann kann das Einspielen des Tragwerkes eintreten, obgleich die nach dem Einspielen in dem Tragwerk tatsächlich vorhandene Restmomentenverteilung nicht notwendig die besondere Verteilung sein wird, die gefunden worden ist.

Dieser Satz stellt eine notwendige Bedingung für das Eintreten des Einspielens fest; sein Beweis zeigt, daß diese Bedingung auch hinreichend ist.

An dieser Stelle wird nur eine kurze Darstellung des Beweises dieses Satzes gegeben, der detaillierte Beweis wird in Anhang C geführt. Für diesen Zweck muß der Satz in mathematischen Termen ausgedrückt werden; diese Formulierung wird zu einem besseren Verständnis des Satzes führen und ermöglichen, eine Unterscheidung zu treffen zwischen den Bedingungen für die Vermeidung des zunehmenden Versagens und denen für die Vermeidung der alternierenden Plastizität. Da der Satz Systeme von Restbiegemomenten und rein elastische Biegemomentenänderungen betrifft, ist es notwendig, formale Definitionen dieser beiden Termen zu geben.

Die rein elastischen Biegemomentenänderungen werden zuerst behandelt. Betrachtet wird ein beliebiger Querschnitt $i$ eines Stabes. Mit $\mathfrak{M}_i$ wird das Biegemoment an diesem Querschnitt infolge irgendeiner bestimmten Lastkombination bezeichnet, das unter der Annahme berechnet wird, daß das Tragwerk diese Lastkombination in vollständig elastischer Weise aufnimmt. Damit ist das Superpositionsprinzip anwendbar, und es ist deshalb möglich, die maximalen und minimalen Werte von $\mathfrak{M}_i$ für sämtliche möglichen Variationen der äußeren Lasten zwischen ihren vorgeschriebenen Grenzen zu berechnen. Diese Berechnung wird durchgeführt durch getrennte Betrachtung des Einflusses jeder Last und folgende Superposition. Als Beispiel wird angenommen, daß eine bestimmte Last $P_j$ zwischen den Grenzen $P_{j\max}$ und $P_{j\min}$ variieren kann, und daß eine in der Richtung der Last $P_j$ eingetragene Lasteinheit am Querschnitt $i$ ein elastisches Biegemoment $q_{ij}$ hervorruft. Dann leistet $P_j$ zum maximalen elastischen Biegemoment am Querschnitt $i$ den Beitrag $q_{ij} P_{j\max}$, wenn $q_{ij}$ positiv ist, und $q_{ij}P_{j\min}$, wenn $q_{ij}$ negativ ist. Die Summation entsprechender Termen für alle anderen Lasten ergibt dann den Maximalwert von $\mathfrak{M}_i$. Die auf diese Weise gefundenen maximalen und minimalen Werte von $\mathfrak{M}_i$ werden mit $\mathfrak{M}_{i\max}$ und $\mathfrak{M}_{i\min}$ bezeichnet. Bei der Ausführung dieser Superposition kann jede Verbindung zwischen zwei oder mehreren der Lasten berücksichtigt werden. Wenn beispielsweise bekannt ist, daß zwei bestimmte Lasten niemals gleichzeitig eingetragen werden können, sondern nur getrennt, ist der kleinere der beiden Termen in der Summation fortzulassen. Wenn die maximalen und minimalen Werte sämtlicher Lasten als Vielfache einer einzigen Last $P$ ausgedrückt werden, sind die Werte von $\mathfrak{M}_{i\max}$ und $\mathfrak{M}_{i\min}$ alle proportional $P$, da der Wert irgendeines der elastischen Biegemomente ebenfalls proportional $P$ ist.

Es kann nun eine formale Definition für den Term Restbiegemoment gegeben werden. In einem beliebigen Stadium des Belastungsprogramms sei das tatsächliche Biegemoment am Querschnitt $i$ mit $M_i$ bezeichnet und das elastische Biegemoment, das unter den gleichen Lasten eintreten würde, mit $\mathfrak{M}_i$. Das mit $m_i$ bezeichnete Restbiegemoment an diesem Querschnitt wird dann definiert durch die Gleichung

$$m_i = M_i - \mathfrak{M}_i . \tag{8.1}$$

Die so definierten Restbiegemomente brauchen nicht die tatsächlichen Restmomente sein, die in einen Rahmentragwerk entstehen, wenn sämtliche Lasten entfernt werden, denn es ist möglich, daß bei ihrer Entfernung Fließen eintritt. In einem solchen Falle ist die Änderung des Biegemomentes auf die Entlastung hin nicht $-\mathfrak{M}_i$.

Da für irgendeine gegebene Gruppe von Lasten sowohl die tatsächlichen Biegemomente $M_i$ als auch die elastischen Biegemomente $\mathfrak{M}_i$ an allen Querschnitten $i$ des Rahmentragwerkes die Gleichgewichtsbedingungen für die gegebenen Lasten befriedigen müssen, folgt, daß die Restbiegemomente $m_i$ die Gleichgewichtsbedingungen für die äußere Belastung Null befriedigen müssen. Jedes System von Restmomenten, ob real oder hypothetisch, das die Gleichgewichtsbedingungen für die äußere Belastung Null befriedigt, wird als *statisch zulässig* bezeichnet.

### *Einspiel-Satz für ideale Biegemomenten-Krümmungsbeziehung*

Die von dem Einspiel-Satz angenommene genaue Form hängt ab von der für die Rahmenstäbe angenommenen besonderen Art der Beziehung zwischen Biegemoment und Krümmung. Zunächst wird der Satz für einen Rahmen formuliert, dessen Stäbe sich sämtlich gemäß dem idealen Typ der Beziehung von Abb. 2.1 verhalten, bei dem das volle plastische Moment die Größe $M_p$ hat und der elastische Bereich des Biegemomentes $2\,M_p$ beträgt. Die Erweiterung des Satzes auf den realistischeren Fall, bei dem der elastische Biegemomentenbereich kleiner als $2\,M_p$ ist, wird später angegeben.

*Einfacher Einspielsatz.* Wenn es möglich ist, irgendeine Verteilung von Restmomenten $\bar{m}_i$ zu finden, die an jedem Querschnitt $i$ die Bedingungen

$$\bar{m}_i + \mathfrak{M}_{i\max} \leq (M_p)_i \tag{8.2}$$

$$\bar{m}_i + \mathfrak{M}_{i\min} \geq -(M_p)_i \tag{8.3}$$

befriedigt und statisch zulässig ist, kann Einspielen des Rahmens erfolgen, obgleich die nach dem Einspielen in dem Rahmen vorhandenen Restmomente nicht notwendig die Verteilung $\bar{m}_i$ sein werden.

Dieser Satz wurde zuerst von BLEICH [9] aufgestellt, der einen Beweis für nicht mehr als zweifach statisch unbestimmte Tragwerke lieferte. Ein allgemeiner Beweis des Satzes für Fachwerke mit einer beliebigen Anzahl statisch unbestimmter Größen wurde von MELAN [10], [11] geliefert unter der Annahme der in Abb. 1.4b gezeigten ideal-plastischen Last-Dehnungsbeziehung für sowohl Zug als auch Druck für jeden Fachwerkstab. Dieser Beweis hatte natürlich beträchtliches theoretisches Interesse, aber er konnte nicht auf das Verhalten tatsächlicher Fachwerke unter variabler wiederholter Belastung bezogen werden wegen der Inadäquatheit der Annahme eines ideal-plastischen Verhaltens von Druckstäben, wie in Anhang A dargelegt. Eine einfachere Version dieses Beweises für hypothetische Bolzengelenk-Fachwerke wurde von SYMONDS und PRAGER [12] gegeben, die ebenfalls das Verhalten einfacher Fachwerke dieses Typs unter variabler wiederholter Belastung mit Hilfe einer von PRAGER [13] entwickelten geometrischen Darstellung untersuchten. MELANS Beweis ist von NEAL [14] auf den Fall eines Rahmens zugeschnitten worden, dessen Stäbe dem idealen Typ der Biegemomenten-Krümmungsbeziehung von Abb. 2.1 gehorchen. Einzelheiten dieser Beweisführung werden in Anhang C gegeben, aber die Gedanken werden hier in kurzen Zügen angeführt.

Zum Beweis des Satzes wird angenommen, daß eine bestimmte Restmomentenverteilung $\bar{m}_i$ gefunden worden ist, die die Ungleichungen (8.2) und (8.3) befriedigt und statisch zulässig ist. Eine Größe $E$ wird durch die Gleichung

$$E = \int \frac{(m_i - \bar{m}_i)^2}{2\,(EI)_i}\,ds_i \tag{8.4}$$

definiert, in der $m_i$ das tatsächliche Restmoment an einem beliebigen Querschntt $i$ des Rahmentragwerkes in irgendeinem Stadium des Belastungsprogramms bezeichnet, $ds_i$ ein Längenelement des Stabes am Querschnitt $i$ ist, $(EI)_i$ die Biegesteifigkeit an diesem Querschnitt bedeutet und die Integration sich über sämtliche Stäbe des Tragwerkes erstreckt. $E$ ist offensichtlich eine positive Größe; sie kann als ein Maß der Differenz zwischen den tatsächlichen und hypothetischen Restmomentenverteilungen, $m_i$ und $\bar{m}_i$, angesehen werden.

Wenn eine Variation der Lasten Verdrehung von Fließgelenken an einem oder mehreren Querschnitten hervorruft, ändert sich die tatsächliche Restmomentenverteilung $m_i$ und damit $E$. Der Beweis des Satzes zerfällt in zwei Teile. Im ersten Teil des Beweises wird gezeigt, daß $E$ konstant bleibt, außer wenn Fließgelenkverdrehungen eintreten, und daß durch Fließgelenkverdrehungen verursachte Änderungen von $E$ stets negativ sein müssen. Da $E$ selbst nicht negativ sein kann, folgt, daß $E$ schließlich Null werden muß oder sich auf einen bestimmten positiven Wert zu bewegen und darauf konstant bleiben muß. In jedem der beiden Fälle würde sich der Rahmen einspielen.

Obgleich dieser Teil des Beweises demonstriert, daß das plastische Fließen schließlich aufhört, vorausgesetzt, daß wenigstens eine die angegebenen Bedingungen erfüllende Verteilung von Restmomenten $\bar{m}_i$ gefunden werden kann, setzt er dem *Betrag* des plastischen Fließens, der erreicht wird, bevor das Rahmentragwerk sich eingespielt hat, keinerlei Grenze. Der zweite Teil des Beweises widmet sich daher einer Demonstration, daß begrenzte Änderungen der Fließgelenkverdrehungen begrenzte Änderungen von $E$ verursachen müssen. Da die Gesamtänderung von $E$ begrenzt ist, folgt, daß die Gesamt-Fließgelenkverdrehungen, die vor dem Einspielen erfolgen, ebenfalls begrenzt sein müssen, was die Beweisführung vollendet.

Bei dem Beweis dieses Satzes ist es nicht erforderlich, dem Belastungsprogramm außer der Bedingung, daß jede der Lasten nur zwischen ihren vorgeschriebenen Grenzen variieren kann, irgendwelche Einschränkungen aufzuerlegen. Abgesehen von der Annahme, daß sich jeder Stab gemäß dem Idealtyp der Biegemomenten-Krümmungsbeziehung verhält, ist der Satz von weitest möglicher Allgemeinheit. Es ist auch nicht erforderlich, das Rahmentragwerk als anfänglich spannungsfrei anzunehmen. Somit hat das Vorhandensein von anfänglichen Restmomenten infolge mangelhafter Paßgenauigkeit der Stäbe, Stützensenkungen usw., keinen Einfluß auf die Bedingungen für das Einspielen.

Wenn die extremen Lastgrenzen sämtlich in Termen eines einzigen Lastparameters $P$ festgelegt sind, ist zu ersehen, daß es bei stetigem Anwachsen von $P$ von Null an progressiv schwieriger wird, die Ungleichungen (8.2) und (8.3) an allen Querschnitten des Rahmens zu befriedigen; denn wie bereits aufgezeigt wurde, sind die Werte der maximalen und minimalen elastischen Biegemomente an einem beliebigen Querschnitt proportional $P$. Es muß daher ein kritischer Wert von $P$ existieren, oberhalb dessen diese Ungleichungen nicht länger erfüllt sein können. Wenn $P$ diesen kritischen Wert übersteigt, wird kein Einspielen des Rahmentragwerkes erfolgen, sondern es wird das Versagen entweder in Form zunehmenden Versagens oder alternierender Plastizität eintreten. Es ist wichtig zu wissen, wie bei Nichterfüllung der Einspielbedingungen die Art des Versagens bestimmt werden kann. Eine derartige Bestimmung kann auf sehr einfache Weise erfolgen. Es ist lediglich erforderlich, festzustellen, daß für jeden Querschnitt $i$ eine fortgesetzte Ungleichung aus den Ungleichungen (8.2) und (8.3) wie folgt niedergeschrieben werden kann:

$$- (M_p)_i - \mathfrak{M}_{i\,\mathrm{min}} < \bar{m}_i < (M_p)_i - \mathfrak{M}_{i\,\mathrm{max}},$$

so daß

$$\mathfrak{M}_{i\,\mathrm{max}} - \mathfrak{M}_{i\,\mathrm{min}} < 2\,(M_p)_i. \tag{8.5}$$

Während diese Ungleichung in den Ungleichungen (8.2) und (8.3) enthalten ist, besteht der Vorteil, sie in dieser Form zu extrahieren, darin, daß ersichtlich wird, daß es zwei Arten gibt, in denen bei Erhöhung von $P$ über einen bestimmten Wert die Erfüllung der Einspielbedingungen unmöglich werden kann. Zunächst kann die Ungleichung (8.5) an einem einzelnen Querschnitt nicht erfüllt sein. In diesem Falle ist es klar, daß Versagen durch alternierende Plastizität eintreten wird, da die Bedingung (8.5) feststellt, daß der elastische Bereich des Biegemomentes an jedem Querschnitt kleiner sein muß als der verfügbare elastische Bereich des Tragverhaltens des Stabes. Alternativ ist es möglich, daß, während die Ungleichung (8.5) an keinem Querschnitt verletzt wird, zwei oder mehrere der Ungleichungen (8.2) und (8.3) nicht gleichzeitig erfüllt werden können. In diesem Falle treten Fließgelenkverdrehungen an den entsprechenden Querschnitten in verschiedenen Stadien des Belastungsprogramms ein, was in zunehmendem Versagen resultiert.

*Einspiel-Satz für allgemeinere Biegemomenten-Krümmungsbeziehung*

Die in Abb. 2.1 dargestellte ideale Form der Beziehung zwischen
Biegemoment und Krümmung ist unrealistisch, da biegesteife Stäbe aus
bildsamem Material stets einen Bereich des Biegemomentes zwischen
Fließbeginn und vollständiger Plastizierung aufweisen (s. z. B. Abb. 1.1).
Der Einspiel-Satz ist von NEAL [15] auf Rahmentragwerke erweitert
worden, deren Stäbe die realistischere Form der Biegemomenten-Krüm

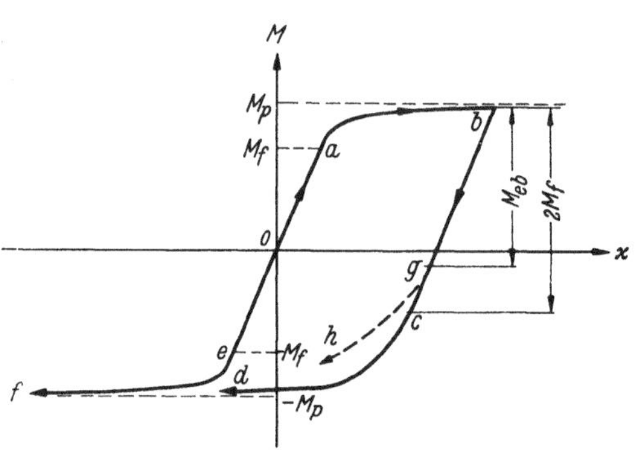


Abb. 8.3.
Allgemeinerer Typ der Biegemomenten-Krümmungsbeziehung

mungsbeziehung von
Abb. 8.3 besitzen. In
dieser Beziehung wird
angenommen, daß das
Fließmoment $M_f$ und
das volle plastische Moment $M_p$ für Biegung in
beiden Richtungen jeweils von gleicher Größe
sind. Ein anfänglich
spannungsfreier Stab
verhält sich also elastisch entlang $Oa$ oder
$Oe$, und bei weiterer
Laststeigerung wird die Neigung der Biegemomenten-Krümmungsbeziehung progressiv entlang $ab$ oder $ef$ reduziert, wenn das Biegemoment
gegen $M_p$ strebt. Der elastische Bereich des Biegemomentes für den
anfänglich spannungsfreien Stab ist $2\,M_f$, und es wird angenommen,
daß der elastische Bereich unabhängig von der Belastungsgeschichte
konstant bleibt. Wenn z. B. das Biegemoment nach Belastung entlang
$Oab$ reduziert wird, beträgt die Größe des elastischen Momentenbereiches $bc$ der Kurve $bcd$ immer noch $2\,M_f$.

Für diesen Typ der Biegemomenten-Krümmungsbeziehung lauten die
Bedingungen für das Einspielen folgendermaßen:

$$\bar{m}_i + \mathfrak{M}_{i\max} < (M_p)_i \tag{8.6}$$

$$\bar{m}_i + \mathfrak{M}_{i\min} > -(M_p)_i \tag{8.7}$$

$$\mathfrak{M}_{i\max} - \mathfrak{M}_{i\min} < 2(M_f)_i \tag{8.8}$$

Diese Bedingungen können mit den Ungleichungen (8.2), (8.3) und (8.5)
verglichen werden, die Rahmentragwerken zugehören, deren Stäbe sich
gemäß der idealen Form der Biegemomenten-Krümmungsbeziehung
verhalten. Es ist zu ersehen, daß die Ungleichungen (8.6) und (8.7) identisch mit den Ungleichungen (8.2) und (8.3) sind, und die Art des Versagens bei Verletzung dieser Ungleichungen ist zunehmendes Versagen.
Die Ungleichung (8.8), die feststellt, daß der elastische Biegemomenten-

bereich nicht den verfügbaren elastischen Bereich des Verhaltens des Materials überschreiten darf, ist der Ungleichung (8.5) ähnlich, und die Art des Versagens bei Verletzung dieser Ungleichung an irgendeinem Querschnitt ist alternierende Plastizität.

Wie von KOITER [16] aufgezeigt wurde, sind diese Bedingungen für das Einspielen nur strikt anwendbar, wenn der Querschnitt jedes Stabes zwei Symmetrieachsen hat, Biegung um eine dieser Achsen erfolgt und ferner Zug- und Druckfließgrenze dem Betrage nach einander gleich sind. Wenn diese Bedingungen nicht erfüllt sind, ändert sich während der elastisch-plastischen Biegung die Lage der Nullinie, und das bedeutet, daß die Biegemomenten-Krümmungsbeziehung nicht von der in Abb. 8.3 gezeigten Form mit einem konstanten elastischen Biegemomentenbereich sein kann. Als Beispiel wird ein Querschnitt mit nur einer Symmetrieachse, z. B. ein T-Querschnitt, betrachtet und angenommen, daß Biegung um eine rechtwinklig zu dieser Achse liegende Achse erfolgt. Wenn das Verhalten vollständig elastisch ist, verläuft die Nullinie durch den Schwerpunkt des Querschnittes, aber wenn der Querschnitt voll plastiziert ist, halbiert die Nullinie bei Annahme gleichhoher Zug- und Druckfließgrenze die Querschnittsfläche. Schwerachse und Flächenhalbierungsachse werden nicht zusammenfallen, so daß bei voller Plastizierung des Querschnittes die Spannungen unmittelbar zu jeder Seite der Schwerachse von gleichem Vorzeichen und der Größe nach gleich der Fließspannung sind. Bei Umkehrung der Richtung der Biegung nach Erreichen des vollen plastischen Momentes können die Änderungen von Biegemoment und Krümmung während der Entlastung nicht in der gleichen Weise wie im elastischen Bereich aufeinander bezogen werden, denn dann müßten die Spannungsänderungen linear mit der Entfernung von der Schwerachse variieren. Auf einer Seite der Schwerachse würde die Spannung unter den Fließwert reduziert werden, aber auf der anderen Seite würde die Spannung auf dem Querschnittsteil zwischen Schwer- und Flächenhalbierungsachse über den Fließwert gesteigert werden, was nach der Hypothese unmöglich ist. Es folgt, daß bei der Entlastung die Nullinie nicht die Schwerachse sein kann, sondern daß sie eine Lage annimmt, die durch das Erfordernis, daß die Längskraftresultierende gleich Null sein muß, bestimmt wird, und der Bedingung unterliegt, daß die Spannungsänderungen keine Erhöhung der Spannung über den Fließgrenzenwert bewirken dürfen. Die Biegesteifigkeit während der Entlastung wird nicht die gleiche sein wie im elastischen Bereich, und die Reduktion des Biegemomentes, die eintreten kann, bevor das Fließen wieder beginnt, wird nicht mit der Größe des Anfangsbereiches des elastischen Biegemomentes übereinstimmen.

In solchen Fällen müssen die Bedingungen für das Einspielen in Termen von Restspannungsverteilungen für jeden kritischen Querschnitt aufgestellt werden, anstatt einfach in Termen der Verteilung des Rest-biegemomentes im Tragwerk, und sind damit komplizierter. Jedoch sind die in den Ungleichungen (8.6) ,(8.7) und (8.8) ausgedrückten Bedingungen, die den oft vorkommenden Fall von Stäben mit zwei Symmetrie-achsen und gleichgroßen Fließspannungen erfassen, für viele praktische Zwecke hinreichend.

Die Annahme eines konstanten elastischen Biegemomentenbereiches steht mit dem Verhalten tatsächlicher Träger nicht in Übereinstimmung. Im Falle von Baustahl wird beispielsweise der elastische Bereich bei Zug-Druck-Versuchen beträchtlich reduziert, nachdem das Fließen eingetreten ist, wie zuerst von BAUSCHINGER [17] beobachtet, und das bewirkt eine entsprechende Reduktion im elastischen Bereich des Biegemomentes. Ein ähnlicher Effekt ist bei Zug-Druck-Versuchen mit Leichtmetall-legierungen festgestellt worden, wie z. B. von TEMPLIN und STURM [18]. So wäre in Abb. 8.3 das tatsächliche Verhalten eines Trägers bei Ent-lastung von $b$ aus gemäß einer Beziehung wie $bgh$, wobei der elastische Bereich des Biegemomentes $M_{eb}$ kleiner als $2\,M_f$ ist. Wenn Versuchs-ergebnisse anzeigten, daß unabhängig von der Folge der Belastung eines Stabes der verfügbare elastische Biegemomentenbereich nie unter einen Wert $M_{eb\,min}$ fällt, könnte gefolgert werden, daß die Bedingungen für das Einspielen die Bedingungen (8.6) und (8.7) sind, während die Bedingung (8.8) ersetzt wird durch

$$\mathfrak{M}_{i\,max} - \mathfrak{M}_{i\,min} < M_{eb\,min}, \tag{8.9}$$

aber dieser Satz ist noch zu beweisen.

MELAN [19] hat den Einspiel-Satz für den Fall kontinuierlicher Medien erweitert, für die die Spannungs-Dehnungsbeziehungen geeignete Ver-allgemeinerungen des ideal-plastischen Typs der Spannungs-Dehnungs-beziehung für einen Stab in Zug oder Druck sind. Bisher sind sehr wenig Anwendungen dieses verallgemeinerten Satzes gemacht worden. SYMONDS [20] hat den Fall eines vollen Kreiszylinders unter kombinier-tem Zug und Torsion behandelt und HODGE [21] den Fall eines dick-wandigen Rohres unter Innendruck.

### 8.4 Traglastsätze für zunehmendes Versagen

Ein großer Teil des übrigen Kapitels wird der Entwicklung von Ver-fahren für die Berechnung kritischer Lasten für zunehmendes Versagen gewidmet. Diese Verfahren gründen sich auf gewisse Sätze betreffend die Werte der kritischen Lasten für zunehmendes Versagen, die weit-gehend analog den in Abschnitt 3.2 angeführten Sätzen betreffend die Werte der plastischen Traglasten sind. Für die kritischen Lasten für zunehmendes Versagen können ein statischer, ein kinematischer und ein Einzigkeits-Satz aufgestellt werden.

Der statische Satz ist lediglich eine Feststellung des Teiles des allgemeinen Einspiel-Satzes, der sich auf die Vermeidung des zunehmenden Versagens bezieht, wie in den Ungleichungen (8.6) und (8.7) ausgedrückt, und lautet wie folgt:

*Statischer Satz des zunehmenden Versagens.* Wenn es möglich ist, für das gesamte Rahmentragwerk irgendeine Restbiegemomentenverteilung aufzufinden, der die maximalen und minimalen elastischen Biegemomente entsprechend einer Gruppe von Extremlast-Grenzen $P$ zugefügt werden können, ohne daß das volle plastische Moment an irgendeinem Querschnitt überschritten wird, muß der Wert von $P$ kleiner oder gleich der kritischen Last für zunehmendes Versagen $P_s$ sein.

Der zweite Satz betreffend das zunehmende Versagen geht aus einer Betrachtung der Kinematik möglicher kinematischer Ketten des zunehmenden Versagens hervor. Es wird angenommen, daß die tatsächliche kinematische Kette des zunehmenden Versagens bekannt ist, und $\vartheta_k$ soll die Gelenkverdrehung bezeichnen, die während einer kleinen Bewegung dieser kinematischen Kette am Querschnitt $k$ eintritt. Wenn die in das Rahmentragwerk eingetragenen Lasten der kritischen Last für zunehmendes Versagen $P_s$ entsprechen, ist die Möglichkeit für das Einspielen des Rahmens gegeben, und die Restmomente $m_t$ werden nach dem Einspielen des Rahmens so sein, daß bei Addition der maximalen und minimalen elastischen Momente zu diesen Restmomenten das volle plastische Moment an jedem Querschnitt $k$, an dem in der kinematischen Kette des zunehmenden Versagens ein plastisches Gelenk vorkommt, gerade erreicht wird. Es folgt, daß

$$m_k + \mathfrak{M}_{k\max} = (M_p)_k, \text{ wenn } \vartheta_k > 0 \qquad (8.10)$$

$$m_k + \mathfrak{M}_{k\min} = -(M_p)_k, \text{ wenn } \vartheta_k < 0. \qquad (8.11)$$

Da sich die $m_k$ im Gleichgewicht mit der äußeren Belastung Null befinden, und die $\vartheta_k$ einen Satz von Gelenkverdrehungen für eine kinematische Kette darstellen, folgt aus dem Prinzip der virtuellen Arbeit, daß

$$\Sigma \, m_k \, \vartheta_k = 0. \qquad (8.12)$$

Da die $m_k$ aus den Gleichungen (8.10) und (8.11) hervorgehen und $\mathfrak{M}_{k\max}$ und $\mathfrak{M}_{k\min}$ sämtlich in Termen von $P$ bekannt sind, bestimmt Gl. (8.12) den Wert $P_s$ von $P$, oberhalb dessen zunehmendes Versagen eintritt.

Eine Berechnung entsprechend den obenstehenden Ausführungen kann für jede beliebige Wahl einer kinematischen Kette für zunehmendes Versagen durchgeführt und der zugehörige Wert von $P$ bestimmt werden. Der kinematische Satz, der sich darauf gründet, lautet wie folgt:

*Kinematischer Satz des zunehmenden Versagens.* Der irgendeiner angenommenen kinematischen Kette des zunehmenden Versagens zugehörige Wert von $P$ muß entweder größer oder gleich der kritischen Last für zunehmendes Versagen $P_s$ sein.

Ein formaler Beweis dieses Satzes wird in Anhang C gegeben, aber es ist auch möglich, den Satz aus dem statischen Satz abzuleiten mittels eines ähnlichen physikalischen Argumentes, wie das in Abschn. 3.2 für den entsprechenden Satz für plastisches Versagen. Betrachtet wird ein Rahmentragwerk mit einer Belastung, für die die kritische Last für zunehmendes Versagen $P_s$ ist. Wenn angenommen wird, daß das volle plastische Moment an einem oder mehreren Querschnitten des Rahmens durch Heraufsetzen der Fließspannung erhöht wird, und somit die elastischen Eigenschaften des Stabes ungeändert bleiben, kann die kritische Last für zunehmendes Versagen für den verstärkten Rahmen dadurch nicht unter den Wert $P_s$ reduziert werden. Dieses Ergebnis ist eine offensichtliche Folge des statischen Satzes, denn die Ungleichungen (8.6) und (8.7) können bei $P = P_s$ für den ursprünglichen Rahmen gerade erfüllt werden und können für den verstärkten Rahmen *a fortiori* erfüllt werden. Wenn eine kinematische Kette angenommen wird, die nicht die tatsächliche kinematische Kette des zunehmenden Versagens ist, kann man sich den Rahmen als durch indefinite Heraufsetzung der Fließgrenze an allen Querschnitten verstärkt vorstellen außer an den Fließgelenkstellen der angenommenen kinematischen Kette, wo die vollen plastischen Momente ungeändert bleiben. Die angenommene kinematische Kette des zunehmenden Versagens wäre dann ohne Zweifel die tatsächliche für den in dieser Weise verstärkten Rahmen, und so kann nach dem gerade festgestellten Ergebnis die zugehörige Last für zunehmendes Versagen nicht kleiner sein als die tatsächliche kritische Last $P_s$ für den ursprünglichen Rahmen.

Schließlich kann ein Einzigkeits-Satz aufgestellt werden. Dieser Satz folgt, wie der entsprechende Satz für plastische Traglasten, unmittelbar als eine Ableitung von den statischen und kinematischen Sätzen und kann folgendermaßen formuliert werden:

*Einzigkeits-Satz des zunehmenden Versagens.* Wenn für einen gegebenen Wert von $P$ eine zugehörige statisch zulässige Verteilung von Restbiegemomenten so gefunden werden kann, daß bei Addition der diesem Wert von $P$ entsprechenden maximalen und minimalen elastischen Biegemomente zu dem Restmoment an jedem Querschnitt das volle plastische Moment nie überschritten, aber an einer hinreichenden Anzahl von Querschnitten erreicht wird, um das Tragwerk in eine kinematische Kette zu überführen, wenn sich an allen diesen Querschnitten gleichzeitig Gelenke bildeten, muß dieser Wert von $P$ gleich der kritischen Last für zunehmendes Versagen $P_s$ sein.

Aus dem statischen, kinematischen und Einzigkeits-Satz können Verfahren für die Berechnung kritischer Lasten für zunehmendes Versagen entwickelt werden, die weitgehend analog den Verfahren für die Berechnung plastischer Traglasten sind. In Abschn. 8.5 wird eine Beschreibung eines auf den Einzigkeits-Satz gegründeten Probierverfahrens gegeben, und in Abschn. 8.6 wird ein auf den kinematischen Satz gegründetes Verfahren der Kombination kinematischer Ketten erläutert. Während es möglich wäre, ein auf den statischen Satz gegründetes Berechnungsverfahren zu entwerfen, das dem Momentenverteilungsverfahren für die Berechnung plastischer Traglasten analog ist, ist ein derartiges Verfahren bisher noch nicht entwickelt worden. Der besondere Vorteil dieses Verfahrens im Falle des plastischen Versagens besteht in den Möglichkeiten, die es für die Bemessung bietet, aber dieser Vorteil geht im Falle des zunehmenden Versagens verloren, da eingangs elastische Lösungen erhalten werden müssen, die von der Zuweisung von Querschnitten für die Stäbe zur Festlegung ihrer relativen elastischen Steifigkeiten abhängen.

## 8.5 Probierverfahren

Bei Tragwerken von nur niedriger statischer Unbestimmtheit, wie über wenige Stützen durchlaufende Träger oder Einfeld-Portalrahmen, kann die Restmomentenverteilung bei Erreichen der kritischen Last für zunehmendes Versagen, und somit der Wert dieser Last selbst, gewöhnlich nach der Anschauung oder durch ein oder zwei Versuche gefunden werden. H. BLEICH [9] hat dieses Verfahren bei der Lösung von Problemen betreffend nicht mehr als zweifach statisch unbestimmte Durchlaufträger und einen Zweigelenkrahmen angewendet. F. BLEICH [22], [23] verwendete das gleiche Verfahren bei ähnlichen Aufgaben, und NEAL und SYMONDS [24] haben nach dem Probierverfahren eine Lösung für einen eingespannten zweifeldrigen Rechteckrahmen mit sechs statisch unbestimmten Größen angegeben. Das Verfahren wird hier in bezug auf einen einfeldrigen rechteckigen Portalrahmen unter variablen Horizontal- und Vertikallasten erläutert.

Das Probierverfahren gründet sich auf den Einzigkeitssatz und ist analog dem im Abschn. 4.2 für die Berechnung plastischer Traglasten beschriebenen Probierverfahren. Der erste Schritt in der Berechnung besteht in der Annahme einer kinematischen Kette des zunehmenden Versagens, für die ein zugehöriger Wert der Last $P$, bei dem das zunehmende Versagen gerade eintreten würde, gefunden werden kann, wenn die richtige Wahl der kinematischen Kette getroffen worden ist. Bei diesem Wert von $P$ würde eine Restmomentenverteilung derart erhalten werden, daß bei Überlagerung der maximalen und minimalen elastischen Momente für diesen Wert von $P$ auf die Restmomente das volle plastische Moment an jedem der Querschnitte, an dem in der angenommenen kinematischen Kette des zunehmenden Versagens plastische Gelenke vorkommen, gerade erreicht wird. Wie bereits in Abschnitt 8.4 gezeigt wurde, kann das Restmoment unter Verwendung der Gl. (8.10) und (8.11) an jeder der Fließgelenkstellen in der angenommenen kinematischen Kette des zunehmenden Versagens in Termen von $P$ errechnet werden. Durch Einsetzen der erhaltenen Restmomente in die Gleichgewichtsgleichungen für die äußere Belastung Null kann dann der einer bestimmten Wahl der kinematischen Kette zugehörige Wert von $P$ gefunden werden. Wenn die angenommene kinematische Kette des zunehmenden Versagens vom vollständigen Typ ist, sind die Gleichgewichtsgleichungen für die äußere Belastung Null auch hinreichend zur Bestimmung der Restmomentenverteilung für das gesamte Rahmentragwerk. Die dem ermittelten Wert von $P$ entsprechenden maximalen und minimalen elastischen Biegemomente werden dann zu diesen Restmomenten addiert, um die größt- und kleinstmöglichen Biegemomente zu bestimmen, die für diese Werte der Restmomente vorkommen können. Wenn keiner dieser Extremwerte der Biegemomente das volle plastische Moment übersteigt, folgt aus dem Einzigkeitssatz, daß die korrekte kinematische Kette des zunehmenden Versagens gewählt worden ist. Wenn jedoch einer oder mehrere dieser Extremwerte der Biegemomente das volle plastische Moment übersteigen, dann muß eine neue Annahme der kinematischen Kette getroffen und das Verfahren wiederholt werden. Wenn die tatsächliche kinematische Kette des zunehmenden Versagens teilweise ist, oder wenn in irgendeinem Stadium der Berechnung eine kinematische Kette für teilweises zunehmendes Versagen untersucht werden soll, ergeben sich Schwierigkeiten ähnlicher Art wie bei der Anwendung des Probierverfahrens auf Fälle des teilweisen plastischen Versagens; diese Schwierigkeiten sind in Abschn. 4.2 besprochen worden.

Das Verfahren wird nun an Hand des eingespannten rechteckigen Portalrahmens vorgeführt, dessen Abmessungen in Abb. 8.4a angegeben sind. Die Stäbe dieses Rahmens sind von durchweg gleichförmigem Querschnitt mit dem vollen plastischen Moment $M_p$. Der Rahmen ist einer Horizontallast $H$ und einer Vertikallast $V$ unterworfen, deren jede unabhängig von der anderen zwischen den in der Abbildung angegebenen Grenzen variieren kann. Es ist der Wert $P_s$ von $P$ zu bestimmen, oberhalb dessen zunehmendes Versagen eintritt.

Da das Biegemoment zwischen den fünf mit 1 bis 5 bezeichneten Querschnitten linear variieren muß, folgt, daß sich nur an diesen Querschnitten plastische Gelenke bilden können. Es ist daher nur erforderlich, die Bedingungen an diesen Querschnitten und nicht an dazwischenliegenden Stellen zu betrachten. Die Gleichgewichtsgleichungen für einen

Rahmen dieser Abmessungen sind bereits in Abschn. 3.3 für den Fall, in dem Horizontal- und Vertikallasten $3\,P$ bzw. $2\,P$ eingetragen wurden, aufgestellt worden. Diese Gleichungen lauteten:

$$3\,Pl = M_2 - M_1 + M_5 - M_4 \qquad (3.5)$$

$$2\,Pl = 2\,M_3 - M_2 - M_4 \qquad (3.6)$$

mit dem Vorzeichen-Übereinkommen, daß ein positives Biegemoment Zug in den an der strichlierten Linie in Abb. 8.4a liegenden Stabfasern erzeugt. Die Gleichgewichtsgleichungen für die äußere Belastung Null sind damit

$$m_2 - m_1 + m_5 - m_4 = 0 \qquad (8.13)$$

$$2\,m_3 - m_2 - m_4 = 0. \qquad (8.14)$$

Diese zwei Gleichungen könnten selbstverständlich direkt durch Anwendung des Prinzips der virtuellen Arbeit auf die Seitenverschiebungs- und Trägerkette für den unbelasteten Rahmen abgeleitet werden.

Die Biegemomente für die Annahme vollkommen elastischen Verhaltens können mittels irgendeines der herkömmlichen Verfahren der elastischen Tragwerksberechnung ermittelt werden. Diese Biegemomente sind in Tab. 8.6 angegeben. In dieser Tabelle zeigt die erste Zeile die durch Eintragung der Horizontallast $H = 2\,P$ allein hervorgerufenen elastischen Biegemomente und die zweite Zeile die durch Eintragung der Vertikallast $V = 3\,P$ hervorgerufenen elastischen Biegemomente. Die dritte Zeile der Tabelle gibt die maximal möglichen elastischen Biegemomente für jeden Querschnitt an, wenn sämtliche möglichen

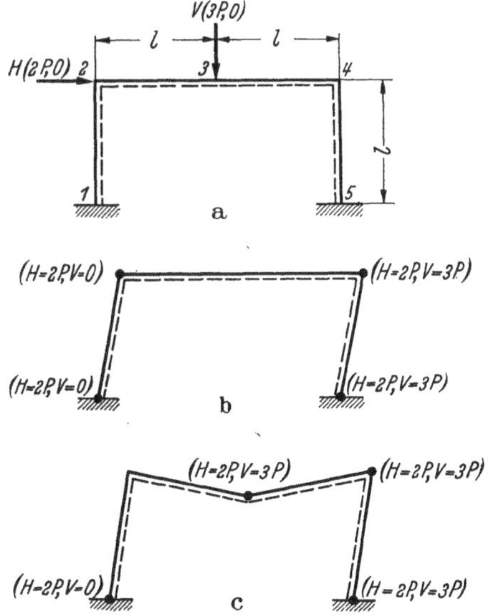



Abb. 8.4a—c. Rechteckiger Portalrahmen. a Rahmen und Belastung, b Angenommene Seitenverschiebungs- kette des zunehmenden Versagens, c Kombinierte kine- matische Kette des zunehmenden Versagens

Kombinationen der eingetragenen Lasten zwischen ihren vorgeschrie- benen Grenzen berücksichtigt werden. Z. B. ist bei Querschnitt 1 klar, daß das maximal mögliche elastische Moment bei $H = 0$ und $V = 3\,P$ erreicht wird, da ein positiver Wert von $H$ an diesem Querschnitt ein negatives Biegemoment verursacht, wogegen ein positiver Wert von $V$

ein positives Biegemoment hervorruft. Die die maximalen elastischen Biegemomente hervorrufenden Lastkombinationen sind in Klammern unter den Werten dieser Biegemomente angegeben. Die vierte Zeile der Tabelle gibt die minimalen elastischen Biegemomente an und die fünfte Zeile den Bereich des elastischen Biegemomentes an den einzelnen Querschnitten.

Tabelle 8.6 *Elastische Biegemomente für rechteckigen Portalrahmen*

| Querschnitt | 1 | 2 | 3 | 4 | 5 |
|---|---|---|---|---|---|
| $H = 2\,P$ | $-0{,}625\,Pl$ | $0{,}375\,Pl$ | $0$ | $-0{,}375\,Pl$ | $0{,}625\,Pl$ |
| $V = 3\,P$ | $0{,}300\,Pl$ | $-0{,}600\,Pl$ | $0{,}900\,Pl$ | $-0{,}600\,Pl$ | $0{,}300\,Pl$ |
| $\mathfrak{M}_{max}$ | $0{,}300\,Pl$ | $0{,}375\,Pl$ | $0{,}900\,Pl$ | $0$ | $0{,}925\,Pl$ |
|  | $(0;\,V)$ | $(H;\,0)$ | $(H;\,V)$ | $(0;\,0)$ | $(H;\,V)$ |
| $\mathfrak{M}_{min}$ | $-0{,}625\,Pl$ | $-0{,}600\,Pl$ | $0$ | $-0{,}975\,Pl$ | $0$ |
|  | $(H;\,0)$ | $(0;\,V)$ | $(0;\,0)$ | $(H;\,V)$ | $(0;\,0)$ |
| $\mathfrak{M}_{max} - \mathfrak{M}_{min}$ | $0{,}925\,Pl$ | $0{,}975\,Pl$ | $0{,}900\,Pl$ | $0{,}975\,Pl$ | $0{,}925\,Pl$ |

Die Berechnung schreitet nun durch Annahme einer kinematischen Kette des zunehmenden Versagens fort. Die erste Annahme ist die in Abb. 8.4b dargestellte Seitenverschiebungskette. In dieser kinematischen Kette treten plastische Gelenke an den Querschnitten 1, 2, 4 und 5 nicht gleichzeitig, sondern bei verschiedenen Spitzenlast-Kombinationen auf. Die Vorzeichen der vollen plastischen Momente an diesen Querschnitten sind wie folgt:

$$M_1 = -M_p, \; M_2 = M_p, \; M_4 = -M_p, \; M_5 = M_p.$$

Die entsprechenden Restmomente können nun niedergeschrieben werden. Beispielsweise muß am Querschnitt 1, wo ein plastisches Gelenk von negativem Vorzeichen gebildet wird, das minimale elastische Moment auftreten, wenn das Biegemoment gerade den Wert $-M_p$ erreicht, so daß $m_1 + \mathfrak{M}_{1min} = -M_p$. Somit ist gemäß Tab. 8.6:

$$m_1 - 0{,}625\,Pl = -M_p \tag{8.15}$$

entsprechend:
$$m_2 + 0{,}375\,Pl = M_p \tag{8.16}$$

$$m_4 - 0{,}975\,Pl = -M_p \tag{8.17}$$

$$m_5 + 0{,}925\,Pl = M_p. \tag{8.18}$$

Aus Tab. 8.6 ist zu ersehen, daß das minimale elastische Biegemoment am Querschnitt 1 auftritt, wenn die Lastkombination $H = 2\,P$, $V = 0$ eingetragen wird. Wäre die Seitenverschiebungskette von Abb. 8.4b die tatsächliche kinematische Kette des zunehmenden Versagens, so folgte, daß während des Prozesses des zunehmenden Versagens an dem plastischen Gelenk an diesem Querschnitt Verdrehung eintreten würde, wenn immer diese Lastkombination eingetragen wird. Die Lastkombinationen, die während des zunehmenden Versagens an den anderen plastischen Gelenken Verdrehungen verursachen würden, können auf ähnliche Weise bestimmt werden, und diese Lastkombinationen sind in Abb. 8.4 b an den verschiedenen Fließgelenkstellen angegeben.

Wenn die aus den Gl. (8.15) bis (8.18) erhaltenen Werte der Restmomente in die Gleichgewichtsgleichung (8.13) eingesetzt werden, ergibt sich:

$$(M_p - 0{,}375\,Pl) - (-M_p + 0{,}625\,Pl) + (M_p - 0{,}925\,Pl) -$$
$$- (-M_p + 0{,}975\,Pl) = 0$$
$$2{,}900\,Pl = 4\,M_p$$
$$P = 1{,}379\,\frac{M_p}{l}\,.$$

Wenn dieser Wert von $P$ in die Gl. (8.15) bis (8.18) eingesetzt wird, werden unmittelbar die Werte für die Restmomente $m_1$, $m_2$, $m_4$ und $m_5$ erhalten. Diese Werte sind

$$m_1 = -0{,}138\,M_p$$
$$m_2 = \phantom{-}0{,}483\,M_p$$
$$m_4 = \phantom{-}0{,}345\,M_p$$
$$m_5 = -0{,}276 M_p.$$

Einsetzen von $m_2$ und $m_4$ in Gl. (8.14) liefert den Wert von $m_3$:

$$m_3 = 0{,}414\,M_p.$$

Da nun sämtliche Restmomente bekannt sind, können die extrem möglichen Werte der Biegemomente an jedem Querschnitt bestimmt werden, und die Berechnungen sind in Tab. 8.7 ausgeführt. In dieser Tabelle geben die zweite und dritte Zeile die Werte von $\mathfrak{M}_{\mathrm{max}}$ bzw.

Tabelle 8.7 *Maximale und minimale Biegemomente in der Seitenverschiebungskette*

$$P = 1{,}379\,\frac{M_p}{l}$$

| Querschnitt | 1 | 2 | 3 | 4 | 5 |
|---|---|---|---|---|---|
| $m$ | $-0{,}138\,M_p$ | $0{,}483\,M_p$ | $0{,}414\,M_p$ | $0{,}345\,M_p$ | $-0{,}276\,M_p$ |
| $\mathfrak{M}_{\mathrm{max}}$ | $0{,}414\,M_p$ | $0{,}517\,M_p$ | $1{,}241\,M_p$ | $0$ | $1{,}276\,M_p$ |
| $\mathfrak{M}_{\mathrm{min}}$ | $-0{,}862\,M_p$ | $-0{,}828\,M_p$ | $0$ | $-1{,}345\,M_p$ | $0$ |
| $M_{\mathrm{max}}$ | $0{,}276\,M_p$ | $M_p$ | $1{,}655\,M_p$ | $0{,}345\,M_p$ | $M_p$ |
| $M_{\mathrm{min}}$ | $-M_p$ | $-0{,}345\,M_p$ | $0{,}414\,M_p$ | $-M_p$ | $-0{,}276\,M_p$ |

$\mathfrak{M}_{\mathrm{min}}$ für $P = 1{,}379\,\frac{M_p}{l}$. Wenn diese Werte zu den Restmomenten addiert werden, die in der ersten Zeile der Tabelle angegeben sind, werden die entsprecchenden Werte der extremen Biegemomente, $M_{\mathrm{max}}$ und $M_{\mathrm{min}}$, erhalten. Die Werte von $M_{\mathrm{max}}$ und $M_{\mathrm{min}}$ sind in der vierten und fünften Tabellenzeile angegeben, und es zeigt sich, daß $M_{3\,\text{max}} = 1{,}655\,M_p$. Also war die Wahl der kinematischen Kette des zunehmenden Versagens unrichtig, da die dieser kinematischen Kette entsprechenden Restmomente und der Wert von $P$ zu einem Extremwert eines Biegemomentes führen, der das volle plastische Moment übersteigt.

Es muß nun eine neue Annahme für die kinematische Kette des zunehmenden Versagens getroffen werden. Da die vorhergehende Lösung zu einem Zustand führte, bei dem das volle plastische Moment am Querschnitt 3 überschritten wurde, sollte die neue Wahl der kinematischen Kette ein plastisches Gelenk an diesem Querschnitt enthalten. Gewählt wird die kombinierte kinematische Kette von Abb. 8.4c mit plastischen Gelenken an den Querschnitten 1, 3, 4 und 5. Eine ähnliche Berechnung wie die eben für die angenommene Seitenverschiebungskette beschriebene zeigt, daß der entsprechende Wert von $P$ gleich $1{,}132\,\dfrac{M_p}{l}$ ist. Die Ergebnisse dieser Berechnung sind in Tab. 8.8 zusammengefaßt, und es ist zu ersehen, daß keiner der in der vierten und fünften Zeile der Tabelle angegebenen Extremwerte der Biegemomente das volle plastische Moment übersteigt. Aus dem Einzigkeitsprinzip folgt, daß diese Lösung richtig ist. Somit ist die kritische Last für zunehmendes Versagen $P_s = 1{,}132\,\dfrac{M_p}{l}$, und die kinematische Kette des zunehmenden Versagens ist die in Abb. 8.4c dargestellte kombinierte kinematische Kette.

Tabelle 8.8

*Maximale und minimale Biegemomente in der kombinierten kinematischen Kette*

$$P = 1{,}132\,\frac{M_p}{l}$$

| Querschnitt | 1 | [2 | 3 | 4 | 5 |
|---|---|---|---|---|---|
| $m$ | $-0{,}292\,M_p$ | $-0{,}141\,M_p$ | $-0{,}019\,M_p$ | $0{,}104\,M_p$ | $-0{,}047\,M_p$ |
| $\mathfrak{M}_{\text{max}}$ | $0{,}340\,M_p$ | $0{,}425\,M_p$ | $1{,}019\,M_p$ | $0$ | $1{,}047\,M_p$ |
| $\mathfrak{M}_{\text{min}}$ | $-0{,}708\,M_p$ | $-0{,}679\,M_p$ | $0$ | $-1{,}104\,M_p$ | $0$ |
| $M_{\text{max}}$ | $0{,}048\,M_p$ | $0{,}284\,M_p$ | $M_p$ | $0{,}104\,M_p$ | $M_p$ |
| $M_{\text{min}}$ | $-M_p$ | $-0{,}820\,M_p$ | $-0{,}019\,M_p$ | $-M_p$ | $-0{,}047\,M_p$ |

Die Lastkombinationen, die während des zunehmenden Versagens an den verschiedenen plastischen Gelenken Verdrehungen verursachen würden, werden in der gleichen Weise wie für die angenommene Seitenverschiebungskette abgeleitet und sind in Abb. 8.4c an den vier Fließgelenkstellen angegeben.

Die Berechnung der kritischen Last für zunehmendes Versagen $P_s$ kann gewöhnlich abgekürzt werden, indem zuerst die plastische Traglast $P_c$ für die ungünstigste Lastkombination berechnet wird; denn der Wert von $P_s$ kann nicht $P_c$ übersteigen. Das hat seinen Grund darin, daß für $P = P_s$ eine Restmomentenverteilung existieren muß, die es gestattet, *sämtliche* möglichen Lastkombinationen durch rein elastische Biegemomentenänderungen aufzunehmen, so daß das volle plastische Moment an keiner Stelle des Rahmentragwerkes überschritten wird. Es folgt, daß in dieser Weise die *ungünstigste* mögliche Lastkombination aufgenommen werden kann, so daß in der resultierenden Biegemomentenverteilung das volle plastische Moment an keiner Stelle überschritten wird. Nach dem statischen Satz des plastischen Versagens kann die Last $P_s$ deshalb nicht die plastische Traglast $P_c$ übersteigen, so daß

$$P_s < P_c.$$

In diesem besonderen Falle ergibt sich bei gleichzeitiger Eintragung der maximalen Horizontal- und Vertikallast, $2P$ und $3P$, die plastische Traglast $P_c$ zu $1{,}2 \frac{M_p}{l}$. Für die zuerst berechnete Seitenverschiebungskette wurde der zugehörige Wert von $P$ zu $1{,}379 \frac{M_p}{l}$ ermittelt, was größer als der Wert von $P_c$ ist. Diese kinematische Kette hätte daher ohne Berechnung der Werte von $M_{\max}$ und $M_{\min}$ an jedem Querschnitt wie in Tab. 8.7 zurückgewiesen werden können, was einen beträchtlichen Aufwand an Rechenarbeit eliminiert hätte.

Da die kritische Last für zunehmendes Versagen zu $1{,}132 \frac{M_p}{l}$ ermittelt wurde, folgt, daß in diesem Falle $P_c$ den Wert von $P_s$ um etwa $6\%$ überschreitet.

Es ist möglich, eine Schätzung der bei einer unbegrenzten Anzahl von Lastzyklen mit dem Wert der Last $P$ gleich $P_s$ entwickelten Grenz-Ausbiegungen vorzunehmen; das Verfahren ist ähnlich dem im Abschnitt 5.5 für die Bestimmung der Ausbiegungen in einem Tragwerk am Punkt des Versagens beschriebenen. Für einen Augenblick wird der in Abb. 8.1a dargestellte Rechteckrahmen betrachtet, dessen Verhalten unter der Wiederholung des in Abb. 8.1b angegebenen Belastungszyklus in Abschn. 8.2 besprochen wurde. Tab. 8.3 zeigt, daß bei diesem Rahmen und zyklischer Belastung mit $P = P_s$ das bei gemeinsamer Eintragung der Horizontal- und Vertikallast am Querschnitt 3 auftretende Biegemoment sich asymptotisch $M_p$ nähert, wenn die Anzahl der Belastungszyklen gegen unendlich strebt, aber an diesem Querschnitt tritt nie irgendeine Fließgelenkverdrehung auf. Wenn das Rahmentragwerk sich eingespielt hat, gibt es somit an den Querschnitten 1, 4 und 5 unbestimmt große Gelenkverdrehungen, aber am Querschnitt 3 ist die Verdrehung gleich Null. In dem eben betrachteten Beispiel ist in ähnlicher Weise an einem der Querschnitte 1, 3, 4 oder 5, an denen sich in der kinematischen Kette des zunehmenden Versagens Gelenke bilden, die Gelenkverdrehung Null und daher Kontinuität vorhanden. Dies ist das Gegenstück zu der Kontinuität, die an dem Querschnitt vorkommt, wo sich beim plastischen Versagen das letzte Gelenk bildet.

Da die Verteilung der Restbiegemomente nach dem Eintreten des Einspielens unter $P = P_s$ bekannt ist, ist es möglich, durch Annahme von Kontinuität an einem beliebigen Querschnitt 1, 3, 4 oder 5 die Gelenkverdrehungen an den anderen drei Querschnitten und die Ausbiegungen des Rahmens im unbelasteten Zustand mit Hilfe der Neigung-Durchbiegungsgleichungen zu berechnen. Wenn diese Gelenkverdrehungen nicht alle von richtigem Vorzeichen sind, kann eine geeignete Bewegung einer kinematischen Kette überlagert werden, um die Verdrehung an einem der Gelenke auf Null zu bringen und allen anderen Gelenkverdrehungen das richtige Vorzeichen zu geben und demgemäß die Ausbiegungen zu berichtigen.

Die kritische Last für alternierende Plastizität $P_a$ kann schließlich sehr einfach aus Tab. 8.6 gefunden werden durch Feststellung, daß der größte elastische Bereich des Biegemomentes $0{,}975\,Pl$ ist. Wenn der verfügbare Bereich des elastischen Biegemomentes zu $2\,M_f = \dfrac{2M_p}{\alpha}$ angenommen wird, wobei $\alpha$ der Formbeiwert ist, wird die kritische Last für alternierende Plastizität gegeben durch

$$0{,}975\,P_a l = \frac{2\,M_p}{\alpha}$$

$$P_a = 2{,}051\,\frac{M_p}{\alpha l}$$

### 8.6 Verfahren der Kombination kinematischer Ketten

Auf die Schwierigkeiten, die bei der Anwendung des Probierverfahrens in den Fällen erwachsen, in denen kinematische Ketten des zunehmenden Versagens vom teilweisen Typ zu untersuchen sind, ist bereits eingegangen worden. Das Verfahren der Kombination kinematischer Ketten [25] für die Bestimmung kritischer Lasten des zunehmenden Versagens bietet keine zusätzlichen Schwierigkeiten, wenn kinematische Ketten vom Typ des teilweisen zunehmenden Versagens vorkommen, und spielt daher die gleiche Rolle bei der Berechnung kritischer Lasten für zunehmendes Versagen wie das entsprechende Verfahren bei der Berechnung plastischer Traglasten.

Für irgendeine angenommene kinematische Kette des zunehmenden Versagens kann ein entsprechender Wert von $P$ gefunden werden durch Anwendung des Prinzips der virtuellen Arbeit, und der kinematische Satz sagt aus, daß die tatsächliche kritische Last des zunehmenden Versagens $P_s$ der kleinste Wert von $P$ ist, der erhalten wird, wenn sämtliche möglichen kinematischen Ketten des zunehmenden Versagens untersucht werden. Das Verfahren der Kombination kinematischer Ketten besteht einfach in der Ableitung der den unabhängigen kinematischen Ketten und ihren wahrscheinlichsten Kombinationen zugehörigen Werte von $P$, bis man meint, den niedrigsten möglichen Wert von $P$ gefunden zu haben. Das Ergebnis wird dann einer statischen Kontrolle unterworfen, indem die entsprechende Restmomentenverteilung bestimmt und nachgeprüft wird, ob die maximalen und minimalen elastischen Biegemomente zu dem Restmoment an jedem Querschnitt zugezählt werden können, ohne daß das volle plastische Moment überschritten wird. Das Verfahren unterscheidet sich also von dem Verfahren der Kombination kinema-

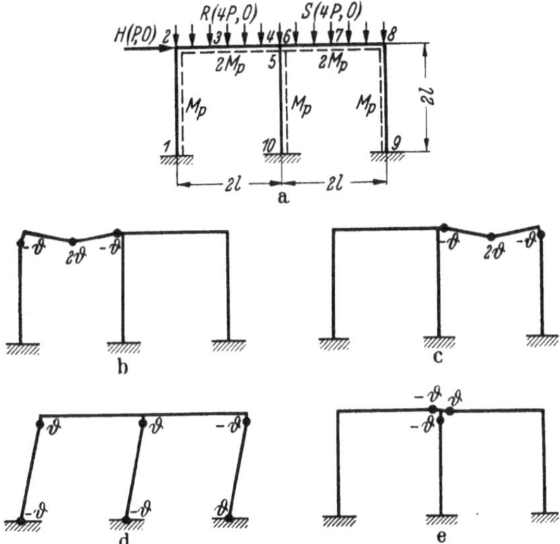

Abb. 8.5 a—e. Zweifeldriger einstöckiger Rechteckrahmen. a Rahmen und Belastung, b Trägerkette im linken Feld, c Trägerkette im rechten Feld, d Seitenverschiebungskette, e Knotenverdrehungskette

tischer Ketten für die Berechnung plastischer Traglasten nur in Einzelheiten seiner Anwendung.

Das Verfahren wird unter Bezugnahme auf den Rahmen erläutert, dessen Abmessungen und Belastung in Abb. 8.5a angegeben sind. In diesem Rahmen werden sämtliche Knoten als steif angenommen und die Stiele als an den Füßen vollkommen eingespannt. In Riegelhöhe wird eine Horizontallast $H$ eingetragen, die zwischen den Grenzen Null und $P$ variieren kann, und auf die Riegel wirken gleichförmig verteilte Vertikallasten $R$ und $S$, die zwischen den Grenzen Null und $4P$ variieren können. Diese drei Lasten $H$, $R$ und $S$ können innerhalb ihrer vorgeschriebenen Grenzen unabhängig voneinander variieren. Das volle plastische Moment jedes Rahmenstieles ist $M_p$ und das jedes Riegels $2 M_p$.

Da das Trägheitsmoment für Träger von geometrisch ähnlichem Querschnitt proportional $M_p^{4/3}$ variiert, wird das Verhältnis des Trägheitsmomentes eines Riegels zu dem eines Stieles zu 2,5 angenommen, was annähernd $(2)^{4/3}$ ist.

In diesem Rahmen gibt es zehn in Abb. 8.5a mit 1 bis 10 bezeichnete Querschnitte, an denen plastische Gelenke vorkommen können. Die Lage der Fließgelenke, die in den Riegeln unter der gleichförmig verteilten Belastung auftreten können, ist *a priori* nicht bekannt. Bei der Betrachtung der unabhängigen kinematischen Ketten und ihrer Kombinationen

Tabelle 8.9

*Elastische Biegemomente für zweifeldrigen einstöckigen rechteckigen Portalrahmen*

| Querschnitt | 1 | 2 | 3 | 4 | 5 |
|---|---|---|---|---|---|
| $H = P$ | $-0{,}339\ Pl$ | $0{,}287\ Pl$ | $0{,}051\ Pl$ | $-0{,}184\ Pl$ | $0{,}368\ Pl$ |
| $R = 4P$ | $0{,}091\ Pl$ | $-0{,}224\ Pl$ | $0{,}608\ Pl$ | $-0{,}560\ Pl$ | $0{,}216\ Pl$ |
| $S = 4P$ | $0{,}004\ Pl$ | $0{,}033\ Pl$ | $-0{,}156\ Pl$ | $-0{,}344\ Pl$ | $-0{,}216\ Pl$ |
| $\mathfrak{M}_{max}$ | $0{,}095\ Pl$<br>$(0; R; S)$ | $0{,}320\ Pl$<br>$(H; 0; S)$ | $0{,}659\ Pl$<br>$(H; R; 0)$ | $0$<br>$(0; 0; 0)$ | $0{,}584\ Pl$<br>$(H; R; 0)$ |
| $\mathfrak{M}_{min}$ | $-0{,}339\ Pl$<br>$(H; 0; 0)$ | $-0{,}224\ Pl$<br>$(0; R; 0)$ | $-0{,}156\ Pl$<br>$(0; 0; S)$ | $-1{,}088\ Pl$<br>$(H; R; S)$ | $-0{,}216\ Pl$<br>$(0; 0; S)$ |
| $\mathfrak{M}_{max} - \mathfrak{M}_{min}$ | $0{,}434\ Pl$ | $0{,}544\ Pl$ | $0{,}815\ Pl$ | $1{,}088\ Pl$ | $0{,}800\ Pl$ |

| Querschnitt | 6 | 7 | 8 | 9 | 10 |
|---|---|---|---|---|---|
| $H = P$ | $0{,}184\ Pl$ | $-0{,}051\ Pl$ | $-0{,}287\ Pl$ | $0{,}339\ Pl$ | $-0{,}380\ Pl$ |
| $R = 4P$ | $-0{,}344\ Pl$ | $-0{,}156\ Pl$ | $0{,}033\ Pl$ | $0{,}004\ Pl$ | $-0{,}128\ Pl$ |
| $S = 4P$ | $-0{,}560\ Pl$ | $0{,}608\ Pl$ | $-0{,}224\ Pl$ | $0{,}091\ Pl$ | $0{,}128\ Pl$ |
| $\mathfrak{M}_{max}$ | $0{,}184\ Pl$<br>$(H; 0; 0)$ | $0{,}608\ Pl$<br>$(0; 0; S)$ | $0{,}033\ Pl$<br>$(0; R; 0)$ | $0{,}434\ Pl$<br>$(H; R; S)$ | $0{,}128\ Pl$<br>$(0; 0; S)$ |
| $\mathfrak{M}_{min}$ | $-0{,}904\ Pl$<br>$(0; R; S)$ | $-0{,}207\ Pl$<br>$(H; R; 0)$ | $-0{,}511\ Pl$<br>$(H; 0; S)$ | $0$<br>$(0; 0; 0)$ | $-0{,}508\ Pl$<br>$(H; R; 0)$ |
| $\mathfrak{M}_{max} - \mathfrak{M}_{min}$ | $1{,}088\ Pl$ | $0{,}815\ Pl$ | $0{,}544\ Pl$ | $0{,}434\ Pl$ | $0{,}636\ Pl$ |

wird jedoch vorläufig angenommen, daß, wenn plastische Gelenke in der kinematischen Kette des zunehmenden Versagens innerhalb der Riegelfelder auftreten, diese Gelenke in Riegelmitte liegen.

Die elastischen Lösungen für diesen Rahmen für die drei Fälle, in denen jede Last einzeln eingetragen wird, können mit Hilfe irgendeines der orthodoxen elastischen Verfahren der Tragwerksberechnung erhalten werden. Diese Lösungen sind in Tab. 8.9 angegeben, in die ebenfalls das maximale und minimale elastische Biegemoment an jedem Querschnitt zusammen mit dem elastischen Bereich des Biegemomentes eingetragen ist. Für die Biegemomente ist das übliche Vorzeichenübereinkommen angenommen worden, nämlich, daß positive Biegemomente in den auf der Seite der strichlierten Linien in Abb. 8.5a liegenden Stabfasern Zug erzeugen.

Der Rahmen ist sechsfach statisch unbestimmt, und da zur Festlegung der Biegemomentenverteilung für das ganze Tragwerk zehn Biegemomente bekannt sein müssen, muß es vier unabhängige kinematische Ketten geben. Zwei dieser kinematischen Ketten sind die in den Abb. 8.5b und c dargestellten einfachen Trägerketten, und es gibt eine Seitenverschiebungskette, wie in Abb. 8.5d gezeigt. Die vierte unabhängige kinematische Kette ist die in Abb. 8.5e dargestellte Knotenverdrehung. Größe und Vorzeichen der in jeder dieser kinematischen Ketten vorkommenden Gelenkverdrehungen sind in den einzelnen Skizzen angegeben, jede Gelenkverdrehung ist in Termen eines einzigen Parameters $\vartheta$ ausgedrückt. Der Grund für die Angabe der Vorzeichen der Fließgelenkverdrehungen wird später klar werden; das verwendete Vorzeichenübereinkommen entspricht dem für die Biegemomente angenommenen: positive Gelenkverdrehungen verursachen Dehnungen in den auf der Seite der strichlierten Linien in Abb. 8.5a liegenden Stabfasern.

Zunächst wird die in Abb. 8.5b dargestellte Trägerkette betrachtet. Es werde angenommen, daß dieses die richtige kinematische Kette des zunehmenden Versagens sei, und daß der Wert der Last $P$ gerade gleich seinem kritischen Wert für zunehmendes Versagen ist. Dann würde am Querschnitt 2, wo ein negatives plastisches Gelenk gezeigt ist, das volle plastische Moment $-M_p$ bei derjenigen Lastkombination gerade erreicht werden, die das minimale elastische Biegemoment an diesem Querschnitt hervorruft. Der Wert dieses minimalen elastischen Biegemomentes ist nach Tab. 8.9 $-0{,}224\,Pl$, und es folgt, daß

$$m_2 - 0{,}224\,Pl = -M_p$$

und entsprechend:
$$m_3 + 0{,}659\,Pl = 2\,M_p$$
$$m_4 - 1{,}088\,Pl = -2\,M_p.$$

Der zugehörige Wert von $P$ kann nun durch Anwendung des Prinzips der virtuellen Arbeit gefunden werden. Für jede beliebige kinematische Kette, in der die Gelenkverdrehung am Querschnitt $k$ $\vartheta_k$ ist, folgt aus dem Prinzip der virtuellen Arbeit, Gl. (8.12), daß

$$\Sigma m_k \vartheta_k = 0,$$

wobei $m_k$ das Restmoment am Querschnitt $k$ bedeutet, das aus irgendeiner Restmomentenverteilung, die die Gleichgewichtsbedingungen für die äußere Belastung Null befriedigt, erhalten wird. Die Summation in dieser Gleichung erfaßt sämtliche Stellen, an denen in der angenommenen kinematischen Kette plastische Gelenke vorkommen. Wenn die Gelenkverdrehungen der kinematischen Kette von Abb. 8.5b in diese

Gleichung eingesetzt werden, zusammen mit den eben erhaltenen Restmomenten, ergibt sich, daß

$$-\vartheta(-M_p + 0{,}224\,Pl) + 2\,\vartheta(2\,M_p - 0{,}659\,Pl) - \vartheta(-2\,M_p + 1{,}088\,Pl) = 0$$
$$2{,}630\,Pl\vartheta = 7\,M_p\vartheta \tag{8.19}$$

$$P = 2{,}662\,\frac{M_p}{l}\,.$$

Die Berechnung des irgendeiner angenommenen kinematischen Kette zugehörigen Wertes von $P$ kann in systematischer Weise vorgenommen werden. Die Fließgelenkverdrehung an einer typischen Gelenkstelle $k$ in einer angenommenen kinematischen Kette des zunehmenden Versagens wird ein Vielfaches eines Parameters $\vartheta$ sein und kann als $\alpha_k\vartheta$ geschrieben werden, wobei $\alpha_k$ ein numerischer Koeffizient ist. Wenn $(M_p)_k$ das volle plastische Moment an dieser Gelenkstelle bezeichnet, wird das entsprechende Restmoment an diesem Querschnitt durch eine der zwei Gl. (8.10) oder (8.11) gegeben,

$$m_k = (M_p)_k - \mathfrak{M}_{k\max}, \text{ wenn } \alpha_k > 0$$
$$m_k = -(M_p)_k - \mathfrak{M}_{k\min}, \text{ wenn } \alpha_k < 0.$$

Die Gleichung der virtuellen Arbeit für die angenommene kinematische Kette des zunehmenden Versagens lautet somit:

$$\boldsymbol{\Sigma} \begin{pmatrix} (M_p)_k - \mathfrak{M}_{k\max} \\ -(M_p)_k - \mathfrak{M}_{k\min} \end{pmatrix} \alpha_k\vartheta = 0\,,$$

wobei sich die Summation über alle Querschnitte $k$ erstreckt, an denen in der angenommenen kinematischen Kette plastische Gelenke vorkommen. Die Termen in den Klammern sind Alternative, jedes positive $\alpha_k$ wird mit $[(M_p)_k - \mathfrak{M}_{k\max}]$ multipliziert und jedes negative $\alpha_k$ mit $[-(M_p)_k - \mathfrak{M}_{k\min}]$. Daher ist jeder Term $\alpha_k \begin{pmatrix} (M_p)_k \\ -(M_p)_k \end{pmatrix}$ positiv, unabhängig von den Vorzeichen von $\alpha_k$. Die Gleichung kann daher folgendermaßen umgeschrieben werden:

$$\boldsymbol{\Sigma}\alpha_k \begin{pmatrix} \mathfrak{M}_{k\max} \\ \mathfrak{M}_{k\min} \end{pmatrix} \vartheta = \Sigma|\alpha_k|(M_p)_k\vartheta. \tag{8.20}$$

In den Alternativen auf der linken Seite von Gl. (8.20) wird jedes positive $\alpha_k$ mit $\mathfrak{M}_{k\max}$ multipliziert und jedes negative $\alpha_k$ mit $\mathfrak{M}_{k\min}$. Es ist ersichtlich, daß die rechte Seite dieser Gleichung identisch ist mit der Arbeit, die an den plastischen Gelenken absorbiert würde, wenn die angenommene kinematische Kette als eine plastische Bruchkette anstatt eine kinematische Kette des zunehmenden Versagens angesehen würde.

Gl. (8.20) ermöglicht es, die Gleichung der virtuellen Arbeit für eine beliebige angenommene kinematische Kette des zunehmenden Versagens direkt niederzuschreiben. Als Beispiel wird die Trägerkette von Abb. 8.5c betrachtet. Bei dieser kinematischen Kette ist $\alpha_6 = -1$, $\alpha_7 = 2$ und $\alpha_8 = -1$, und die vollen plastischen Momente an den Querschnitten 6, 7 und 8 sind von der Größe $2\,M_p$, $2\,M_p$ bzw. $M_p$. Anwendung der Gl. (8.20) ergibt

$$(- \mathfrak{M}_{6\text{min}} + 2\,\mathfrak{M}_{7\text{max}} - \mathfrak{M}_{8\text{min}})\,\vartheta = 7\,M_p\vartheta\,.$$

Einsetzen der Werte von $\mathfrak{M}_{6\text{min}}$, $\mathfrak{M}_{7\text{max}}$ und $\mathfrak{M}_{8\text{min}}$ aus Tabelle 8.9 in diese Gleichung liefert

$$(0{,}904\,Pl + 2 \cdot 0{,}608\,Pl + 0{,}511\,Pl)\vartheta = 7\,M_p\,\vartheta$$
$$2{,}631\,Pl\vartheta = 7\,M_p\vartheta$$
$$P = 2{,}661\,\frac{M_p}{l}\,. \tag{8.21}$$

Anwendung von Gl. (8.20) auf die Seitenverschiebungskette von Abbildung 8.5d führt zu dem Ergebnis

$$2{,}696\,Pl\vartheta = 6\,M_p\vartheta$$
$$P = 2{,}226\,\frac{M_p}{l}\,. \tag{8.22}$$

Für die Knotenverschiebungskette von Abb. 8.5e ergibt Gl. (8.20)

$$1{,}488\,Pl\vartheta = 5\,M_p\vartheta$$
$$P = 3{,}360\,\frac{M_p}{l}\,. \tag{8.23}$$

Auf den ersten Blick kann es als überraschend erscheinen, daß ein der Knotenverdrehungskette zugehöriger Wert von $P$ erhalten werden kann. Man wird sich daran erinnern, daß im Falle des plastischen Versagens eine Knotenverschiebungskette für sich allein selten eine physikalische Bedeutung hat; denn wenn nicht ein äußeres Moment an dem Knoten angreift, enthält die Arbeitsgleichung für eine Knotenverdrehungskette keinerlei Term für die von den äußeren Lasten geleistete Arbeit und entspricht daher Null-Werten der erforderlichen plastischen Momente. Das ist jedoch nicht der Fall, wo es sich um zunehmendes Versagen handelt; der Grund dafür ist, daß die Gelenkverdrehungen nicht alle gleichzeitig einzutreten brauchen, sondern nur in verschiedenen Stadien während des Belastungsprogramms. Die Knotenverdrehungskette wäre dann die tatsächliche kinematische Kette des zunehmenden Versagens für dieses Tragwerk, wenn die vollen plastischen Momente der Stäbe an jedem Querschnitt außer 4, 5 und 6 durch Heraufsetzen der Fließgrenze hinreichend erhöht würden, so daß die elastischen Eigenschaften der Stäbe ungeändert blieben.

Von den vier unabhängigen kinematischen Ketten liefert die Seitenverschiebungskette von Abb. 8.5d den niedrigsten Wert von $P$, nämlich $2{,}226\,\dfrac{M_p}{l}$. Es bleiben nun die möglichen Kombinationen der unabhängigen kinematischen Ketten zu untersuchen, um zu sehen, ob ein noch niedrigerer Wert von $P$ gefunden werden kann. Zuerst wird die Kombination der Trägerkette von Abb. 8.5b mit der Seitenverschiebungskette betrachtet. Wenn diese zwei kinematischen Ketten zusammengefügt werden, fällt das Gelenk am Querschnitt 2 fort. Die Gleichung der virtuellen Arbeit für die resultierende kinematische Kette, die in Abb. 8.6a dargestellt ist, könnte auf direkte Weise erhalten werden, aber es geht schneller, diese Gleichung aus den Gleichungen der virtuellen Arbeit (8.19) und (8.22) abzuleiten, die den zwei zusammengefügten unabhängigen kinematischen Ketten zugehören. Diese Gleichungen lauten:

$$2{,}630\,Pl\vartheta = 7\,M_p\vartheta \tag{8.19}$$

$$2{,}696\,Pl\vartheta = 6\,M_p\vartheta. \tag{8.22}$$

Die rechte Seite jeder dieser Gleichungen schloß einen Term $M_p\vartheta$ für die an dem plastischen Gelenk am Querschnitt 2 absorbierte Arbeit ein. Bei Kombination dieser kinematischen Ketten ergibt sich somit eine Reduktion von $2\,M_p\vartheta$ in der absorbierten Arbeit. Weiterhin enthalten die linken Seiten der Gleichungen (8.19) und (8.22) Termen $-\mathfrak{M}_{2\min}\vartheta$ bzw. $\mathfrak{M}_{2\max}\vartheta$, so daß bei der Kombination der entsprechenden kinematischen Ketten ein Term $(\mathfrak{M}_{2\max} - \mathfrak{M}_{2\min})\vartheta$ herausfällt. Dieser Term hat nach Tab. 8.9 den Wert $0{,}544\,Pl\vartheta$. Die resultierende Gleichung der virtuellen Arbeit wird somit wie folgt erhalten:

$$2{,}630\,Pl\vartheta = 7\,M_p\vartheta \tag{8.19}$$

$$2{,}696\,Pl\vartheta = 6\,M_p\vartheta \tag{8.22}$$

$$5{,}326\,Pl\vartheta - 0{,}544\,Pl\vartheta = 13\,M_p\vartheta - 2\,M_p\vartheta$$

$$4{,}782\,Pl\vartheta = 11\,M_p\vartheta$$

$$P = 2{,}300\,\frac{M_p}{l}. \tag{8.24}$$

Dieser Wert von $P$ stellt keine Verbesserung gegenüber dem für die Seitenverschiebungskette erhaltenen Wert $2{,}226\,\dfrac{M_p}{l}$ dar.

Die vorstehend angegebene Berechnung für die Kombination unabhängiger kinematischer Ketten ist typisch. Man erkennt den zweifachen Einfluß der Ausschaltung eines plastischen Gelenkes auf die resultierende Gleichung der virtuellen Arbeit. An erster Stelle ist bereits aufgezeigt worden, daß die Summation $\Sigma |\alpha_k|(M_p)_k\vartheta$, die die rechte Seite von Gl. (8.20) bildet, die Arbeit ist, die an den plastischen Gelenken absorbiert würde, wenn die kinematische Kette des zunehmenden Versagens als eine plastische Bruchkette mit gleichzeitiger Verdrehung sämtlicher Gelenke angesehen wird. Der Einfluß der Ausschaltung eines Gelenkes auf diese Summation ist daher identisch mit dem Einfluß auf die an den Gelenken absorbierte Arbeit bei der Kombination von zwei oder mehr plastischen Bruchketten und erfordert somit keine weitere Erläuterung. Zweitens illustriert die gerade ausgeführte Kombination von kinematischen Ketten den Punkt, daß die Summation $\Sigma \alpha_k \binom{\mathfrak{M}_{k\max}}{\mathfrak{M}_{k\min}} \vartheta$ durch eine Gelenk-Ausschaltung beeinflußt wird. Das steht im Gegensatz zu dem Fall des plastischen Bruches, wo die Termen für die von den eingetragenen Lasten geleistete Arbeit stets additiv waren. Wenn kinematische Ketten des zunehmenden Versagens so kombiniert werden, daß an einem Querschnitt $j$ ein Gelenk eliminiert wird, enthält eine der kinematischen Ketten eine positive Gelenkverdrehung $|\alpha_j|\vartheta$, mit der das maximale elastische Moment $\mathfrak{M}_{j\max}$ verbunden ist, und eine andere der kinematischen Ketten eine negative Gelenkverdrehung

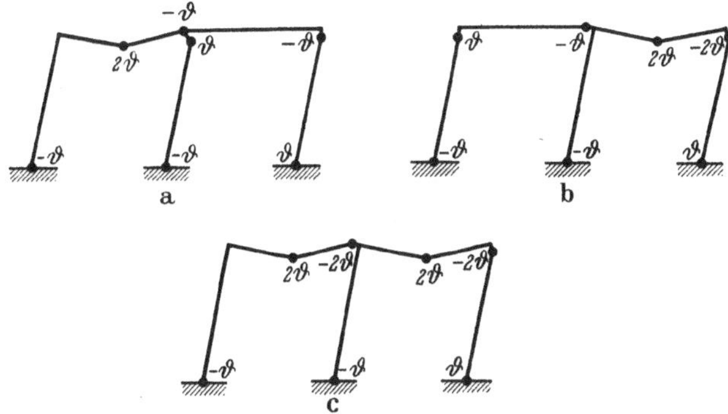

Abb. 8.6a–c. Kombinierte kinematische Ketten

$-|\alpha_j|\vartheta$, mit der das minimale elastische Moment $\mathfrak{M}_{j\min}$ verbunden ist. Es folgt, daß bei der Bildung der Gleichung der virtuellen Arbeit für die kombinierte kinematische Kette in bezug auf das ausgeschaltete Gelenk ein Term

$$\lfloor \alpha_j \rfloor (\mathfrak{M}_{j\max} - \mathfrak{M}_{j\min}) \vartheta$$

von der Summe der linken Seiten der Gleichungen der virtuellen Arbeit für die zusammengefügten kinematischen Ketten abgezogen werden muß.

Eine andere mögliche Kombination der unabhängigen kinematischen Ketten ist in Abb. 8.6b dargestellt. Diese kinematische Kette wird erhalten durch Addieren der Verschiebungen und Gelenkverdrehungen der Trägerkette von Abb. 8.5c und der Seitenverschiebungskette von Abb. 8.5d, sowie folgende Zufügung der Knotenverdrehungskette von Abb. 8.5e, so daß die Gelenkverdrehungen an den Querschnitten 5 und 6 eliminiert werden. Die Elimination der Gelenkverdrehung von der Größe $\vartheta$ am Querschnitt 5, wo das volle plastische Moment gleich $M_p$ ist, reduziert die an den plastischen Gelenken absorbierte Arbeit um $2 M_p \vartheta$. Ferner reduziert die Elimination der Gelenkverdrehung von der

Größe $\vartheta$ am Querschnitt 6, wo das volle plastische Moment gleich $2\,M_p$ ist, die absorbierte Arbeit um $4\,M_p\vartheta$. Es ist $|\alpha_5| = |\alpha_6| = 1$ und nach Tab. 8.9: $(\mathfrak{M}_{5\text{max}} - \mathfrak{M}_{5\text{min}}) = 0{,}800\,Pl$ und $(\mathfrak{M}_{6\text{max}} - \mathfrak{M}_{6\text{min}}) = 1{,}088\,Pl$. Die resultierende Gleichung der virtuellen Arbeit für die kombinierte kinematische Kette von Abb. 8.6b wird demnach wie folgt erhalten:

$$2{,}631\,Pl\vartheta = 7\,M_p\vartheta \tag{8.21}$$

$$2{,}696\,Pl\vartheta = 6\,M_p\vartheta \tag{8.22}$$

$$1{,}488\,Pl\vartheta = 5\,M_p\vartheta \tag{8.23}$$

$$6{,}815\,Pl\vartheta - 0{,}800\,Pl\vartheta - 1{,}088\,Pl\vartheta = 18\,M_p\vartheta - 2\,M_p\vartheta - 4\,M_p\vartheta$$

$$4{,}927\,Pl\vartheta = 12\,M_p\vartheta$$

$$P = 2{,}436\,\frac{M_p}{l}\,. \tag{8.25}$$

Dieser Wert von $P$ stellt wiederum keine Verbesserung gegenüber dem für die Seitenverschiebungskette erhaltenen Wert $2{,}226\,\dfrac{M_p}{l}$ dar.

Die einzig übrigbleibende Kombination der unabhängigen kinematischen Ketten ist in Abb. 8.6c dargestellt. Diese kinematische Kette wird erhalten durch Addition der Verschiebungen und Gelenkverdrehungen der kombinierten kinematischen Kette von Abb. 8.6b zu denen der Trägerkette von Abb. 8.5b, wodurch die Gelenkverdrehung von der Größe $\vartheta$ am Querschnitt 2 eliminiert wird, wo das volle plastische Moment die Größe $M_p$ hat. Nach Tab. 8.9 ist

$$(\mathfrak{M}_{2\text{max}} - \mathfrak{M}_{2\text{min}}) = 0{,}544\,Pl.$$

Die Gleichung der virtuellen Arbeit für die kombinierte kinematische Kette von Abb. 8.6c wird daher wie folgt erhalten:

$$4{,}927\,Pl\vartheta = 12\,M_p\vartheta \tag{8.25}$$

$$2{,}630\,Pl\vartheta = 7\,M_p\vartheta \tag{8.19}$$

$$7{,}557\,Pl\vartheta - 0{,}544\,Pl\vartheta = 19\,M_p\vartheta - 2\,M_p\vartheta$$

$$7{,}013\,Pl\vartheta = 17\,M_p\vartheta$$

$$P = 2{,}424\,\frac{M_p}{l}\,. \tag{8.26}$$

Der erhaltene Wert von $P$ ist wieder keine Verbesserung gegenüber dem der Seitenverschiebungskette zugehörigen Wert $2{,}226\dfrac{M_p}{l}$. Da es keine anderen möglichen Kombinationen zu untersuchen gibt, wird gefolgert, daß die Seitenverschiebungskette die tatsächliche kinematische Kette des zunehmenden Versagens ist, unter der Annahme, daß plastische Gelenke, die sich unter den gleichförmig verteilten Lasten $R$ und $S$

in den Riegeln bilden können, in Riegelmitte auftreten. So war der der kinematischen Kette von Abb. 8.6a zugehörige Wert von $P$ gleich $2{,}300\,\dfrac{M_p}{l}$ unter der Annahme, daß das Gelenk im linken Riegel in Riegelmitte auftrat. Tatsächlich ist die richtige Lage dieses Gelenkes die Stelle, die den entsprechenden Wert von $P$ zu einem Minimum macht, welcher dadurch unter den Wert $2{,}226\,\dfrac{M_p}{l}$ für die Seitenverschiebungskette reduziert werden könnte. Jedoch wird angenommen, daß dies nicht der Fall ist, und die Richtigkeit dieser Annahme wird durch eine statische Kontrolle für die Seitenverschiebungskette bestätigt.

*Statische Kontrolle*

Die statische Kontrolle nimmt die Form der Konstruktion der maximalen und minimalen elastischen Biegemomentendiagramme für den ganzen Rahmen mit $P = 2{,}226\,\dfrac{M_p}{l}$ an und des Nachweises der Möglichkeit der Konstruktion eines Restmomentendiagrammes, dem die maximalen und minimalen elastischen Biegemomente überlagert werden können, ohne das volle plastische Moment an irgendeinem Querschnitt zu überschreiten. Zuerst wird die Konstruktion der maximalen und minimalen elastischen Biegemomentendiagramme für den linken Riegel betrachtet. Abb. 8.7a zeigt die elastischen Biegemomentendiagramme für diesen Riegel infolge der getrennten Eintragung der drei Lasten $H = P$, $R = 4P$ und $S = 4P$, wobei positive Biegemomente als Ordinaten unterhalb der Bezugslinie aufgetragen sind. Da jede der Lasten unabhängig zwischen Null und ihrem vorgeschriebenen Maximalwert variieren kann, ist das maximale elastische Biegemoment an irgendeinem Querschnitt die Summe derjenigen Biegemomente infolge der Spitzenwerte der einzelnen Lasten, die positiv sind. Entsprechend ist das minimale elastische Biegemoment an irgendeinem Querschnitt die Summe derjenigen Biegemomente infolge der Spitzenwerte der einzelnen Lasten, die negativ sind. Kurven, die die maximalen und minimalen elastischen Biegemomente angeben, sind in Abb. 8.7b dargestellt.

Die auf diese Weise erhaltenen maximalen und minimalen elastischen Biegemomentendiagramme für den Rahmen sind in Abb. 8.8 als ausgezogene Linien dargestellt. In diesem Diagramm sind die Ordinaten der maximalen und minimalen elastischen Biegemomente senkrecht zu jedem Stab aufgetragen. Das Vorzeichenübereinkommen für diese Biegemomente ist, daß eine positive Ordinate auf der gleichen Seite eines Stabes aufgetragen ist wie die strichlierte Linie in Abb. 8.5a. Die strichlierten Linien in Abb. 8.8 geben ein Restmomentendiagramm an, wobei die Restmomente mit umgekehrten Vorzeichen aufgetragen sind. Da das tatsächliche Biegemomentendiagramm an einem beliebigen Querschnitt durch Addition des Restmomentes zu dem elastischen Moment erhalten wird, folgt, daß es ebenfalls durch Subtraktion des Restmomentes mit umgekehrten Vorzeichen vom elastischen Moment erhalten wird. Somit sind die Spitzenbiegemomente in Abb. 8.8 von dem Restmomentendiagramm als Basis zu messen.

In der Seitenverschiebungskette des zunehmenden Versagens treten plastische Gelenke an den Querschnitten 1, 2, 5, 8, 9 und 10 auf. Das gestattet die Bestimmung des Restmomentes an jedem dieser Quer-

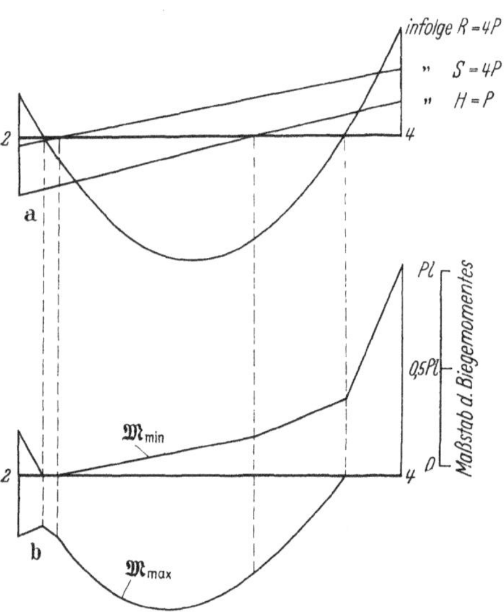


Abb. 8.7. Maximale und minimale elastische Biegemomente für den linken Riegel

schnitte. Beispielsweise tritt in der kinematischen Kette des zunehmenden Versagens ein negatives Gelenk am Querschnitt 1 ein, wo das volle plastische Moment von der Größe $M_p$ ist. Also ist $m_1 + \mathfrak{M}_{1min} = - M_p$. Der Wert von $m_1$ wird graphisch gefunden durch Absetzen von $M_p$ von dem minimalen elastischen Biegemoment am Querschnitt 1, wie durch die stark ausgezogene Linie in der Abbildung angezeigt. Eine entsprechende Konstruktion bestimmt $m_2, m_5, m_8, m_9$ und $m_{10}$.

Es erwächst nun eine Schwierigkeit aus der Tatsache, daß die auf diese Weise ermittelten sechs Restmomente nur die Restmomentenverteilung in den Rahmenstielen bestimmen, aber nicht in den zwei Riegeln, da die kinematische Kette vom Typ des teilweisen zunehmenden Versagens ist. Der Rahmen ist sechsfach statisch unbestimmt, so daß zur Bestimmung einer vollständigen Biegemomentenverteilung sieben Biegemomente bekannt sein müssen. Es ist somit möglich, eine willkürliche Wahl des Restmomentes an einem beliebigen Querschnitt in einem Riegel zu treffen, nach der die Restmomentenverteilung für den ganzen übrigen Rahmen aus den Gleichgewichtsgleichungen für die äußere Belastung Null bestimmt wird.

Eine Richtschnur für diese Wahl wird am besten gegeben durch Untersuchung der kinematischen Kette, die den nächstniedrigsten Wert von $P$ ergab. Diese kinematische Kette war die in Abb. 8.6a dargestellte mit Gelenken an den Querschnitten 3 und 4 im linken Riegel, für die der zugehörige Wert von $P$ nur $2{,}300 \dfrac{M_p}{l}$ war. Das zeigt an, daß es für

$P = 2{,}226 \dfrac{M_p}{l}$, wie in der Seitenverschiebungskette, nur gerade mög-

lich sein wird, eine Restmomentenlinie für diesen Riegel zu finden, die nicht zu Biegemomenten führt, die das volle plastische Moment $2\,M_p$ an den Querschnitten 3 und 4 überschreiten. Die Wahl des Restmomentes wird daher am Querschnitt 4 getroffen, wo das Restmoment so angesetzt wird, daß an diesem Querschnitt das volle plastische Moment $-2\,M_p$ gerade erreicht wird, wenn das elastische Biegemoment seinen minimalen

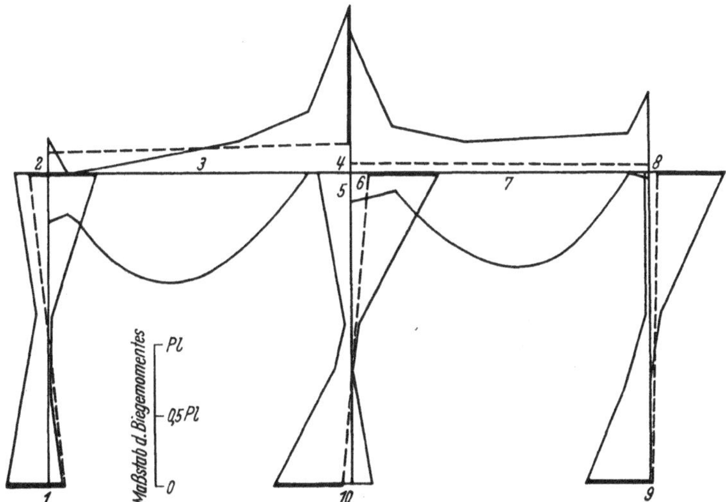


Abb. 8.8. Maximale und minimale elastische Biegemomentenverteilung und Restmomentenvertei-lung in zweifeldrigem einstöckigen Rechteckrahmen bei kritischer Last für zunehmendes Versagen

Wert hat. Mit diesem Wert von $m_4$ ergibt sich, daß das größte tatsäch-liche Biegemoment im linken Riegel an keiner Stelle innerhalb des Feldes das volle plastische Moment $2\,M_p$ übersteigt. Da $m_5$ bereits bekannt ist, wird $m_6$ sofort gefunden durch Betrachtung des Gleichgewichtes des Knotens 456, und der erhaltene Wert von $m_6$ ist derart, daß das volle plastische Moment an keiner Stelle innerhalb des Feldes des rechten Riegels überschritten wird. Es ist somit möglich, wenigstens eine der Seitenverschiebungskette zugehörige Restbiegemomentenverteilung so zu finden, daß bei Addition der maximalen und minimalen elastischen Biegemomente das volle plastische Moment an keiner Stelle des Rahmens überschritten wird. Aus dem Einzigkeitssatz folgt, daß die Seitenver-schiebungskette die kinematische Kette des zunehmenden Versagens ist, und daß die kritische Last für zunehmendes Versagen $P_s$ den Wert

$2{,}226 \dfrac{M_p}{l}$ hat.

Die plastische Traglast $P_c$ für diesen Rahmen unter der ungünstigsten Lastkombination, wenn $H$, $R$ und $S$ ihre maximalen Werte haben, ergibt sich zu $2{,}684\,\dfrac{M_p}{l}$, die Bruchkette entspricht der in Abb. 8.6a dargestellten kinematischen Kette. $P_c$ übersteigt in diesem Falle $P_s$ um etwa 21 %.

Schließlich können die Lastkombinationen, die Verdrehungen an den verschiedenen plastischen Gelenken in der kinematischen Kette des zunehmenden Versagens verursachen würden, in der bereits beschriebenen Art bestimmt werden. Diese Kombinationen sind wie folgt:

| Querschnitt | Lastkombination | | |
|---|---|---|---|
| 1 | $H = P$, | $R = 0$ , | $S = 0$ |
| 2 | $H = P$, | $R = 0$ , | $S = 4P$ |
| 5 | $H = P$, | $R = 4P$, | $S = 0$ |
| 8 | $H = P$, | $R = 0$ , | $S = 4P$ |
| 9 | $H = P$, | $R = 4P$, | $S = 4P$ |
| 10 | $H = P$, | $R = 4P$, | $S = 0$ |

Die kritische Last für alternierende Plastizität $P_a$ ergibt sich durch Feststellung aus Tab. 8.9, daß an den Querschnitten, wo das volle plastische Moment $M_p$ ist, der größte Bereich des elastischen Momentes $0{,}800\,Pl$ am Querschnitt 5 ist, während der größte Bereich des elastischen Momentes an den übrigen Querschnitten, wo das volle plastische Moment $2\,M_p$ beträgt, $1{,}088\,Pl$ an den Querschnitten 4 und 6 ist. Offensichtlich würde alternierende Plastizität zunächst am Querschnitt 5 eintreten und $P_a$ wird gegeben durch

$$0{,}800\,P_a\,l = 2\,\frac{M_p}{\alpha}$$

$$P_a = 2{,}5\,\frac{M_p}{\alpha l}.$$

Wie bereits erwähnt wurde, ist ein Verfahren für die Berechnung kritischer Lasten für zunehmendes Versagen analog dem plastischen Momentenverteilungsverfahren zur Bestimmung plastischer Traglasten bisher nicht entwickelt worden. Das einzige auf den statischen Satz gegründete Berechnungsverfahren ist das von SYMONDS und NEAL [26], die zeigten, daß kritische Lasten für zunehmendes Versagen und alternierende Plastizität durch Lösung der Ungleichungen (8.6), (8.7) und (8.8) erhalten werden können unter Berücksichtigung der zwischen den Restmomenten an den verschiedenen möglichen Fließgelenkstellen bestehenden Gleichgewichtsbedingungen. Dieses Verfahren ist jedoch mühselig in der Anwendung, und die in diesem und dem vorhergehenden Abschnitt beschriebenen Verfahren ermöglichen eine viel schnellere Durchführung der Berechnung. HEYMAN [27] hat gezeigt, daß dieses

Verfahren zur Lösung des Problems der Bemessung von Rahmentragwerken für minimales Gewicht angepaßt werden kann, wenn der Lastfaktor gegen zunehmendes Versagen oder alternierende Plastizität das
maßgebende Bemessungskriterium ist.

## 8.7 Beziehung zur Bemessung

Das normale Vorgehen bei der plastischen Bemessung besteht in der
Proportionierung der Stäbe des Rahmentragwerkes derart, daß, wenn
die ungünstigste Kombination der Gebrauchslasten mit einem festgesetzten Lastfaktor multipliziert wird, das Versagen durch plastischen
Bruch gerade eintreten würde. Der Wert des Lastfaktors ist so zu
wählen, daß die Wahrscheinlichkeit eines Versagens durch plastischen
Bruch während der Lebenszeit des Tragwerkes hinreichend gering ist,
um vertretbar zu sein. Da jedoch viele Gebäude und andere Tragwerke
variabler wiederholter Belastung unterworfen sind, ist es notwendig,
zusätzlich zu versichern, daß die Wahrscheinlichkeiten des Versagens in
Form von zunehmendem Versagen oder alternierender Plastizität ebenfalls vertretbar gering sind. Das erfordert augenscheinlich die Berechnung der kritischen Lasten für zunehmendes Versagen und alternierende
Plastizität, und da keine dieser Lasten errechnet werden kann, ohne
zuerst die elastischen Biegemomentenverteilungen in dem Rahmentragwerk für die verschiedenen einzeln wirkenden Lasten zu bestimmen,
würde das Bemessungsverfahren sehr langwierig werden. Glücklicherweise ist dies jedoch nicht notwendig; denn es erscheint, daß, wenn ein
Rahmen nach den plastischen Verfahren für einen bestimmten Lastfaktor
gegen plastischen Bruch bemessen ist, die Wahrscheinlichkeit eines tatsächlich eintretenden Versagens durch plastischen Bruch, obgleich sehr
gering, doch weit größer ist als die Wahrscheinlichkeit eines Versagens
in Form zunehmenden Versagens oder alternierender Plastizität.

Der Grund dafür wird am besten durch Betrachtung eines spezifischen
Beispieles eingesehen. Für den rechteckigen Portalrahmen von Abb. 8.1 a
wurde angezeigt, daß die ungünstigste Lastkombination für den pla-
stischen Bruch in der gemeinsamen Eintragung der Horizontal- und
Vertikallast besteht, wobei jede dieser Lasten ihren Maximalwert $P$ hat.
Der plastische Bruch tritt ein, wenn $P$ den Wert $P_c = 3\,\dfrac{M_p}{l}$ annimmt.
Wenn dieser Rahmen für einen Lastfaktor 2 bemessen wird, dann sind
die Gebrauchslasten $H = V = 1{,}5\,\dfrac{M_p}{l}$. Für den Fall des zunehmenden
Versagens wurde in Abschn. 8.2 gezeigt, daß, wenn sowohl $H$ als auch $V$ zwi-
schen den gleichen Grenzen Null und $P$ variieren können, das zunehmende
Versagen nicht eintreten kann, bevor nicht $P$ den Wert $P_s = 2{,}857\,\dfrac{M_p}{l}$
übersteigt, so daß der Lastfaktor gegen zunehmendes Versagen $\dfrac{2{,}857}{1{,}5} =$

$= 1,9$ ist. Die Frage ist daher, ob dieser Lastfaktor von 1,9 für zunehmendes Versagen einen größeren Sicherheitsspielraum gegen diese Art des Versagens gewährleistet als der Lastfaktor 2 gegen plastischen Bruch.

Der entscheidende Punkt ist hier, daß zunehmendes Versagen nicht eintreten kann, wenn nicht wenigstens ein *Belastungszyklus* stattgefunden hat, in dem die Spitzenintensitäten der Lasten die kritische Last für zunehmendes Versagen *überschritten* haben. Ein Belastungszyklus besteht in diesem Falle in der Eintragung der Lastkombination $H = P$, $V = P$, ihrer Entfernung und der Eintragung der Lastkombination $H = P$, $V = 0$, so daß in jedem Zyklus zwei Spitzenlastkombinationen enthalten sind. Die Wahrscheinlichkeit des Eintretens einer dieser Spitzenlastkombinationen, die in beiden Fällen gleich demselben Wert $p$ angenommen wird, ist aber gering, wenn $P$ größer als $P_s$ ist, denn es besteht ein Lastfaktor von 1,9 gegen zunehmendes Versagen, und die Gebrauchslasten selbst stellen die höchsten Lasten dar, die bei normaler Betriebsnutzung zu erwarten sind. Die Wahrscheinlichkeit des Eintretens von zwei Spitzenlastkombinationen, die einen Belastungszyklus bilden, ist das Produkt der Wahrscheinlichkeiten des Eintretens der zwei getrennten Kombinationen und ist somit $p^2$, wenn $P$ in jedem der beiden Fälle den Wert $P_s$ übersteigt. Da der Lastfaktor gegen plastischen Bruch 2 ist, verglichen mit 1,9 für zunehmendes Versagen, muß die Wahrscheinlichkeit $p'$ des Eintretens der einzelnen Spitzenlastkombination $H = V = P_c$, die den plastischen Bruch verursacht, zwar bedeutend geringer sein als $p$, aber diese beiden Wahrscheinlichkeiten sind so gering, daß $p'$ weit größer als $p^2$ sein wird. Somit ist die Wahrscheinlichkeit eines Versagens durch plastischen Bruch, wenngleich annehmbar gering, weit größer als die Wahrscheinlichkeit des Eintretens von zunehmendem Versagen. Diese ziemlich grobe Argumentation wird gefestigt, wenn man in Betracht zieht, daß, wenn nicht $P$ wesentlich größer als $P_s$ ist, mehrere Belastungszyklen erforderlich sind, um unzulässig große Ausbiegungen hervorzurufen, wie aus Abb. 8.2 zu ersehen ist.

Die Argumentation ist nicht überzeugend, wenn sie sich auf ein einzelnes besonderes Beispiel bezieht, aber es liegt auf der Hand, daß der wichtigste Faktor das Verhältnis der kritischen Last für zunehmendes Versagen zur plastischen Traglast ist. Im obigen Falle waren diese Lasten $2,857 \dfrac{M_p}{l}$ bzw. $3 \dfrac{M_p}{l}$, so daß $P_c$ die kritische Last $P_s$ um nur 5% überstieg. Bei den in den Abschn. 8.5 und 8.6 betrachteten Beispielen (s. Abb. 8.4 und 8.5) überstieg $P_c$ die Last $P_s$ um 6% bzw. 21%. Diese Werte sind typisch, und $P_c$ dürfte kaum $P_s$ um mehr als etwa 25% übersteigen, wenn nicht das Tragwerk ungewöhnliche Abmessungen hat oder unwahrscheinlichen Lastkombinationen unterworfen ist. Weiterhin wird der Unterschied zwischen $P_c$ und $P_s$ natürlich kleiner, wenn das Verhältnis von ständiger Last zu Verkehrslast vergrößert wird, und in den vorstehend angeführten Fällen gab es keine ständige Last. Dem obigen Argument ist von HORNE [28] Allgemeingültigkeit gegeben worden, der auf der Grundlage gewisser Annahmen gezeigt hat, daß für jedes beliebige Tragwerk und beliebige Belastung die Wahrscheinlichkeit des Versagens durch plastischen Bruch stets größer ist als die Wahrscheinlichkeit des zunehmenden Versagens. Das steht der Ansicht von DUTHEIL [29], [30] entgegen, daß Rahmentragwerke auf der Basis der kritischen Last für zunehmendes Versagen $P_s$ zu bemessen seien, da diese kritische Last stets kleiner als die plastische Traglast $P_c$ ist. DUTHEIL verband diese Ansicht jedoch mit dem Vorschlag, $P_s$ empirisch als $\dfrac{P_c}{\alpha}$ zu berechnen, wobei $\alpha$ der Formbeiwert ist. Deshalb gründet sich DUTHEILS vorgeschlagene Bemessungsmethode letzten Endes doch auf die plastische Traglast.

Ein weiteres Argument ist, daß, wenn ein Tragwerk im Begriff ist, durch plastischen Bruch zu versagen, nur geringe warnende Anzeichen das bevorstehende Versagen anzeigen, da die Ausbiegungen im allgemeinen noch nicht von übermäßiger Größe sind. Demgegenüber geht das zunehmende Versagen allmählich vor sich, die Ausbiegungen wachsen während der Lebenszeit des Tragwerkes kumulativ an, so daß hinreichende Warnzeichen des Fortschreitens dieser Art des Versagens gegeben sind. Das bedeutet, daß gegen zunehmendes Versagen ein niedrigerer Lastfaktor als gegen plastischen Bruch annehmbar wäre.

Wendet man sich nun der Frage des Versagens durch alternierende Plastizität zu, so scheint es, daß ein Versagen dieser Art kaum eintreten wird, wenn nicht die Anzahl der Belastungszyklen in der Größenordnung 100 bis 1000 oder noch höher liegt, in Abhängigkeit von der Intensität der Spitzenlasten. Es sind verhältnismäßig wenige Versuche durchgeführt worden zur Bestimmung der Zyklenzahl der Umkehr-Biegung, die zur Verursachung des Versagens erforderlich ist, wenn der Bereich der Biegespannung den elastischen Bereich überschreitet. An der University of Sheffield sind Versuche mit Stahlträgern von Rechteck- und I-Querschnitt auf zwei Stützen unter alternierender Einzellast in Trägermitte ausgeführt worden [31], [32], [33]. Diese Versuche ergaben, daß bis 50 Zyklen der Lastumkehrung, so daß das Biegemoment in Trägermitte zwischen den Grenzen $\pm M_p$ variierte, ohne irgendwelche Anzeichen des Bruches ausgehalten wurden. LAZARD [34], [35] hat über ähnliche Versuche an IPN-200-Trägern berichtet, bei denen es sich zeigte, daß glatte Träger und Träger mit Bohrlöchern unter ernster alternierender Biegebeanspruchung keine Tendenz zum Bruch zeigten. Der Bruch von Trägern mit gestanzten Löchern trat jedoch bereits nach sechs Lastumkehrungen ein.

Obgleich nicht behauptet werden kann, daß es keine Fälle gibt, bei denen die Bemessung auf einen Lastfaktor gegen alternierende Plastizität zu gründen ist, gibt es zahlreiche Fälle von Tragwerken, bei denen diese Erscheinung nicht berücksichtigt zu werden braucht. An einem Ende der Skala liegt das Tragwerk wie der Portaltyp des Shedrahmens, für das nur eine sehr geringe Zahl von Spitzenbelastungen während seiner Lebenszeit zu erwarten sind. Am anderen Extrem ist die zu erwartende Anzahl der Last-Fluktuationen von Bedeutung sehr groß, so daß Ermüdung das maßgebende Bemessungskriterium ist. Dazwischenliegende Fälle scheinen selten zu sein.

Es kann daher der Schluß gezogen werden, daß, wenn nicht Ermüdung das maßgebende Kriterium ist, das empfohlene plastische Bemessungsverfahren, bei dem ein festgesetzter Lastfaktor gegen den plastischen Bruch vorgesehen wird, im allgemeinen zu einem Tragwerk führt, das mit weit geringerer Wahrscheinlichkeit durch zunehmendes Versagen oder alternierende Plastizität versagt als durch plastischen Bruch unter einer einzigen Überlastung. Es ist jedoch interessant festzustellen, daß PARKES [36] gezeigt hat, daß die durch wiederholte Temperaturänderungen in Flugzeug-Tragflächen hervorgerufenen Spannungen Versagen in Form von zunehmendem Versagen oder alternierender Plastizität verursachen können, und die Möglichkeit des Eintretens dieser Arten des Versagens ist ein wichtiges Kriterium bei der Bemessung von sehr schnellen Flugzeugen geworden.

## Literatur

[1] GRÜNING, M.: Die Tragfähigkeit statisch unbestimmter Tragwerke aus Stahl bei beliebig häufig wiederholter Belastung. Berlin: Springer 1926

[2] KAZINCZY, G. VON: Die Weiterentwicklung der Plastizitätstheorie. Technika, Budapest (1931)

[3] HORNE, M. R.: The effect of variable repeated loads in the plastic theory of structures. Research (Engng. Struct. Suppl.), Colston Papers, 2, 141 (1949)

[4] SYMONDS, P. S.: Cyclic loading tests on small frames. Final Report, 4th Congr. Intern. Assn. Bridge and Struct. Engng., 109, Cambridge (1953)

[5] KLÖPPEL, K.: Beitrag zur Frage der Ausnutzbarkeit der Plastizität bei dauerbeanspruchten Durchlaufträgern. Final Report, 2nd Congr. Intern. Assn. Bridge and Struct. Engng., 77, Berlin (1939)

[6] MASSONET, C.: Essais d'adaptation et de stabilisation plastiques sur les poutrelles laminées. Proc. Intern. Assn. Bridge and Struct. Engng., 13, 239 (1953). Siehe auch Ossat. métall., 19, 318 (1954)

[7] FRITSCHE, J.: Die Tragfähigkeit von Balken aus Baustahl bei beliebig oft wiederholter Belastung. Bauingenieur, 12, 827 (1931)

[8] PATTON, E. O., u. B. N. GORBUNOW: Die Tragfähigkeit geschweißter Träger, die durch wiederholte Lasteintragung plastisch verformt werden (russisch). Widawnitstwo Wseukrainskoy Akademii Nauk, Kiew (1935)

[9] BLEICH, H.: Über die Bemessung statisch unbestimmter Stahltragwerke unter Berücksichtigung des elastisch-plastischen Verhaltens des Baustoffes. Bauingenieur, 13, 261 (1932)

[10] MELAN, E.: Theorie statisch unbestimmter Systeme. Prelim. Pubn. 2nd Congr. Intern. Assn. Bridge and Struct. Engng., 43, Berlin (1936)

[11] MELAN, E.: Die Theorie statisch unbestimmter Systeme aus ideal plastischem Baustoff. S. B. Akad. Wiss. Wien (Abt. IIa), 145, 195 (1936)

[12] SYMONDS, P. S., u. W. PRAGER: Elastic-plastic analysis of structures subjected to loads varying arbitrarily between prescribed limits. J. Appl. Mech., 17, 315 (1950)

[13] PRAGER, W.: Problem types in the theory of perfectly plastic materials. J. Aero. Sci., 15, 337 (1948)

[14] NEAL, B. G.: The behaviour of framed structures under repeated loading. Quart. J. Mech. Appl. Math., 4, 78 (1951)

[15] NEAL, B. G.: Plastic collapse and shakedown theorems for structures of strain-hardening material. J. Aero. Sci., 17, 297 (1950)

[16] KOITER, W. T.: Some remarks on plastic shakedown theorems. 8th Intern. Congr. Theor. and Appl. Mech., Istanbul (1952)

[17] BAUSCHINGER, J.: Die Veränderungen der Elastizitätsgrenze. Mitt. mech.-techn. Lab. Techn. Hochschule, München (1886)

[18] TEMPLIN, R. L., u. R. G. STURM: Some stress-strain studies of metals. J. Aero. Sci., 7, 189 (1940)

[19] MELAN, E.: Der Spannungszustand eines „Mises-Henckyschen" Kontinuums bei veränderlicher Belastung. S. B. Akad. Wiss. Wien (Abt. IIa), 147, 73 (1938)

[20] SYMONDS, P. S.: Shakedown in continuous media. J. Appl. Mech., 18, 85 (1951)

[21] HODGE, P. G., Jr.: Shake-down of elastic-plastic structures. Residual Stresses in Metals and Metal Construction. (Hrsgb. W. R. Osgood), Reinhold, N. Y., 163 (1954)

[22] BLEICH, F.: La ductilité de l'acier. Son application au dimensionnement des systemes hyperstatiques. Ossat. métall., 3, 93 (1934)

[23] BLEICH, F.: Bemessung statisch unbestimmter Systeme nach der Plastizitätstheorie (Traglastverfahren). Prelim. Pubn. 2nd Congr. Intern. Assn. Bridge and Struct. Engng., 131, Berlin (1936)

[24] NEAL, B. G., u. P. S. SYMONDS: A method for calculating the failure load for a framed structure subjected to fluctuating loads. J. Instn. Civ. Engrs., 35, 186 (1950)

[25] SYMONDS, P. S., u. B. G. NEAL: Recent progress in the plastic methods of structural analysis. J. Franklin Inst., 252, 383, 469 (1951)

[26] SYMONDS, P. S., u. B. G. NEAL: The calculation of failure loads on plane frames under arbitrary loading programmes. J. Instn. Civ. Engrs., 35, 41 (1950)

[27] HEYMAN, J.: Plastic design of beams and plane frames for minimum material consumption. Quart. Appl. Math., 8, 373 (1951)

[28] HORNE, M. R.: The effect of variable repeated loads in building structures designed by the plastic theory. Proc. Intern. Assn. Bridge and Struct. Engng., 14, 53 (1954)

[29] DUTHEIL, J.: L'exploitation des phénomène d'adaptation dans les ossatures en acier doux. Ann. Inst. Tech. Bât. Trav. Publ., No. 2, Jan., 1948

[30] DUTHEIL, J.: La conception des ossatures métalliques basée sur la déformation plastique. Ossat. métall., 14, 143 (1949)

[31] CORKER, H.: The effect of variable repeated loads on a simply supported rectangular beam in the elasto-plastic range. Report, Dept. of Civ. Engng., Univ. of Sheffield, 1953

[*32*] HOYLAND, G. A.: The behaviour of simply supported I-section mild steel beams under reversed bending in the plastic range. Report, Dept. of Civ. Engng., Univ. of Sheffield, 1953

[*33*] SANDELL, C.: The effects of variable repeated loads on simply supported rectangular beams loaded in the elasto-plastic range. Report, Dept. of Civ. Engng., Univ. of Sheffield, 1954

[*34*] LAZARD, A.: Plastification of bending plate-web girders in mild steel. Prelim. Pubn., 4th Congr. Intern. Assn. Bridge and Struct. Engng., 123, Cambridge (1952)

[*35*] LAZARD, A.: The effect of plastic yield in bending on mild steel plate girders. Struct. Engr., **32**, 49 (1954)

[*36*] PARKES, E. W.: Wings under repeated thermal stress. Aircraft Engineering, **26**, 402 (1954)

## Übungsaufgaben

1. KLÖPPEL verwendete bei seinem Versuch, auf den in Abschn. 8.2 Bezug genommen wurde, einen Durchlaufträger $ABC$ mit gleichförmigem Querschnitt auf drei Stützen $A$, $B$ und $C$. $AB = BC = 150$ cm. Eine konstante Last $P$ wurde in der Mitte des Feldes $AB$ eingetragen, während eine Last in der Mitte des Feldes $BC$ kontinuierlich zwischen den Grenzen $P$ und 200 kg variiert wurde. Das volle plastische Moment des Trägers war $1{,}488 \cdot 10^5$ kg cm. Bestimme die Werte der kritischen Lasten für zunehmendes Versagen, alternierende Plastizität und plastischen Bruch. Für die kritische Last für alternierende Plastizität ist ein Formbeiwert von 1,16 anzunehmen.

Es kann angenommen werden, daß die in der Mitte eines Feldes eingetragene Einzellast $P$ kg an der Mittelstütze $B$ ein negatives Biegemoment $\dfrac{900}{64} P$ kg cm hervorruft, wenn sich der gesamte Träger elastisch verhält.

2. Ein gleichförmiger Träger $ABCD$, dessen volles plastisches Moment $M_p$ ist, ist durchlaufend über vier Stützen $A$, $B$, $C$ und $D$. $AB = BC = CD = l$. In den Mitten jedes der drei Felder werden Einzellasten eingetragen. Die Last auf dem Trägerfelde $AB$ kann zwischen den Grenzen Null und $2P$ variieren, während die Lasten auf den Feldern $BC$ und $CD$ beide zwischen den Grenzen Null und $P$ variieren können. Jede der drei Lasten kann unabhängig von den anderen zwei Lasten variieren. Ermittle die kritischen Lasten für zunehmendes Versagen und plastischen Bruch sowie für alternierende Plastizität bei Annahme eines elastischen Bereiches von $2 M_p$. Prüfe die Berechnung für die kritische Last für zunehmendes Versagen nach durch Zeichnen des elastischen Biegemomentendiagrammes für den Einfluß jeder Last getrennt, Konstruieren eines Diagrammes, das die Variation der maximalen und minimalen elastischen Biegemomente entlang des Trägers zeigt und Zeichnen eines Restmomentendiagrammes mit umgekehrten Vorzeichen der Restmomente.

Es kann angenommen werden, daß bei elastischem Verhalten des gesamten Trägers eine in der Mitte von $BC$ eingetragene Einzellast $P$ negative Biegemomente $0{,}075\,Pl$ über den Stützen $B$ und $C$ hervorruft und eine in der Mitte von $CD$ eingetragene Einzellast $P$ ein negatives Biegemoment $0{,}1\,Pl$ bei $C$ und ein positives Biegemoment $0{,}025\,Pl$ bei $B$ erzeugt.

3. Ein gleichförmiger eingespannter Träger $AB$, dessen volles plastisches Moment $M_p$ ist, trägt eine Einzellast $P$, die entlang des Trägers hin und her rollt. Trage das elastische Biegemomentendiagramm für verschiedene Laststellungen auf und konstruiere dann ein Diagramm, das die maximal und minimal möglichen

elastischen Biegemomente an jedem Querschnitt für sämtliche möglichen Laststellungen angibt. Bestimme die kritische Last für zunehmendes Versagen und
vergleiche ihren Wert mit der plastischen Traglast. Bestimme ebenfalls die kritische
Last für zunehmendes Versagen und die Traglast, wenn der Träger zusätzlich eine
gleichförmig verteilte ständige Last $P$ trägt. Zeige, daß die kritische Last für alternierende Plastizität von der ständigen Last unbeeinflußt bleibt und berechne ihren
Wert.

Es kann angenommen werden, daß bei Eintragung einer Einzellast $P$ in einer
Entfernung $\lambda\, l$ von $A$ die negativen Biegemomente bei $A$ und $B$ den Wert
$Pl\,\lambda\,(1 - \lambda)^2$ bzw. $Pl\,\lambda^2\,(1 - \lambda)$ haben, vorausgesetzt, daß sich der Träger überall
elastisch verhält.

4. Der eingespannte rechteckige Portalrahmen, dessen Abmessungen in Abb. 8.4a
angegeben sind, setzt sich aus Stäben zusammen, die alle ein volles plastisches
Moment $M_p$ haben. Die Horizontallast $H$ kann zwischen den Grenzen Null und $P$
variieren, während die Vertikallast $V$ unabhängig zwischen den Grenzen Null und
$2\,P$ variieren kann. Bestimme die kritische Last für zunehmendes Versagen und
die plastische Traglast und zeige, daß die kritische Last für zunehmendes Versagen
ungeändert bleibt, wenn $V$ konstant auf dem Wert $2\,P$ gehalten wird, während $H$
zwischen Null und $P$ variiert. Bestimme in beiden Fällen die kritische Last für
alternierende Plastizität, wenn der elastische Bereich des Biegemomentes $2\,M_p$ ist.

Die entsprechenden elastischen Lösungen können aus Tab. 8.6 abgeleitet werden.

5. Ermittle für den Rahmen von Aufgabe 4 die horizontale Ausbiegung an der
Stelle der Eintragung von $H$ und die vertikale Durchbiegung an der Eintragungs-
stelle von $V$, wenn das Einspielen nach einer großen Anzahl von Belastungszyklen
mit $P = P_s$ eingetreten ist und die Lasten dann von dem Rahmen entfernt werden.
Die Einflüsse der Verfestigung und der Ausbreitung der plastischen Zonen entlang
der Stäbe können vernachlässigt werden.

6. Ein gleichförmiger Träger hat einen T-Querschnitt von der Breite $a$ und der
Höhe $1,24\,a$. Der Querschnitt des Trägers ist aus zwei ähnlichen Rechtecken zusammengesetzt, deren Seiten $a$ und $0,24\,a$ sind, und die Spannungs-Dehnungsbeziehung des Materials ist die ideal-plastische Beziehung von Abb. 1.4b. Der
Träger wird durch ein Biegemoment um eine zum Flansch des T parallele Achse
beansprucht, das Biegung in der Stegebene hervorruft. Bestimme die Lage der
Nullinie, wenn das Biegemoment von einer Größe ist, bei der sich der Träger elastisch verhält, und zeige, daß bei Erhöhung des Biegemomentes auf seinen vollplastischen Wert die Nullinie sich parallel zu sich selbst um eine Entfernung $0,19\,a$
zu der Flächenhalbierungsachse verschiebt. Zeige, daß bei Reduktion des Biegemomentes von dem Wert des vollen plastischen Momentes die Nullinie unmittelbar
eine neue Lage im Steg in einer Entfernung $0,2\,a$ von der Flächenhalbierenden annimmt, so daß die Spannung über einen Stegabschnitt gleich diesem Werte konstant auf der Fließspannung bleibt. Zeige dann, daß der elastische Bereich des
Biegemomentes nach Entlastung vom vollen plastischen Moment um $0,36\%$ größer
ist als der elastische Bereich des ursprünglich spannungsfreien Trägers, wogegen die
Biegesteifigkeit um $0,88\%$ kleiner ist.

19*

# Anhang

## A. Plastische Traglasttheorie und Fachwerke

Die grundlegende Eigenschaft für die Beschreibung des Tragverhaltens von Fachwerken ist die Beziehung zwischen Längskraft $S$ und Längsdehnung $\varepsilon$ der einzelnen Stäbe. Die für eine einfache plastische Traglasttheorie der Fachwerke benötigten grundlegenden Hypothesen müßten daher die Längskraft-Dehnungsbeziehungen der Fachwerkstäbe betreffen, die von der gleichen allgemeinen Form wie die Biegemomenten-Krümmungsbeziehung von Abb. 1.2 sein müßten. Die Kraft in einem typischen Fachwerkstab würde durch Grenzwerte $S_p$ in Zug und $-S_p$ in Druck eingegrenzt, und Änderungen von Längskraft und Längsdehnung müßten stets von gleichem Vorzeichen sein. Die grundlegenden Hypothesen könnten ähnlich den Bedingungen (1.1) und (1.2) durch folgende zwei Bedingungen zusammengefaßt werden:

$$-S_p \leq S \leq S_p \tag{A.1}$$

$$\frac{dS}{d\varepsilon} \geq 0 \ . \tag{A.2}$$

Das Gegenstück des plastischen Gelenkes wäre der Zustand eines Stabes, der seine Grenzkraft in dem einen oder anderen Sinn erreicht hat und dann bei konstanter Stabkraft einer unbegrenzten Längsdehnung unterlaufen kann. Das gibt das Verhalten eines Stabes aus Baustahl unter Zugbeanspruchung sehr gut wieder, vorausgesetzt, daß die hervorgerufenen Dehnungen nicht zu groß sind, aber das Verhalten unter Druckbeanspruchung ist weit komplexerwegen der Knickerscheinungen, die fast stets eintreten. Die von VON KÁRMÁN [1] an Druckstäben aus Baustahl mit Rechteckquerschnitt durchgeführten Versuche, für die einige Ergebnisse in Abb. A.1 wiedergegeben sind, zeigen die Abhängigkeit eines gelenkig gelagerten Druckstabes von seinem Schlankheitsverhältnis $\frac{l}{r}$ . Aus der Abbildung ist zu ersehen, daß die Kurven für hohe Schlankheitsverhältnisse, bei denen die Knickung elastisch ist und sich große Formänderungen ungefähr bei der kritischen EULER-Last auszubilden beginnen, der Kurve der grundlegenden Hypothese ähneln, obgleich elastische Entlastung nicht eintritt, wenn die Richtung der Belastung umgekehrt wird. Bei niederen Schlankheitsverhältnissen, bei denen das Fließen gleichzeitig oder sogar vor der Knickung eintritt, wie in den oberen Kurven in der Abbildung, erreicht die Last ein Maximum und fällt dann mehr oder weniger abrupt auf viel kleinere Werte ab. Wie VON KARMAN aufgezeigt hat, kann für dieses Absinken der Last mit zunehmender Formänderung in Fällen, bei denen das Fließen während oder vor dem Knickprozeß eintritt, eine einfache Erklärung gegeben werden. Wenn in der Mitte eines gelenkig gelagerten Druckstabes eine wesentliche seitliche Ausbiegung erfolgt, muß der mittlere Abschnitt nicht nur die Längsdruckkraft, sondern auch ein Biegemoment aufnehmen, dessen Wert das Produkt aus Druckkraft und seitlicher Ausbiegung ist. Wenn dieser mittlere Abschnitt mehr oder weniger weitgehend plastiziert ist, wird eine aufzunehmende Zunahme des Biegemomentes notwendig von einer Abnahme der aufnehmbaren Druckkraft begleitet. Somit muß bei zunehmender seitlicher Ausbiegung der Mitte des

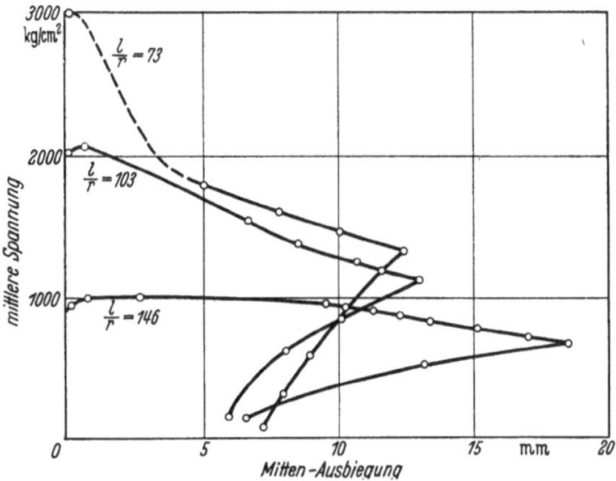


Abb. A.1. Tatsächliche Längskraft-Seitenausbiegungs-Beziehung für gelenkig gelagerte Druckstäbe (nach VON KÁRMÁN)

Druckstabes, was den Hebelarm der Druckkraft vergrößert, eine Reduktion in dieser Druckkraft erfolgen; denn bei konstant bleibender Druckkraft würde das Biegemoment zunehmen.

Seitliche Ausbiegung des Druckstabes und Längsformänderung sind eng miteinander verknüpft; eine Zunahme der ersteren wird stets eine Zunahme der letzteren bewirken. Ein weiterer Punkt ist, daß in tatsächlichen Fachwerken die Steifigkeit der Knoten diese Kurven etwas abändern würde, aber es ist unwahrscheinlich, daß ihr allgemeiner Charakter geändert würde.

Der Grund für das Ausschließen von Fachwerken aus der Behandlung durch die einfache plastische Traglasttheorie ist nun offenbar, denn es zeigt sich, daß die grundlegenden Hypothesen für die Last-Formänderungsbeziehung von Fachwerkstäben nicht von Druckstäben befolgt werden. Die Tatsache, daß die Größe der Grenz-Längsdruckkraft nicht konstant ist, sondern von dem Schlankheitsverhältnis abhängt, ist nicht von großer Bedeutung; denn die plastische Traglasttheorie könnte mit Leichtigkeit zur Berücksichtigung dieses Effektes abgeändert werden. Die Reduktion der Druckbelastung mit zunehmender Formänderung macht jedoch das entscheidende Resultat ungültig, daß ein Stab, in dem die Längsdruckkraft gleich ihrem Grenzwert ist, sich unter konstant bleibender Last in indefinitem Ausmaße verformen kann.

Obgleich die einfache plastische Traglasttheorie nicht auf Fachwerke der Praxis angewendet werden kann, sind hypothetische Fachwerksysteme, bei denen sich die einzelnen Stäbe in Übereinstimmung mit den Bedingungen (A.1) und (A.2) verhalten, theoretisch untersucht worden, und es sind auf diese Weise einige nützliche und wichtige Ergebnisse erhalten worden [2], [3].

## Literatur

[1] KÁRMÁN, T. VON: Untersuchungen über Knickfestigkeit. Mitt. über Forschungsarbeiten, No. 81 (1910)

[2] PRAGER, W.: Problem types in the theory of perfectly plastic materials. J. Aero. Sci., **15**, 337 (1948)

[3] SYMONDS, P. S. u. W. PRAGER: Elastic-plastic analysis of structures subjected to loads varying arbitrarily between prescribed limits. J. Appl. Mech., **17**, 315 (1950)

# B. Beweise der plastischen Traglast-Sätze

## Prinzip der virtuellen Arbeit

Bei der Aufstellung der verschiedenen plastischen Traglast-Sätze wird von dem Prinzip der virtuellen Arbeit Gebrauch gemacht. Dieses Prinzip betrifft jede beliebige Biegemomentenverteilung in einem Rahmentragwerk, die sämtliche Bedingungen des *Gleichgewichts* mit den vorgeschriebenen Lasten erfüllt, und ebenfalls jede beliebige Verteilung von Krümmungen und Gelenkverdrehungen in den Stäben eines Rahmentragwerkes, die alle geometrischen Bedingungen der *Verträglichkeit* mit vorgeschriebenen Ausbiegungen erfüllt, aber es ist hervorzuheben, daß die Verteilung der Biegemomente nicht als Ursache und Wirkung auf die Verteilung von Krümmungen und Gelenkverdrehungen bezogen zu sein braucht.

Es wird angenommen, daß ein gegebenes Rahmentragwerk durch eine gegebene Gruppe von Lasten belastet wird; die Last an einer gegebenen Stelle $j$ hat die Horizontalkomponente $H_j{}^*$ und die Vertikalkomponente $V_j{}^*$. Es besteht eine bestimmte Anzahl von Gleichgewichtsbedingungen, die von jeder Biegemomentenverteilung im Rahmentragwerk erfüllt werden müssen, wenn das statische Gleichgewicht beibehalten werden soll. Mit $M^*{}_i$ wird das Biegemoment am Querschnitt $i$ in einer *beliebigen* Biegemomentenverteilung bezeichnet, die alle Gleichgewichtsbedingungen zwischen den Biegemomenten und den gegebenen Lasten befriedigt. Diese Biegemomentenverteilung braucht nicht die tatsächliche Verteilung zu sein, die entstehen würde, wenn die gegebenen Lasten in den Rahmen eingetragen werden.

Es wird angenommen, daß sich das Rahmentragwerk in einer solchen Weise verformt, daß die Ausbiegung an einer beliebigen Lasteintragungsstelle $j$ eine horizontale Komponente $h_j{}^{**}$ und eine vertikale Komponente $v_j{}^{**}$ hat. Die Krümmung an einem Querschnitt $i$ des verformten Rahmens wird mit $\varkappa_i{}^{**}$ bezeichnet. Das *einzige* Erfordernis für die Krümmungsverteilung $\varkappa_i{}^{**}$ ist, daß sie die geometrischen Bedingungen der Verträglichkeit mit den Ausbiegungen $h_j{}^{**}$ und $v_j{}^{**}$ befriedigt.

Das Prinzip der virtuellen Arbeit sagt dann aus, daß

$$\int M_i{}^* \varkappa_i{}^{**}\, ds_i = \Sigma\, (H_j{}^* h_j{}^{**} + V_j{}^* v_j{}^{**})$$

ist, wobei $ds_i$ ein Längenelement des Stabes am Querschnitt $i$ ist. Die Integration in dieser Gleichung erstreckt sich über sämtliche Stäbe des Rahmens, und die Summation erfaßt sämtliche Lasteintragungsstellen.

In Fällen, in denen die hypothetische ausgebogene Form des Rahmens Gelenkverdrehungen an einer Anzahl von Querschnitten $k$ einschließt, wird das Produkt $\varkappa_k{}^{**}\, ds_k$ endlich und gleich der Gelenkverdrehung $\vartheta_k{}^{**}$ an jedem derartigen Querschnitt. Es ist bequem, diese Querschnitte von denen zu trennen, wo die hypothetischen Krümmungen endlich sind, was zu folgender Gleichung führt:

$$\int M_i{}^* \varkappa_i{}^{**}\, d s_i + \Sigma\, M_k{}^* \vartheta_k{}^{**} = \Sigma\, (H_j{}^* h_j{}^{**} + V_j{}^* v_j{}^{**}) \qquad \text{(B.1)}$$

### Konstanz der Krümmungen während des plastischen Bruches

Das Stadium des plastischen Bruches ist definiert als ein Stadium, in dem die Ausbiegungen des Rahmentragwerkes fortfahren zuzunehmen, während die äußeren Lasten konstant bleiben. Aus dieser Definition leitet sich ab, daß während des Versagens bei zunehmenden Ausbiegungen die Biegemomentenverteilung im Rahmentragwerk ungeändert bleibt. Um dies zu beweisen, wird die Krümmungszunahme an einem Querschnitt $i$ während eines definiten kleinen Zeitintervalls, in dem plastisches Versagen vorkommt, mit $\delta\varkappa_i$ bezeichnet und die Verdrehungsänderung des plastischen Gelenkes an einem Querschnitt $k$ während des gleichen Zeitintervalls mit $\delta\vartheta_k$. Es wird angenommen, daß sich die Biegemomente an den Querschnitten $i$ und $k$ während dieses Zeitintervalls von $M_i$ und $M_k$ auf $M_i + \delta M_i$ und $M_k + \delta M_k$ ändern. Da die Lasten während des Versagens sämtlich konstant sind, müssen die *Änderungen* des Biegemomentes $\delta M_i$ und $\delta M_k$ die Gleichgewichtsbedingungen mit der äußeren Last Null erfüllen. Bei Verwendung dieser Biegemomentenänderungen in der Gleichung der virtuellen Arbeit (B.1) zusammen mit den verträglichen Krümmungsänderungen $\delta\varkappa_i$ und Gelenkverdrehungen $\delta\vartheta_k$ ergibt sich

$$\int \delta M_i\, \delta\varkappa_i\, ds_i + \Sigma\, \delta M_k\, \delta\vartheta_k = 0. \tag{B.2}$$

An einem plastischen Gelenk kann Verdrehung nur eintreten, wenn das Biegemoment konstant auf seinem vollplastischen Wert bleibt, so daß $\delta M_k = 0$, wogegen an allen übrigen Stellen $\delta\vartheta_k = 0$. Also muß in Gl. (B.2) jeder Term $\delta M_k\, \delta\vartheta_k$ Null sein, so daß

$$\int \delta M_i\, \delta\varkappa_i\, ds_i = 0. \tag{B.3}$$

In Abschn. 1.2 wurde postuliert, daß Änderungen von Krümmung und Biegemoment stets von gleichem Vorzeichen sein müssen, wenn nicht das Biegemoment an einem besonderen Querschnitt gleich dem vollen plastischen Moment ist und die Verdrehung eines plastischen Gelenkes unter konstantem Biegemoment erfolgt. Diese fundamentale Hypothese wurde in Abb. 1.2 angezeigt und ist in den Ungleichungen (1.1) und (1.2) zusammengefaßt. Es folgt, daß an sämtlichen Querschnitten $i$, an denen sich keine Gelenke verdrehen, das Produkt $\delta M_i\, \delta\varkappa_i$ die Bedingung

$$\delta M_i\, \delta\varkappa_i \geq 0$$

erfüllen muß. Aus Gl. (B.3) folgt unmittelbar, daß $\delta M_i$ und damit $\delta\varkappa_i$ an jedem Querschnitt Null sein muß, wo sich kein plastisches Gelenk verdreht. Somit bleibt während des plastischen Versagens die Biegemomentenverteilung ungeändert, und die Ausbiegungszunahmen rühren allein aus den Verdrehungen her, die an den plastischen Gelenken vorkommen.

### Beweis des statischen Satzes

Der statische Satz wurde in Abschn. 3.2 folgendermaßen formuliert:
Wenn für ein gegebenes Rahmentragwerk und gegebene Belastung irgendeine Biegemomentenverteilung für das ganze Tragwerk existiert, die für eine Gruppe von Lasten $P$ sowohl sicher als auch statisch zulässig ist, muß der Wert von $P$ kleiner oder gleich der Traglast $P_c$ sein.

In dieser Formulierung des Satzes wird angenommen, daß der Wert jeder Last als ein Vielfaches einer der Lasten $P$ ausgedrückt wird. Der Satz wird mittels eines *reductio ad absurdum*-Argumentes bewiesen. Im Widerspruch zu dem Satz wird angenommen, daß eine sichere Biegemomentenverteilung für das gesamte Rahmentragwerk gefunden werden kann, die statisch zulässig mit der Gruppe von Lasten $\gamma P_c$ ist, wobei $\gamma$ ein beliebiger Faktor größer als 1 ist, mit dem jede Last multipliziert wird. Das Biegemoment in dieser hypothetischen Verteilung an einem Querschnitt $k$, an dem in der tatsächlichen Bruchkette ein Gelenk vorkommt, wird mit $M_k'$ bezeichnet. Da die Gleichgewichtsgleichungen linear in den Lasten und Biegemomenten sind, folgt, daß die Verteilung

der Biegemomente $\dfrac{M_k{}'}{\gamma}$ die Gleichgewichtsbedingungen für die Lastgruppe $P_c$ befriedigt. Das tatsächliche Biegemoment an einem Querschnitt
$k$, an dem in der tatsächlichen Bruchkette ein plastisches Gelenk auftritt, wird mit $M_k$ bezeichnet. Die Verteilung der Biegemomente $M_k$ muß
ebenfalls die Gleichgewichtsbedingungen für die Lastgruppe $P_c$ befriedigen,
so daß die Verteilung der Biegemomente $\left(M_k - \dfrac{M_k{}'}{\gamma}\right)$ die Gleichgewichtsbedingungen für die äußere Belastung Null erfüllt. Diese letztere Biegemomentenverteilung wird in der Gleichung der virtuellen Arbeit, Gl. (B.1),
verwendet. In dieser Gleichung werden ebenfalls die bei einer kleinen Bewegung der Bruchkette tatsächlich eintretenden Änderungen der Fließgelenkverdrehung $\delta\vartheta_k$ verwendet, die mit der Krümmungsänderung Null an jedem anderen Querschnitt verträglich sind. Es folgt, daß

$$\sum \left(M_k - \frac{M_k{}'}{\gamma}\right) \delta\vartheta_k = 0 \;, \tag{B.4}$$

wobei sich die Summation über alle die Querschnitte $k$ erstreckt, an
denen in der Bruchkette plastische Gelenke vorkommen.

An jedem plastischen Gelenk, wo $\delta\vartheta_k$ positiv ist, muß das tatsächliche
Biegemoment $M_k$ gleich dem vollen plastischen Moment $M_p$ sein. Da
das hypothetische Biegemoment $M_k{}'$ für die Lasten $\gamma P_c$ sowohl sicher
als auch statisch zulässig war, kann $M_k{}'$ nicht den Wert $M_p$ übersteigen,
so daß $\dfrac{M_k{}'}{\gamma}$ kleiner als $M_p$ sein muß. Es folgt, daß

$$\left(M_k - \frac{M_k{}'}{\gamma}\right) > 0 \;,$$

und da $\delta\vartheta_k$ als positiv angenommen wurde, ist

$$\left(M_k - \frac{M_k{}'}{\gamma}\right) \delta\vartheta_k > 0 \;.$$

In entsprechender Weise ist an jedem plastischen Gelenk, wo $\delta\vartheta_k$
negativ ist, $M_k = - M_p$ und $M'_k \geq - M_p$, so daß $\left(M_k - \dfrac{M_k{}'}{\gamma}\right) < 0$.
Es folgt, daß in diesem Falle ebenfalls

$$\left(M_k - \frac{M_k{}'}{\gamma}\right) \delta\vartheta_k > 0 \;.$$

Somit muß jeder Term der Summation in Gl. (B.4) positiv sein, was
eine Unmöglichkeit ist; also ist der Satz bewiesen.

### Beweis des kinematischen Satzes

Der kinematische Satz wurde im Abschn. 3.2 folgendermaßen formuliert:

Für ein gegebenes Rahmentragwerk unter der Einwirkung einer Gruppe von Lasten $P$ ist der Wert von $P$, der irgendeiner angenommenen kinematischen Kette zugehört, entweder größer oder gleich der Traglast $P_c$.

Dieser Satz wird ebenfalls mittels eines *reductio ad absurdum*-Argumentes bewiesen. Im Widerspruch zu dem Satz wird angenommen, daß eine kinematische Kette existiert, für die der entsprechende Wert von $P$ die Größe $\beta\,P_c$ hat, wobei $\beta$ ein positiver Faktor kleiner als 1 ist. In dieser kinematischen Kette befinden sich plastische Gelenke an einer Anzahl von Querschnitten $k$; die Verdrehung des Fließgelenkes am Querschnitt $k$ während einer kleinen Bewegung der hypothetischen Bruchkette ist $\delta\vartheta_k''$. Das Biegemoment am Querschnitt $k$ beim Eintreten des Versagens unter der Belastung $P_c$ wird mit $M_k$ bezeichnet, die Biegemomentenverteilung $M_k$ ist mit der Gruppe von Lasten $P_c$ statisch zulässig. Die Biegemomentenverteilung $\beta\,M_k$ würde daher sämtliche Gleichgewichtsbedingungen für die Lastgruppe $\beta P_c$ befriedigen. $M_k''$ bezeichnet das volle plastische Moment am Querschnitt $k$ entsprechend der Gelenkverdrehung in der hypothetischen kinematischen Kette. Die Verteilung der Biegemomente $M_k''$ würde ebenfalls sämtliche Gleichgewichtsbedingungen für die Lastgruppe $\beta\,P_c$ befriedigen. Es folgt, daß die Verteilung der Biegemomente $(M_k'' - \beta\,M_k)$ die Gleichgewichtsbedingungen für die äußere Belastung Null befriedigt, und diese Verteilung wird in der Gleichung der virtuellen Arbeit, Gl. (B.1), verwendet. In dieser Gleichung werden ebenfalls die bei einer kleinen Bewegung der hypothetischen kinematischen Kette eintretenden Änderungen der Fließgelenkverdrehung $\delta\vartheta_k''$ verwendet, die mit der Krümmungsänderung Null an jedem anderen Querschnitt verträglich sind. Es folgt, daß

$$\Sigma\,(M_k'' - \beta\,M_k)\,\delta\vartheta_k'' = 0. \tag{B.5}$$

Für positive Werte $\delta\vartheta_k''$ ist $M_k'' = M_p$. Da $M_k < M_p$ und $\beta < 1$, folgt, daß $\beta\,M_k < M_p$ und

$$(M_k'' - \beta\,M_k)\,\delta\vartheta_k'' > 0.$$

Das gleiche Ergebnis wird erhalten, wenn $\delta\vartheta_k''$ negativ ist. Somit ist jeder Term der Summation in Gl. (B.5) positiv, was unmöglich ist, so daß der Satz bewiesen ist.


## C. Beweis des Einspiel-Satzes

Der Einspiel-Satz für biegesteife Stabwerke, deren Stäbe dem Idealtyp der Biegemomenten-Krümmungsbeziehung nach Abb. 2.1 gehorchen, wurde in Abschn. 8.3 wie folgt ausgedrückt:

Wenn es möglich ist, eine Verteilung von Restbiegemomenten $\bar{m}_i$ zu finden, die an jedem Querschnitt $i$ den Bedingungen

$$\bar{m}_i + \mathfrak{M}_{i\,\mathrm{max}} \leq (M_p)_i \tag{8.2}$$

$$\bar{m}_i + \mathfrak{M}_{i\,\mathrm{min}} \geq -(M_p)_i \tag{8.3}$$

genügt und statisch zulässig ist, kann sich das biegesteife Stabwerk einspielen, dabei brauchen die in dem Stabwerk nach dem Einspielen vorliegenden Restmomente nicht notwendig der Verteilung $\bar{m}_i$ entsprechen.

Wie in Abschn. 8.3 festgestellt, wird der Beweis für den Satz geführt durch Annahme, daß eine besondere Verteilung von Restmomenten $\bar{m}_i$ gefunden worden ist, die die Ungleichungen (8.2) und (8.3) befriedigt und bei der äußeren Belastung Null statisch zulässig ist. Es wird eine Größe $E$ definiert durch die Gleichung

$$E = \int \frac{(m_i - \bar{m}_i)^2}{2\,(EI)_i}\,ds_i \tag{8.4}$$

worin $m_i$ das tatsächliche Restmoment am Querschnitt $i$ bei einem beliebigen Stadium der Belastung bedeutet und $(EI)_i$ und $ds_i$ die Biegesteifigkeit bzw. das Längenelement an diesem Querschnitt. Die Integration in Gl. (8.4) erstreckt sich über alle Stäbe des biegesteifen Stabwerkes. Aus der Form von Gl. (8.4) ist offenbar, daß $E$ notwendig eine positive Größe ist; sie kann für ein Maß der Differenz zwischen der tatsächlichen Restmomentenverteilung $m_i$ und der hypothetischen $\bar{m}_i$ angesehen werden.

Wie in Abschn. 8.3 gezeigt wird, wird $m_i$ definiert durch die Gleichung

$$m_i = M_i - \mathfrak{M}_i \,, \tag{8.1}$$

wobei $M_i$ das tatsächliche Biegemoment am Querschnitt $i$ bei dem besonderen betrachteten Belastungsstadium ist und $\mathfrak{M}_i$ das elastische Biegemoment, das an diesem Querschnitt durch die gleichen Lasten hervorgerufen würde. Da die Biegemomentenverteilungen $M_i$ und $\mathfrak{M}_i$ beide die Gleichgewichtsbedingungen für denselben Satz äußerer Lasten erfüllen müssen, muß die Verteilung der Restmomente $m_i$ die Gleichgewichtsbedingungen für die äußeren Lasten Null erfüllen.

Es sei nun angenommen, daß während eines bestimmten kleinen Zeitintervalls kleine Änderungen in den eingetragenen Lasten erfolgen, die Änderungen des tatsächlichen Biegemomentes am Querschnitt $i$ um einen Betrag $\delta M_i$ von $M_i$ auf $M_i + \delta M_i$ verursachen, wobei die entsprechenden Änderungen in den elastischen und Restmomenten an dieser Stelle $\delta\mathfrak{M}_i$ bzw. $\delta m_i$ sind. Die während dieses Intervalls an Fließgelenken $k$ eintretenden Verdrehungsänderungen werden mit $\delta\vartheta_k$ bezeichnet. Die Änderung des Wertes von $E$ während dieses Intervalls wird durch Differentiation der Gl. (8.4) erhalten:

$$\delta E = \int (m_i - \bar{m}_i)\,\frac{\delta m_i}{(EI)_i}\,ds_i \,. \tag{C.1}$$

Der Wert von $\delta E$ wird nun unter Verwendung der in Anhang B als Gl. (B.1) aufgestellten Gleichung der virtuellen Arbeit umgeformt. In dieser Gleichung wird die Verteilung der Biegemomente $(m_i - \bar{m}_i)$ verwendet. Diese Verteilung muß die Gleichgewichtsbedingungen für die äußere Belastung Null befriedigen, da beide Verteilungen, $m_i$ und $\bar{m}_i$, diesen Bedingungen genügen. Für eine geometrisch verträgliche Verteilung von Krümmungen und Fließgelenkverdrehungen müssen die tatsächlichen Krümmungsänderungen $\dfrac{\delta M_i}{(EI)_i}$ mit den tatsächlichen Verdrehungsänderungen $\delta\vartheta_k$ an den Fließgelenken verträglich sein. Weiterhin müssen die Krümmungsänderungen $\dfrac{\delta\mathfrak{M}_i}{(EI)_i}$, die bei einem Elastischbleiben des gesamten Stabwerkes eingetreten wären, mit den Fließgelenkverdrehungen Null verträglich sein. Es folgt, daß die Krümmungsänderungen $\left(\dfrac{\delta M_i - \delta\mathfrak{M}_i}{(EI)_i}\right)$, die gemäß Gl. (8.1) gleich $\dfrac{\delta m_i}{(EI)_i}$ sind, mit den tatsächlichen Verdrehungsänderungen $\delta\vartheta_k$ an den plastischen Gelenken verträglich sein müssen. Einsetzen dieser verträglichen Änderungen von Krümmung und Fließgelenkverdrehung in Gl. (B.1) zusammen mit der Biegemomentenverteilung $(m_i - \bar{m}_i)$, die die Gleichgewichtsbedingungen für die äußere Belastung Null befriedigt, ergibt

$$\int (m_i - \bar{m}_i) \frac{\delta m_i}{(EI)_i} \, ds_i + \sum (m_k - \bar{m}_k)\,\delta\vartheta_k = 0 \,, \qquad \text{(C.2)}$$

wobei die Summation sich über alle Querschnitte $k$ erstreckt, wo während des betrachteten Intervalls Fließgelenkverdrehungen stattfinden.

Aus den Gl. (C.1) und (C.2) folgt

$$\delta E = - \Sigma (m_k - \bar{m}_k)\,\delta\vartheta_k. \qquad \text{(C.3)}$$

Es sei nun angenommen, daß an einem besonderen Querschnitt $k$

$$(m_k - \bar{m}_k) < 0. \qquad \text{(C.4)}$$

Verwendung der Ungleichung (8.2) ergibt die folgende fortgesetzte Ungleichung

$$m_k < \bar{m}_k \leq (M_p)_k - \mathfrak{M}_{k\max}$$
$$m_k + \mathfrak{M}_{k\max} < (M_p)_k \ .$$

Nach Gl. (8.1) ist

$$m_k + \mathfrak{M}_{k\max} = M_{k\max} \,,$$

wobei $M_{k\max}$ das maximal mögliche tatsächliche Biegemoment ist, das am Querschnitt $k$ auftreten kann, wenn das Restmoment gleich $m_k$ ist. Es folgt

$$M_{k\max} < (M_p)_k.$$

Aus diesem Ergebnis geht hervor, daß die Verdrehung des Fließgelenkes an diesem Querschnitt negativ sein muß, $\delta\vartheta_k < 0$; denn $\delta\vartheta_k$ kann nur positiv sein, wenn $M_k$ gleich $(M_p)_k$ ist. Aus der Ungleichung (C.4) folgt

$$(m_k - \bar{m}_k)\,\delta\vartheta_k > 0. \qquad \text{(C.5)}$$

Mittels einer ähnlichen Beweisführung kann gezeigt werden, daß für $(m_k - \bar{m}_k) > 0$ $\delta\vartheta_k$ positiv sein muß, so daß die Ungleichung (C.5) auch in diesem Fall zutreffend ist. Daher kann gefolgert werden, daß

$$(m_k - \bar{m}_k)\,\delta\vartheta_k \geq 0, \qquad (C.6)$$

wobei das Gleichheitszeichen für die Querschnitte zutrifft, an denen $m_k = \bar{m}_k$. Der Vergleich dieser Bedingung mit Gl. (C.3) zeigt, daß

$$\delta E \leq 0. \qquad (C.7)$$

Aus Gl. (C.3) geht hervor, daß $\delta E$ Null ist, wenn während des betrachteten Intervalls an keinem Fließgelenk Verdrehung erfolgt, da in diesem Falle sämtliche $\delta\vartheta_k$ gleich Null sind. Es ist daher gezeigt worden, daß $E$ stets abnimmt, wenn an irgendwelchen Fließgelenken Verdrehung erfolgt, aber konstant bleibt, wenn das Verhalten des Tragwerkes vollkommen elastisch ist. Da $E$ eine positive Größe ist, folgt, daß $E$ entweder Null werden muß, in welchem Falle die Verteilungen $m_i$ und $\bar{m}_i$ identisch sind, oder bis auf einen bestimmten positiven Wert abnimmt und danach konstant bleibt. In beiden Fällen ist damit das Einspielen des biegesteifen Stabwerkes erfolgt, womit der Satz bewiesen ist.

*Begrenzte Natur der Verformungen beim Einspielen*

Es ist unglücklicherweise nicht möglich, diesen Satz zu erweitern zur Festsetzung einer endlichen oberen Grenze für die Größe der Formänderungen und Fließgelenkverdrehungen, die während des Einspielens eintreten, wenn die Bedingungen (8.2) und (8.3) erfüllt sind. Der Grund dafür ist, daß diese Bedingungen den statischen Satz des plastischen Bruches als Sonderfall enthalten. Wenn diese Bedingungen bei der kritischen Last für zunehmendes Versagen $P_s$ nur gerade erfüllt werden können, wird eine der beiden Bedingungen (8.2 )und (8.3) an gewissen Querschnitten $j$ zu einer Gleichung; diese Querschnitte sind derart gelegen, daß das Rahmentragwerk in eine kinematische Kette überführt wird, wenn an allen diesen Querschnitten gleichzeitig Gelenke auftreten. In der Regel werden die Lastkombinationen, die an diesen Querschnitten die entsprechenden maximalen oder minimalen elastischen Biegemomente, $\mathfrak{M}_{j\,\mathrm{max}}$ oder $\mathfrak{M}_{j\,\mathrm{min}}$, hervorrufen, nicht alle die gleichen sein. Wenn in derartigen Fällen $P$ den Wert $P_s$ übersteigt, bilden sich plastische Gelenke und unterlaufen an diesen Querschnitten während der variablen wiederholten Belastung einer Verdrehung, aber nicht sämtlich gleichzeitig, so daß zunehmendes Versagen resultiert. In bestimmten Sonderfällen werden jedoch die Lastkombinationen, die an den Querschnitten $j$ die maximalen oder minimalen elastischen Biegemomente hervorrufen, sämtlich die gleichen sein. In dem Falle bilden sich, wenn $P$ gleich $P_s$ ist, plastische Gelenke an allen diesen Querschnitten gleichzeitig und der plastische Bruch tritt ein, so daß die plastische Traglast $P_c$ gleich $P_s$ ist. Diese Sonderfälle sind leicht zu erkennen, und wenn sie aus der Betrachtung ausgeschlossen werden, ist es möglich zu zeigen, daß bei Erfüllung der Einspielbedingungen die während des Einspielprozesses entwickelten Gesamt-Fließgelenkverdrehungen und Ausbiegungen begrenzt sein müssen.

Wenn in der Fließgelenkverdrehung an einem bestimmten Querschnitt $k$ in einem Tragwerk eine gegebene Änderung $\delta\vartheta_k$ erfolgt, wird der Wert des Restmomentes an einem beliebigen anderen Querschnitt $i$ um einen Betrag $\delta m_i$ geändert, der linear proportional $\delta\vartheta_k$ ist, so daß

$$\delta m_i = \lambda_{ik}\,\delta\vartheta_k,$$

wobei $\lambda_{ik}$ ein Einflußkoeffizient ist, dessen Wert mittels einer der orthodoxen Methoden der elastischen Tragwerksberechnung bestimmt werden kann. Die Änderung $\delta m_i$ im Restmoment an dem Querschnitt $i$ infolge Änderungen in den Fließgelenkverdrehungen an einer Anzahl von Querschnitten $k$ wird somit gegeben durch

$$\delta m_i = \Sigma\,\lambda_{ik}\,\delta\vartheta_k, \tag{C.8}$$

wobei sich die Summation über sämtliche Querschnitte erstreckt, an denen im betrachteten Intervall Verdrehungen plastischer Gelenke eintreten.

Die Einflußkoeffizienten $\lambda_{ik}$ sind im allgemeinen von endlicher Größe, so daß aus Gl. (C.8) gefolgert werden könnte, daß die Änderungen in den Restmomenten von der gleichen Größenordnung sind wie die Änderungen in den Fließgelenkverdrehungen, — eine Folgerung, die unter der Voraussetzung zutreffend ist, daß die Summation in Gl. (C.8) nicht für jeden Querschnitt $i$ des Rahmentragwerkes Null ist. Es wird nun gezeigt, daß das nicht eintreten kann, wenn nicht die $\delta\vartheta_k$ der Bewegung einer kinematischen Kette entsprechen — eine Bedingung, die durch die Voraussetzung $P_s < P_c$ ausgeschlossen wurde.

Es ist bereits gezeigt worden, daß die Änderungen der Fließgelenkverdrehung $\delta\vartheta_k$ mit den Krümmungsänderungen $\dfrac{\delta m_i}{(EI)_i}$ verträglich sind. Bei Verwendung dieser verträglichen Fließgelenkverdrehungen und Krümmungsänderungen in der Gleichung der virtuellen Arbeit, Gl. (B.1), zusammen mit den tatsächlichen Änderungen des Restmomentes $\delta m_i$, die die Gleichgewichtsbedingungen bei der äußeren Belastung Null befriedigen, ergibt sich

$$\int \frac{(\delta m_i)^2}{(EI)_i}\,ds_i + \Sigma\,\delta m_k\,\delta\vartheta_k = 0\;. \tag{C.9}$$

Wenn die $\delta\vartheta_k$ einer kleinen Bewegung einer kinematischen Kette entsprächen, wären sie mit Krümmungsänderungen Null überall im Rah mentragwerk verträglich, und so folgt aus der Gleichung der virtuellen Arbeit, daß

$$\Sigma \, \delta m_k \; \delta \vartheta_k = 0.$$

Aus Gl. (C.9) folgt dann

$$\int \frac{(\delta m_i)^2}{(EI)_i} \, ds_i = 0 \, ,$$

und diese Gleichung könnte nur erfüllt werden, wenn $\delta m_i$ überall gleich Null ist.

Wenn also Verdrehungen an verschiedenen Fließgelenkstellen gleichzeitig erfolgen, müssen in Übereinstimmung mit Gl. (C.8) Änderungen der Restbiegemomente von derselben Größenordnung eintreten, wenn nicht die Gelenkverdrehungen der Bewegung einer kinematischen Kette entsprechen, eine Bedingung, die durch die Voraussetzung, daß $P_s$ kleiner als $P_c$ ist, aus der Betrachtung ausgeschlossen wurde. Aus Gl. (C.1) geht hervor, daß die Änderung in $E$ während eines gegebenen Intervalls von der gleichen Größenordnung ist wie die Änderungen $\delta m_i$ in den Restmomenten und somit von der gleichen Größenordnung wie die Änderungen $\delta \vartheta_k$ in den Fließgelenkverdrehungen. Da die gesamte mögliche Änderung von $E$ während des Versagens begrenzt ist, folgt, daß die Gesamtänderungen in den Fließgelenkverdrehungen $\delta \vartheta_k$ auch begrenzt sein müssen, und das bedeutet, daß die Gesamtausbiegungen, die sich während des Einspielens ausbilden können, ebenfalls begrenzt sind.

## Lösungen der Übungsaufgaben

**Kapitel 1**

**2.** $0{,}6\,h$, $0{,}32\,\sigma_f$. **3.** 1,82. **4.** $0{,}1\,b$ von der Mitte, $0{,}3\,b^3\,\sigma_f$. **5.** 0,74.

**Kapitel 2**

**1.** $8\dfrac{M_p}{l}$, $\;4{,}5\dfrac{M_p}{l}$, **2.** $9\dfrac{M_p}{l}$. **4.** $H = -\,0{,}365\dfrac{M_p}{l}$, $V = -\,0{,}033\dfrac{M_p}{l}$.

**Kapitel 3**

**1.** $5\,\mathrm{t}$, $1{,}33\,\mathrm{t}$, $2{,}33\,\mathrm{t}$. **2.** $\left(6 + 4\sqrt{2}\right)\dfrac{M_p}{l}$. **3.** $4{,}29\,\mathrm{tm}$, $7{,}78\,\mathrm{tm}$, $5{,}15\,\mathrm{tm}$.

**4.** $\dfrac{576}{49}\dfrac{M_p}{l}$, $9\dfrac{M_p}{l}$, $6\dfrac{M_p}{l}$. **5.** $0{,}6\,l$. **7.** $4\dfrac{M_p}{l}$, $4\dfrac{M_p}{l}$, $3\dfrac{M_p}{l}$, $2\dfrac{M_p}{l}$, $\dfrac{4}{3}\dfrac{M_p}{l}$.

**8.** $1{,}5\dfrac{M_p}{l}$. **9.** $2{,}13\,M_p$, $1{,}88\dfrac{M_p}{l}$. **10.** $2{,}97\dfrac{M_p}{l}$, $1{,}011\,M_p$, $2{,}94\dfrac{M_p}{l}$.

**11.** $12\dfrac{M_p}{l}$, $\left(4 + 2\sqrt{3}\right)\dfrac{M_p}{l}$. **12.** $8\dfrac{7}{16}\,\mathrm{tm}$, $7\dfrac{6}{7}\,\mathrm{tm}$. **13.** $Pl\left(3 - 2\sqrt{2}\right)$.

**Kapitel 4**

**1.** $2{,}59\,\mathrm{m}$, $5{,}74\,\mathrm{tm}$. **2.** $6{,}32\,\mathrm{tm}$ (Gelenk 3,1 m vom Firstpunkt), $7{,}60\,\mathrm{tm}$ (Gelenk 1,9 m vom Firstpunkt). **3.** $5{,}56\,\mathrm{tm}$ (Gelenk 2,4 m vom Firstpunkt). **4.** $13{,}12\,\mathrm{tm}$ (Gelenk 2,8 m vom Firstpunkt). Gleicher Wert bei wirkender Windlast. **5.** $6{,}03\,\mathrm{tm}$

(Gelenk 11,5 m vom Firstpunkt). **6.** 5 tm, 4,75 tm. **7.** $\left(\dfrac{8}{8-\sqrt{3}}\right)\dfrac{M_p}{l}$.   **8.** 28,5 tm, 4,7 m zu 36 m. **9.** $2\dfrac{8}{11}$ tm, $4\dfrac{2}{7}$ tm, 2,4 % Erhöhung. **10.** 6,6 tm, 4,6 tm. **11.** 6,25 tm, 5,41 t. **12.** $5\dfrac{1}{7}$ tm. **13.** 17,29 tm (Gelenk 9,4 m vom Firstpunkt), 22,34 tm (Gelenk 6,0 m vom Firstpunkt), 23,48 tm (Gelenke 7,5 m und 6,1 m vom Firstpunkt).

## Kapitel 5

**2.** $\dfrac{M_p l^2}{18\,EI}$.   **3.** $\dfrac{13}{12}\dfrac{M_p l^2}{EI}$, $\dfrac{4 M_p l^2}{27\,EI}$.   **4.** $\dfrac{5}{6}\dfrac{M_p l^2}{EI}$, $\dfrac{5 M_p l^2}{18\,EI}$.

## Kapitel 6

**1.** 320 tm, 273 tm.     **2.** 121 tm, 102 tm, 106 tm.     **3.** 2,40, 2,33.

## Kapitel 7

**1.** $\beta_1 = 12\dfrac{2}{3}$ tm, $\beta_2 = 10$ tm.

**2.** Für $P_1 l_1 > P_2 l_2$: $-\ l_1 < 2\,l_2$; $\beta_1 = \left(\dfrac{P_1 l_1}{4} - \dfrac{P_2 l_2}{12}\right)$, $\beta_2 = \dfrac{P_2 l_2}{6}$

$$l_1 > 2\,l_2\ ;\ \beta_1 = \beta_2 = \dfrac{P_1 l_1}{6}$$

Für $P_2 l_2 > P_1 l_1$ sind die Indizes auszutauschen.

**3.** (1) 4; 4; 5,5 tm, (2) 3; 3; 3,5 tm

**4.** $\beta_1 = \beta_2 = 11\dfrac{2}{3}$ tm

**7.** $\beta_1 = 9\dfrac{1}{21}$ tm,   $\beta_2 = 7\dfrac{1}{7}$ tm

**8.** $\beta_1 = 1\dfrac{1}{4}$ tm,   $\beta_2 = \beta_3 = 13\dfrac{3}{4}$ tm.

## Kapitel 8

**1.** $P_s = 5040$ kg,   $P_a = 8620$ kg,   $P_c = 5950$ kg.

**2.** $P_s = 2,727\dfrac{M_p}{l}$,   $P_c = 3\dfrac{M_p}{l}$,   $P_a = 4,444\dfrac{M_p}{l}$.

**3.** $P_s = 7,322\dfrac{M_p}{l}$;   $P_c = 8\dfrac{M_p}{l}$,   $P_s = 5,023\dfrac{M_p}{l}$,   $P_c = 5,333\dfrac{M_p}{l}$,

$P_a = 13,5\dfrac{M_p}{l}$.

**4.** $P_s = 1,829\dfrac{M_p}{l}$,   $P_c = 2\dfrac{M_p}{l}$ (ungeändert für $V$ konstant),

$P_a = 3,333\dfrac{M_p}{l}$,   $P_a = 6,4\dfrac{M_p}{l}$.

**5.** $h = 0,086\dfrac{M_p l^2}{EI}$,   $v = 0,302\dfrac{M_p l^2}{EI}$.

# Namenverzeichnis

# Sachverzeichnis